高等院校计算机应用系列教材

# Java Web
# 程序设计教程
## (第二版)(微课版)

和孟佯　主　编
赵国桦　副主编

清華大學出版社
北　京

## 内 容 简 介

Java Web开发是当今互联网领域最为流行的开发方式之一，Java Web应用程序的规模和复杂度不断提高，作为开发人员需要掌握更多的技术和工具来满足不断变化的需求。全书共分为13章，包括Web应用开发概述、Java EE开发及运行环境、JSP与Servlet、使用JSP标签库、Struts 2框架基础、SQL与JDBC、Hibernate框架基础、Hibernate性能优化、Spring框架基础、Spring Web MVC、Spring MVC整合Hibernat及RESTful Web服务等内容。

本书力求通俗易懂，采用了大量的实例演示和案例分析，主要面向Java Web应用开发的初学者，也适合作为各种Java Web开发培训班的教材、高等院校Java Web程序设计课程的教材，还可作为Java Web应用开发人员的参考资料。

本书配套的电子课件、实例源文件和习题答案可以到http://www.tupwk.com.cn/downpage网站下载，也可以扫描前言中的二维码获取。扫描前言中的视频二维码可以直接观看教学视频。





图书在版编目(CIP)数据

Java Web程序设计教程：微课版 / 和孟佯主编. —2版. —北京：清华大学出版社，2023.8
高等院校计算机应用系列教材
ISBN 978-7-302-64248-0

Ⅰ. ①J… Ⅱ. ①和… Ⅲ. ①JAVA语言—程序设计—高等学校—教材 Ⅳ. ①TP312.8

中国国家版本馆 CIP 数据核字 (2023) 第 136020 号

责任编辑：胡辰浩
封面设计：高娟妮
版式设计：孔祥峰
责任校对：成凤进
责任印制：丛怀宇

出版发行：清华大学出版社
网　　址：https://www.tup.com.cn，https://www.wqxuetang.com
地　　址：北京清华大学学研大厦 A 座　　邮　　编：100084
社 总 机：010-83470000　　邮　　购：010-62786544
投稿与读者服务：010-62776969，c-service@tup.tsinghua.edu.cn
质 量 反 馈：010-62772015，zhiliang@tup.tsinghua.edu.cn
印 装 者：三河市龙大印装有限公司
经　　销：全国新华书店
开　　本：185mm×260mm　　印　　张：24　　字　　数：569 千字
版　　次：2017 年 6 月第 1 版　　2023 年 10 月第 2 版　　印　　次：2023 年 10 月第 1 次印刷
定　　价：86.00 元

产品编号：093352-01

# 前言

Java自诞生以来，便成为全球最流行、使用最广泛的Web开发语言之一，至今仍保持着同样的地位。随着Java语言的推广和应用，基于Java的各种针对Web开发的框架技术应运而生。本书以Java Web开发环境为背景，从开发环境的搭建讲起，遵循“从简单到复杂”“从抽象到具体”的原则，介绍Java Web开发的核心技术，以及Web开发的基本步骤和基本方法。

本书共13章，第1章内容是Web应用开发概述，主要介绍Web开发的基本概念和使用Java开发Web应用的相关技术与常用开发环境。第2章介绍Java EE开发环境的搭建，包括JDK、Tomcat及Eclipse的下载、安装与配置。第3章介绍JSP和Servlet，包括JSP的3个编译指令、7个动作指令和9个内置对象，以及Servlet的工作原理、过滤器与监听器等。JSP和Servlet是开发Java Web应用程序的两种基本技术，一些主流框架都是以这些基本技术为基础演变而来的。第4章介绍JSTL标签库的使用。第5章介绍Struts 2框架的基本知识，包括MVC框架的相关内容、Struts 2的工作流程、Action的工作原理以及拦截器工作机制和用法等。第6章介绍SQL与JDBC，这是应用程序与数据库交互的基础。第7章和第8章介绍Hibernate框架，包括Hibernate环境的搭建、Hibernate的工作流程、事务控制及缓存机制等。第9章开始讲解Spring框架，介绍Spring的IoC与AOP。第10章介绍Spring Web MVC，它是Spring框架中用于Web应用开发的一个模块，是当今流行的Web开发框架之一，也是本书的重点。第11章介绍Spring MVC与Hibernate的整合，这也是实际项目中应用最广泛的一种框架组件。第12章介绍RESTful Web服务，包括如何创建和测试RESTful Web服务。第13章是一个综合实例，使用Spring MVC + Hibernate框架开发了一个简易的图书馆管理系统。

本书内容丰富、结构合理、思路清晰、语言简练流畅、示例翔实并附有教学视频。每章的开始部分都概述了该章的作用和内容，指出该章的学习目标。正文部分结合每章的知识点和关键技术，穿插了大量极富实用价值的示例，所有示例都在Eclipse + Tomcat 8.5 + JDK 1.8环境下调试运行通过。每章的末尾都有本章小结，总结本章的内容、重点与难点；安排了有针对性的思考和练习，帮助读者巩固本章所学内容，提高读者的实际动手能力；同时录制了教学视频，对每章的知识点进行深入讲解和总结。

本书主要面向Java Web应用开发的初学者，也适合作为各种Web开发培训班的教材、高等院校Java Web开发相关课程的教材，还可作为Web应用程序开发人员的参考资料。

本书由和孟佯任主编，赵国桦任副主编，此外参与本书编写的人员还有李金阳、张世豪等。

在本书的编写过程中参考了相关文献，在此向这些文献的作者深表感谢。由于作者水平有限，书中难免有不足之处，恳请专家和广大读者批评指正。我们的电话是010-62796045，信箱是992116@qq.com。

本书配套的电子课件、实例源文件和习题答案可以到http://www.tupwk.com.cn/downpage网站下载，也可以扫描下方的二维码获取。扫描下方的“看视频”二维码可以直接观看教学视频。

扫描下载　　扫一扫

配套资源　　看视频

作　者

2023年5月

# 目录


第1章 Web应用开发概述 …… 1

1.1 Web应用概述 …… 1

1.1.1 Web与Web应用 …… 2

1.1.2 Web应用是如何运行的 …… 4

1.1.3 服务器端开发技术对比 …… 5

1.2 使用Java开发Web应用 …… 7

1.2.1 Java语言简介 …… 7

1.2.2 丰富的框架技术 …… 9

1.2.3 Java Web应用的核心技术 …… 10

1.2.4 使用Ajax和jQuery提升用户体验 …… 11

1.3 集成开发环境介绍 …… 12

1.3.1 常用的Java IDE …… 12

1.3.2 Web服务器汇总 …… 14

1.4 本章小结 …… 15

1.5 思考和练习 …… 15

第2章 Java EE开发及运行环境 …… 16

2.1 下载并安装JDK …… 16

2.1.1 安装JDK …… 17

2.1.2 配置环境变量 …… 18

2.1.3 JDK的简单使用 …… 19

2.2 Tomcat的安装与配置 …… 20

2.2.1 下载并安装Tomcat …… 20

2.2.2 在Tomcat中部署和卸载应用程序 …… 23

2.3 Eclipse开发环境介绍 …… 26

2.3.1 安装Eclipse …… 26

2.3.2 使用Eclipse新建Java EE应用 …… 26

2.3.3 在Eclipse中使用Tomcat …… 30

2.3.4 Eclipse的常用快捷键 …… 35

2.4 本章小结 …… 37

2.5 思考和练习 …… 37

第3章 JSP与Servlet …… 38

3.1 一个简单的JSP+Servlet应用 …… 38

3.1.1 创建Servlet类 …… 39

3.1.2 部署Servlet …… 41

3.1.3 创建JSP文件 …… 43

3.2 JSP技术初步 …… 44

3.2.1 JSP的工作原理 …… 44

3.2.2 JSP文件中的内容 …… 45

3.2.3 JSP的内置对象 …… 52

3.2.4 JSP中的中文显示问题 …… 58

3.3 Servlet的开发与应用 …… 63

3.3.1 Servlet的生命周期 …… 63

3.3.2 使用HttpServletRequest …… 67

3.3.3 使用HttpServletResponse …… 69

3.3.4 使用过滤器 …… 71

3.3.5 使用监听器 …… 76

3.4 使用jQuery异步请求数据 …… 79

3.4.1 下载jQuery库 …… 80

3.4.2 jQuery与Ajax …… 80

3.5 本章小结 …… 86

3.6 思考和练习 …… 86

第4章 使用JSP标签库 …… 87

4.1 JSP标准标签库(JSTL) …… 87

4.1.1 下载JSTL安装包 …… 88

4.1.2 表达式语言(EL) …… 88

4.1.3 使用核心标签库(C名称空间) …… 92

4.1.4 使用国际化和格式化标签库(FMT命名空间) …… 101

4.1.5 使用SQL标签库(SQL名称空间) …… 102

4.1.6 使用XML标签库(X名称空间) …… 104

4.1.7 使用JSTL函数 …… 104
4.2 使用JSTL开发用户管理系统 …… 105
4.2.1 数据库设计 …… 105
4.2.2 开发与实现 …… 105
4.2.3 部署并测试应用 …… 109
4.3 自定义标签库 …… 110
4.3.1 一个最简单的自定义标签 …… 111
4.3.2 访问标签体 …… 114
4.3.3 自定义标签属性 …… 115
4.4 本章小结 …… 116
4.5 思考和练习 …… 116

第5章 Struts 2框架基础 …… 117

5.1 MVC框架 …… 117
5.1.1 框架内容 …… 118
5.1.2 框架和设计模式的区别 …… 119
5.1.3 MVC的优点 …… 120
5.2 Struts 2基础 …… 120
5.2.1 Struts 2中的MVC …… 121
5.2.2 Struts 2的工作流程 …… 122
5.2.3 一个简单的Struts 2应用 …… 123
5.2.4 Action详解 …… 126
5.2.5 struts.xml配置详解 …… 127
5.2.6 Struts 2标签库 …… 131
5.3 拦截器 …… 134
5.3.1 拦截器的工作机制 …… 134
5.3.2 Struts 2内置拦截器 …… 135
5.3.3 自定义拦截器 …… 138
5.4 本章小结 …… 140
5.5 思考和练习 …… 140

第6章 SQL与JDBC …… 141

6.1 准备关系数据库 …… 141
6.1.1 下载并安装MySQL …… 141
6.1.2 安装MySQL JDBC驱动 …… 143
6.2 SQL语言简介 …… 144
6.2.1 SQL概述 …… 144
6.2.2 SQL数据类型 …… 144
6.2.3 常用SQL语句 …… 145
6.3 JDBC简介 …… 150
6.3.1 JDBC概述 …… 150
6.3.2 JDBC驱动程序 …… 151
6.3.3 使用JDBC操作数据库 …… 152
6.3.4 JDBC示例 …… 155
6.4 本章小结 …… 163
6.5 思考和练习 …… 163

第7章 Hibernate框架基础 …… 164

7.1 ORM简介 …… 164
7.1.1 应用ORM的意义 …… 165
7.1.2 流行的ORM框架 …… 165
7.1.3 使用Hibernate ORM的原因 …… 167
7.2 一个简单的Hibernate应用 …… 167
7.2.1 下载Hibernate资源包 …… 167
7.2.2 在Eclipse中引入Hibernate的JAR包 …… 168
7.2.3 使用Hibernate代替JDBC …… 171
7.3 认识Hibernate ORM …… 176
7.3.1 Hibernate的框架结构 …… 176
7.3.2 Hibernate配置文件详解 …… 179
7.3.3 使用Hibernate映射文件 …… 181
7.3.4 Hibernate的工作流程 …… 183
7.4 Hibernate查询 …… 184
7.4.1 Hibernate的检索策略 …… 185
7.4.2 Hibernate的关联查询 …… 191
7.4.3 Hibernate的查询方式 …… 199
7.5 本章小结 …… 202
7.6 思考和练习 …… 202

第8章 Hibernate性能优化 …… 203

8.1 Hibernate事务与并发 …… 203
8.1.1 什么是事务 …… 203
8.1.2 Hibernate Session和事务范围 …… 204
8.1.3 并发控制 …… 205
8.2 Hibernate缓存 …… 212
8.2.1 Hibernate缓存概述 …… 212
8.2.2 应用一级缓存 …… 213
8.2.3 应用二级缓存 …… 214
8.2.4 查询缓存 …… 218
8.3 本章小结 …… 220

8.4 思考和练习 ······ 220

第9章 Spring框架基础 ······ 221

9.1 Spring框架简介 ······ 221
9.1.1 Spring概述 ······ 222
9.1.2 Spring框架的模块结构 ······ 223
9.1.3 Spring 5.x新特性 ······ 225
9.2 从Hello World开始 ······ 227
9.2.1 下载Spring资源包 ······ 227
9.2.2 基于Spring的Hello World ······ 228
9.3 Spring IoC ······ 230
9.3.1 IoC基础 ······ 230
9.3.2 IoC容器 ······ 232
9.3.3 bean的装配 ······ 233
9.4 Spring AOP ······ 241
9.4.1 什么是AOP ······ 241
9.4.2 AOP相关概念 ······ 241
9.4.3 使用Spring的通知 ······ 242
9.5 本章小结 ······ 245
9.6 思考和练习 ······ 245

第10章 Spring Web MVC ······ 246

10.1 Spring Web MVC入门 ······ 246
10.1.1 Spring Web MVC是什么 ······ 247
10.1.2 为什么使用Spring Web MVC ······ 247
10.1.3 Spring Web MVC的工作流程 ······ 248
10.1.4 Spring MVC的Hello World程序 ······ 249
10.2 深入学习Spring Web MVC ······ 252
10.2.1 启动Spring MVC ······ 252
10.2.2 DispatcherServlet组件类 ······ 255
10.2.3 使用@RequestMapping ······ 257
10.2.4 控制器方法的参数 ······ 261
10.2.5 控制器方法的返回类型 ······ 269
10.2.6 模型与视图 ······ 271
10.2.7 Spring MVC的表单标签库 ······ 282
10.3 本章小结 ······ 286
10.4 思考和练习 ······ 287

第11章 Spring MVC整合Hibernate ······ 288

11.1 Spring提供的DAO支持 ······ 288
11.1.1 J2EE应用的3层架构 ······ 288
11.1.2 Spring的DAO理念 ······ 289
11.1.3 使用@Repository注解 ······ 290
11.2 Spring MVC整合Hibernate 5 ······ 291
11.2.1 新建工程 ······ 291
11.2.2 创建实体类 ······ 292
11.2.3 创建Dao层 ······ 296
11.2.4 创建Service层 ······ 301
11.2.5 创建Controller控制器 ······ 303
11.2.6 创建JSP页面 ······ 305
11.2.7 配置Spring和Hibernate ······ 307
11.2.8 引入aspectjweaver.JAR包 ······ 314
11.2.9 项目运行结果 ······ 315
11.3 本章小结 ······ 315
11.4 思考和练习 ······ 315

第12章 RESTful Web服务 ······ 316

12.1 Web服务概述 ······ 316
12.1.1 基于SOAP的Web服务 ······ 317
12.1.2 RESTful Web服务概述 ······ 318
12.2 创建RESTful Web服务 ······ 324
12.2.1 新建工程 ······ 324
12.2.2 创建实体类、DAO层和Service层 ······ 325
12.2.3 基于REST的控制器 ······ 327
12.2.4 添加配置信息 ······ 329
12.3 测试RESTful Web服务 ······ 330
12.3.1 使用RESTClient Firefox插件 ······ 330
12.3.2 使用REST模板编写REST客户端 ······ 333
12.4 本章小结 ······ 335
12.5 思考和练习 ······ 335

第13章 图书馆管理系统 ······ 336

13.1 系统概述 ······ 336
13.1.1 项目背景 ······ 336
13.1.2 需求分析 ······ 337

13.2 数据库设计 …… 337
13.2.1 系统E-R图 …… 337
13.2.2 数据表设计 …… 338
13.3 系统设计与实现 …… 340
13.3.1 搭建系统框架 …… 341
13.3.2 配置Spring与Hibernate …… 342
13.3.3 创建实体类 …… 343
13.3.4 管理员登录功能 …… 343
13.3.5 管理员管理功能 …… 348
13.3.6 读者管理功能 …… 356
13.3.7 图书管理功能 …… 359
13.3.8 读者登录及操作功能 …… 365
13.4 系统运行结果 …… 368
13.4.1 管理员操作页面 …… 368
13.4.2 读者操作页面 …… 371
13.5 本章小结 …… 372
13.6 思考和练习 …… 372
参考文献 …… 373

# 第1章

# Web应用开发概述

Web使用超文本技术将Internet上的资源以页面的形式展示出来，Web应用是一种使用HTTP作为核心通信协议，通过Internet让Web浏览器和服务器通信的计算机程序，为浏览者在Internet上查找和浏览信息提供了图形化的、易于访问的直观界面。Java是由Sun公司推出的能够跨越多平台的、可移植性较高的一种面向对象的编程语言，特征丰富，功能强大，是一种应用范围较广泛的开发语言，特别是在Web程序开发方面。本章将从Web应用的基本概念开始，讲述与Java Web应用开发相关的技术和常用框架，最后介绍常用的集成开发环境与Web服务器。

**本章学习目标**

- 理解Web和Web应用的基本概念
- 掌握Web应用的工作原理
- 了解服务器端开发技术
- 了解Java语言的特点与发展前景
- 熟悉常用的Java Web框架技术
- 了解常用的集成开发环境

## 1.1 Web应用概述

Internet采用超文本和超媒体的信息组织方式，将信息的链接扩展到整个Internet上。而Web就是一种超文本信息系统，它使得文本不再像一本书一样是固定的、线性的，而是可以从一个位置跳到另一个位置并从中获取更多的信息，或是转到别的主题上。想要了解某一个主题的内容只要在这个主题上点一下，就可以跳转到包含这一主题的文档上。正是由于这种多连接性，它被称为Web。

## 1.1.1 Web与Web应用

Web应用是一种可以通过Web访问的应用程序。那么，Web是如何发展而来的呢？什么样的应用才是Web应用呢？

### 1. Web的发展

Web即全球广域网(World Wide Web)，也称为万维网，它是一种基于超文本和HTTP的、全球性的、动态交互的、跨平台的分布式图形信息系统。Web是建立在Internet上的一种网络服务，其使用超文本技术将Internet上的资源以页面的形式展示出来，为浏览者在Internet上查找和浏览信息提供了图形化的、易于访问的直观界面。Web上的资源十分丰富，包括图片、文本、声音、视频等多媒体元素。通常所说的网页是一个包含HTML标签的纯文本文件(文件扩展名为.html、.htm、.asp、.aspx、.php或.jsp等)，它可以存放在世界某个角落的某一台计算机中，是万维网中的一“页”。

Web在组成上包括以下两部分。

- 服务器：通常包括物理设备和软件应用程序，物理设备是指存放供用户访问的信息资源的远程计算机；软件应用程序是指能够根据用户的请求将信息资源传递给用户的应用程序，如Apache服务器。
- 客户端：通常是指客户使用的本地计算机，通过客户端浏览器向服务器发送请求，然后接收并显示服务器传递过来的信息资源。

发展到今天，Web共经历了三个阶段：Web 1.0、Web 2.0和Web 3.0。其中Web 1.0被称为Internet第一代，指的是2003年以前的Internet模式。在Web 1.0时代，Internet采用的是技术创新主导模式，其主要特征是大量使用静态的 HTML 网页来发布信息，并开始使用浏览器来获取信息，这个时候主要是单向的信息传递。通过万维网，互联网上的资源可以在一个网页里比较直观地表示出来，而且在网页上各种资源之间可以任意链接。而Web 2.0则是以Internet为平台，以用户为灵魂，允许多人参与，以可读、可写的模式成为Internet新的发展趋势。在Web 2.0中，软件被当成一种服务，Internet从一系列网站演化成一个成熟的为最终用户提供网络应用的服务平台，强调用户的参与、在线的网络协作、数据存储的网络化、社会关系网络、RSS应用以及文件的共享等成为Web 2.0发展的主要支撑和表现。如果说Web 1.0的本质是联合，那么Web 2.0的本质就是互动，它让网民更多地参与信息产品的创造、传播和分享，而这个过程是有价值的。

在Web 2.0的基础上，又有人提出了Web 3.0，不过对Web 3.0的争议比较大，常见的对Web 3.0的解读是：网站内的信息可以直接和其他网站的相关信息进行交互，能通过第三方信息平台同时对多家网站的信息进行整合使用；用户在互联网上拥有自己的数据，并能在不同网站上使用；完全基于Web，用浏览器即可实现复杂系统程序才能实现的系统功能；用户数据审计后，同步于网络数据。总体而言，Web 3.0更多的不仅仅是一种技术上的革新，而是以统一的通信协议，通过更加简洁的方式，为用户提供更为个性化的互联网信息资讯定制的一种技术整合。Web 3.0将会是互联网发展中由技术创新走向用户理念创新的关键一步。不管Web 3.0最终将向何处发展，但不可否认的是，从Web诞生至今，它不仅改变着人们联系、交流、获取知识的方式，而且也在改变着商业运行模式，已经成为人们日常生活和工作不可缺少的一部分。

### 2. 什么是Web应用

Web应用，顾名思义，是运行在Web上的应用程序。但是反过来，运行在Web上的应用程序都是Web应用吗？答案是否定的。这里所说的Web应用是指运行在网络上，以浏览器作为通用客户端的应用程序，在许多地方又被称为B/S(Browser/Server，浏览器/服务器)模式的应用。我们通过浏览器可以访问百度、淘宝、网易等网站，这些就是Web应用程序(简称Web应用)。最初，这些网站上的内容都是由静态页面组成的，页面上包含一些文本、图片等信息资源，用户可以通过链接来浏览信息。采用静态页面的缺陷非常多，如不能与用户进行交互，不能实时更新Web上的内容，因此像搜索引擎、股票行情等许多功能无法实现。于是出现了动态页面，即根据不同的用户或在不同的时间，呈现给用户的信息资源也不相同。这里的动态内容就是由Web应用程序来实现的。

Web应用程序是一种使用HTTP(Hypertext Transfer Protocol，超文本传输协议)作为核心通信协议，通过Internet让Web浏览器和服务器通信的计算机程序。

一个Web应用程序是由完成特定任务的各种Web组件构成的并通过Web将服务展示给外界。在实际应用中，Web应用程序由多个Servlet、JSP页面、HTML文件及图像文件等组成。所有这些组件相互协调，从而为用户提供一组完整的服务。

Web应用中的每一次数据交换都要涉及客户端和服务器端两个层面。因此，Web应用程序的开发技术分为客户端开发技术和服务器端开发技术两种。

### 3. 客户端开发技术

常用的客户端开发技术包括如下内容。

- HTML：超文本标记语言，是Web的描述语言。无论哪种动态页面开发技术，都无法摆脱HTML的影子。HTML是所有动态页面开发技术的基础，这些动态页面开发技术无非是在静态 HTML 页面的基础上添加了动态的可以交互的内容。
- CSS：层叠样式表(Cascading Style Sheets)，也就是通常所说的样式表，是用于增强控制网页样式并允许将样式信息与网页内容分离的一种标记性语言。通过使用CSS，开发者可以方便、灵活地设置网页中不同元素的外观属性，通过这些设置可以使网页在外观上达到一个更高的级别。
- ActiveX：一个集成平台，使用ActiveX可以方便地在Web页中插入多媒体效果、交互式对象、复杂程序等。
- JavaScript：一种简单的脚本语言，可以在浏览器中直接运行，JavaScript的出现给静态的HTML网页带来很大的变化。JavaScript增加了HTML网页的互动性，使以前单调的静态页面变得富有交互性。它可以在浏览器端实现一系列动态的功能，仅仅依靠浏览器就可以完成一些与用户的互动。
- jQuery：一个快速、简洁的JavaScript框架，是继Prototype之后又一个优秀的JavaScript代码库。jQuery具有独特的链式语法和短小清晰的多功能接口；具有高效灵活的CSS选择器，并且可对CSS选择器进行扩展；拥有便捷的插件扩展机制和丰富的插件。
- 其他：VBScript、Applet等。

### 4. 服务器端开发技术

常用的服务器端开发技术包括如下内容。
- Servlet/JSP：一种独立于平台和协议的Java应用程序，可以生成动态Web页面。它担当Web浏览器或其他发出请求的HTTP客户程序，是与HTTP服务器上的数据库或应用程序之间的中间层。JSP是一种建立在Servlet规范提供的功能之上的动态网页技术。JSP文件在用户第一次请求时，会被编译成Servlet，然后由这个Servlet处理用户的请求，所以JSP可以被看成运行时的Servlet。
- PHP：“超文本预处理器”，是在服务器端执行的脚本语言，尤其适用于Web开发并可嵌入HTML中。该语言当初创建的主要目标是让开发人员快速编写出优质的Web网站。
- ASP/ASP.NET：微软公司推出的用于构建Windows服务器平台上的Web应用程序。
- 其他：CGI、Perl、ISAPI等。

### 5. 应用程序的模式

应用程序有C/S、B/S两种模式。C/S(Client/Server)是客户端/服务器端程序。也就是说，这类程序一般独立运行。而B/S就是浏览器端/服务器端应用程序，这类应用程序一般借助IE等浏览器来运行。Web应用程序一般采用B/S模式。Web应用程序首先是“应用程序”，和用标准的程序语言(如C、C++等)编写出来的程序没有本质上的不同。然而Web应用程序又有自己独特的地方，就是它是基于Web的，而不是采用传统方法运行的。换句话说，它是典型的浏览器/服务器架构的产物。

采用B/S模式的Web应用程序分为3层结构。
- 界面层：主要用于接收用户的请求，以及数据的返回，为用户提供管理系统的访问。
- 业务逻辑层：主要负责对业务逻辑和功能的操作，也就是把一些数据层的操作进行组合。该层结构将浏览器和数据层屏蔽，安全性更高。
- 数据访问层：主要看数据层里面是否包含逻辑处理，实际上它的各个函数主要完成对数据文件的各种操作，而不必管其他操作对这三层所进行的明确分割，并在逻辑上使其独立。

随着Internet和手机上网的普及，Web应用程序已经成为目前最流行的应用程序类型。

## 1.1.2 Web应用是如何运行的

随着网络的普及，大家对上网的过程越来越熟悉，上网的一般过程如下：① 打开浏览器；② 输入某个网址；③ 经过一段时间的等待，浏览器显示要访问的信息。

然后可以在网页上继续进行其他操作。例如：在网页上单击超链接，访问其他内容；

或者在网页中输入一些信息，然后单击搜索按钮，等待浏览器中内容的再次更新。

不管是在地址栏中输入地址，还是单击超链接或者单击搜索按钮，都需要等待浏览器中内容的更新。等待浏览器内容更新的过程，实际上就是浏览器访问 Web 应用的过程。这个过程如下：

(1) 浏览器根据我们输入的地址找到相应的服务器，不同的网站对应不同的服务器。这个服务器通常称为 Web 服务器，可以接收浏览器发送的请求。

(2) Web 服务器根据请求的内容调用不同的服务器端程序，服务器端程序通常也是一个服务器，被称为应用服务器。

(3) 应用服务器接收到请求之后，查找相应的文件，加载并执行相应的任务。如果涉及数据处理，则需要与数据库服务器交互。

(4) 处理完数据，将处理结果返回给应用服务器，服务器端程序的执行结果通常是HTML文档。

(5) 应用服务器把执行的结果返回给Web服务器，Web服务器再把这个结果返回给客户端浏览器。

(6) 浏览器解析HTML文档，然后把解析后的网页显示给最终用户。

Web应用的工作原理如图1-1所示。

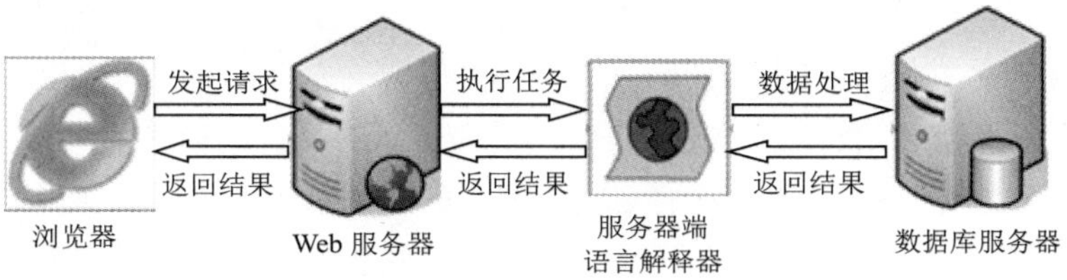


图1-1　Web应用的工作原理

## 1.1.3　服务器端开发技术对比

静态网页是网站建设的基础，早期的网站一般都是由静态网页制作的，网站只能实现静态的信息展示。静态网页是没有后台数据库、不含程序和不可交互的网页。静态网页相对更新起来比较麻烦，适用于一般更新较少的展示型网站。实际上静态也不是完全静态，它也可以出现各种动态的效果，如GIF格式的动画、Flash、滚动字幕等。但是静态网页不能与客户进行互动，不能满足用户不同的需要。为了满足不同用户各种各样的需求，需要网站或Web应用程序具有收集并处理用户需求的功能，这就有了后来的一系列动态页面语言。

动态页面，是指可以和用户进行交互，能根据用户的输入信息产生相应响应的页面，能满足这种需求的语言可以称之为动态语言。

较早的动态网页技术主要使用CGI，现在常用的动态网页技术有ASP/ASP.NET、JSP、PHP等。下面分别介绍这几种动态语言。

### 1. CGI

在互联网发展的早期，动态网页技术主要使用CGI(Common Gate Interface，通用网关接口)。CGI程序被用来解释处理表单中的输入信息，并在服务器中产生对应的操作处理，或是把处理结果返回给客户端的浏览器，从而可以给静态的HTML网页添加动态的功能。CGI的优点是可以用很多语言编写，如C、C++、VB和Perl语言，在语言的选择上有很大的灵活性。最常用的CGI开发语言为Perl。CGI的主要缺点是维护复杂，运行效率也比较低。因此在一段时间以后，CGI逐渐被其他新的动态网页技术所替代。

### 2. ASP/ASP.NET

ASP是由微软公司推出的一种动态网页语言，它可以将用户的HTTP请求传入ASP的解释器中。这个解释器对这些ASP脚本进行分析和执行，然后从服务器返回处理的结果，从而实现了与用户交互的功能。ASP的语法比较简单，对编程基础没有很高的要求，所以很容易上手，而且微软公司提供的开发环境的功能十分强大，这更是降低了ASP程序开发的难度。但是ASP也有自身的缺点。ASP在本质上还是一种脚本语言，除了使用大量的组件，没有其他办法提高效率，而且ASP只能运行在Windows环境中。这样，Windows自身的一些限制就制约了ASP的发挥，这些都是使用ASP时无法回避的弊端。

ASP.NET又称为ASP+，它不仅仅是ASP的简单升级，更是由微软公司推出的新一代脚本语言。ASP.NET是基于.NET Framework的Web开发平台，不但吸收了ASP以前版本的最大优点，并参照Java、VB语言的开发优势加入了许多新的特色，同时也修正了以前的ASP版本的运行错误。ASP.NET具备开发网站应用程序的一切解决方案，包括验证、缓存、状态管理、调试和部署等全部功能。在代码撰写方面，它的特色是将页面逻辑和业务逻辑分开，分离程序代码与显示的内容，让丰富多彩的网页更容易撰写，同时使程序代码看起来更简洁。

### 3. JSP

JSP(Java Server Pages)是由Sun Microsystems公司主导创建的一种动态网页技术标准。JSP部署于网络服务器上，可以响应客户端发送的请求，并根据请求内容动态地生成HTML、XML或其他格式文档的Web网页，然后返回给请求者。JSP技术以Java语言作为脚本语言，为用户的HTTP请求提供服务，并能与服务器上的其他Java程序共同处理复杂的业务需求。

JSP将Java代码和特定变动内容嵌入静态的页面中，实现以静态页面为模板，动态生成其中的部分内容。JSP引入了被称为“JSP动作”的XML标签，用来调用内建功能。另外，可以创建JSP标签库，然后像使用标准HTML或XML标签一样使用它们。标签库能增强功能和服务器性能，而且不受跨平台问题的限制。

由于JSP中使用的是Java语法，因此Java语言的所有优势都可以在JSP中体现出来。尤其是J2EE中的强大功能，更是成为JSP语言发展的强大后盾。

### 4. PHP

PHP和JSP类似，都是可以嵌套到HTML中的语言，不同之处在于：PHP的语法比较独特，它混合了C、Java等多种语法中的优秀部分，而且PHP网页的执行速度要比CGI和ASP页面等快很多。在PHP中，提供了对常见数据库的支持，例如SQL Server、MySQL、Oracle、Sybase等，这种内置的方法使PHP中的数据库操作变得异常简单。而且PHP程序可以在IIS和Apache中运行，提供对多种操作系统平台的支持。

但是PHP也存在一些劣势，PHP开发运行环境的配置比较复杂，而且PHP是开源的产品，缺乏正规的商业支持。这些因素在一定程度上限制了PHP的进一步发展。

总之，各种动态语言都有着自身的优势和劣势，开发人员可以根据客户的需求来选择具体的语言。

## 1.2 使用Java开发Web应用

Java提供的JSP和Servlet是开发Web应用的两项引人注目的技术，同时它的开源项目也是层出不穷，如Web框架Struts、Struts 2等，持久层框架Hibernate、iBATIS等，J2EE框架Spring，模板引擎Velocity、FreeMarker等。

### 1.2.1 Java语言简介

Java是一种跨平台的面向对象的编程语言，由Sun公司于1995年推出。Java语言自从问世以来，受到越来越多开发者的喜爱。在Java语言出现以前，很难想象在Windows环境下编写的程序可以不加修改就能在Linux系统中运行，因为计算机硬件只识别机器指令，而不同操作系统中的机器指令是有所不同的。所以，要把一种平台下的程序迁移到另一种平台，必须针对目标平台进行修改。如果想要程序运行在不同的操作系统上，就要求程序设计语言能够跨平台，可以跨越不同的硬件、软件环境，而Java语言就能够满足这种要求。

#### 1. Java语言的特点

Java 是一种优秀的面向对象编程语言。在Java语言中，有着健壮的安全设计，它的结构是中立的，可以移植到不同的系统平台。优秀的多线程设计也是Java语言的一大特色。

目前，Java语言最大的用途就是Web应用的开发。使用Java语言不用考虑系统平台的差异，在一种系统下开发的应用系统，可以不加任何修改就能运行在另一种不同的系统中。例如，开发人员在Windows平台下开发的Web应用程序，可以直接部署在Linux或UNIX服务器系统中。

Java语言之所以如此受欢迎，是由其自身的优点决定的。以下简单介绍Java语言的特性。

- 平台无关性：在Java中，并不是直接把源文件编译成硬件可以识别的机器指令。Java的编译器把Java源代码编译为字节码文件，这种字节码文件就是编译Java源程序时得到的class类文件，执行这种类文件的是Java虚拟机。Java虚拟机是软件模拟出的计算机，可以执行编译Java源文件得到的中间码文件，而各种平台的差异就是由Java 虚拟机来处理的，从而实现了可以在各种平台上运行Java程序的目的。

- 安全性：Java语言放弃了C/C++中的指针操作。在Java中，没有显式提供指针操作，不提供对存储器空间直接访问的方法，这样就可以保证系统的地址空间不会被有意或无意破坏。而且经过这样的处理，也可以避免系统资源的泄漏。例如在C/C++中，如果指针不及时释放，就会占用系统内存空间，而Java提供了一套有效的资源回收策略，会自动回收不再使用的系统资源，从而保证了系统的安全性和稳定性。
- 面向对象：面向对象是现代软件开发中的主流技术，Java 语言继承了C++面向对象的理论，并简化了这种面向对象的技术，去掉了一些复杂的技术，例如多继承、运算符的重载等功能。在Java程序中，所有的操作都是在对象的基础上实现的，为了实现模块化和信息的隐藏，Java语言采用了将功能代码封装的处理方法，Java语言对继承性的实现使功能代码可以重复利用。用户可以把具体的功能代码封装成自定义的类，从而实现对代码的重用。
- 异常处理：Java中的异常处理可以帮助用户定位处理各种错误，从而大大缩短了Java应用程序的开发周期。而且这种异常策略可以捕捉到程序中的所有异常，针对不同的异常，用户可以采取具体的处理方法，从而保证了应用程序在用户的控制下运行，保证了程序的稳定和健壮。
- 稳健性：Java是一种强类型语言，它允许扩展编译时检查潜在类型不匹配问题的功能。Java要求显式的方法声明，它不支持C风格的隐式声明。这些严格的要求保证编译程序能捕捉调用错误，确保程序可靠。

### 2. Java语言的发展

Java语言和Java平台的发展是一段漫长而富于传奇的历史。从20世纪90年代中期发明开始，Java已经经历了许多变化，也遇到过许多争论。在早期，Java被称为Java开发工具包或JDK，是一门与平台(由一组必需的应用程序编程接口API组成)紧密耦合的语言。

针对不同的开发市场，Sun公司将Java划分为3个技术平台，它们分别是Java SE、Java EE和Java ME。

- Java SE(Java Platform Standard Edition，Java标准版)，是为开发普通桌面和商务应用程序提供的解决方案。Java SE是3个平台中最核心的部分，Java EE和Java ME都是从Java SE的基础上发展而来的，Java SE平台中包括了Java最核心的类库，如集合、IO、数据库连接以及网络编程等。
- Java EE(Java Platform Enterprise Edition，Java企业版)，是为开发企业级应用程序提供的解决方案。Java EE可以被看作一个技术平台，该平台用于开发、装配以及部署企业级应用程序，其中主要包括Servlet、JSP、JavaBean、JDBC、EJB、Web Service等技术。
- Java ME(Java Platform Micro Edition，Java小型版)，是为开发电子消费产品和嵌入式设备提供的解决方案。Java ME主要用于小型数字电子设备上软件程序的开发，例如，为手机增加新的游戏和通讯录管理功能。此外，Java ME提供了HTTP等高级Internet协议，使移动电话能以C/S模式直接访问Internet的全部信息，提供最高效率的无线交流。

Sun公司提供了一套Java开发环境，简称JDK(Java Development Kit)，它是整个Java的核心，其中包括Java编译器、Java运行工具、Java文档生成工具、Java打包工具等。为了满足用户日新月异的需求，JDK的版本也在不断地升级。

Sun公司除了提供JDK，还提供了一种JRE(Java Runtime Environment)工具，它是提供给普通用户使用的Java运行环境。由于用户只需要运行事先编写好的程序，不需要自己动手编写程序，因此JRE工具中只包含Java运行工具。不包含Java编译工具。值得一提的是，为了方便使用，Sun公司在其JDK工具中自带了一个JRE工具，也就是说，开发环境中包含运行环境。这样一来，开发人员只需要在计算机上安装JDK即可。

#### 3. 企业级Java的诞生

随着Internet的发展和Web应用程序的流行，Sun公司已经意识到应用程序开发对高级开发工具的需求。1998年，就在J2SE 1.2发布之前，Sun宣布正在开发一个称为Java专业版本或JPE的产品。同时Sun还研发了一种称为Servlet的技术，这是一个能够处理HTTP请求的小型应用程序。

Servlet和JPE在经历过几次内部迭代过程之后，Sun于1999年12月12日发布了Java 2平台的企业版(J2EE，Java 2 Enterprise Edition)，版本为1.2。J2EE包含J2SE中的类，并且还包含用于开发企业级应用的类，例如EJB、Servlet、JSP、XML、事务控制等。在随后发布的版本中，J2EE迅速成为对J2SE的补充，并且随着多年的发展，一些组件已经被认为必须从J2EE迁移到J2SE中。随着版本的不断升级，从JDK 5.0开始，不再叫J2SE和J2EE了，而改名为Java SE和Java EE了，因为那个“2”已经失去了其本应该有的意义。

#### 4. Java语言的发展前景

虽然说Java语言并不是为网络环境设计的，但是Java语言目前还是主要被用于网络环境中，尤其是在服务器端的程序设计中，Java语言的地位是其他动态语言所无法替代的。尤其是在B/S开发模式盛行的今天，Java语言的地位更是举足轻重。在Java EE中，提供了优秀的B/S应用程序的解决方案。再加上Java语言跨平台、简单易用等特性，用户自然会选择Java语言进行开发。随着网络技术的急速发展，Java语言必然会取得更大的发展，在这个复杂的网络环境中，Java语言有着广阔的前景。

### 1.2.2　丰富的框架技术

框架其实就是可重用的设计架构，应用框架强调的是软件的设计重用性和系统的可扩充性，以缩短大型应用软件系统的开发周期，提高开发效率和质量。

使用Java开发Web应用的常用框架有很多，下面简要介绍一些比较常用的框架。

#### 1.Struts 2

Struts 2以WebWork优秀的设计思想为核心，吸收了Struts框架的部分优点，提供了一个更加整洁的MVC设计模式实现的Web应用程序框架。

同时Struts 2引入了几个新的框架特性，例如从逻辑中分离出横切关注点的拦截器、减少或者消除配置文件、贯穿整个框架的强大表达式语言、支持可变更和可重用的基于MVC模式的标签API，Struts 2充分利用了从其他MVC框架学到的经验和教训，使得 Struts 2框架更加清晰、灵活。

2. Spring

Spring是一个以IoC(Inversion of Control，控制反转)和AOP(Aspect Oriented Programming，面向切面编程)为核心的轻量级容器框架。它提供了一系列的Java EE开发解决方案，包括表示层的Spring MVC、持久层的Spring JDBC、业务层事务管理等众多的企业级应用技术。目前，Java Web应用开发的主流框架就是Spring。

3. Hibernate

Hibernate是一个ORM(Object Relational Mapping，对象-关系映射)框架，它对JDBC进行了轻量级封装。通过使用Hibernate框架，开发人员能够以面向对象的思维方式来操作数据库。Hibernate框架需要开发人员创建一系列的持久化层，每个类的属性都可被简单看作和一张数据库表的属性一一对应，也可以实现关系数据库的各种表件关联的对应。当我们需要相关操作时，可以不用关注数据库表，也不用再一行行查询数据库，只需要持久化类就可以完成增删改查功能。

4. Apache Shiro

Apache Shiro是功能强大并且容易集成的开源权限框架。Apache Shiro提供了认证、授权、加密和会话管理功能，将复杂的问题隐藏起来，提供清晰直观的API使开发者可以很轻松地开发自己的程序安全代码，并且在实现此目标时无须依赖第三方的框架、容器或服务。此外，它也能做到与这些环境的整合，使其在任何环境下都可拿来使用。Apache Shiro自身提供了对Spring的良好支持。

5. SiteMesh

SiteMesh是一个用来在JSP中实现页面布局和装饰的框架组件，利用它可以将网页的内容和页面结构分离，以达到共享页面结构的目的。

SiteMesh基于Servlet的过滤流，通过截取response，并进行装饰后再交付给客户。

除了上面介绍的这些框架，Java中还有很多框架，在应用开发中可根据实际的需求来选择使用。

## 1.2.3 Java Web应用的核心技术

Java Web 应用的核心技术包括以下几个方面。

- JSP：进行输入和输出的基本手段。JSP 以脚本文件的形式存在，主要由HTML代码、客户端脚本(JavaScript等)、JSP的标签和指令、自定义标签库构成。下面是一个典型的JSP示例。

```
<%@ page contentType="text/html;charset=gb2312"%>                                    } 指令
<%@ taglib prefix="c" uri="http://java.sun.com/jsp/jstl/core" prefix="c"%>           }
学生信息如下：
<table>             }
<tr>                }
<th>学号</th>       }
<th>姓名</th>       } HTML代码
<th>电话</th>       }
</tr>               }
<c:forEach items="${stulist}" var="stu">  ———————— 标准标签库标签
<tr>  ———————————————————————————————— HTML代码
<td>${stu.sid}</td>        }
<td>${stu.sname}</td>      } 在HTML中嵌套表达式语句
<td>${stu.phone}</td>      }
</tr>  ——————————————————————————————— HTML代码
</c:forEach>  ————————————————————————— 标准标签库标签
</table>  ————————————————————————————— HTML代码
```

- JavaBean：完成功能的处理。JavaBean就是Java中普通的Java类，所以没有特殊的地方。Java Web技术中提供了多个与JavaBean操作相关的标签。
- Servlet：对应用的流程进行控制。Servlet以Java文件的形式存在，所以Servlet也是Java类，是特殊的Java类，在Java Web技术中主要完成控制功能，负责协调JSP页面和完成功能的JavaBean之间的关系。
- JDBC：与数据库进行交互不可缺少的技术。严格来讲，JDBC不属于Java Web技术，但是在Java Web中不可避免地要使用JDBC，所以JDBC也算是Java Web开发中比较重要的技术之一。
- JSTL和表达式语言(Expression Language，EL)：完成对JSP页面中各种信息的控制和输出。JSTL和表达式语言是在JSP 2.0之后引入的，主要是为了方便用户在JSP页面中使用常用功能。其典型应用是信息的输出，因为JSP界面的主要功能就是展示信息，使用表达式语言使得信息的显示非常简单。例如，上面的 JSP 代码中的${stu.sid}，完成的功能是从请求中获取stu对象的sid属性。如果使用Java代码，就没有这么简单了。另外，JSTL中提供了大量常用的功能，例如选择结构和循环结构，在上面的 JSP 例子中就使用了<c:forEach>标签来完成循环控制。

## 1.2.4　使用Ajax和jQuery提升用户体验

JavaScript的出现使网页和用户之间出现了一种实时性、动态的、交互性的关系，这在一定程度上减轻了服务器的负载量，为客户提供更流畅的浏览效果。

Ajax(Asynchronous JavaScript and XML)被称为异步的JavaScript与XML，它是一种支持异步请求的技术，可以使用JavaScript向服务器提出请求并处理响应，而不阻塞用户。它最大的优点是在不重新加载整个页面的情况下，可以与服务器交换数据并更新部分网页内容，让用户感觉不到与服务器的交互过程，从而获得更好的用户体验。

Ajax的核心是XMLHttpRequest对象，XMLHttpRequest是由微软公司开发的可以在不刷新页面的情况下直接进行脚本与服务器间通信的技术。

XMLHttpRequest在发送请求的时候，有同步与异步两种方式。同步方式是请求发出后，一直到收到服务器返回的数据为止，浏览器进程被阻塞，在页面上什么事也做不了。而异步方式则不会阻塞浏览器进程，在服务器端返回数据并触发回调函数之前，用户依然可以在该页面上进行其他操作。Ajax的核心是异步方式，而同步方式只有在极其特殊的情况下才会被用到。

Ajax的基本流程可以概括为：在页面上由JavaScript脚本设置好服务器端的URL、必要的查询参数和回调函数之后，向服务器发出请求，服务器在处理请求之后将处理结果返回给页面，触发事先绑定的回调函数。这样，页面脚本如果想要改变一个区域的内容，只需要通过Ajax向服务器请求与该区域有关的少量数据，在回调函数中将该区域的内容替换即可，不需要刷新整个页面。

jQuery是一个快速、简洁的JavaScript框架，它简化了JavaScript开发。jQuery中的j代表JavaScript，Query是“查询”的意思。也就是说，这个库的意图是基于JavaScript的查询，查询的目标是DOM(文档对象模型)结构中的Node(节点)。网页上的所有内容都是节点，包括文档节点、元素节点、文本节点、注释节点、属性节点等。而jQuery查询主要针对的是元素节点，如段落(<p>)、表格(<table>)等，同时jQuery还可以用attr方法方便地对元素节点的属性进行读取/设置。

此外，jQuery还提供了浏览器兼容、样式读写、事件绑定与执行、动画等特性，后来又加入了Ajax、Promise等，再加上方便的插件编写机制，对整个JavaScript生态圈产生了重大影响，可以说是JavaScript历史上影响力最大的一个库。

# 1.3 集成开发环境介绍

通常情况下，开发应用程序都要使用IDE(Integrated Development Environment，集成开发环境)，IDE能提高应用程序的开发效率。本节将介绍Java Web应用开发常用的IDE和Web服务器。

## 1.3.1 常用的Java IDE

IDE是一种用于辅助开发人员开发应用程序的应用软件，一般包括代码编辑器、编译器、调试器和图形用户界面。有的还包括版本控制系统、性能分析器等更多辅助工具，因此IDE具有编写、编译、调试等多种功能。正是基于这些功能，使用IDE开发应用程序才能够大大减轻程序员的工作，缩短项目的开发周期，从而提高应用程序的开发效率。

IDE的种类非常多，有的IDE能同时支持多种应用程序的开发，例如，Eclipse能用于Java、PHP、C++等多种语言开发；有的IDE只针对特定语言的开发，如JBuilder只能用于Java开发，Zend Studio只能用于PHP开发。本节将介绍Java应用开发常用的IDE。

### 1. IntelliJ IDEA

IntelliJ IDEA是用于Java语言的集成开发环境，旨在最大限度地提高开发人员的生产力。通过提供巧妙的代码完成静态代码分析和重构，它可以执行例行和重复的任务。IntelliJ IDEA是跨平台的IDE，可在Windows、macOS和Linux上提供一致的体验。IntelliJ IDEA在业界被公认为最好的Java开发工具之一，尤其在智能代码助手、代码自动提示、重构、J2EE支持、各类版本工具(git、svn、GitHub等)、JUnit、CVS整合、代码分析、创新的GUI设计等方面，具有超强的功能。IntelliJ IDEA的开发界面如图1-2所示。

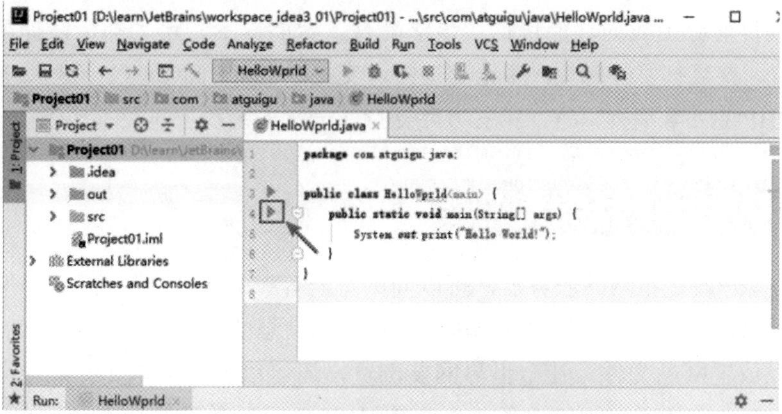

图1-2　IntelliJ IDEA的开发界面

该软件的官方下载地址为http://www.jetbrains.com/idea/download/index.html。它的旗舰版本还支持HTML、CSS、PHP、MySQL、Python等。免费版只支持Java等少数语言。

### 2. Eclipse

Eclipse是著名的跨平台集成开发环境(IDE)。最初主要用于Java语言开发，通过安装不同的插件，Eclipse可以支持不同的计算机语言，比如C++和Python等开发工具。Eclipse的本身只是一个框架平台，但是众多插件的支持使得Eclipse拥有其他功能相对固定的IDE软件很难具有的灵活性。许多软件开发商以Eclipse为框架开发自己的IDE。Eclipse最早是由IBM公司开发的，后来IBM公司将Eclipse作为一个开发源代码的项目，献给了开源组织Eclipse.org，但仍由IBM公司的子公司OTI(主要从事Eclipse开发)继续Eclipse的开发。从2018年9月开始，Eclipse每3个月发布一个版本，并且版本代号不再延续天文星体名称，直接使用年份跟月份。其官方下载地址为http://www.eclipse.org/downloads/，开发界面如图1-3所示。

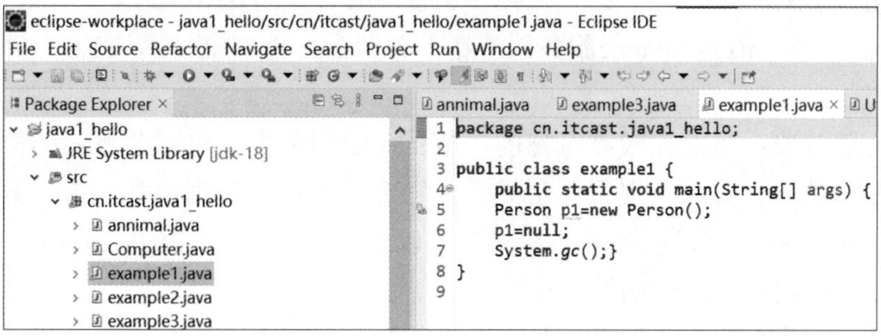

图1-3　Eclipse的开发界面

MyEclipse是一个十分优秀的用于开发Java EE的Eclipse插件集合，MyEclipse的功能非常强大，支持也十分广泛，尤其是对各种开源产品的支持十分不错。MyEclipse可以支持Java Servlet、Ajax、JSP、JSF、Struts、Spring、Hibernate、EJB 3、JDBC数据库链接工具等多项功能。可以说，MyEclipse是几乎囊括了目前所有主流开源产品的专属Eclipse开发工具。

#### 3. Lightly

Lightly作为功能强大的集成开发工具，同时兼备文本编辑器的轻量以及集成开发工具的各项功能。用户只需在浏览器中打开 Lightly，即可在线体验完整的集成开发工具。Lightly集成开发工具目前已上线的功能包括：语法高亮、智能提示、自动补全，提高编程效率，免去死记硬背、重复打字等麻烦；多语言适配，支持Python、Java、C、C++、HTML/CSS、JavaScript、PHP或Go等编程语言；第三方库支持，一键安装线上包及本地包。

## 1.3.2 Web服务器汇总

Web服务器一般是指网站服务器，可以向浏览器等Web客户端提供文档。Web服务器不仅能够存储信息，还能在用户通过Web浏览器提供的信息的基础上运行脚本和程序。Web服务器不仅可以放置网站文件，让全世界网友浏览，还可以放置数据文件，让全世界网友下载。开发Java Web应用所采用的服务器主要是与JSP/Servlet兼容的Web服务器，常用的服务器有如下几种。

- Apache服务器：世界使用排名第一的Web服务器软件。它可以运行在几乎所有广泛使用的计算机平台上，由于其跨平台和安全性被广泛使用，因此是最流行的Web服务器端软件之一。Apache的特点是简单、速度快、性能稳定，对静态页面的处理非常高效，并可作为代理服务器来使用。
- Tomcat服务器：由Apache基金组织提供的一种Web服务器，提供对JSP和Servlet的支持，通过安装的插件，同样可以提供对PHP语言的支持。但是Tomcat只是一个轻量级的 Java Web容器，像EJB这样的服务在Tomcat中是不能运行的。它是初学者学习开发JSP应用的首选。
- Nginx服务器：一款高性能的HTTP和反向代理服务器，也是电子邮件(IMAP/POP3)代理服务器，并在一个BSD-like协议下发行。Nginx服务器的特点是占用内存少，并发能力强。事实上，Nginx的并发能力确实在同类型的网页服务器中表现较好，使用Nginx的网站有百度、京东、新浪、网易、腾讯、淘宝等。在连接高并发的情况下，Nginx是Apache服务器不错的替代品，能够支持高达5万个并发连接数的响应。
- Jetty服务器：目前比较被看好的一款Servlet服务器。该服务器的架构比较简单，但在可扩展性方面表现得非常灵活。它有一个基本数据模型，这个数据模型就是Handler，所有可以被扩展的组件都可以作为Handler添加到Server中，Jetty就是帮助用户管理这些Handler数据模型，以便于更迅捷的开发。
- Lighttpd服务器：一个德国人领导开发的开源Web服务器软件，其根本的目的是提供一个专门针对高性能网站，安全、快速、兼容性好并且灵活的Web Server环境。它具有非常低的内存开销、CPU占用率低、效能好等特点。Lighttpd是众多OpenSource轻量级的Web Server中较为优秀的一个。它支持FastCGI、CGI、Auth、输出压缩、URL重写、Alias等重要功能。Apache之所以流行，很大程度上是因为功能丰富，在Lighttpd上很多功能都有相应的实现，这点对于Apache的用户是非常重要的。

- Resin服务器：Caucho公司的产品，是一个非常流行的支持Servlet和JSP的服务器，速度非常快。Resin本身包含了一个支持HTML的Web服务器，这使它不仅可以显示动态内容，而且显示静态内容的能力也毫不逊色，因此许多网站都使用Resin服务器来构建。
- JBoss服务器：一个开源的重量级Java Web服务器，是一个遵从Java EE规范、开放源代码的纯Java EJB服务器，对J2EE有很好的支持。JBoss采用JML API实现软件模块的集成与管理，其核心服务又是提供EJB服务器，不包含Servlet和JSP的Web容器，不过它可以和Tomcat完美结合。
- WebLogic服务器：用于开发、集成、部署和管理大型分布式Web应用、网络应用和数据库应用的Java应用服务器。它将Java的动态功能和Java Enterprise标准的安全性引入大型网络应用的开发、集成、部署和管理之中。WebLogic支持企业级的、多层次的和完全分布式的Web应用，并且服务器的配置简单、界面友好。对于那些正在寻求能够提供Java平台所拥有的一切应用服务器的用户来说，WebLogic是十分理想的选择。

## 1.4　本章小结

本章对Java Web应用开发的一些基本知识做了简要介绍。首先介绍了Web和Web应用的概念，以及Web应用的工作原理；接下来讲解了使用Java开发Web应用的优势和核心技术；最后对使用Java开发Web应用的常用集成开发环境进行了对比和简介。通过本章的学习，读者应对Web应用开发有个基本的理解，掌握Web应用的工作原理，熟悉常用的Java Web应用的核心技术，了解常用的Java IDE。

## 1.5　思考和练习

1. 什么是Web应用？
2. 简述Web应用的工作原理。
3. 常用的客户端开发技术有哪些？
4. 简述Java语言的特点。
5. Java Web应用的核心技术有哪些？
6. Web服务器的用途是什么？说出几个常见的Java Web服务器。

# 第 2 章

# Java EE 开发及运行环境

本章重点介绍Java Web的运行和开发环境。

基于Java Web项目的运行，在服务器端和客户端都必须有相应的环境。服务器端必须安装Java虚拟机以及和Servlet兼容的Web服务器，客户端则只要有Web浏览器即可。现在主流的Web服务器有多种：Apache的Tomcat，BEA的WebLogic等，其中Tomcat是一种开源的项目，是学习者的很好选择。本章将以Tomcat为例，讲述它的基本安装和配置。

要进行可视化的Java Web项目开发，则需要借助Java集成开发环境(IDE)，如Eclipse或MyEclipse。其中MyEclipse扩展了Eclipse的功能，集成了Web服务、程序框架和数据库等各种插件，但因为MyEclipse不是开源软件，所以本书使用Eclipse for Java EE作为集成开发环境。在数据库系统选择方面，Java Web项目开发一般选择开源的Oracle或MySQL，本书使用数据库的案例中一般采用开源的MySQL。

### 本章学习目标

- 掌握JDK的下载与安装
- 掌握Java环境变量的设置
- 掌握Tomcat的安装与配置
- 熟悉Eclipse开发环境的使用
- 掌握Java Web应用的创建
- 了解Java Web应用的文件结构
- 掌握如何在Eclipse中设置Tomcat
- 掌握在Eclipse中使用Tomcat调试应用

## 2.1 下载并安装JDK

JDK(Java Development Kit，Java开发工具包)是Sun Microsystems针对Java开发的产品。自从Java推出以来，JDK已经成为使用最广泛的Java SDK(Software Development Kit)。

JDK是整个Java的核心，包括Java运行环境(Java Runtime Environment)、Java 工具和

Java基础的类库。不论什么Java应用服务器，实质都是内置了某个版本的JDK，因此掌握JDK是学好Java的第一步。从Sun公司发布的JDK 5.0开始，提供了泛型等非常实用的功能，其版本信息也不再延续以前的1.2、1.3、1.4，而变成了5.0、6.0。从JDK 6.0开始，其运行效率得到了非常大的提高，尤其在桌面应用方面。

JDK本身使用Java语言编写，在下载的安装包里有一个src.zip文件，里面就是JDK的源代码。本节将介绍如何下载并安装JDK，以及环境变量的设置。

## 2.1.1 安装JDK

JDK目前最流行的版本是JDK 1.8，用户到官网下载后按照向导进行安装即可，官网地址是https://www.oracle.com/java/technologies/downloads/。安装好JDK后，会自动安装JRE，这样JDK的安装即完成。下面演示JDK1.8的下载、安装、配置过程。

01 双击运行下载的安装文件，启动安装向导，如图2-1所示。

02 单击“下一步”按钮，进入如图2-2所示的安装功能选择界面。在此可以选择需要安装的功能，接受默认的安装即可，默认的安装中已经提供了基本的Java开发和运行环境。

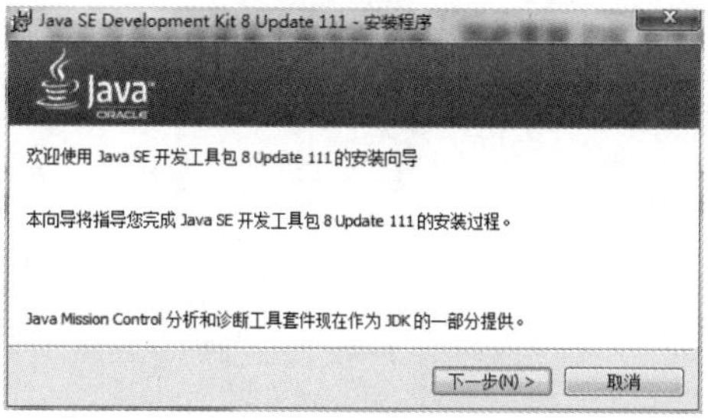


图2-1 JDK安装向导第一步

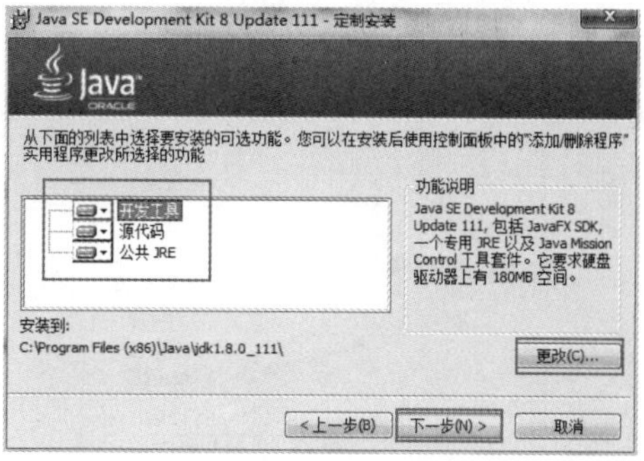


图2-2 选择要安装的功能

03 单击“下一步”按钮，选择JRE的安装路径。如图2-3所示，单击“更改”按钮可设置其安装路径。

04 单击“下一步”按钮，开始JRE的安装，几分钟后出现如图2-4所示的成功安装界面。单击“关闭”按钮，完成JDK的安装。

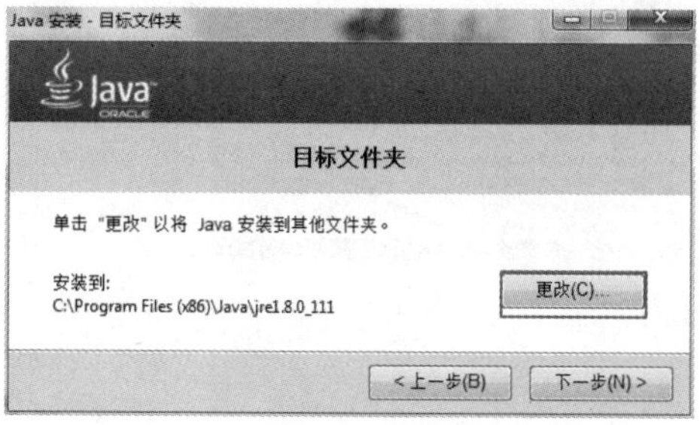


图2-3 设置安装JRE的路径

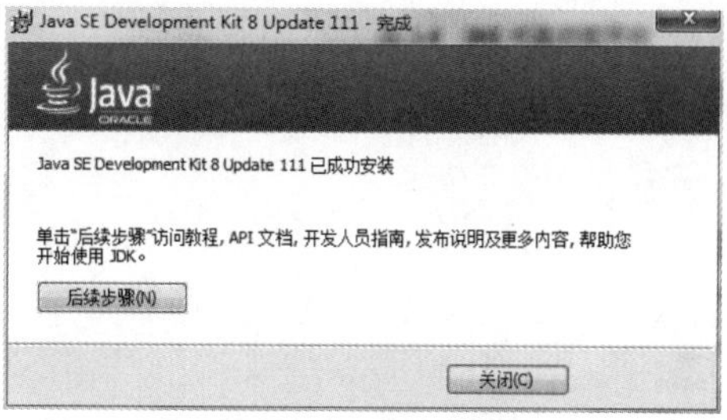


图2-4 成功安装JDK

此时，JDK和JRE的安装工作已经全部结束，但是现在还不能马上使用JDK中提供的开发工具。JDK安装结束之后，必须设置必要的环境变量，然后才能正常使用。接下来将介绍JDK环境变量的设置方法。

## 2.1.2 配置环境变量

上面的章节已经介绍了 JDK的安装方法，但是在 JDK安装结束之后，必须进行环境变量的设置，然后才可以使用 JDK提供的开发工具。下面对环境变量的设置步骤进行详细介绍。

01 在桌面上右击“此电脑”图标，从弹出的快捷菜单中选择“属性”命令，打开“系统属性”对话框，然后切换到“高级”选项卡，单击“环境变量”按钮，如图2-5所示。

02 打开“环境变量”对话框，在“系统变量(S)”选项区域下单击“新建”按钮，打开“新建系统变量”对话框。在“变量名”文本框中输入需要新建变量的名称“JAVA_HOME”；在“变量值”文本框中输入变量的值，即JDK在系统中的安装路径“C:\Program Files (x86)\Java\jdk1.8.0_111”，它用于指明JDK的安装路径，如图2-6所示。单击“确定”按钮，完成系统变量“JAVA_HOME”的创建。

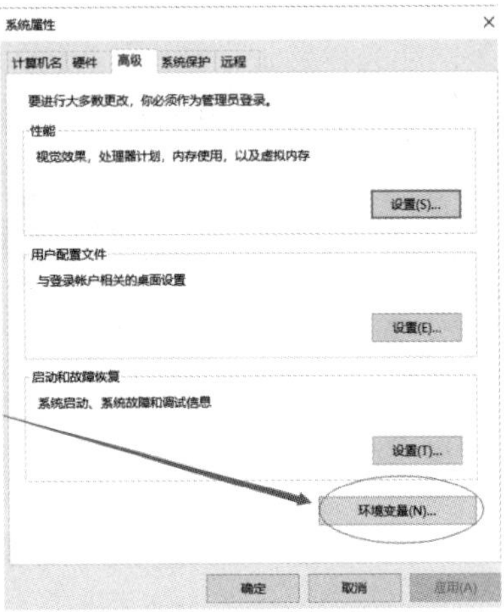


图2-5 “系统属性”对话框

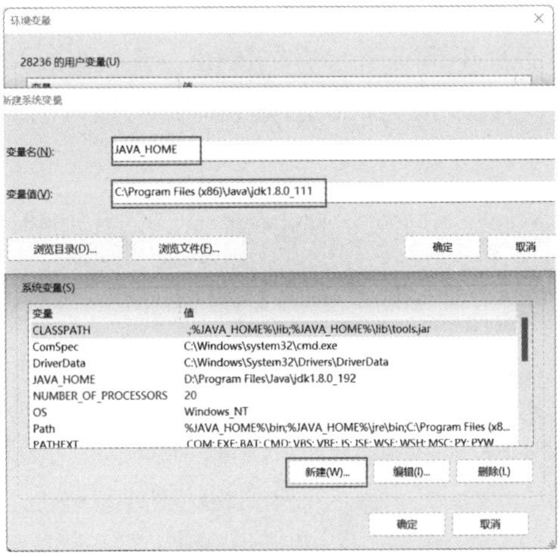


图2-6 创建系统变量

03 在“系统变量(S)”选项区域选中Path变量，如图2-7所示，单击“编辑”按钮。打开“编辑环境变量”对话框，单击“新建”按钮，然后输入“%JAVA_HOME%\bin”，最后单击“确定”按钮，如图2-8所示。

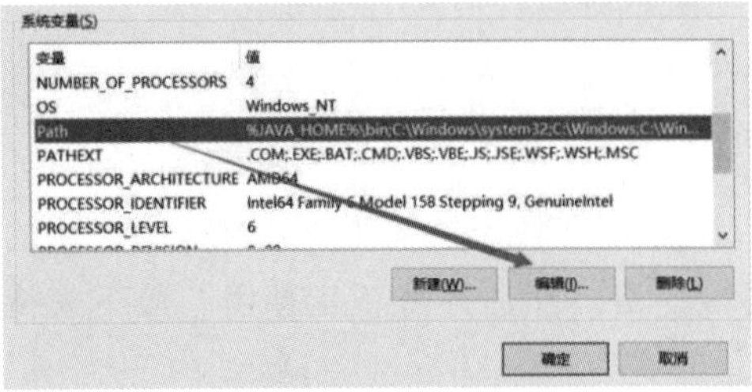


图2-7 选择Path变量

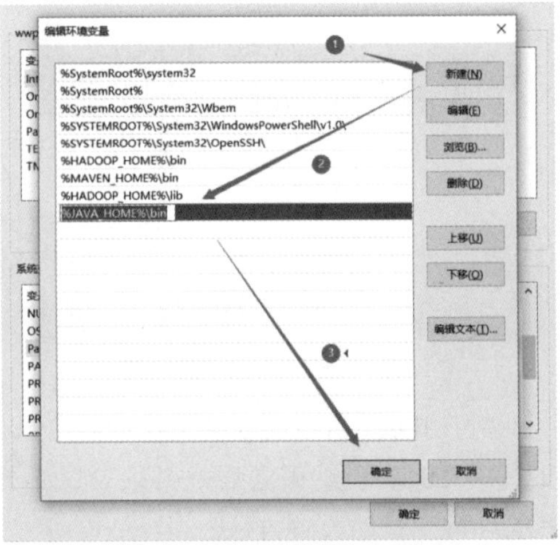


图2-8 “编辑环境变量”对话框

04 JDK的环境变量配置完成后，可以在DOS命令行中测试JDK是否安装并配置成功。单击“开始”菜单，选择“运行”命令，打开“运行”窗口。在“打开”文本框中输入cmd后按Enter键，打开命令行窗口。在这个界面中输入java -version，按回车键，显示当前Java版本号。关闭窗口，然后重新打开，输入javac，按回车键，显示如图2-9所示的信息，表示Path变量配置已经成功。

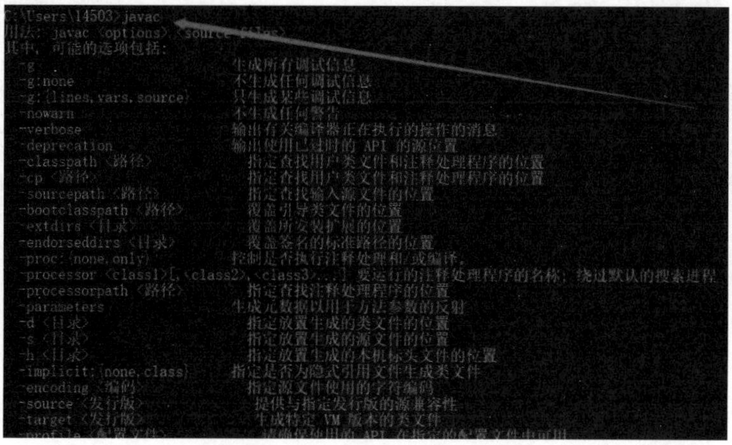


图2-9　测试JDK配置是否成功

## 2.1.3　JDK的简单使用

接下来将使用记事本来编写Java Web开发的第一个程序Hello World，具体操作如下。

01 使用记事本新建一个文本文档，文件名为HelloWorld.java(java为文件的扩展名)。

02 编辑代码，代码如图2-10所示。

```
//public:表示这个类是公共的，一个Java文件中只能有一个public类
//HelloWorld:类名（公共类的类名必须和文件名一致）
public class HelloWorld {
        //方法main()：程序的入口
        public static void main(String[] args) {
                System.out.println("HelloWorld");
        }
}
```

图2-10　在记事本中编辑代码

03 编译HelloWorld.java文件。

在Windows系统的运行栏中输入cmd打开命令提示符窗口，使用cd命令进入HelloWorld.java文件所在的路径。输入javac HelloWorld.java，如果运行成功会在当前路径下生成HelloWorld.class文件，如图2-11所示。

04 运行HelloWorld.java文件。在命令提示符中输入java HelloWorld，运行成功则会在窗口中输出HelloWorld，如图2-12所示。

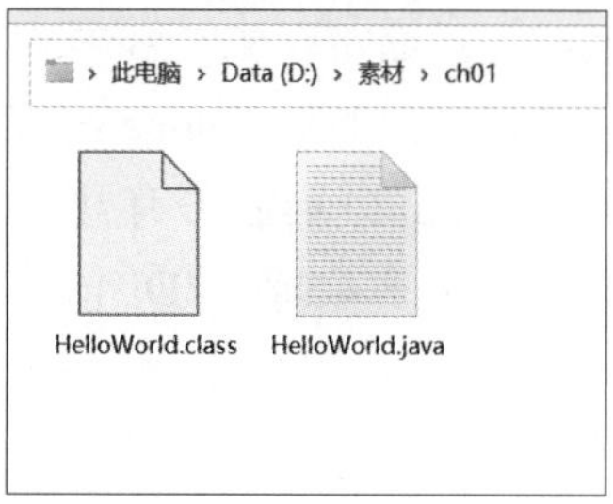


图2-11　编译HelloWorld.java文件

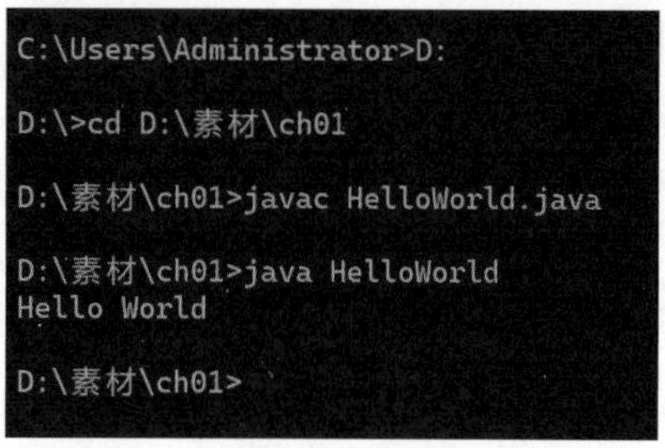


图2-12　运行HelloWorld程序演示

# 2.2 Tomcat的安装与配置

Tomcat服务器是一款免费开放源代码的Web应用服务器。Tomcat是由Apache开发的一个Servlet容器，实现了对Servlet和JSP的支持，并提供了作为Web服务器的一些特有功能，如Tomcat管理和控制平台、安全域管理和Tomcat阀等。Tomcat服务器属于轻量级应用服务器。

Tomcat服务器普遍应用于中小型系统和并发访问用户不是很多的场景中，是开发和调试JSP程序的首选。对于一个初学者来说，当在一台机器上配置好Apache服务器，可利用它响应HTML(标准通用标记语言下的一个应用)页面的访问请求。实际上，Tomcat是Apache服务器的扩展，但运行时它是独立运行的，所以当运行Tomcat时，它实际上是作为一个与Apache独立的进程单独运行的。当配置正确时，Apache为HTML页面服务，而Tomcat实际上运行JSP页面和Servlet。另外，Tomcat和IIS等Web服务器一样，具有处理HTML页面的功能。它还是一个Servlet和JSP容器，独立的Servlet容器是Tomcat的默认模式。不过，Tomcat处理静态HTML的能力不如Apache服务器。

## 2.2.1 下载并安装Tomcat

安装Tomcat的第一步是从Tomcat项目网站下载安装文件。目前，Tomcat已经发布了Tomcat 9.0(alpha版本)，应用最多的版本是Tomcat 8.0和Tomcat 8.5，可从官方网站下载相应的安装文件。官网http://tomcat.apache.org/download-80.cgi上包括这两个版本的下载链接，其中每个版本都包括“二进制包”(Binary Distributions)和“源代码包”(Source Code Distributions)两种不同形式。我们要下载的是针对Windows平台的“二进制包”，需要关心的下载项有3个，分别是“32-bit Windows zip”(适用于32位系统架构)、“64-bit Windows zip”(适用于64位系统架构)和“32-bit/64-bit Windows Service Installer”(适用于任何系统架构)，如图2-13所示。

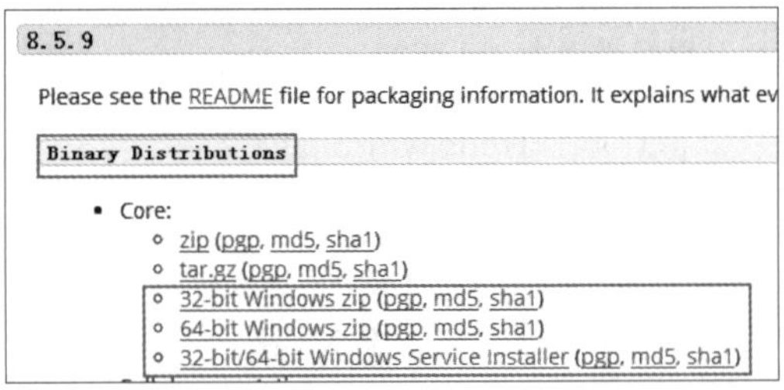


图2-13　Tomcat官网提供的下载包

### 1. 将Tomcat安装为Windows服务

许多开发者希望将Tomcat安装为Windows服务，这种方式通常在生产环境中使用。它使JVM内存和其他资源的管理更容易，并且大大地简化了启动过程，Tomcat将在Windows启动时自动启动。不过，在开发环境中，将Tomcat安装为Windows服务有几个缺点。该技术只会安装服务，而不会安装运行Tomcat的命令行脚本。大多数Java IDE都使用命令行脚本运行和调试Tomcat。如果要将Tomcat安装为Windows服务，可以下载“32-bit/64-bit Windows Service Installer”安装包进行安装。

### 2. 将Tomcat安装为命令行应用程序

大多数应用程序开发者需要以命令行应用程序的方式运行Tomcat，并且通常会在IDE中使用Tomcat，这就需要下载适合目标计算机架构的Windows zip压缩包。

下面以为Windows 7操作系统安装32位Tomcat 8.5.9压缩包为例，介绍具体操作步骤。

**01** 从官方网站下载Windows zip压缩包，如32位系统架构下的压缩包文件名为apache-tomcat-8.5.9-windows-x86.zip。

**02** 解压该文件，将zip文件中Tomcat目录的内容解压到文件夹D:\Tomcat8.5(或者操作系统中任何合适的目录)中。此时，Tomcat8.5文件夹中包括如下子文件夹。

- bin：用于存储Tomcat的启动和停止程序。该目录下的startup.bat文件用于启动Tomcat服务器，shutdown.bat文件用于停止服务器。
- conf：用于存储Tomcat的配置文件。该目录中的server.xml文件用于配置服务器端口连接信息；tomcat-users.xml文件用于配置Tomcat服务器中的用户与角色信息；web.xml文件用于配置Tomcat服务器的界面信息。
- lib：用于存储Tomcat所需的类库。
- logs：用于存储Tomcat的日志文件。
- temp：用于存储Tomcat的临时文件。
- webapps：用于存储Web应用程序部署文件。
- work：用于存储Web应用程序部署文件中经过编译的页面文件。

**03** 配置环境变量。在计算机桌面右击“此电脑”或“我的计算机”图标，在弹出的快捷菜单中选择“属性”命令，打开“系统属性”对话框，切换到“高级”选项卡，单击“环境变量”按钮，打开“环境变量”对话框，在“系统变量”选项区域中单击“新建”按钮，打开“新建系统变量”对话框，在“变量名”文本框中填写“CATALINA_HOME”，在“变量值”文本框中填写前面所解压文件存放的路径，如图2-14所示。

图2-14　配置Tomcat的环境变量

**04** 为了在首次使用时设置Tomcat，使用文本编辑器打开conf/tomcat-users.xml文件。在该配置文件中添加Tomcat的管理员信息，找到<tomcat-users>和</tomcat-users> XML标签对，在其中添加如下配置项：

```
<user username="admin" password="tomcat" roles="manager-gui,admin-gui" />
```

**❖ 说明：**

该标签配置了一个管理员用户，用户名为admin，密码为tomcat，该用户可以登录Tomcat的Web管理界面。

05 修改配置文件并保存后，即可启动Tomcat服务器。切换到bin子目录(D:\Tomcat8.5\bin)，双击startup.bat，将打开一个Java控制台窗口并显示出正在运行的Tomcat进程的输出信息，几秒钟之后，出现如图2-15所示的信息，表示Tomcat已经正确启动了。

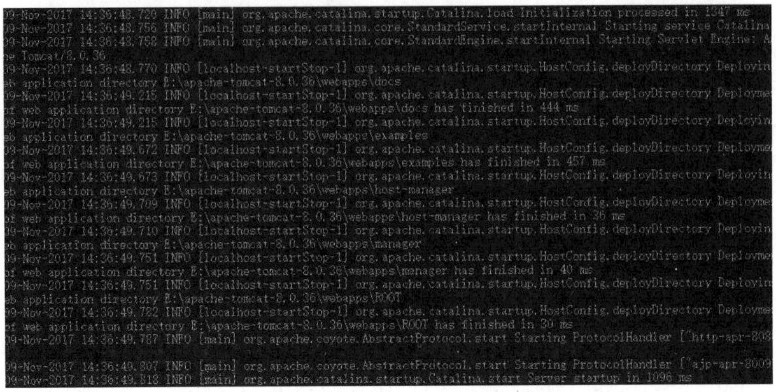

图2-15　Tomcat启动成功

**❖ 注意：**

*在启动Tomcat时，会寻找环境变量JRE_HOME。如果已经设置该变量，将会直接使用它。否则，程序将寻找并使用JAVA_HOME变量。如果还未设置，Tomcat会启动失败。*

06 打开IE浏览器，在地址栏中输入http://localhost:8080，按回车键将打开Tomcat服务器页面，如图2-16所示。其中，localhost代表服务器地址，也可以使用本地IP地址127.0.0.1，8080表示服务器占用的端口号。

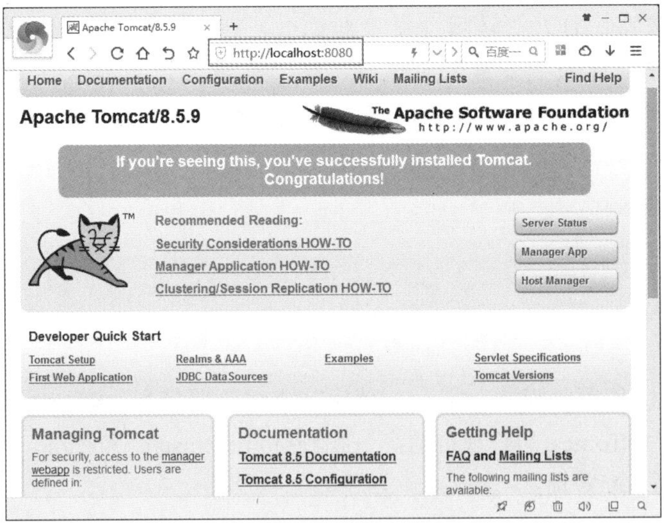


图2-16　Tomcat服务器页面

在使用完Tomcat之后，可以双击bin目录下的shutdown.bat来停止它。Java控制台将会关闭，而Tomcat也会终止。

### 3. 修改Tomcat端口号

Tomcat服务器默认占用的端口号是8080，而通常我们在互联网上访问其他网站时却不用输入端口号，这是因为HTTP默认使用的是80端口号。要修改此配置信息，需要首先确认当前主机的80端口号是否已经被占用，如果没被占用，则可以修改Tomcat的conf目录下的server.xml文件。该文件的主要内容如下：

```
<?xml version="1.0" encoding="UTF-8"?>
<Server port="8005" shutdown="SHUTDOWN">
  <Listener className="org.apache.catalina.startup.VersionLoggerListener" />
  <Listener className="org.apache.catalina.core.AprLifecycleListener" SSLEngine="on" />
  <Listener className="org.apache.catalina.core.JreMemoryLeakPreventionListener" />
  <Listener className="org.apache.catalina.mbeans.GlobalResourcesLifecycleListener" />
  <Listener className="org.apache.catalina.core.ThreadLocalLeakPreventionListener" />
  <GlobalNamingResources>
    <Resource name="UserDatabase" auth="Container"
              type="org.apache.catalina.UserDatabase"
              description="User database that can be updated and saved"
              factory="org.apache.catalina.users.MemoryUserDatabaseFactory"
              pathname="conf/tomcat-users.xml" />
  </GlobalNamingResources>
  <Service name="Catalina">
    <Connector port="8080" protocol="HTTP/1.1"
              connectionTimeout="20000"
              redirectPort="8443" />
    <Connector port="8009" protocol="AJP/1.3" redirectPort="8443" />
    <Engine name="Catalina" defaultHost="localhost">
      <Realm className="org.apache.catalina.realm.LockOutRealm">
        <Realm className="org.apache.catalina.realm.UserDatabaseRealm"
              resourceName="UserDatabase"/>
      </Realm>
      <Host name="localhost"  appBase="webapps"
            unpackWARs="true" autoDeploy="true">
        <Valve className="org.apache.catalina.valves.AccessLogValve" directory="logs"
              prefix="localhost_access_log" suffix=".txt"
              pattern="%h %l %u %t &quot;%r&quot; %s %b" />
      </Host>
    </Engine>
  </Service>
</Server>
```

该文件中的Server元素是整个XML文件的根元素；Listener元素用于设置服务器的监听器；GlobalNamingResourses元素用于设置全局资源信息；Service元素代表与引擎(Engine)相关联的一组连接器，它的子元素Connector指定服务器端口，子元素Engine指定请求的引擎信息，Realm指明存放用户名、密码和角色的数据库，子元素Host指明一台网络虚拟主机。

只需将这个文件中HTTP对应的端口号8080改为80，然后重新启动Tomcat服务器，地址栏中不输入端口号也可以访问Tomcat主页了。

## 2.2.2 在Tomcat中部署和卸载应用程序

本节将介绍如何在Tomcat中部署和卸载Java EE Web应用程序，有以下两种方式可以完成该任务。

- 手动将应用程序添加到webapps目录中。
- 使用Tomcat管理器部署应用程序。

### 1. WAR文件

标准的Java EE Web应用程序将作为WAR文件或未归档的Web应用程序目录进行部署。我们知道，JAR文件是Java归档文件，它是一个简单的ZIP格式归档文件，其中包含了可被JVM识别的标准目录结构。没有专门的JAR文件格式，任何ZIP归档应用程序都可以创建和读取JAR文件。WAR文件则是Java EE Web应用程序对应的归档文件。

所有的Java EE Web应用程序服务器都支持对WAR文件归档。大多数服务器还支持未归档的应用程序目录。无论是归档文件还是未归档文件，它们的目录结构约定都是相同的，如图2-17所示。

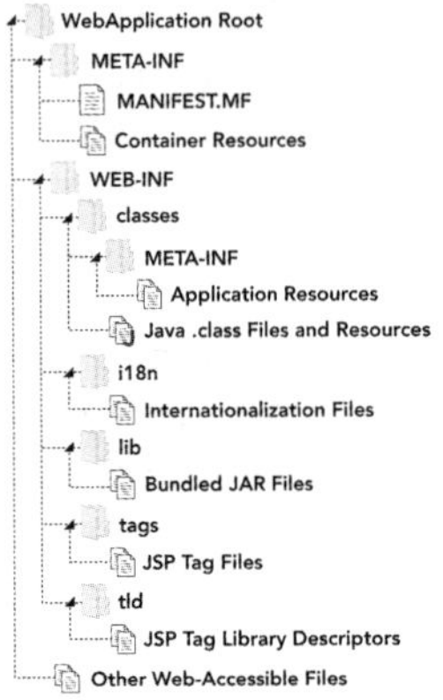

图2-17　WAR文件的目录结构

与JAR文件一样，WAR文件的目录结构也包含了类和其他应用程序资源，但这些类并不像JAR文件存储在应用程序根目录的相对路径上，而是存储在/WEB-INF/classes中。WEB-INF目录存储了一些包含信息和指令的文件，Java Web应用程序服务器使用这些文件，决定如何部署和运行应用程序。该目录下的classes目录被用作包的根目录，所有编译后的应用程序类文件和其他资源都被存储在该目录中。

在WEB-INF目录中还有几个特殊子目录：/WEB-INF/lib用于存放应用程序所依赖的JAR文件；/WEB-INF/tags和/WEB-INF/tld分别用于存储JSP标签文件和标签库描述符；/WEB-INF/i18n用于存放国际化(i18n)和本地化(l10n)文件。

此外，还有两个不同的META-INF目录。根级别的/META-INF目录中通常包含了应用程序清单文件，也可以在此目录中存放特定Web容器或应用程序服务器需要使用的资源。这两个不同的META-INF目录的主要区别是：根级别的/META-INF目录不在应用程序类路径上，所以不能使用ClassLoader获得该目录中的资源；而/WEB-INF/classes/META-INF在类路径上，可以将任何希望使用的资源文件存储在该目录中，这样就可以通过ClassLoader访问这些资源。

### 2. 手动部署和卸载

在Tomcat中手动部署应用程序非常简单，只需将要部署的WAR文件添加到Tomcat的webapps目录中即可。如果Tomcat正在运行，那么几分钟后Tomcat会自动解压应用程序文件到一个去掉了.war扩展名的同名目录中。如果Tomcat尚未运行，那么在下一次启动Tomcat时，应用程序文件将会被解压。当Tomcat启动成功后，打开IE浏览器并在地址栏中输入相应的访问地址即可浏览应用程序页面。

卸载应用程序的方法与部署正好相反。只需删除应用程序的WAR文件即可，等待几分钟，当Tomcat检测到该文件被删除后，将会卸载应用程序并删除解压生成的目录，然后该应用程序将无法再通过浏览器访问。

### 3. 使用Tomcat管理器部署应用程序

开发人员还可以使用Tomcat管理器的Web界面来部署Java Web应用程序，具体操作步骤如下。

01 启动Tomcat服务器，打开IE浏览器，在地址栏中输入http://localhost:8080/manager/html，或者访问Tomcat服务器页面，然后单击图2-16中的“manager webapp”链接。

02 此时将弹出对话框进行身份验证，要求输入用户名和密码，如图2-18所示。

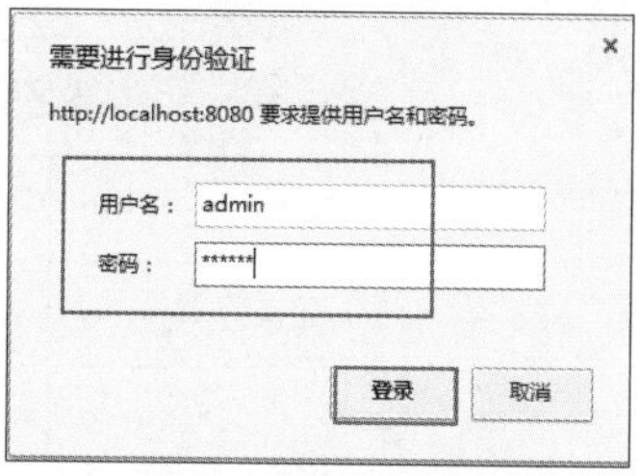


图2-18　登录Tomcat管理器

03 输入前面配置的管理员账号(conf/tomcat-users.xml文件中配置的用户名admin、密码tomcat)，单击“登录”按钮，浏览器将显示Tomcat管理器的主页面，如图2-19所示。

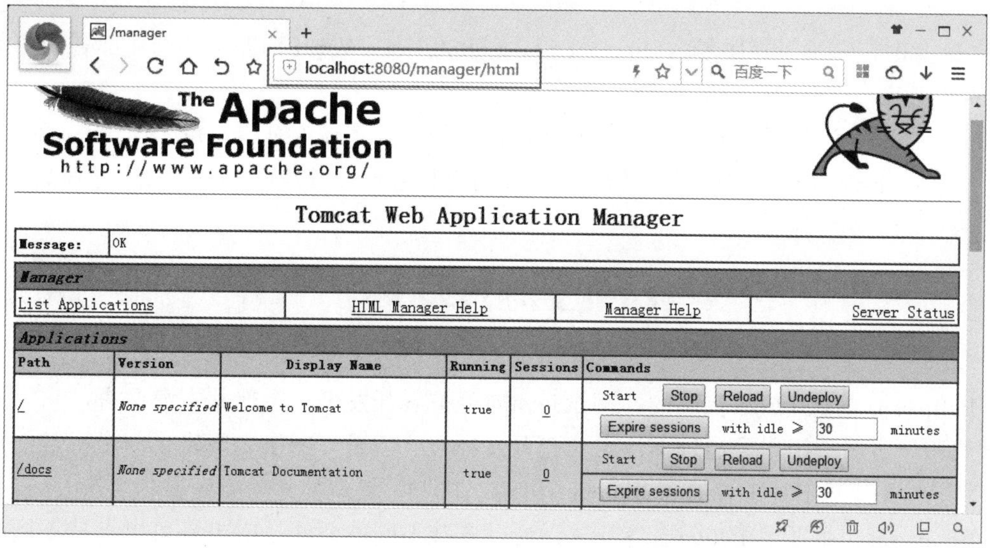


图2-19　Tomcat管理器的主页面

04 向下拖动滚动条至部署部分，找到表单“WAR file to deploy”。单击“选择文件”按钮，从文件系统中选择要部署的WAR文件，图2-20中选择的是HelloWorld.war文件。

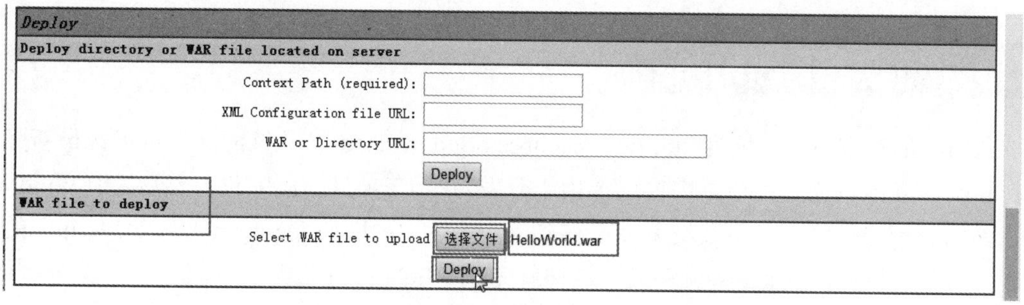


图2-20　部署WAR文件

05 单击Deploy按钮，Tomcat将上传该文件并进行部署。部署成功后，webapps目录中将出现同名的文件夹。相应地，Tomcat管理器页面也会刷新，返回一个包含了已部署应用程序的列表，其中就包含了已经部署成功的示例应用程序，如图2-21所示。

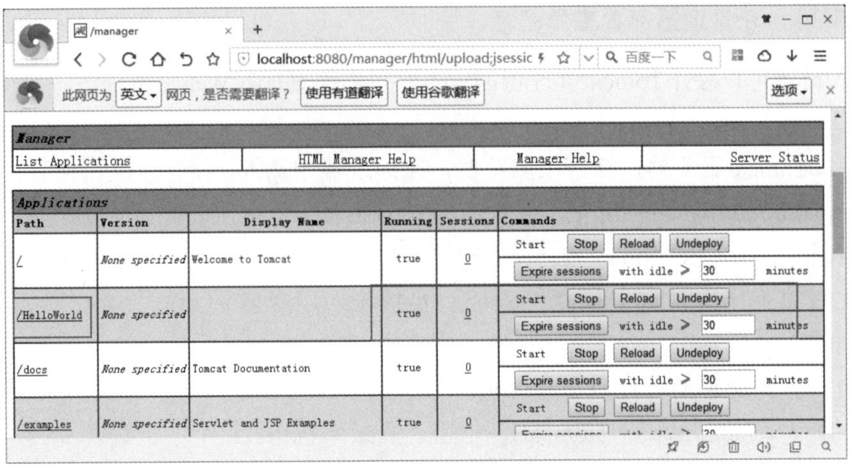

图2-21　部署成功后刷新应用程序列表

06 此时，在地址栏中输入http://localhost:8080/HelloWorld/，即可访问新部署的应用程序HelloWorld。

使用Tomcat管理器卸载应用程序的操作也很简单。在图2-21中，每个应用程序的后面都有一个Undeploy按钮。单击该按钮，该应用程序即被卸载并从webapps目录中删除。

# 2.3　Eclipse开发环境介绍

Eclipse是一个开放源代码的、基于Java的可扩展开发平台。就其本身而言，它只是一个框架和一组服务，用于通过插件组构建开发环境。但是，Eclipse附带了一个标准的插件集，包括Java开发工具(Java Development Tools，JDT)，这就使其功能变得非常强大。

Eclipse最初主要用于Java语言开发，通过安装不同的插件，Eclipse可以支持不同的计算机语言，比如C++和Python等。Eclipse本身只是一个框架平台，但是众多插件的支持使得Eclipse拥有其他功能相对固定的IDE软件很难具有的灵活性。所以，许多软件开发商以Eclipse为框架开发自己的IDE。

## 2.3.1　安装Eclipse

Eclipse的官方下载地址为http://www.eclipse.org/downloads，从该网站上可下载最新版本的Eclipse。在该页面上可根据需要选择用于开发Java EE项目的压缩包，然后选择Windows平台的64位或32位版本，下载结束后会得到一个名为“eclipse-jee-neon-1a-win64.zip”的压缩包。将其解压后得到eclipse文件夹，这样就完成了Eclipse的安装。

## 2.3.2　使用Eclipse新建Java EE应用

本节将使用Eclipse新建一个Java EE应用——HelloWorld，通过该应用来学习如何创建

Java EE Web应用，以及工程的发布等内容。

01 双击Eclipse安装目录下的eclipse.exe文件即可启动Eclipse，此时会加载所需文件。之后会显示工作空间选择界面，该界面用于设置应用程序的默认存储位置，如图2-22所示。

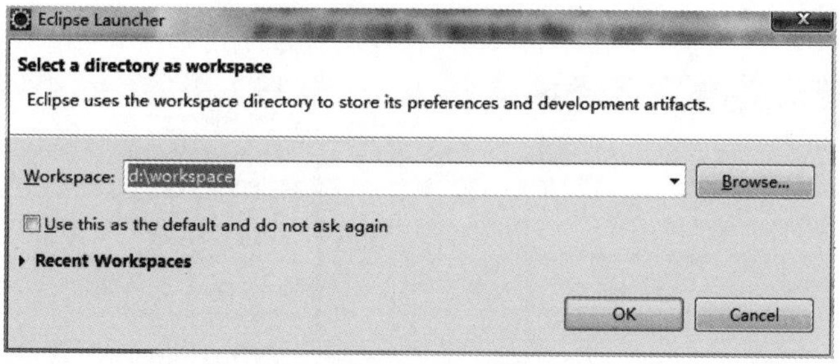


图2-22　选择工作空间

**❖ 提示：**

如果选中了“Use this as the default and do not ask again”复选框，则在下次启动Eclipse时默认使用本次设置的工作空间，并且不再出现选择工作空间的对话框。

02 设置好工作空间后，单击OK按钮进入Eclipse欢迎界面，如图2-23所示。

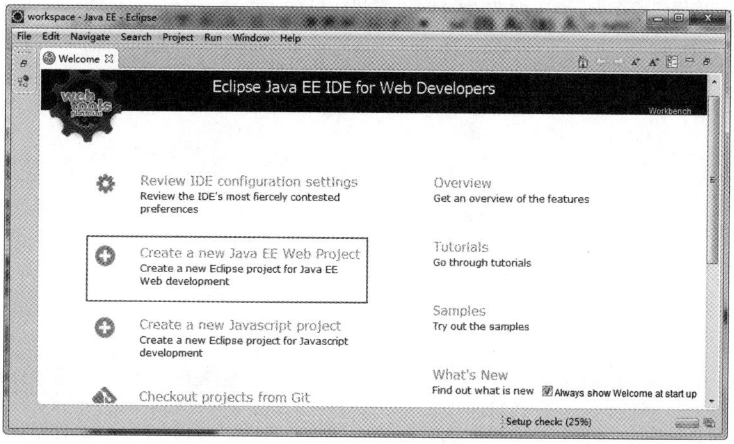


图2-23　Eclipse欢迎界面

03 选择File | New | Project命令，打开如图2-24所示的New Project窗口，然后从工程(也称项目)类别中选择Web选项中的Dynamic Web Project作为向导。

04 单击Next按钮，进入新建动态Web工程的界面，如图2-25所示。

**❖ 提示：**

单击欢迎界面中的“Create a new Java EE Web Project”链接，可以直接打开新建动态Web工程的界面。

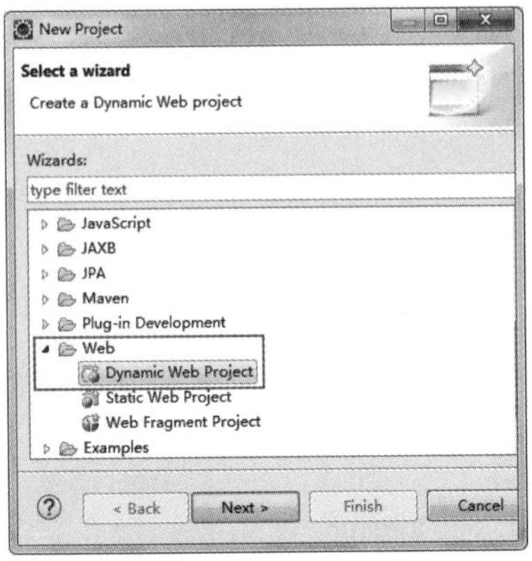


图2-24　New Project窗口

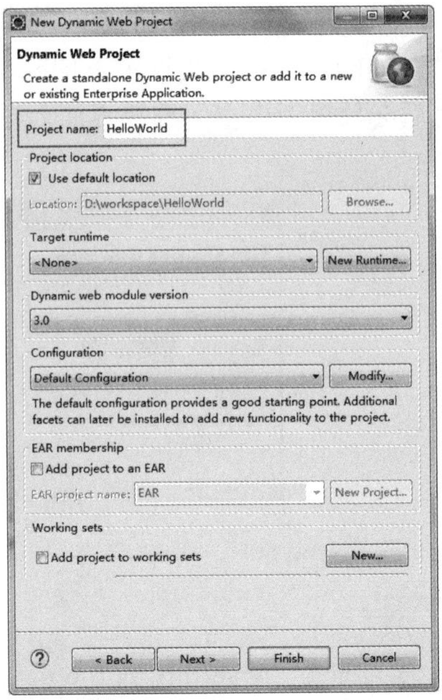


图2-25　新建动态Web工程的界面

05 在Project name文本框中输入工程名HelloWorld，单击Next按钮，然后配置应用程序的源文件目录，如图2-26所示，保持默认设置即可。

06 单击Next按钮，然后配置Web模块，如图2-27所示。

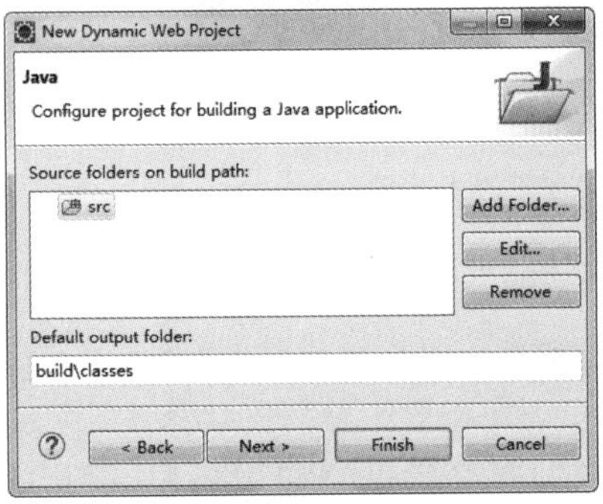


图2-26　配置应用程序的源文件目录

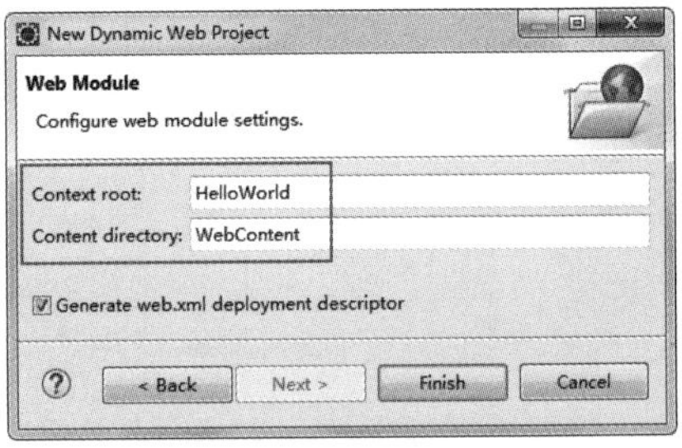


图2-27　配置Web模块

- Context root：该选项确定了部署到应用服务器时请求的应用程序根路径，默认值为工程名。以Tomcat服务器为例，如果应用的Context root被设置为 HelloWorld，除非存在更为明确Context root的Web应用，否则所有以http://localhost:8080/HelloWorld 开头的请求都将被转发到这个应用进行处理。
- Context directory：该选项用于设置Web上下文文件在工程中存放的目录。

07 单击Finish按钮，完成工程的创建。新建Web应用的文件结构如图2-28所示。

08 接下来我们新建一个文件作为该应用的欢迎页面。选择File | New | File命令，打开New File窗口。选择新建文件存放的路径为WebContent，在File name文本框中输入文件名称index.jsp，如图2-29所示。

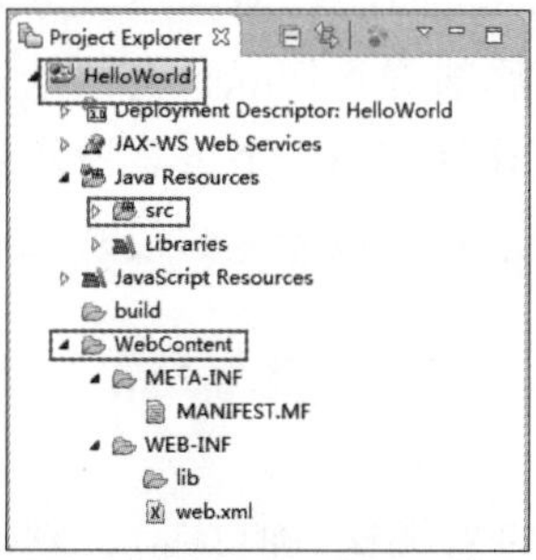


图2-28　新建Web应用的文件结构

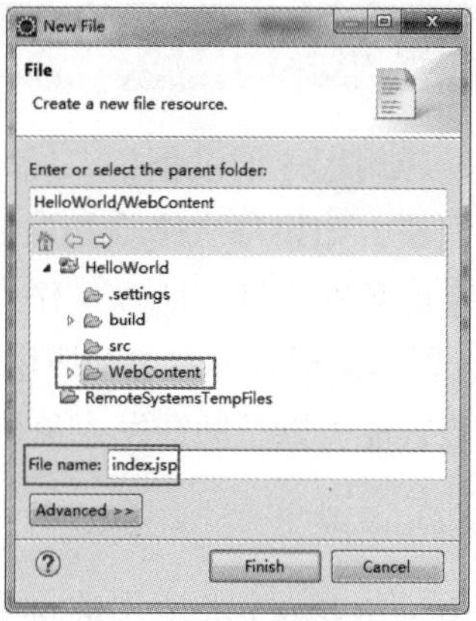


图2-29　新建文件

09 在index.jsp文件中输入如下代码，然后保存对index.jsp文件所做的修改。

```
<%@ page language="java" pageEncoding="UTF-8" %>
<head>
<title>欢迎页面</title>
</head>
<body>
  <h2>Hello World!</h2>
  这是我的第一个Java Web应用。
    <br />
    Java runtime version: <%= System.getProperty("java.version") %>
</body>
```

10 此时，可以将该应用导出为一个WAR文件，然后将WAR文件部署到Tomcat中查看运行效果。选择File | Export命令，打开Export窗口，选择Web组中的WAR file类别，如图2-30所示。

11 单击Next按钮，出现如图2-31所示的界面，设置导出文件的路径和名称，然后单击Finish按钮即可将应用导出为WAR文件。

图2-30　Export窗口

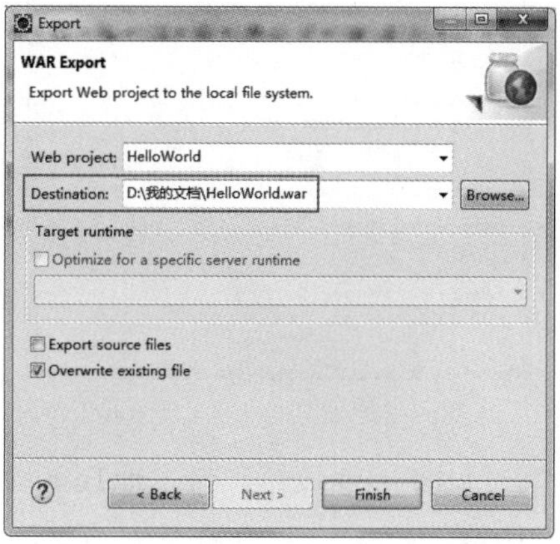


图2-31　设置导出文件的路径和名称

## 2.3.3 在Eclipse中使用Tomcat

在开发应用程序的过程中，经常需要预览或验证某个页面的功能，然后可能需要进一步修改或调整。如果每次修改都重新导出WAR文件，然后部署到Tomcat去预览效果，那将是一件非常麻烦的事情。所以，作为Java EE开发者，必须具有的一个重要技能就是：通过Java IDE部署和调试Tomcat中的应用程序。当应用程序无法运行或者客户反映应用程序出现问题时，该技能可以帮助开发人员快速查找问题。

### 1. 在Eclipse中设置Tomcat

在Eclipse中开发Web应用的首要条件就是将Tomcat设置为运行时环境。具体操作步骤如下。

01 启动Eclipse，选择Windows | Preferences命令，打开Preferences对话框。

02 在该对话框中展开Server节点，然后单击Runtime Environment。右侧窗口将显示Server Runtime Environments相关的内容，用于管理应用服务器和Web容器，它们可用于所有的Eclipse项目。

03 单击Add按钮打开New Server Runtime Environment窗口。

04 展开Apache文件夹，可以看到Tomcat的所有版本相关的选项。根据Tomcat版本选择相应的选项即可，比如选择Apache Tomcat v8.5，然后选中下面的Create a new local server复选框，如图2-32所示。

05 单击Next按钮，设置Tomcat的安装路径。单击Browse按钮，在打开的窗口中浏览至Tomcat 8.5主目录(如D:\Tomcat8.5)，然后单击OK按钮。在JRE下拉列表中，选择2.1节安装的jre 1.8.0_111，如图2-33所示。

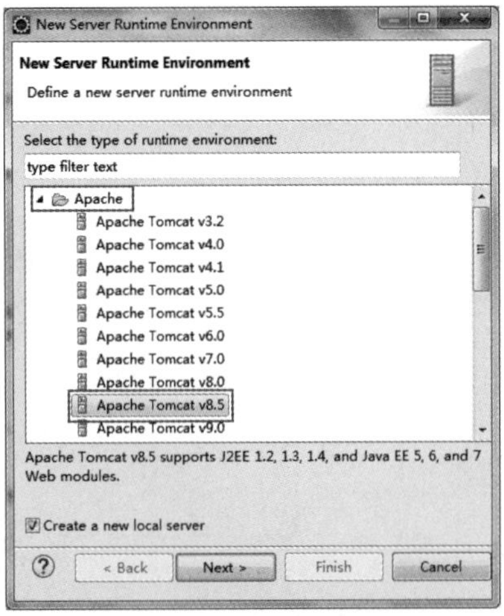


图2-32 New Server Runtime Environment窗口

图2-33 设置Tomcat的安装路径与JRE

06 单击Finish按钮，将本地Tomcat服务器添加到Eclipse，此时的Preferences窗口如图2-34所示。

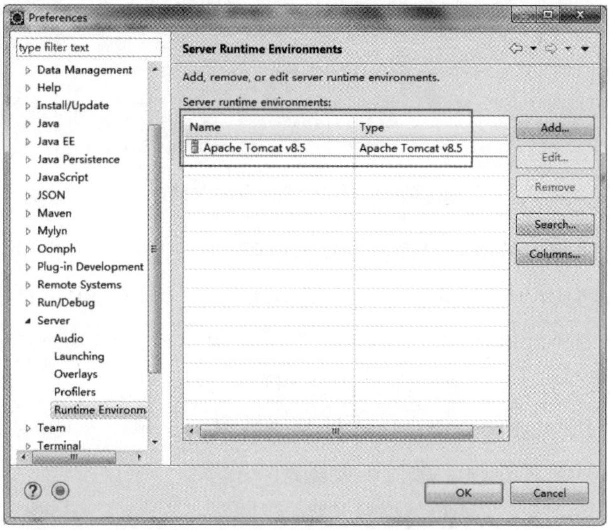


图2-34　添加Tomcat服务器到Eclipse

**07** 单击OK按钮关闭Preferences窗口。现在就可以在Eclipse项目中使用Tomcat了。

### 2. 启动Tomcat并调试程序

在Eclipse中创建新工程时，可以在之前图2-24所示的New Project窗口中选择将要使用的运行时服务器“Target runtime”。不过该配置只为应用程序添加了必需的库，并未真正选择之前创建的Tomcat 8.5服务器。下面介绍如何在HelloWorld工程中使用Tomcat，具体步骤如下。

**01** 启动Eclipse，关闭欢迎页面，Eclipse会默认打开上次使用的工程HelloWorld，选择Project | Properties命令，打开HelloWorld的属性窗口。

**02** 单击左侧的Server选项，右侧将显示该工程当前配置的运行时服务器信息，默认选中的服务器为“<None>”，所以需要将它修改为前面创建的Tomcat 8.5服务器，选中Tomcat v8.5 Server at localhost，如图2-35所示。

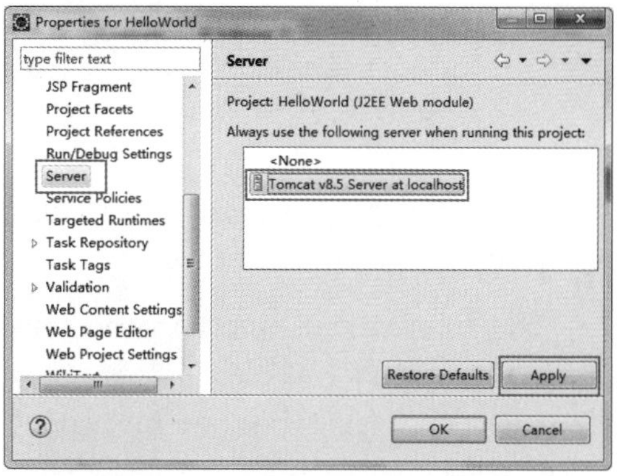


图2-35　设置工程的Server属性

**03** 单击Apply按钮，保存修改，单击OK按钮关闭窗口。

**❖ 说明：**

在此窗口中，单击左侧的Web Project Settings选项，还可以修改Context root选项的值。

**04** 此时，在Eclilpse的主窗口中会发现，index.jsp文件中存在错误信息，相应代码行的前面出现一个红色的图标。将光标移到该行上，会显示详细的错误信息，如图2-36所示。

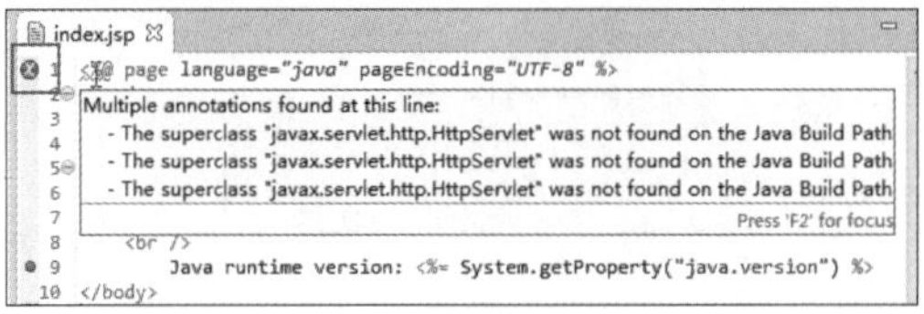


图2-36　查看代码中的错误信息

05 这是因为构建路径中缺少Web应用所依赖的库文件，这里的报错指明缺少javax.servlet.http.HttpServlet类所在的JAR包——servlet-api.jar。解决这个错误的方法是在构建路径中添加Tomcat中的servlet-api.jar文件。但是，为了避免以后出现其他类似的错误，更好的解决方法是把Tomcat运行时的库文件全部添加到构建路径中。

06 选择Project | Properties命令，再次打开属性窗口。单击左侧的Java Build Path选项，右侧将显示该工程当前配置的构建路径，如图2-37所示。

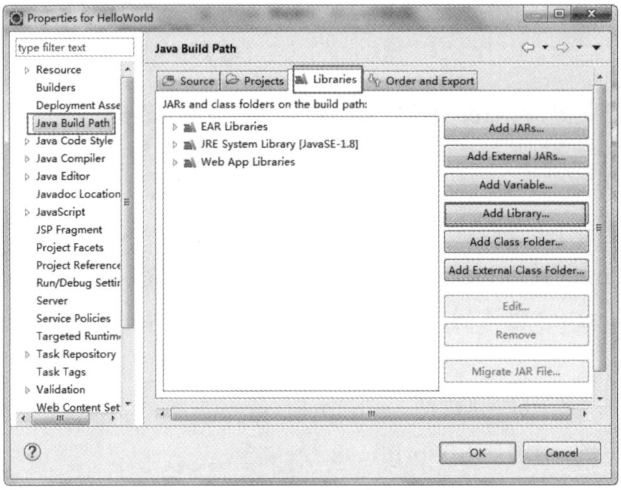


图2-37　配置构建路径

07 单击Add Library按钮，打开Add Library窗口。在列表框中选择Server Runtime，如图2-38所示。

08 单击Next按钮，选择Apache Tomcat v8.5选项，如图2-39所示。单击Finish按钮，关闭Add Library窗口。

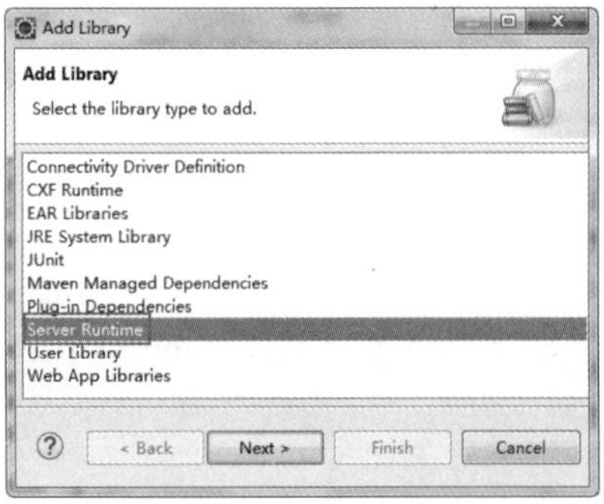


图2-38　Add Library窗口

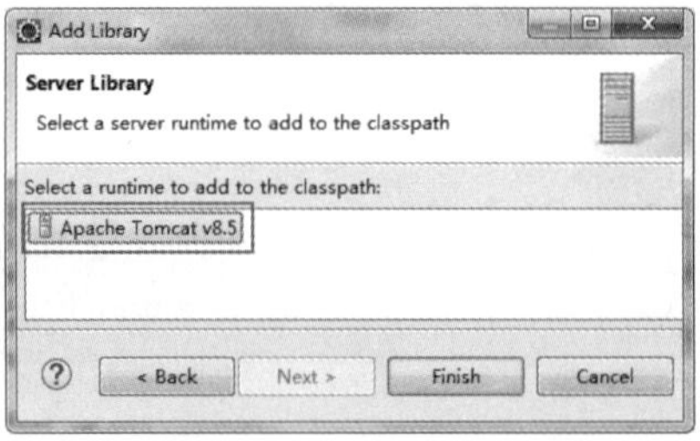


图2-39　选择Tomcat服务器

09 此时，构建路径中已经添加Apache Tomcat v8.5相关的库文件，如图2-40所示。

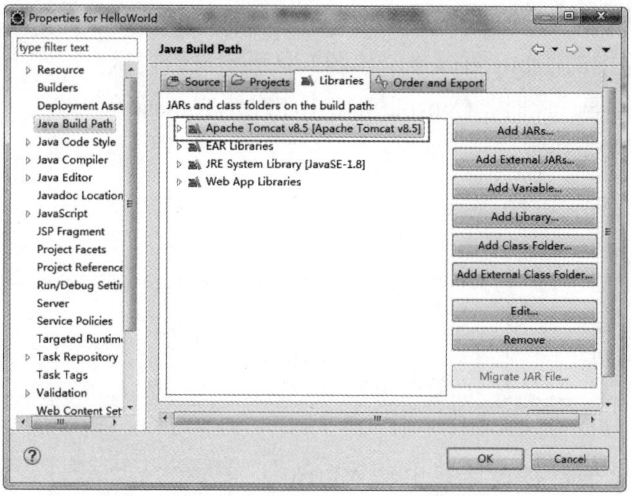

图2-40 在构建路径中添加Tomcat相关的库文件

10 单击OK按钮，关闭属性窗口，刷新项目可以看到错误已经消失。

11 应用程序没有错误后，就可以将应用部署到Tomcat，然后启动调试功能，即可调试程序。在Servers窗口中右击Tomcat v8.5 Server，从弹出的快捷菜单中选择Add and Remove命令，如图2-41所示。

**❖ 提示：**

在主窗口下方如果没有Servers窗口，可以通过Window | Show View | Servers菜单命令来打开Servers窗口。

12 此时将打开Add and Remove窗口，如图2-42所示。其中，左侧的Available列表框中是可以添加到Tomcat中的应用，右侧的Configured列表框中是已经发布到Tomcat中的应用。因为我们只有一个应用，所以可以选中HelloWorld，然后单击Add按钮，即可将其添加到右侧的列表框中。如果此时Tomcat已经启动，则需要选中下面的“If server is started, publish changes immediately”复选框。单击Finish按钮，完成应用的部署。

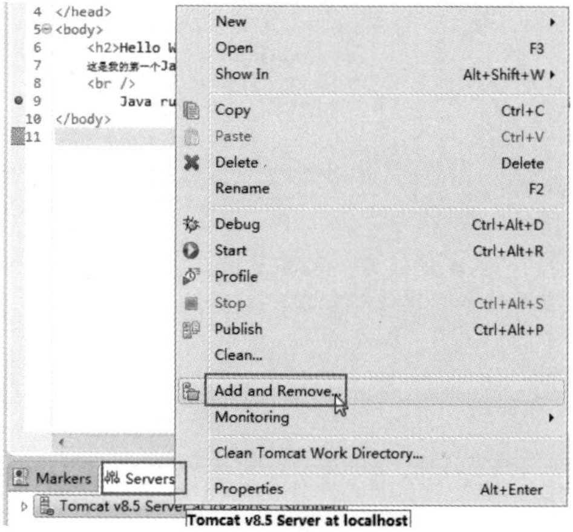

图2-41 应用服务器的快捷菜单

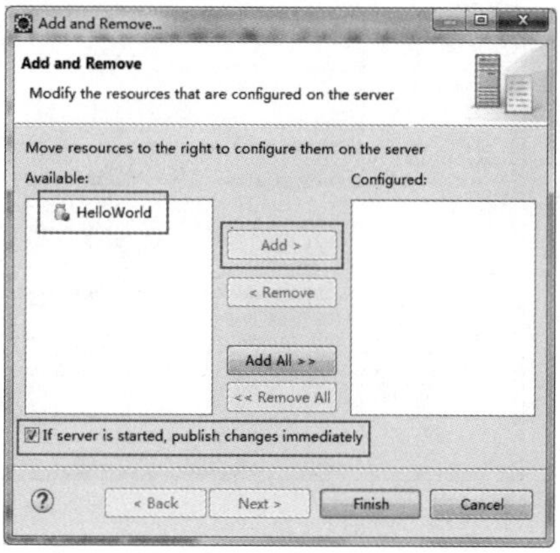

图2-42 Add and Remove窗口

13 在index.jsp的第9行前面的空白处双击鼠标，添加一个断点，如图2-43所示。

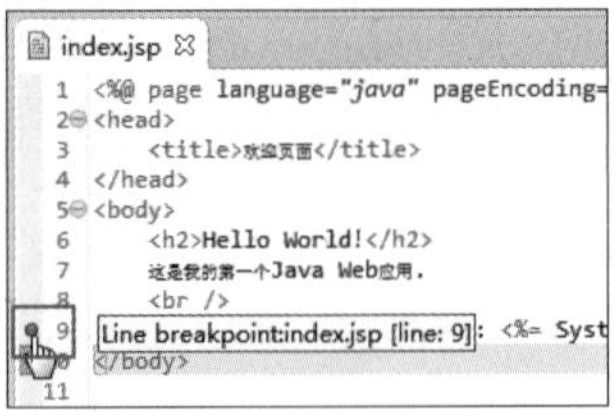


图2-43　添加断点

14 单击工具栏中的Debug图标，如图2-44所示，以调试模式启动Tomcat服务器。此时，Console窗口中将显示Tomcat服务器启动信息，如图2-45所示。

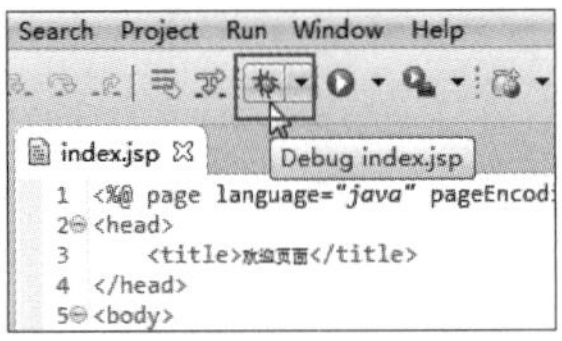


图2-44　以调试模式启动Tomcat服务器

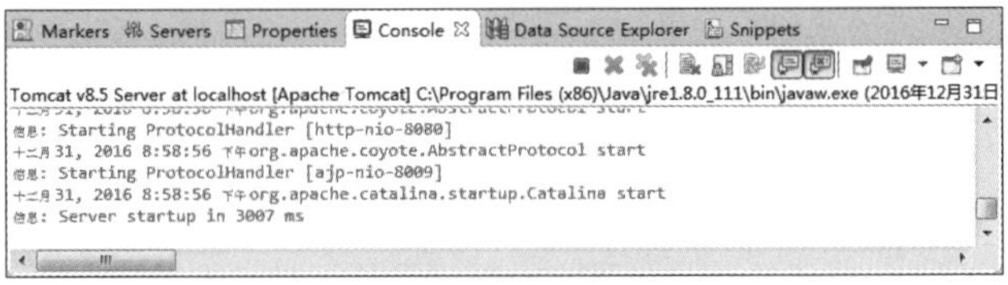


图2-45　Console窗口

15 打开IE浏览器，在地址栏中输入http://localhost:8080/HelloWorld，即可访问HelloWorld应用的欢迎页面index.jsp。由于设置了断点，因此Eclipse将弹出对话框询问是否切换到调试视图，如图2-46所示。

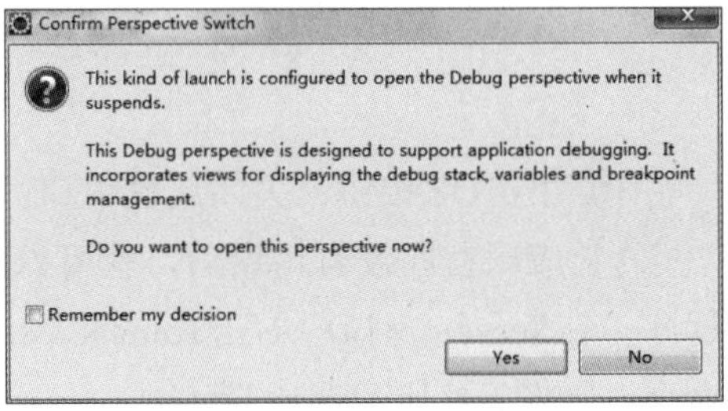


图2-46　询问是否切换视图

16 在调试视图中，各窗口的布局会发生一些变化，读者可根据自己的喜好单击Yes或No按钮决定是否切换到调试视图。如图2-47所示是调试视图的窗口布局，在此视图中，可以单击工具栏中的按钮继续执行程序(图标)或终止调试(图标)，也可以单步执行程序(图标)或进入某个方法的内部(图标)。

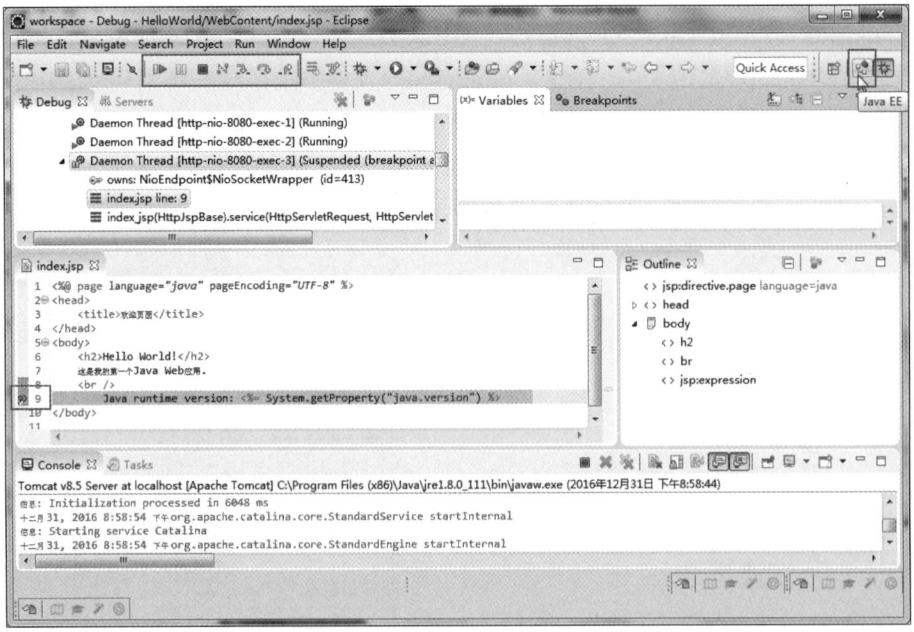


图2-47　调试视图

**❖ 提示：**

从调试视图切换回原来视图的方法是：单击Eclipse工具栏中的“Java EE”图标(在图2-47中的右上角区域)，即可切换到Java EE视图。

17 单击继续图标，使程序继续往下执行，并返回请求结果给浏览器，浏览器中显示的内容如图2-48所示。

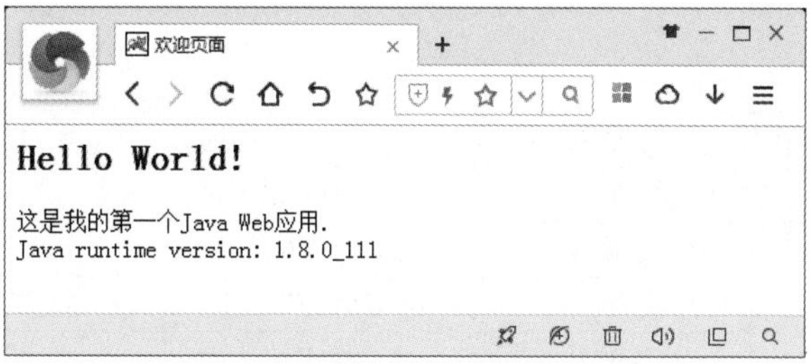


图2-48 HelloWorld的欢迎页面

18 程序调试完成后，可以单击Console窗口中的工具栏按钮来停止Tomcat服务器。

## 2.3.4 Eclipse的常用快捷键

Eclipse提供了丰富的辅助开发功能，而且为很多常用的功能都提供了快捷键，使用这些快捷键可以帮助我们更熟练地使用Eclipse，提高开发效率，对于今后走向工作岗位也大有裨益。

编辑功能的快捷键如表 2-1 所示。

表2-1 编辑功能的快捷键

| 快捷键 | 功能 | 快捷键 | 功能 |
|---|---|---|---|
| Ctrl+F | 查找、替换 | Ctrl+A | 全部选中 |
| Ctrl+C | 复制 | Ctrl+V | 粘贴 |
| Ctrl+Shift+K | 查找上一个 | Ctrl+K | 查找下一个 |
| Ctrl+Z | 撤销 | Ctrl+Y | 重做 |
| Ctrl+X | 剪切 | Delete | 删除 |
| Alt+/ | 内容辅助 | Ctrl+1 | 快速修正 |
| Alt+Shift+↓ | 恢复上一个选择 | Alt+? | 上下文信息 |
| Ctrl+Shift+J | 增量逆向查找 | Ctrl+J | 增量查找 |
| F2 | 显示工具提示描述 | Alt+Shift+↑ | 选择封装元素 |
| Alt+Shift+← | 选择上一个元素 | Alt+Shift+→ | 选择下一个元素 |
| Ctrl+S | 保存文件 | Ctrl+Shift+S | 全部保存 |
| Ctrl+F4 | 关闭文件 | Ctrl+Shift+F4 | 全部关闭 |

Eclipse提供了强大的搜索功能，这些搜索功能的快捷键如表2-2所示。

表2-2　搜索功能的快捷键

| 快捷键 | 功能 | 快捷键 | 功能 |
| --- | --- | --- | --- |
| Ctrl+Shift+U | 出现在文件中 | Ctrl+H | 打开搜索对话框 |
| Ctrl+G | 工作空间中的声明 | Ctrl+Shift+G | 工作空间中的引用 |

Eclipse 是一个多窗口的编辑器，在操作每个窗口的时候也提供了对应的快捷键，如表2-3所示。

表2-3　Eclipse中的窗口快捷键

| 快捷键 | 功能 | 快捷键 | 功能 |
| --- | --- | --- | --- |
| F12 | 激活编辑器 | Ctrl+Shift+W | 切换编辑器 |
| Ctrl+Shift+F6 | 上一个编辑器 | Ctrl+F6 | 下一个编辑器 |
| Ctrl+Shift+F7 | 上一个视图 | Ctrl+F7 | 下一个视图 |
| Ctrl+Shift+F8 | 上一个透视图 | Ctrl+F8 | 下一个透视图 |
| Ctrl+W | 显示标尺上下文菜单 | Ctrl+F10 | 显示视图菜单 |

Eclipse提供的导航相关操作的快捷键如表2-4所示。

表2-4　Eclipse中的导航快捷键

| 快捷键 | 功能 | 快捷键 | 功能 |
| --- | --- | --- | --- |
| Ctrl+F3 | 打开结构 | Ctrl+Shift+T | 打开类型 |
| F4 | 打开类型层次结构 | F3 | 打开声明 |
| Shift+F2 | 打开外部javadoc文档 | Ctrl+Shift+R | 打开资源 |
| Alt+← | 后退历史记录 | Alt+→ | 前进历史记录 |
| Ctrl+, | 上一个 | Ctrl+. | 下一个 |
| Ctrl+O | 显示大纲 | Ctrl+Shift+H | 在层次结构中打开类型 |
| Ctrl+Shift+P | 转至匹配的括号 | Ctrl+Q | 转至上一个编辑位置 |
| Ctrl+Shift+↑ | 转至上一个成员 | Ctrl+Shift+↓ | 转至下一个成员 |
| Ctrl+L | 转至指定行 | | |

Eclipse中对Java源代码的操作也提供了一系列的快捷键，如表2-5所示。

表2-5　Eclipse中的源代码快捷键

| 快捷键 | 功能 | 快捷键 | 功能 |
| --- | --- | --- | --- |
| Ctrl+Shift+F | 格式化 | Ctrl+Shift+O | 组织导入 |
| Ctrl+/ | 注释 | Ctrl+Shift+M | 添加导入 |

Eclipse中对调试应用程序的操作也提供了一系列的快捷键，如表2-6所示。

表2-6　Eclipse中的调试快捷键

| 快捷键 | 功能 | 快捷键 | 功能 |
| --- | --- | --- | --- |
| F7 | 单步返回 | F6 | 单步跳过 |
| F5 | 单步进入 | Ctrl+F5 | 单步跳入选择 |
| F11 | 调试上次启动 | F8 | 继续 |
| Shift+F5 | 使用过滤器单步执行 | Ctrl+Shift+B | 添加/去除断点 |

(续表)

| 快捷键 | 功能 | 快捷键 | 功能 |
|---|---|---|---|
| Ctrl+F11 | 运行上次启动 | Ctrl+R | 运行至指定行 |
| Ctrl+U | 执行 | | |

## 2.4 本章小结

本章对Java EE开发及运行环境进行了详细介绍。首先介绍了JDK的下载与安装，以及环境变量的配置，包括新建两个环境变量(classpath和JAVA_HOME)、编辑原有变量Path的值。接下来讲述了Tomcat服务器的安装与配置，包括将Tomcat安装为Windows服务和将Tomcat安装为命令行应用程序。在安装Tomcat后，介绍了两种部署和卸载应用程序的方法，同时对Java EE Web应用程序的WAR文件进行了简要说明。最后介绍的是Eclipse开发环境，包括Eclipse的安装、使用Eclipse新建Java EE应用，以及在Eclipse中设置并使用Tomcat调试应用程序等内容。通过本章内容的学习，读者应该能独立完成Java EE开发及运行环境的搭建，然后使用Eclipse新建一个简单的Java EE应用程序，并将其部署到Tomcat中运行。

## 2.5 思考和练习

1. 配置JDK环境变量时，需要新建哪两个环境变量？
2. 如何启动和停止Tomcat服务器？
3. 在WAR文件中，应用程序所依赖的JAR文件存放在什么目录中？
4. 如何在Eclipse中设置Tomcat服务器？
5. 上机练习：使用Eclipse新建Java EE Web应用。
6. 练习在Eclipse中使用Tomcat调试Web应用。

# 第 3 章

# JSP 与 Servlet

JSP全名为Java Server Pages，中文名叫作Java服务器页面。它是由Sun公司倡导、许多公司参与一起建立的一种动态网页技术标准。Servlet是用Java语言编写应用到Web服务器端的扩展技术，可以方便地对Web应用中的HTTP请求进行处理，从而生成动态的Java Web页面。与传统的CGI程序相比，Servlet具有更好的可移植性、更强大的功能、更好的安全性等优点。本章将带领读者创建自己的Servlet，通过Servlet来处理客户端请求，并返回响应给客户端。通过本章的学习，读者可以掌握如何使用JSP和Servlet技术来开发Web应用程序。

### 本章学习目标

- 了解Servlet类
- 掌握Servlet的配置和部署
- 掌握JSP的工作原理
- 掌握JSP的编译指令、动作指令
- 掌握JSP的9个内置对象
- 掌握Servlet的生命周期
- 熟悉HttpServletRequest和HttpServletResponse
- 了解doGet和doPost方法
- 了解过滤器的创建与配置
- 掌握监听器的用法
- 掌握$.get()、$.post()和$.ajax()方法的使用

## 3.1　一个简单的JSP+Servlet应用

JSP是简化的Servlet设计，在HTML标签中嵌套Java代码，用以高效开发Web应用的动态网页。在仅使用Servlet的Web应用开发中，部分Servlet代码通过使用打印语句打印HTML

标签来在浏览器中显示页面，而JSP可以代替显示页面的Servlet。在深入学习JSP和Servlet之前，先来看一个简单的JSP+Servlet应用，以使读者能够对JSP+Servlet开发有一个初步的了解。

## 3.1.1 创建Servlet类

在Java EE平台上，Servlet用于接收和响应终端用户的请求。Servlet在Java EE API规范中的定义如下：Servlet是一个运行在Web服务器上的Java小程序。Servlet将会接收和响应来自Web客户端的请求，使用HTTP(超文本传输协议)进行通信。

Servlet是所有Web应用程序的核心类，它是唯一的既可以直接处理和响应用户请求，又可以将处理工作委托给应用中其他部分的类。除非某些过滤器提前终止了客户端的请求，否则所有的请求都将被发送到某些Servlet中。

### 1. 认识Servlet

狭义的Servlet是指Java语言实现的一个接口，广义的Servlet是指任何实现了这个Servlet接口的类，一般情况下将Servlet理解为后者。Servlet通常运行于支持Java的应用服务器中，从原理上讲，Servlet可以响应任何类型的请求，但绝大多数情况下Servlet只用来扩展基于HTTP的Web服务器。

Servlet抽象集是javax.servlet.Servlet接口，它规定了必须由Servlet类实现、由Servlet引擎识别和管理的方法集。Servlet接口的基本目标是提供与Servlet生命周期相关的方法，有init()、service()和destroy()等方法。

Servlet API提供了Servlet接口的直接实现，称为GenericServlet。GenericServlet是一种与协议无关的Servlet，是一种不对请求提供服务的Servlet，仅仅简单地以init()方法启动后台线程并在destroy()中杀死。它可被用于模拟操作系统的端口监控进程。此类提供除了service()方法外所有接口中方法的默认实现。这意味着通过简单地扩展GenericServlet，可以编写一个基本的Servlet。除了Servlet接口外，GenericServlet也实现了ServletConfig接口，处理初始化参数和Servlet上下文，提供对授权传递到init()方法中的ServletConfig对象的方法。本书中的Servlet将总是继承自javax.servlet.http.HttpServlet类，这是一个响应HTTP请求的Servlet，它继承了javax.servlet.GenericServlet，并实现了只接受HTTP请求的service方法。然后，它提供了响应每种HTTP方法类型的方法的空实现，如表3-1所示。

表3-1 针对各种HTTP方法类型的方法

| HTTP方法 | HttpServlet中的方法 | 描述 |
|---|---|---|
| GET | doGet() | 从指定的URL中获取资源 |
| HEAD | doHead() | 与GET一致，唯一的区别在于该请求只返回页面的头部数据 |
| POST | doPost() | 通常用于处理Web表单提交 |
| PUT | doPut() | 存储URL中提供的实体 |
| DELETE | doDelete() | 删除由URL标识的资源 |
| OPTIONS | doOptions() | 返回支持的HTTP方法 |
| TRACE | doTrace() | 用于诊断目的 |

2. 创建自己的Servlet

接下来我们将创建一个Java Web应用，并在其中创建自己的Servlet类。

01 启动Eclipse，根据上一章介绍的步骤创建一个新的Web工程HelloUser，并设置其Target runtime为“Apache Tomcat v8.5”，如图3-1所示。

**❖ 提示：**

*启动Eclipse时，默认会打开上次使用的工程HelloWorld，可通过如下操作来关闭该工程：在Project Explorer窗口中，右击工程名HelloWorld，从弹出的快捷菜单中选择Close Project命令。*

02 在Project Explorer窗口中，展开HelloUser工程，在生成的src目录上单击鼠标右键，从弹出的快捷菜单中选择New | Package命令，如图3-2所示。

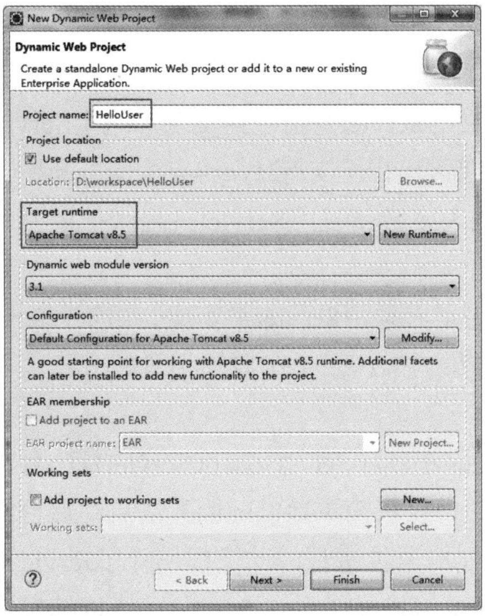


图3-1 新建Web工程HelloUser

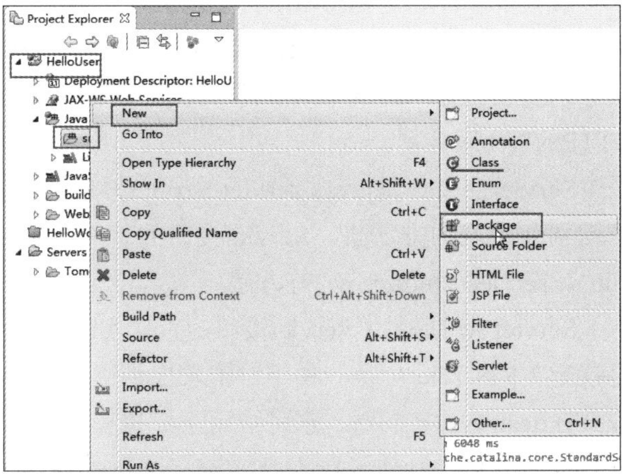


图3-2 新建Package

03 在打开的New Java Package对话框中，输入Package的名字zhaozhixuan，即可在src目录下新建名为zhaozhixuan的Package。然后在该Package下分别新建名为HelloServlet和User的Java类。

04 User类是一个JavaBean，它仅有一个私有属性userName，作用是封装用户在JSP页面的表单中输入的数据，该类的完整代码如下：

```
package zhaozhixuan;
public class User {
    private String userName;
    public String getUserName() {
        return userName;
    }
    public void setUserName(String userName) {
        this.userName = userName;
    }
}
```

❖ 注意：

JavaBean是一种Java语言写成的可重用组件，是指符合如下标准的Java类：类是公共的；有一个无参的公共的构造器；有属性，且有对应的get、set方法。用户可以使用JavaBean将功能、处理、值、数据库访问和其他任何可以用Java代码创造的对象进行打包，并且其他的开发者可以通过内部的JSP页面、Servlet、其他JavaBean、applet程序或者应用来使用这些对象。用户可以认为JavaBean提供了一种随时随地地复制和粘贴的功能，而不用关心任何改变。

05 HelloServlet类是用户自己的一个Servlet，继承自javax.servlet.http.HttpServlet，主要功能是接收客户端发送来的HTTP请求(request)，并返回HTTP响应(response)。在这里我们重写了doPost()方法，该类的完整代码如下：

```
package zhaozhixuan;

import java.io.IOException;
import javax.servlet.RequestDispatcher;
import javax.servlet.ServletException;
import javax.servlet.http.HttpServlet;
import javax.servlet.http.HttpServletRequest;
import javax.servlet.http.HttpServletResponse;

public class HelloServlet extends HttpServlet {
  @Override
  protected void doPost(HttpServletRequest req, HttpServletResponse resp)
throws ServletException, IOException {
    String userName=req.getParameter("USERNAME");
    User user=new User();
    user.setUserName(userName);
    req.setAttribute("user", user);
    RequestDispatcher rd=req.getRequestDispatcher("hello.jsp");
    rd.forward(req, resp);
  }
}
```

在doPost()方法中，通过HttpServletRequest的getParameter()方法获取客户端请求中的参数值；然后使用User类封装数据，以便在客户端可以使用JavaBean获取数据；最后通过HttpServletRequest的getRequestDispatcher方法获得一个javax.servlet.RequestDispatcher对象，该对象可用于处理指定路径下的内部转发和包含。通过该对象，可以将当前请求转发给调用forward()方法的JSP。

## 3.1.2 部署Servlet

Servlet通常都是被部署在Servlet容器内，由容器连接到Web服务器，当客户端进行请求时，Web服务器将请求传递给Servlet容器，容器再调用相应的Servlet。

部署Servlet的操作非常简单，只需将此Servlet在WEB-INF目录下的web.xml文件中添加相应的声明和映射关系即可。

web.xml是Web工程的配置文件，它指示Web容器如何部署应用程序，其中定义了应用程序中所有的监听器、Servlet和过滤器，以及应用程序使用的设置等。新建Web工程后，web.xml文件中只包含<display-name>和<welcome-file-list>两个主要标签。<display-name>中配置的是应用程序在应用服务器上显示的名称；<welcome-file-list>中配置的是应用程序的欢迎页面的文件名列表。

现在需要告诉Web容器创建一个HelloServlet的实例，因此必须在web.xml文件中的<web-app>标签对之间添加一个Servlet标签：

```
<servlet>
  <servlet-name>HelloServlet</servlet-name>
  <servlet-class>zhaozhixuan.HelloServlet</servlet-class>
</servlet>
```

接下来，需要告诉该Servlet应该对哪些请求URL做出响应。在<servlet>标签的后面添加如下配置信息：

```
<servlet-mapping>
  <servlet-name>HelloServlet</servlet-name>
  <url-pattern>/hello</url-pattern>
</servlet-mapping>
```

使用了该配置之后，所有访问应用程序相对URL /hello的请求都将由HelloServlet处理。如果应用程序部署后的URL为http://www.example.net，那么Servlet响应的URL地址应为http://www.example.net/hello。

**❖ 注意：**

<servlet>和<servlet-mapping>标签内的<servlet-name>标签应该一致，Web容器通过这种方式关联这两个配置。

当然，也可以将多个URL映射到同一个Servlet，例如下面的配置就是将3个URL都映射到相同的Servlet——HelloServlet：

```
<servlet-mapping>
  <servlet-name>HelloServlet</servlet-name>
  <url-pattern>/hello</url-pattern>
  <url-pattern>/do</url-pattern>
  <url-pattern>/welcome</url-pattern>
</servlet-mapping>
```

此时，可以将HelloUser工程部署到Tomcat服务器，然后在Eclipse中启动Tomcat服务器。打开IE浏览器，在地址栏中输入http://localhost:8080/HelloUser/hello，访问该地址将发起一个HTTP GET请求，根据上面的配置，该请求由HelloServlet做出响应。但是由于该类没有重写doGet()方法，因此会返回一个HTTP状态码405作为响应，提示该URL不支持GET方法，如图3-3所示。

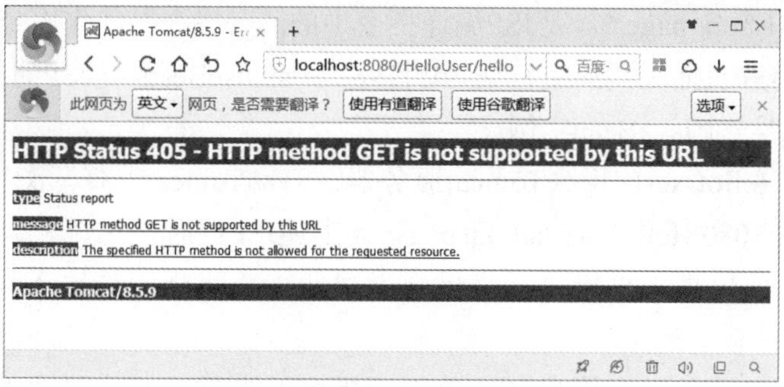


图3-3　HTTP-405错误

## 3.1.3　创建JSP文件

本节将创建一个JSP文件，通过该JSP文件向应用程序发起HTTP POST请求，调用HelloServlet中重写的doPost()方法。

01 在HelloUser工程中，新建一个文件hello.jsp，存放在WebContent中。

02 在该文件中输入如下代码：

```
<%@ page language="java" pageEncoding="UTF-8"%>
<jsp:useBean id="user" scope="request" class="zhaozhixuan.User"></jsp:useBean>
<html>
<head>
<title>一个简单的JSP+Servlet</title>
</head>
<body>
  <%
    if (user.getUserName() != null) {
      if (user.getUserName().equals("")) {
  %>
  请输入用户名
  <%
    } else {
  %>
  欢迎你，<%=user.getUserName()%>
  <br />
  <%
    }
    }
  %>
  <form action="hello" method="post">
    用户名：<input type="text" name="USERNAME" /> <br />
    <input type="submit" name="submit" value="提交" />
  </form>
</body>
</html>
```

上述代码中，<%@ page %>是JSP编译指令中的page指令，其作用是指定JSP脚本所采用的语言为Java、JSP页面编码的字符集为UTF-8。<jsp:useBean>是JSP的一个动作指令，用来在JSP页面中创建一个JavaBean实例。

03 重新部署HelloUser应用到Tomcat服务器。启动Tomcat，打开浏览器，在地址栏中输入http://localhost:8080/HelloUser/hello.jsp，访问上述JSP页面。

04 不输入任何信息，直接单击“提交”按钮，将出现“请输入用户名”的提示信息，如图3-4所示。

05 在文本框中输入一个用户名，单击“提交”按钮，将出现“欢迎你，×××”(×××是用户在文本框中输入的用户名)的欢迎信息，如图3-5所示。

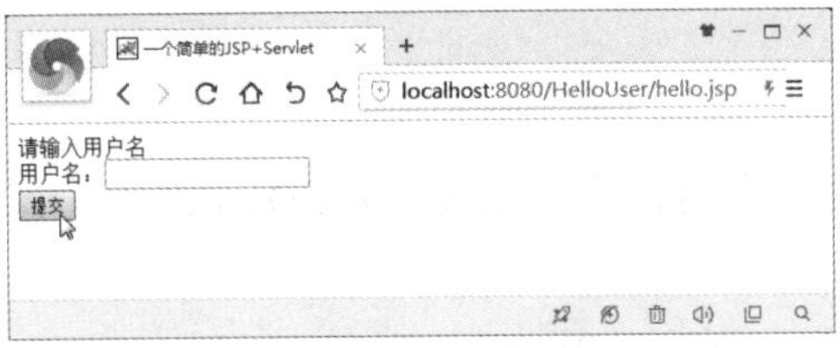


图3-4　未输入任何信息时的页面

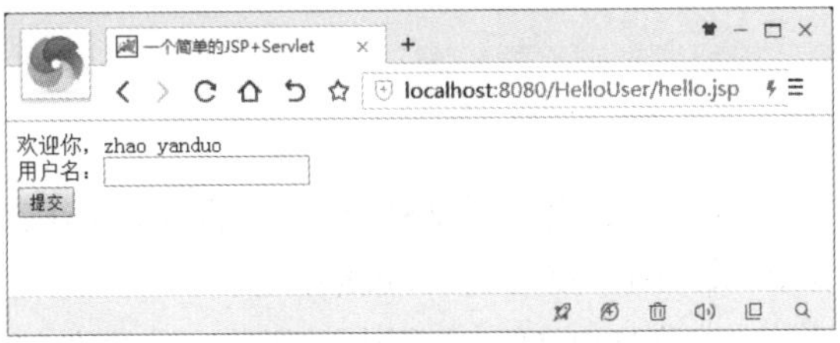


图3-5　显示欢迎信息

# 3.2　JSP技术初步

本节将简要介绍JSP的工作原理、基本语法、指令、内置对象、脚本和表达式等。

## 3.2.1　JSP的工作原理

JSP实际上是一个精心设计的Servlet，如同Web容器中的其他Servlet一样，JSP也有自己的生命周期。

JSP的工作原理如图3-6所示。JSP可以把JSP页面的执行分成两个阶段：一个是转译阶段，另一个是请求阶段。转译阶段可以将JSP页面转换成Servlet类。请求阶段是Servlet类的执行，将响应结果发送至客户端，可以分为以下六步完成。

(1) 用户(客户机)访问响应的JSP页面，例如“http:/localhost:8080/test/hello.jsp”。

(2) 服务器找到相应的JSP页面。

(3) 服务器将JSP转译成Servlet的源代码。

(4) 服务器将Servlet源代码编译为class文件。

(5) 服务器将class文件加载到内存并执行。

(6) 服务器将class文件执行后生成HTML代码发送给客户机，客户机浏览器根据响应的HTML代码进行显示。如果一个JSP页面为第一次执行，那么会经过这两个阶段，如果不是第一次执行，那么只会执行请求阶段，这也是为什么第二次执行JSP页面时明显比第一次执行要快的原因。如果修改了JSP页面，那么服务器将发现该修改，并重新执行转译阶段和请求阶段，这也是为什么修改页面后访问速度变慢的原因。

接下来，JSP引擎会创建一个该Servlet的实例，并执行该实例的jspInit()方法，然后创建并启动一个新的线程，新线程调用实例的jspService()方法。

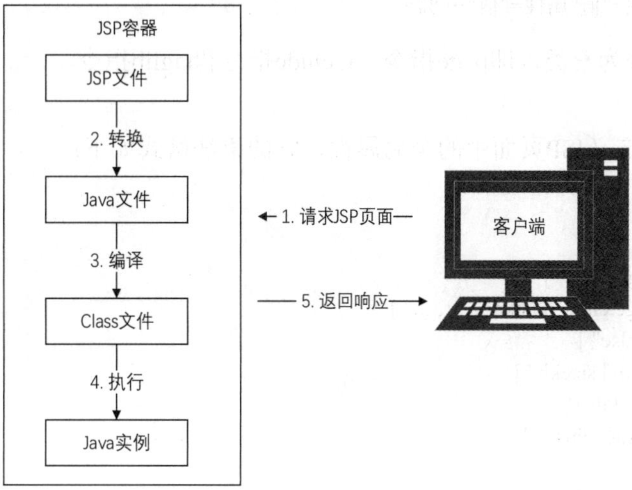


图3-6 JSP的工作原理

❖ 说明：

对于每一个请求，JSP引擎会创建一个新的线程来处理该请求。如果有多个客户端同时请求该JSP文件，则JSP引擎会创建多个线程，每个客户端请求对应一个线程。

浏览器在调用JSP文件时，Servlet容器会把浏览器的请求和对浏览器的回应封装成HttpServletRequest和HttpServletResponse对象，同时调用对应的Servlet实例中的jspService()方法，把这两个对象作为参数传递到jspService()方法中。jspService()方法执行后会将HTML内容返回给客户端。

如果JSP文件被修改，服务器将根据设置决定是否对该文件进行重新编译。如果需要重新编译，就用编译结果取代内存中的Servlet，并继续上述处理过程。

如果系统资源不足，JSP引擎将以某种不确定的方式将Servlet从内存中移除。当这种情况发生时，jspDestroy()方法首先被调用，然后Servlet实例便被标记加入“垃圾收集”处理。

## 3.2.2 JSP文件中的内容

一个JSP页面就是一个以.jsp为扩展名的程序文件，其组成元素包括HTML/XHTML标记、JSP标记与各种脚本元素。其中，JSP标记可分为两种，即JSP指令标记和JSP动作标记(也称动作指令)。脚本元素则是嵌入JSP页面中的Java代码，包括声明(Declarations)、表达式(Expressions)和脚本小程序(Scriptlets)等。

### 1. JSP指令标记

JSP指令标记是专为JSP引擎设计的，仅用于告知JSP引擎如何处理JSP页面，而不会直接产生任何可见的输出。指令标记又称为指令元素(directive element)，其语法格式为：

```
<%@ 指令名属性="值"属性="值"… %>
```

JSP指令标记分为三类，即page指令、include指令和taglib指令。

1) page指令

page指令用于定义JSP页面中的全局属性，它的语法格式如下：

```
<%@ page
[ language="java" ]
[ extends="package.class" ]
[ import="{package.class | package.*}, ..." ]
[ session="true | false" ]
[ buffer="none | 8kb | sizekb" ]
[ autoFlush="true | false" ]
[ isThreadSafe="true | false" ]
[ info="text" ]
[ errorPage="relativeURL" ]
[ contentType="mimeType ]
[ isErrorPage="true | false" ]
[ pageEncoding="ISO-8859-1" ]
%>
```

其中，各属性的含义如表3-2所示。

表3-2 page指令的属性

| 属性 | 描述 |
|---|---|
| language | 声明脚本语言的种类，暂时只能用"java" |
| extends | 该属性指定当前JSP Servlet的父类。使用了该属性的JSP将无法从一个Web容器迁移到另一个Web容器，它也不是必须使用的。所以一般不要使用它 |
| import | 需要导入的Java包的列表，这些包被用于程序段、表达式及声明 |
| session | 设置客户是否需要HTTP Session，默认需要 |
| autoFlush | 设置如果buffer溢出，是否需要强制输出，默认值为true，输出正常；如果设置为false，当buffer溢出时，就会导致意外错误的发生。如果buffer设置为none，那么就不能把autoFlush设置为false |
| buffer | buffer的大小被out对象用于处理执行后的JSP对客户端浏览器的输出。默认值是8KB |
| isThreadSafe | 设置JSP文件是否能多线程使用。默认值是true |
| Info | 指定JSP页面的相关信息，可以使用Servlet.getServletInfo方法取回 |
| errorPage | 指定当前JSP页面发生错误时转向的错误页面 |
| isErrorPage | 设置此页是否为出错页，如果被设置为true，就能使用exception对象 |
| contentType | 设置页面的MIME类型。默认MIME类型是text/html |
| pageEncoding | 指定JSP页面的字符编码，可以使用contentType="text/html" pageEncoding="UTF-8"取代之前的contentType="text/html;charset=UTF-8" |

常见的page指令有关属性的代码设置如下：

```
<%@ page contentType="text/html; charset=GBK"%>
<%@ page import="java.util.*,java.lang.*"%>
<%@ page buffer="5kb" autorFlush="false"%>
<%@ page errorPage="error.jsp"%>
<%@ page import="java.util.Date"%>
<%@ page import="java.util.*, java.awt.*"%>
```

page指令作用于整个JSP页面，同样包括静态的包含文件。但是<%@ page %>指令不能作用于动态的包含文件，比如使用<jsp:include>指令包含的文件。在一个JSP页面中，可以有多个page指令，但是其中的属性只能用一次，import属性除外，因为import属性和Java中的import语句差不多，所以可以多次使用此属性。

**❖ 提示：**

无论page指令放在JSP文件的什么位置，它的作用范围都是整个JSP页面。不过，为了保持JSP程序的可读性，以及养成好的编程习惯，最好还是把它放在JSP文件的顶部。

2) include指令

include指令用于在JSP页面中包含其他文件，其语法格式如下：

```
<%@include file="relativeURL"%>
```

其中，file属性用于指定被包含的文件。被包含文件的路径通常为相对路径，若路径以“/”开头，则该路径为参照JSP应用的上下文路径；若路径以文件名或目录名开头，则该路径为正在使用的JSP文件的当前路径。例如：

```
<%@ include file="error.jsp"%>
<%@ include file="/include/calendar.jsp"%>
<%@ include file="/templates/header.html"%>
```

include指令主要用于解决重复性页面问题，其中要包含的文件在本页面编译时被引入。

include指令包含的过程是静态的，包含的文件可以是JSP、HTML或inc文件等。所谓静态包含，是指JSP页面和被包含的文件先合并为一个新的JSP页面，然后JSP引擎再将这个新的JSP页面转译为Java类文件。其中，被包含的文件应与当前的JSP页面处于同一个Web项目中，可以是文本文件、HTML/XHTMI文件、JSP页面或Java代码段等，但必须要保证合并而成的JSP页面符合JSP的语法规则，即能够成为一个合法的JSP页面文件。

3) taglib指令

tablib指令允许用户使用标签库自定义新的标签，其语法格式如下：

```
<%@ taglib uri="taglibURI" prefix="tabPrefix" %>
```

其中，uri属性指定目标标签库所属的URI命名空间，其值可以是相对路径、绝对路径或标签库描述文件；属性prefix则定义了标签的前缀。

### 2. JSP的动作指令

JSP的动作指令和编译指令不同，编译指令用于设置整个JSP页面相关的属性，而动作指令则用于运行脚本动作。JSP的动作指令主要有如下7种。

1) jsp:include指令

jsp:include指令用于在请求的处理阶段包含来自一个Servlet或JSP页面的响应。和编译指令include不同，其包含的过程是静态的，而jsp:include指令则是动态的方式，其语法格式如下：

```
<jsp:include page="文件路径" />
```

或者

```
<jsp:include page="文件路径">
    <jsp:param name="parameterName1" value="参数值" />
    <jsp:param name="parameterName2" value="参数值" />
    ……
</jsp:include>
```

当引入文件需要传递参数时，使用上述第2种形式。

标签<jsp:include>不包含file属性；它只有page属性，与include指令一样，它使用的路径仍然是相对于当前文件的相对路径，或者从Web根目录开始的绝对路径。

所谓的动态包含是指：不是在转换时添加被包含文件，被包含的文件将会单独编译。在运行时，请求将会被临时重定向至被包含的JSP，再将该JSP的结果输出到响应中，然后再将控制权返还给主JSP页面。

两种包含文件的方法各有优劣。include编译指令执行速度相对较快，灵活性较差(只编译一个文件，但是一旦有一个文件发生变化，两个文件都要重新编译)；include动作指令执行速度相对较慢，但灵活性较高。在使用时，如果是静态页面，则使用include编译指令；如果是动态页面，则使用include动作指令。

**❖ 注意：**

当被包含的JSP文件有修改时，JSP引擎会及时发现并重新编译。这也是include动作指令与include编译指令的最大不同。

2) jsp:forward指令

jsp:forward指令与jsp:include指令类似，通过该指令可以将当前JSP正在处理的一些请求转发至其他JSP。与jsp:include不同的是，被转发的请求不会再返回到原始JSP中。这不是重定向，客户端浏览器无法看到这个变化。所以在转发发生时，当前JSP在响应中输出的内容依然存在；它们不会被擦除，就像这是一个重定向操作一样。<jsp:forward>标签的用法也非常简单，与<jsp:include>标签类似：

```
<jsp: forward page="文件路径" />
```

或者

```
<jsp: forward page="文件路径">
    <jsp:param name="parameterName1" value="参数值" />
    <jsp:param name="parameterName2" value="参数值" />
    ……
</jsp: forward >
```

3) jsp:param指令

param动作标记用于以“名称-值”对的形式为其他标记提供附加信息(即参数)，必须与include、forward或plugin等动作标记一起使用。其语法格式为：

```
<jsp:param name="{parameterName" value="(parametervalue | <%=expression %>}"/>
```

其中，name属性用于指定参数名，value属性用于指定参数值(可以是JSP表达式)。例如：

```
<jsp:param name="username" value="abc"/>
```

该param动作标记指定了一个参数username，其值为abc。

4) jsp:plugin指令

jsp:plugin指令是一个在HTML页面中内嵌Java Applet的便利工具。使用jsp:plugin指令，可以使Java Applet能够在所有主流浏览器中正确运行。

5) jsp:useBean指令

jsp:useBean指令用来在JSP页面内创建一个JavaBean实例，简单地说，它就是一个java类，可以重复地使用。它必须遵循以下规定：是一个公有类；具有一个公有的不带参数的构造方法；每个属性必须定义一组getXXX()和setXXX()方法，以便读取和存储其属性值。符合上述规定的JavaBean，将拥有事件处理、自省机制、永续存储等特性。其语法格式如下：

```
<jsp:useBean id="JavaBean的名字" scope="有效范围" class="JavaBean的类名" />
```

其中，id属性指定了JavaBean的名称，只要在有效范围内，都可以使用这个名称来调用它。scope的可取值有request、session、page和application。class属性指定了JavaBean所属的类名，类名要包含完整的包名。

6) jsp:getProperty指令

jsp:getProperty指令用来读取Bean的属性值，并将其转换成一个字符串输出到页面上，其语法格式如下：

```
<jsp:getProperty name="beanName" property="属性名" />
```

其中，name属性的值对应jsp:useBean指令中的id值，property指定要获取的属性名。该动作实际是调用Bean的getter方法。

7) jsp:setProperty指令

jsp:setProperty指令用于设置JavaBean的属性值。通过jsp:setProperty指令来设置JavaBean属性的方法有4种，分别为自动匹配(也被称为根据所有参数设置JavaBean属性)、指定属性、指定参数和指定内容。

- 自动匹配的语法格式如下：

```
<jsp:setProperty name = "beanName" property = "*"/>
```

- 指定属性的语法格式如下：

```
<jsp:setProperty name = "beanName" property = "propertyName" />
```

- 指定参数的语法格式如下：

```
<jsp:setProperty name = "beanName" property = "propertyName" value = "BeanValue"/>
```

- 指定内容的语法格式如下：

```
<jsp:setProperty name = "beanName" property = "propertyName" param = "paramName"/>
```

其中，name属性的值对应jsp:useBean指令中的id值；property="*"表示所有名字和Bean属性名字匹配的请求参数都将被传递给相应属性的setter方法；当property有具体值时，表示匹配一个Bean属性；value属性表示使用指定的值来设置属性；param属性表示根据request对象中的参数来匹配属性。

❖ **说明：**

由于表单中传过来的数据类型都是String 类型，JSP的内在机制会把这些参数转换成Bean属性对应的类型。

### 3. JSP声明

JSP声明用于定义JSP程序所需要的变量、方法与类，其声明方式与Java中的相同，语法格式为：

```
<%! declaration;[declaration;]…%>
```

其中，declaration为变量、方法或者类的声明。JSP声明通常写在脚本小程序的最前面。

下面是在JSP页面中使用声明的示例代码：

```
<%!
  int score=98;                          //声明一个变量
  public int getMax(int i,int j){        //声明一个方法
    return i>j?i:j;
  }
%>
```

声明不会在JSP页面内产生任何输出，它的作用仅限于定义变量和方法。如果需要生成输出结果，可以使用JSP表达式或脚本。

### 4. JSP脚本

与声明类似，脚本也是Java代码，脚本需要包含在“<%”和“%>”标记之间。这种Java代码在Web服务器响应请求时会执行，在脚本段的周围可能是传统的HTML标签。使用脚本段，可以创建条件执行代码或调用另一段代码。其语法格式为：

```
<% Scriptlets %>
```

其中，Scriptlets为相应的代码序列。在该代码序列中所声明的变量属于JSP页面的局部变量。

例如，下面的脚本示例：

```
<%
    int role=0;
    if(role==0){
%>
  <p align="center"> 你好，你是网站管理员  </p>
<%
    }else {
%>
  <p align="center"> 你好，欢迎访问教育网站  </p>
<%
    }
%>
```

上述代码中就是通过JSP脚本程序创建条件执行代码，根据变量role的值，选择输出“你好，你是网站管理员”或“你好，欢迎访问教育网站”信息到JSP页面中。也就是说，将由JSP脚本程序的条件代码决定输出哪个<p>标签。

声明与脚本的重要区别在于：声明中的代码将在转换时被复制到JSP Servlet类的主体中，并且它们可用于声明某些字段、类型或方法；而脚本将被复制到_jspService方法的主体中。该方法中的所有局部变量都可以在脚本中使用，在该方法体中任何合法的代码在脚本中也是合法的。所以，在脚本中可以定义局部变量而不是实例字段。

声明中定义的类、方法或变量都可以在脚本中使用，但脚本中定义的类或变量不能在声明中使用。

### 5. 使用表达式

JSP表达式也是Java代码，用于向客户端输出一些内容，表达式需要包含在“<%=”和“%>”标记之间，其语法格式为：

```
<%=expression%>
```

可以在表达式中执行数学计算，还可以调用一些返回字符串、数字或其他原生类型的方法，因为这些类型的返回值都是可显示的。表达式在运行后会被自动转换为字符串，然后插入页面指定的位置。

表达式的作用域与脚本相同；如同脚本一样，表达式也将被复制到_jspService方法中。

### 6. 注释语句

JSP页面中的注释可分为3种，即HTML/XHTML注释、JSP注释和Java注释。

1) HTML/XHTML注释

HTML/XHTML注释指的是在标记符号“<!--”与“-->”之间加入的内容。其语法格式为：

```
<! --comment|<%=expression%>-->
```

其中，comment为注释内容，expression为JSP表达式。

对于HTML/XHTML注释，JSP引擎会将其发送到客户端，从而用户可以在浏览器中通过查看源代码的方式查看其内容，因此HTML/XHTML注释又称为客户端注释或输出注释。这种注释类似于HTML文件中的注释，唯一不同的是前者可在注释中应用表达式，以便动态生成不同内容的注释。例如：

```
<!--现在时间是：<%=(new java.util.Date()).toLocalestring()%>-->
```

在将该代码放在一个JSP文件的body中运行后，即可在其源代码中看到相应的注释内容。例如：

```
<! --现在时间是：2021-6-1816:30:28-->
```

2) JSP注释

JSP注释指的是在标记符号“<%--”与“--%>”之间加入的内容。其语法格式为：

```
<%-- comment --%>
```

其中，comment为注释内容。

JSP引擎在编译JSP页面时会自动忽略JSP注释，不会将其发送到客户端。JSP注释又称为服务器端注释或隐藏注释，它仅对服务器端的开发人员可见，对客户端是不可见的。

3) Java注释

Java注释只用于注释JSP页面中的有关Java代码，可分为以下3种情形。

- 使用双斜杠“/”进行单行注释，其后至行末的内容均为注释。
- 使用“*”与“*/”进行多行注释，二者之间的内容均为注释。
- 使用“*”与“*”进行多行注释，二者之间的内容均为注释。使用这种方式可将所注释的内容文档化。

## 3.2.3 JSP的内置对象

由于JSP使用Java作为脚本语言，因此JSP具有强大的对象处理能力，并且可以动态地创建Web页面内容。但Java语法在使用一个对象前需要先实例化这个对象，这是一件比较烦琐的事情。JSP为了简化开发，提供了一些内置对象，这些对象是在JSP运行环境中预先定义的，可在JSP页面的脚本部分直接加以使用。

在JSP中，内置对象共有9个，分别为request对象、response对象、session对象、out对象、application对象、exception对象、page对象、config对象和pageContext对象。

### 1. request对象

request对象包含的是客户端向服务器发出请求的内容，即该对象封装了用户提交的请求。这个请求可以发送给当前JSP页面，也可以由JSP的动作标签forward发送到另外的JSP或者Servlet中去，这样，请求是可以跨越一个甚至多个Servlet或JSP页面的。由客户端发出的请求数据和另外的Servlet或者JSP页面提供的数据，都是可以存储在request作用域中的。request对象是HttpServletRequest的一个实例，主要用来获取客户端请求的数据，包括头信息、客户端地址、请求方式、请求参数等。request对象的常用方法如表3-3所示。

表3-3 request对象的常用方法

| 方法 | 描述 |
|---|---|
| getAttribute(String name) | 获取指定属性的属性值 |
| getAttributeNames() | 获取所有可用属性名的枚举 |
| getParameter(String name) | 获取name指定参数的参数值 |
| getParameterNames() | 获取可用参数名的枚举 |
| getParameterValues(String name) | 获取包含参数name的所有值的数组 |
| getProtocol() | 获取请求用的协议类型及版本号 |
| getServerName() | 获取接受请求的服务器主机名 |
| getServerPort() | 获取服务器接受此请求所用的端口号 |
| getCookies() | 获取Cookies对象 |
| getSession() | 获取Session对象 |
| getRemoteAddr() | 获取发送此请求的客户端IP地址 |
| getRemoteHost() | 获取发送此请求的客户端主机名 |
| getMethod() | 获取客户端提交数据的方式，如GET、POST |
| getHeader() | 获取文件头信息 |
| getQueryString() | 获取请求中的查询字符串 |

### 2. response对象

response对象和request对象相对应，用于响应客户请求，向客户端输出信息。response是 HttpServletResponse的实例，封装了JSP产生的响应客户端请求的有关信息，如回应的Header、回应本体(HTML的内容)以及服务器端的状态码等信息，将这些信息提供给客户端。请求的信息可以是各种数据类型的，甚至是文件。response对象的常用方法如表3-4所示。

表3-4 response对象的常用方法

| 方法 | 描述 |
|---|---|
| getCharacterEncoding() | 返回响应时采用的是字符编码 |
| getOutputStream() | 返回响应的一个二进制输出流 |
| getWriter() | 返回可以向客户端输出字符的一个对象 |
| setContentLength(int len) | 设置响应头长度 |
| setContentType(String type) | 设置响应的MIME类型 |
| sendRedirect(String location) | 重定向客户端的请求 |
| flushBuffer() | 强制把当前缓冲区中的数据发送到客户端 |
| addCookie(Cookie cookie) | 在客户端添加一个cookie |

response对象具有页面作用域，即访问一个页面时，该页面内的response对象只能对这次访问有效，其他页面的response对象对当前页面无效。在JSP中很少直接用到它，而在服务器端的Servlet中使用比较多。

### 3. session对象

从一个客户打开浏览器并连接到服务器开始，到客户关闭浏览器断开与服务器的连接结束，这个阶段称为会话。session对象就是用来保存用户的会话信息和会话状态的，它是HttpSession的一个实例。当一个客户首次访问服务器上的一个JSP页面时，JSP引擎产生一个session对象，同时分配一个String类型的ID号，JSP引擎同时将这个ID号发送到客户端，存放在Cookie中，这样session对象和客户之间就建立了一一对应的关系。当客户再访问连接该服务器的其他页面时，不再分配给客户新的session对象，直到客户关闭浏览器后，服务器端该客户的session对象才取消，并且和客户的会话对应关系消失。当客户重新打开浏览器再连接到该服务器时，服务器为该客户再创建一个新的session对象。

session对象的常用方法如表3-5所示。

表3-5　session对象的常用方法

| 方法 | 描述 |
|---|---|
| getCreationTime() | 获取session对象的创建时间 |
| isNew() | 判断用户是否参与了会话 |
| invalidate() | 取消session，使session不可用 |
| getId() | 获取JSP引擎为session分配的唯一ID号 |
| removeValue(String name) | 删除session中指定的属性 |
| getLastAccessedTime() | 获取此session中客户端最近一次请求的时间 |
| setAttribute(String key,Object obj) | 将obj对象添加到session对象中，并为其指定索引值key |
| getAttribute(String key) | 获取session中指定索引值的对象 |

上一小节在学习page指令时提到过，page指令有一个session属性，并且默认值为真，所以在所有的JSP中都可以使用session变量。如果将page指令的session属性设置为假，那么JSP中就不能使用session对象了。session对象存在一定时间过期问题，所以存在session中的名值对会在一定时间后失效，可以通过更改session有效时间来避免这种情况。同时编程时尽量避免将大量有效信息存储在session中，request是一个不错的替代对象。

### 4. out对象

out对象是在Web应用开发过程中使用最多的一个对象，其功能就是动态地向JSP页面输出字符流，从而把动态的内容转换成HTML形式来展示。out对象用于在Web浏览器内输出信息，并且管理应用服务器上的输出缓冲区。在使用out对象输出数据时，可以对数据缓冲区进行操作，及时清除缓冲区中的残余数据，为其他的输出让出缓冲空间。待数据输出完毕后，要及时关闭输出流。它是JspWriter类的一个实例，如同通过调用HttpServletResponse的getWriter方法获得Writer一样。当有动态信息要展示给用户的时候，就可以使用out对象。out对象的常用方法如表3-6所示。

表3-6　out对象的常用方法

| 方法 | 描述 |
|---|---|
| clear() | 清除缓冲区的内容 |
| clearBuffer() | 清除缓冲区的当前内容 |

(续表)

| 方法 | 描述 |
|---|---|
| flush() | 清空流 |
| getBufferSize() | 获取缓冲区字节数的大小，如果不设置缓冲区，则为0 |
| getRemaining() | 获取缓冲区还剩余多少空间可用 |
| isAutoFlush() | 返回缓冲区满时，是自动清空还是抛出异常 |
| newLine() | 输出一个换行符 |
| print()/println() | 输出各种类型的数据 |
| close() | 关闭输出流 |

### 5. page对象

page对象就是指当前JSP页面本身，有点像Java类中的this指针，它是java.lang.Object类的实例，看起来似乎毫无用处。不过事实上，它代表了JSP Servlet对象的this变量。所以，可以将它强制转换为Servlet对象，并使用Servlet接口中已定义的方法。它还实现了javax.servlet.jsp.JspPage(继承了Servlet)和javax.servlet.jsp.HttpJspPage(继承了JspPage)接口，所以也可以将该对象强制转换为这两个接口，并使用其中定义的方法。

### 6. application对象

当Web服务器启动时，Web服务器会自动创建一个application对象。application对象一旦创建，它将一直存在，直到Web服务器关闭。一个Web服务器通常有多个Web服务目录(网站)，当Web服务器启动时，它自动为每个Web服务目录都创建一个application对象，这些application对象各自独立，而且和Web服务目录一一对应。访问同一个网站的客户都共享一个application对象，因此，application对象可以实现多客户间的数据共享。访问不同网站的客户，对应的application对象不同。

application对象是一个应用程序级的对象，它作用于当前Web应用程序，也即作用于当前网站，所有访问当前网站的客户都共享一个application对象。具体来说，不管哪个客户来访问网站A，也不管客户访问网站A下哪个页面文件，都可以对网站A的application对象进行操作，因为所有访问网站A的客户都共用一个application对象。因此，当在application对象中存储数据后，所有访问网站A的客户都能够对其进行访问，实现了多客户之间的数据共享。

application对象的常用方法如表3-7所示。

表3-7 application对象的常用方法

| 方法 | 描述 |
|---|---|
| getAttribute(String name) | 获取指定的属性值 |
| getAttributeNames() | 获取所有的可用属性名 |
| setAttribute(String name,Object obj) | 设定属性的属性值 |
| removeAttribute(String name) | 删除一个属性及其属性值 |
| getContext(String uripath) | 获取指定WebApplication的application对象 |
| getResourceAsStream(String path) | 获取指定资源的输入流 |
| log(String msg) | 把指定消息写入Servlet的日志文件 |

### 7. config对象

config对象是ServletConfig接口的一个实例。不同于application变量，它的名字反映了自己的目的。可以使用该对象访问JSP Servlet的配置，在一个Servlet初始化时，JSP引擎向它传递信息，此信息包括Servlet初始化时所要用到的参数(通过属性名和属性值构成)以及服务器的有关信息(通过传递一个ServletContext对象)。config对象的常用方法如表3-8所示。

表3-8　config对象的常用方法

| 方法 | 描述 |
|---|---|
| getServletContext() | 获取含有服务器相关信息的ServletContext对象 |
| getInitParameter(String name) | 获取初始化参数的值 |
| getInitParameterNames() | 获取Servlet初始化所需的所有参数 |

### 8. pageContext

pageContext对象提供了对JSP页面内所有对象及名称空间的访问，也就是说，可以访问本页所在的session，也可以获取本页所在的application的某一属性值，它相当于页面中所有功能的集大成者，它是PageContext类的一个实例。pageContext对象的常用方法如表3-9所示。

表3-9　pageContext对象的常用方法

| 方法 | 描述 |
|---|---|
| getSession() | 获取当前页中的HttpSession对象 |
| getAttribute(String name) | 获取某个属性的值 |
| removeAttribute(String name) | 删除某属性 |
| setAttribute(String key,Object obj) | 设置属性及属性值 |
| release() | 释放pageContext占用的资源 |
| forward(String relativeUrlPath) | 将当前页面导航到另一页面 |
| include(String relativeUrlPath) | 在当前位置包含另一文件 |

### 9. exception

exception对象是一个异常对象，当一个页面在运行过程中发生异常时，就会产生该对象。如果一个JSP页面要应用此对象，则需要在page指令中把isErrorPage属性设置为true，那么页面中将会自动定义一个隐式变量exception，它是java.lang.Throwable类的一个实例。在JSP的异常处理机制中，一个异常处理页面可以处理多个JSP页面脚本部分的异常。

exception对象的常用方法如表3-10所示。

表3-10　exception对象的常用方法

| 方法 | 描述 |
|---|---|
| getMessage() | 获取描述异常的消息 |
| toString() | 关于异常的简短描述消息 |
| printStackTrace() | 显示异常及其栈轨迹 |
| fillInStackTrace() | 重写异常的执行栈轨迹 |

excepation对象和Java的所有对象一样，都具有系统提供的继承结构。

exception对象几乎定义了所有异常情况。在Java程序中，可以使用try/catch关键字来处理异常情况；如果在JSP页面中出现没有捕获到的异常，就会生成exception对象，并把exception对象传送到在Page指令中设定的错误页面中，然后在错误页面中处理相应的exception对象。

10. 使用JSP内置对象

在了解了JSP的内置对象以及它们的用法之后，我们直接使用一个JSP文件来实现本章开头的JSP+Servlet示例的类似功能。

01 在HelloUser项目的Web根目录中新建一个welcome.jsp文件，在该文件中添加如下代码：

```
<%@ page contentType="text/html;charset=UTF-8" language="java" %>
<%!
    private static final String DEFAULT_USER = "Guest";
%>
<%
    String user = request.getParameter("user");
    if(user == null)
        user = DEFAULT_USER;
    else
      user=new String(request.getParameter("user").getBytes("iso-8859-1"), "UTF-8");
%>
<!DOCTYPE html>
<html>
    <head>
        <title>欢迎页面(使用request对象) </title>
    </head>
    <body>
        欢迎你 , <%= user %><br /><br />
        <form action="welcome.jsp" method="POST">
            用户名 :<br />
            <input type="text" name="user" /><br />
            <input type="submit" value="提交" />
        </form>
    </body>
</html>
```

上述代码中的new String(request.getParameter("user").getBytes("iso-8859-1"), "UTF-8");是为了处理页面中的中文乱码问题。通常情况下，中文字符会被自动转换成ISO-8859-1编码格式以通过网络传输，而这种格式无法直接表示出中文字符，所以需要将其转换回之前的字符集(本页面的字符编码为UTF-8)。

02 该项目会自动重新部署到Tomcat服务器，启动Tomcat服务器后，打开IE浏览器，在地址栏中输入http://localhost:8080/HelloUser/welcome.jsp。由于此时还没有输入“用户名”，因此页面上显示的是“欢迎你，Guest”，如图3-7所示。

03 输入用户名后，单击“提交”按钮，此时将显示“欢迎你，×××”，如图3-8所示。

图3-7 页面初始效果

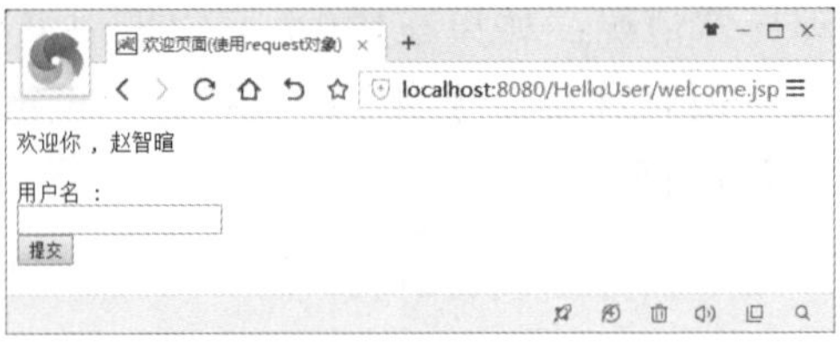


图3-8 显示欢迎信息

与前面的JSP+Servlet示例相比较，这段代码更简练，但完成了相同的任务。该代码中包含了一个定义了DEFAULT_USER变量的JSP声明、一段查找user请求参数(默认未设置)的脚本，以及一个用于输出user变量值的JSP表达式。

## 3.2.4 JSP中的中文显示问题

Java的内核和class文件是基于unicode的，这使Java程序具有良好的跨平台性，但也带来了一些中文乱码问题的麻烦。原因主要有两方面：Java和JSP文件本身编译时产生的乱码问题和Java程序与其他媒介交互产生的乱码问题。首先Java(包括JSP)源文件中很可能包含中文，而Java和JSP源文件的保存方式是基于字节流的，如果Java和JSP编译成class文件过程中，使用的编码方式与源文件的编码不一致，就会出现乱码。

对于中文乱码问题，在不同的JDK版本和不同的应用服务器中的处理方法是不同的，但其本质都是一样的，就是把中文字符转换成合适的编码方式，或是在显示中文的环境中采用GB2312编码。统一编码方案之后自然就可以正常显示了。

本节将对JSP开发过程中的中文乱码问题进行详细介绍，对各种乱码提供相应的解决方法。在各种编码方案中，UTF-8、GBK、GB2312都是支持中文显示的。在没有特殊说明的情况下，本书中我们统一采用UTF-8编码格式来支持中文。

### 1. 在Eclipse开发工具中，JSP文件的中文不能保存

在Eclipse中，JSP文件默认的编码格式为ISO-8859-1。所以在JSP文件中如果出现中文，保存时将出现如图3-9所示的提示对话框。

解决这个问题的方法有两种：单击对话框中的“Save as UTF-8”按钮或者在JSP文件的page指令中指明页面编码。但是单击“Save as UTF-8”按钮只能解决保存问题，当客户端请求这样的页面时，浏览器中还是不能正确显示中文。

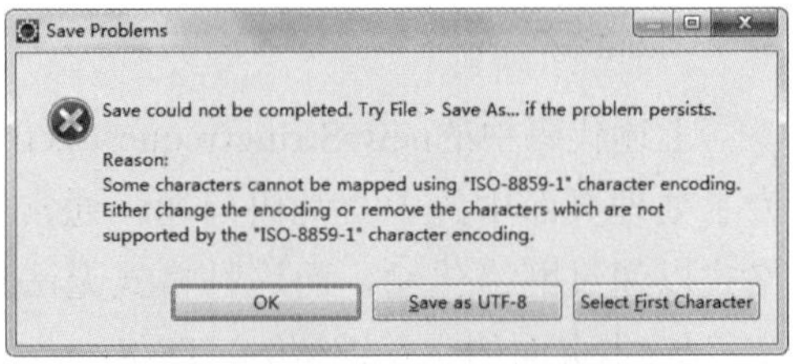


图3-9 保存中文时的提示对话框

所以，最根本的解决方法就是在page指令中指明页面编码的方式，如下所示：

```
<%@ page language="java"  pageEncoding="UTF-8"%>
```

其中，pageEncoding="UTF-8"指明JSP页面编码采用UTF-8编码，这样就可以正常保存

JSP文件了。

### 2. JSP页面的中文乱码

在JSP页面中，中文显示乱码有两种情况：一种是HTML中的中文乱码，另一种是在JSP中动态输出的中文乱码。例如下面这样的一个JSP页面file1.jsp：

```
<%@ page language="java" import="java.util.*"%>
<html>
  <head>
  <title>中文显示示例</title>
  </head>
  <body>
  这是一个中文显示示例：
  <%
    out.print("这里是用JSP输出的中文。");
  %>
  </body>
</html>
```

这个JSP页面看起来好像是在页面上显示几句中文，而且标题栏也是中文，但是在浏览器中运行的结果却如图 3-10所示。

造成这种乱码的原因是浏览器端的字符显示设置，解决的方案就是前面提到的在page指令中指明页面的编码方式，修改上述代码中的第一行如下：

```
<%@ page language="java" import="java.util.*" pageEncoding="UTF-8"%>
```

此时，再次访问该页，就可能正常显示中文信息了，如图3-11所示。

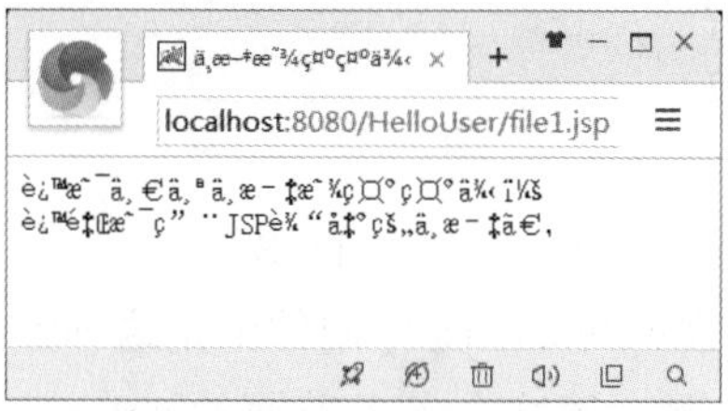


图3-10 JSP中的中文显示为乱码

图3-11 正常显示中文信息

而因为JSP中也包含HTML的内容，HTML本身也是有编码格式的。所以，JSP页面中也可能存在HTML中的中文乱码，对于这种情况，同样将HTML的代码进行修改，将其中的pageEncoding值改为和JSP编码一致的内容。

### 3. 以POST方式传递参数的中文乱码

对于表单中通过POST方式提交的数据，可以使用request.getParameter("")方法来获取。但是当表单中出现中文时，尽管设置了页面编码方式，也会出现乱码，比如下面的file2.jsp：

```
<%@ page language="java" import="java.util.*" pageEncoding="UTF-8"%>
<html>
  <head>
```

```
    <title>POST请求中文参数</title>
  </head>
  <body>
  <font size="4">
  <%
  if(request.getParameterMap().size()>0){
      out.println("下面是表单提交以后用request取到的表单数据：<br>");
      out.println("表单输入userName的值:"+request.getParameter("userName")+"<br>");
      out.println("表单输入password的值:"+request.getParameter("password")+"<br>");
      out.println("<br><br>");
  }
  %>
  下面是表单内容：
  <form action="file2.jsp" method="post">
      用户名：<input type="text" name="userName" size="10"/> <br>
      密　码：<input type="password" name="password" size="10"/> <br>
      <input type="submit" value="提交">
  </form>
  </font>
  </body>
</html>
```

该页面将以POST方式向自身提交两项数据(用户名和密码)，如果表单中输入的内容没有中文，则可以正常显示，当输入的数据含有中文时，中文将显示为乱码，如图3-12所示。

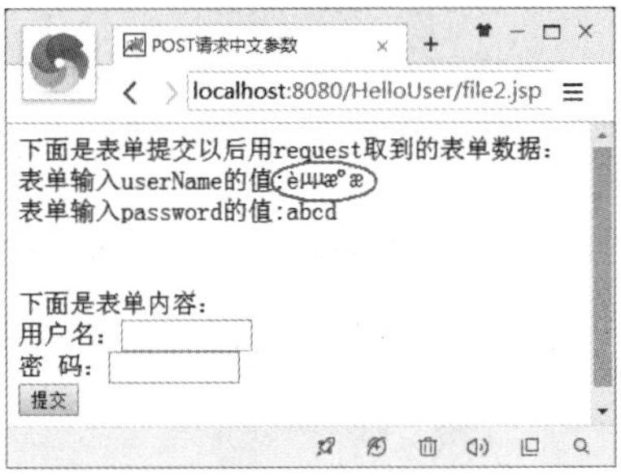


图3-12　POST参数中的中文显示为乱码

造成这个问题的原因是：在Tomcat中，对于以POST方法提交的表单数据，采用的默认编码为ISO-8859-1，而这种编码格式不支持中文字符。解决的方法有两种：

- 使用request.setCharacterEncoding("UTF-8");设置编码方式为UTF-8。
- 通过String类的getBytes方法进行编码转换，在welcome.jsp中用的就是这种方法。

通过String类的getBytes方法进行编码转换的代码，请读者参考前面的welcome.jsp自行完成。下面我们使用第一种方法来改造file2.jsp，在上述JSP脚本段的第一行添加request.setCharacterEncoding("UTF-8");，如下所示：

```
<%
request.setCharacterEncoding("UTF-8");
if(request.getParameterMap().size()>0){
    out.println(“下面是表单提交以后用request取到的表单数据：<br>");
    out.println("表单输入userName的值:"+request.getParameter("userName")+"<br>");
    out.println("表单输入password的值:"+request.getParameter("password")+"<br>");
    out.println("<br><br>");
}
%>
```

这样，POST参数中的中文就能正常显示了，如图3-13所示。

### 4. 以GET方式传递参数的中文乱码

图3-13　正常显示中文信息

与以POST方式传递参数不同，以GET方式传递参数时，是把参数的键值对写在请求的url的后面，比如http://localhost:8080/servlet?name=赵智暄&age=5。

URL拼接完成后，浏览器会对URL进行URLEncode，然后发送给服务器。URLEncode到底按照哪种编码方式对字符编码通常由浏览器来决定，而且不同的浏览器做法也可能不同，这就可能造成不同的客户端访问同一个页面时，有的用户可能显示的是乱码，而有的用户却能正常显示。

解决这种乱码的方法也有两种：

- 使用request.getQueryString()获取请求字符串，然后解码并分析此字符串，从而得到请求参数。
- 修改服务器的配置文件，设置URIEncoding编码方式。

例如，下面的file3.jsp采用第一种解决方案，对request.getQueryString()获得的请求字符串进行URL Decode操作，然后通过解析字符串得到所有参数。

```
<%@ page language="java" import="java.util.*" pageEncoding="utf-8"%>
<html>
<head>
<title>URL传递中文参数</title>
</head>
<body>
  <font size="4">
  <%
    String str = request.getQueryString();
    //使用URLDecoder解码字符串
    if (str != null){
      String str1 = java.net.URLDecoder.decode(str, "utf-8");
      String[] paraStrings = str1.split("&");
      if (paraStrings.length > 0)
        out.print("请求参数如下：<br/>");
      for (String paraString : paraStrings) {
        String[] nameValue = paraString.split("=");
        //nameValue[0]就是表单的name，nameValue[1]就是表单name对应的值
        out.println(nameValue[0] + ": " + nameValue[1] + "<br/>" );
      }
    }
  %>
    <form action="file3.jsp" method="get">
      用户名：<input type="text" name="name" size="10" /> <br> 年龄：<input
        type="text" name="age" size="10" /> <br> <input type="submit"
        value="提交">
    </form>
  </font>
</body>
</html>
```

该页面以GET方式发送请求，在地址栏可以看到请求的参数信息。当参数包含中文时，页面能正确获取请求参数中的数据，如图3-14所示。

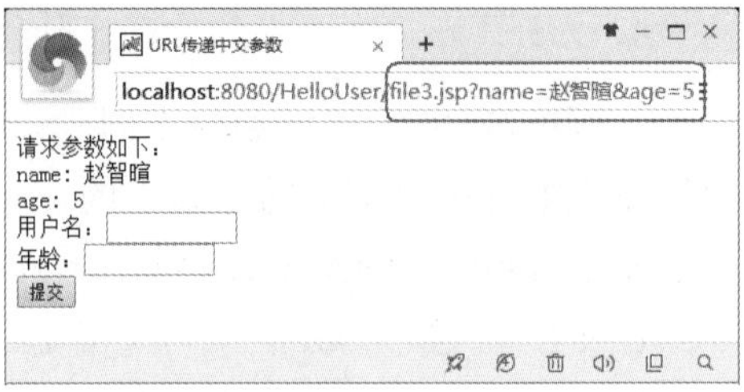


图3-14　GET请求参数中的中文

对于修改服务器的配置文件，实质上就是将tomcat默认的编码方式改为"UTF-8"。在tomcat的server.xml文件里，把<Connector connectionTimeout="50000" port="8080" protocol="HTTP/1.1" redirectPort="8443"/>修改为<Connector connectionTimeout="50000" port="8080" protocol="HTTP/1.1" redirectPort="8443" URIEncoding="UTF-8"/>。使用这种方式带来的问题是在本机上无论怎么去修改tomcat配置都没问题，但是测试环境和生产环境的服务器不能轻易改变，那么在我们不知道测试环境和生产环境服务器配置的时候，通常采用上面第一种方法进行处理。

### 5. 在Eclipse中打开含有中文的文件时显示乱码

在Eclipse中，由于默认的JSP编码格式为ISO-8859-1，因此当打开由其他编辑器编辑的JSP页面时，如果文件中含有中文，就会出现乱码。下面是一个用记事本编辑的JSP页面，中文完全可以显示。

```
<%@ page language="java" import="java.util.*"%>
<html>
<html>
  <head>
  <title>含中文的JSP</title>
  </head>
  <body>
  这是一个用记事本编辑的文件
  <%
     out.print("这里是用JSP输出的中文。");
  %>
  </body>
</html>
```

但是在Eclipse中打开该文件却显示乱码，如图3-15所示。

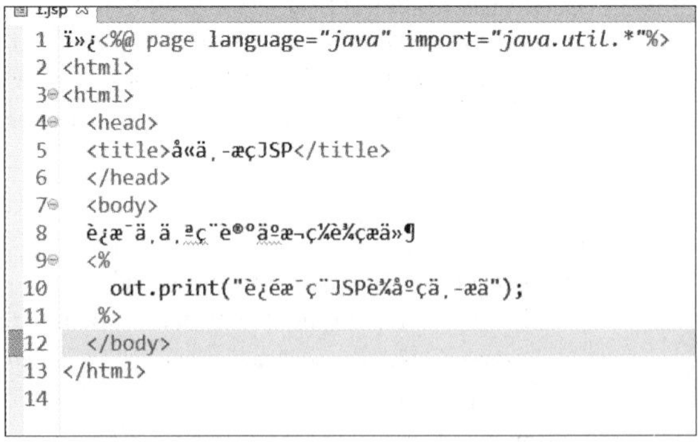


图3-15　用Eclipse打开含中文的文件时显示乱码

在上面这个JSP文件中，所有的中文都变成了乱码。造成这个问题的原因是两个编辑器保存源文件的编码格式不同，在记事本中可以支持中文，但是在Eclipse中对JSP文件的保存方式默认为ISO-8859-1，而这种编码格式对中文不支持，所以就出现了乱码。解决的方法就是更改Eclipse默认的编码方案。具体操作如下：

01 在Eclipse中选择Window | Preferences 命令，打开Preferences对话框。在左侧窗口中

依次展开General和Content Types节点，如图3-16所示。

02 在右侧上方的窗口中，展开Text节点，在Text节点下面找到JSP选项，此时下方的窗口就会出现各种JSP文件的列表。选择*.jsp，然后设置Default encoding选项为UTF-8，单击Update按钮更新设置，如图3-17所示。

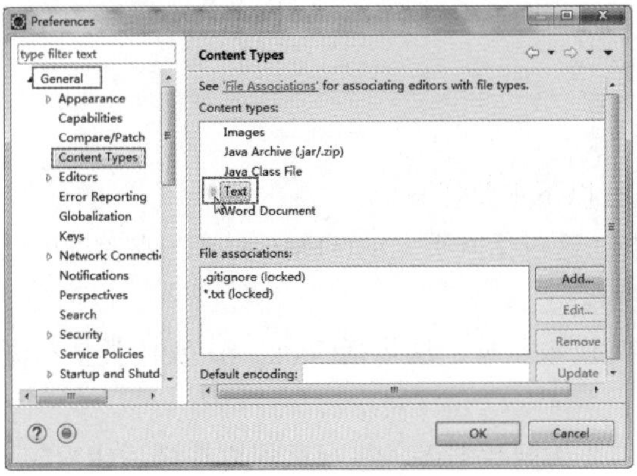


图3-16 Preferences对话框

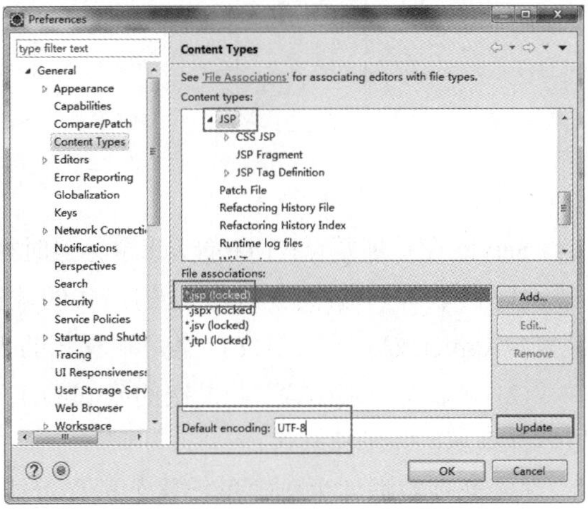


图3-17 设置Default encoding

03 单击OK按钮，关闭Preferences对话框，然后重新启动Eclipse，中文就可以正常显示了。

# 3.3 Servlet的开发与应用

在本章开头我们创建了一个简单的JSP+Servlet应用，JSP是一种建立在Servlet规范提供的功能之上的动态网页技术，JSP文件在用户第一次请求时会被编译成Servlet，然后由这个Servlet处理用户的请求，所以JSP可以看成是运行时的Servlet。Servlet在本质上就是Java类，编写Servlet需要遵循Java的基本语法。但是与一般的Java类所不同的是，Servlet是只能运行在服务器端的Java类，而且必须遵循特殊的规范，在运行的过程中有自己的生命周期，这些特性都是Servlet所独有的。与传统的CGI程序相比，Servlet具有更好的可移植性、更强大的功能、更好的安全性等优点。另外，Servlet和HTTP协议是紧密相连的，使用Servlet几乎可以处理HTTP协议各个方面的内容，这也正是Servlet受到开发人员青睐的最大原因。本节将进一步学习Servet的生命周期、doGet()和doPost()方法、过滤器以及监听器等内容。

## 3.3.1 Servlet的生命周期

Servlet发展到今天，已经成为一门非常成熟的技术，许多Web应用都是使用Servlet来实现的。Servlet通常部署在容器内，当客户端发送请求时，Web服务器将请求传递给Servlet容器，容器会调用相应的Servlet，如图3-18所示。

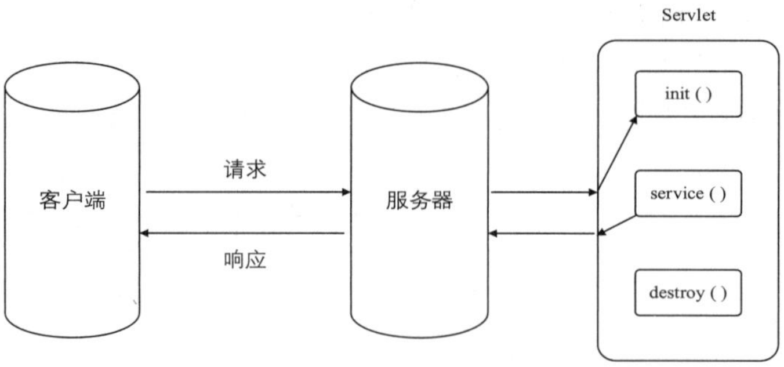


图3-18　Servlet的生命周期

Servlet在扩展基于HTTP的Web服务器时执行以下主要任务。

(1) 读取客户端(浏览器)发送的显式的数据。这包括网页上的HTML表单，或者也可以是来自Applet或自定义的HTTP客户端程序的表单。

(2) 读取客户端(浏览器)发送的隐式的HTTP请求数据。这包括Cookies、媒体类型和浏览器能理解的压缩格式等。

(3) 处理数据并生成结果。这个过程可能需要访问数据库，执行远程方法调用(RMI)或公用对象请求代理体系(CORBA)调用，调用Web服务或者直接计算得出对应的响应。

(4) 发送显式的数据(即文档)到客户端(浏览器)。该文档的格式可以是多种多样的，包括文本文件(HTML或XML)、二进制文件(GIF图像)、Excel等。

(5) 发送隐式的HTTP响应到客户端(浏览器)。这包括告知浏览器或其他客户端被返回的文档类型(例如HTML)，设置Cookies和缓存参数，以及其他类似的任务。

当Servlet容器收到用户对Servlet的请求时，Servlet引擎就会判断这个Servlet是不是第一次被访问。如果是第一次访问，Servlet引擎就会初始化这个Servlet，即调用Servlet中的init()方法来完成必要的初始化工作。当后续的客户请求该Servlet服务时，就不再调用init()方法，而是直接调用service()方法。也就是说，每个Servlet只被初始化一次，后续请求只是新建一个线程，调用Servlet中的service()方法。当多个用户请求同一个Servlet时，Servlet容器负责为每个用户启动一个线程，这些线程的运行和销毁都由Servlet容器负责。

### 1. 一个Servlet的生命周期

Servlet是运行在服务器端的程序，它的运行状态由Servlet容器来维护。Servlet的生命周期一般是从Web服务器开始运行时开始，然后不断地处理来自浏览器的请求，并通过Web服务器将响应结果返回给客户端，直到Web服务器停止运行，Servlet才会被清除。一个Servlet的生命周期一般包含加载、初始化、运行和销毁4个阶段。

1) 加载阶段

当Web服务器启动或Web客户请求Servlet服务时，Servlet容器加载一个Java Servlet类。在一般情况下，Servlet容器是通过Java类加载器加载一个Servlet的，这个Servlet可以是本地的，也可以是远程的。

2) 初始化阶段

Servlet容器调用Servlet的init()方法对Servlet进行初始化，在初始化时将会读取配置信息，完成数据连接等工作。

在初始化阶段，将包含初始化参数和容器环境信息的ServletConfig对象传入init()方法中，ServletConfig对象负责向Servlet传递信息，如果传递失败，则会发生ServletException异常，Servlet将无法正常工作。此时，该Serlvet将会被容器清除掉，由于初始化尚未完成，因此不会调用destroy()方法释放资源。清除该Servlet后，容器将重新初始化这个Servlet，如果抛出UnavailableException异常，并且指定了最小的初始化间隔时间，那么需要等待该指定时间之后再进行新的Servlet的初始化。

3) 运行阶段

当Web服务器接收到浏览器的访问请求后，会将该请求传给Servlet容器。Servlet容器将从Web客户端接收到的HTTP请求封装成HttpServletRequest对象，再由Servlet生成的响应封装成HttpServletResponse对象，然后以这两个对象作为参数调用service()方法。在service()方法中，通过HttpServletRequest对象获取客户端的信息，通过HttpServletResponse对象生成HTTP响应数据。

容器在某些情况下会将多个Web请求发送给同一个Servlet实例进行处理。在这种情况下，一般通过Servlet实现SingleThreadModel接口来处理多线程的问题，从而保证一次只有一个线程访问service()方法。容器可以通过维护一个请求队列或维护一个Servlet实例池来实现这样的功能。

4) 销毁阶段

Servlet被初始化后一直在内存中保存，直到服务器重启时Servlet对象被销毁。在这种情况下，通过调用destroy()方法回收init()方法中使用的资源，例如关闭数据库连接等。destroy()方法完成后，容器必须释放Servlet实例，以便它能够被回收。

一旦调用destroy()方法，容器就不会再向当前Servlet发送任何请求。如果容器还需要使用Servlet，则必须创建新的Servlet实例。

### 2. 调用的方法

在Servlet的生命周期中，Servlet容器完成Servlet类的加载并实例化Servlet对象，然后通过如下3个方法完成生命周期中的3个阶段。

- init()方法：负责Servlet的初始化工作，该方法由Servlet容器调用完成。
- service()方法：处理客户端请求，并返回响应结果。
- destroy()方法：在Servlet容器卸载Servlet之前被调用，释放占用的系统资源。

1) init()方法

当服务器启动时，容器会定位Servlet类，然后加载它。加载和实例化Servlet其实指的是将Servlet类载入JVM并初始化。容器加载Servlet类以后，就会实例化该类的一个或多个实例。例如，当一个Servlet类因为有不同的初始参数而有多个定义时，就会实例化多个实例。

Servlet被实例化后，容器会在客户端请求以前初始化它，初始化的方式就是调用init()方法，并传递实现了ServletConfig接口的对象。需要注意的是，init()方法在Servlet构造完成之后，但在响应第一个请求之前调用。与构造器不同，在调用init()方法时，Servlet中的所有属性都已经设置完成，并提供了对ServletConfig和javax.servlet.ServletContext对象的访问。ServletConfig对象允许Servlet访问容器的配置信息中的键值对(key-value)初始化参数，所以可以使用该方法读取属性文件，或者使用JDBC连接数据库。

init()方法将在Servlet启动时调用。如果将Servlet配置为在Web服务器启动时自动启动，那么它的init()方法也将会被调用。否则，init()方法将在第一次请求访问它接收的Servlet时调用。

如果要在Web服务器启动时就加载和初始化Servlet，可在web.xml中配置<servlet>，添加<load-on-startup>标签，例如：

```
<servlet>
  <servlet-name>HelloServlet</servlet-name>
  <servlet-class>zhaozhixuan.HelloServlet</servlet-class>
  <load-on-startup>1</ load-on-startup >
</servlet>
```

<load-on-startup>标签指定启动Web服务器时加载Servlet的顺序，它的值必须是一个整数。如果该值为负数，或者不存在<load-on-startup>标签，那么就会在该Servlet被调用时才加载该Servlet。如果该值为正整数或零，服务器启动时就会加载并初始化该Servlet；如果有多个这样的Servlet，则会根据值从小到大依次加载；如果值相等，则由服务器自动选择加载顺序。

在初始化阶段，Servlet实例可能会抛出ServletException或UnavaliableException异常。若Servlet出现异常，那么它将不会被置入有效服务并且应该被容器立即释放。这时将不会调用destroy()方法。在失败的实例被释放后，容器可能在任何时候再实例化一个新的实例。唯一例外的情况是，如果失败的Servlet抛出的异常是UnavailableException，并且该异常指定了最短的无效时间，那么容器就会至少等待该时间后才重新创建新的实例。

执行完init()方法后，Servlet就会处于“已初始化”状态。

### 2. service()方法

Servlet初始化完毕后，就可以用来处理客户端请求了。Servlet类的service()方法将会处理所有到达的请求。该方法将根据所使用的协议解析并处理到达的请求中的数据，然后返回客户端可接受的响应(符合协议)。如果service()方法在返回之前未发送任何响应数据到套接字中，客户端可能会检查到网络错误，例如“connection reset”。在使用HTTP协议的情况下，service()方法应该能够识别客户端发送的请求头和参数，然后返回正确的HTTP响应，其中最少要包含HTTP头(即使响应的正文为空)。事实上，service()方法的实现是非常复杂的，而且随着Web容器的不同，service()方法的实现也会随之变化。

用户自行开发Servlet时，可以从HttpServlet派生新类，因为HttpServlet实现了只接受HTTP请求的service()方法，开发者只要重新调用doXXX()方法即可。例如，若HTTP请求的方式为GET，容器会调用doGet()方法。这时，根据处理的需要重写doGet()方法即可。

Servlet在处理客户端请求时，有可能会抛出ServletException或UnavailableException异常。其中ServletException表示Servlet进行常规操作时出现的异常，UnavailableException表示无法访问当前Servlet的异常，这种无法访问可能是暂时的，也可能是永久的。如果是暂时的，那么容器可以选择在异常信息里面指明在这段暂时无法访问的时间里不向它发送任何请求。在暂时不可用的这段时间内，对该实例的任何请求，都将收到容器发送的HTTP 503(服务器暂时忙，不能处理请求)响应。如果是永久的，则需要容器将Servlet从服务中移除，调用destroy()方法并释放它的实例。此后，对该实例的任何请求，都将收到HTTP 404(请求的资源不可用)响应。

#### 3. destroy()方法

当Servlet需要销毁时，容器会在所有Servlet的service()线程完成之后调用Servlet的destroy()方法，以此来释放系统资源，如数据库的连接等。

在destroy()方法调用之后，容器会释放Servlet实例，该实例随后会被Java的垃圾收集器回收。如果再次需要这个Servlet处理请求，Servlet容器会创建一个新的Servlet实例。

## 3.3.2 使用HttpServletRequest

对于客户端的每一个请求，服务器都会创建一个HttpServletRequest和一个HttpServletResponse对象，这两个对象也是service()方法和doXXX()方法的参数。向客户端发送数据时使用HttpServletResponse对象，从客户端请求中获取数据时使用HttpServletRequest对象。

HttpServletRequest接口继承自ServletRequest，客户端请求的所有信息都封装在该对象中，包括请求的地址、请求的参数、提交的数据、上传的文件、客户端的IP，甚至客户端操作系统等。JSP的内置对象request就是HttpServletRequest的一个实例。

#### 1. 获取请求参数

HttpServletRequest最重要的功能就是从客户端发送的请求中获取参数。相关的方法有如下几个。

- String getParameter(String name)：通过指定名称获取参数值。
- String[] getParameterValues(String name)：通过指定名称获取参数值数组，有可能一个名称对应多个值，例如表单中的多个复选框使用相同的name。
- Enumeration getParameterNames()：获取所有参数的名称。
- Map getParameterMap()：获取所有参数对应的Map，其中key为参数名，value为参数值。
- String getQueryString()：对于GET请求，可以通过该方法获取请求中的整个查询字符串，然后通过解析该字符串得到所有参数。

在客户端请求中传递参数的方式有两种：GET和POST。GET方式传递的形式通常有3种。

- 在地址栏中直接给出参数：http://localhost/aServlet?p1=v1&p2=v2
- 在超链接中给出参数：<a href=" http://localhost/aServlet?p1=v1&p2=v2">单击此处</a>
- 在表单中给出参数：<form method="GET" action="aServlet">…</form>

POST方式传递参数的形式如下。

- 在表单中给出参数：<form method="POST" action="aServlet">…</form>

无论是GET还是POST，获取参数的方法是相同的。本章开头的JSP+Servlet示例应用就是通过POST方式传递参数。在Servlet的doPost()方法中，通过getParameter()方法获取参数值：

```
String userName=req.getParameter("USERNAME");
```

对于多值参数，getParameter()将返回第一个值。如果要获取所有值，可以使用getParameterValues()方法。

getParameterMap()方法将返回一个包含了所有参数的名值对Map<String, String[]>，而getParameterNames()方法将返回所有可用参数的名称枚举。这两种方法在遍历所有的请求参数时非常有用。

### 2. 确定请求内容的编码与长度

以下方法可用于帮助确定HTTP请求内容的类型、长度和编码。

- getContentType()：该方法将返回请求的MIME(Multipurpose Internet Mail Extensions，多用途互联网邮件扩展)内容类型。
- getContentLength()：获取请求正文的长度，以字节为单位。
- getCharacterEncoding()：获取请求内容的字符编码(例如UTF-8或ISO-8859-1)。

### 3. 获取客户机信息

有时候，我们需要获取请求中的客户机信息以及一些特有数据，如客户端IP、端口、请求的目标URL或URI等。HttpServletRequest提供了获取这些信息的方法。

- getRequestURL()：返回客户端用于创建请求的完整URL，包括协议(http或https)、服务器名称、端口号和服务器路径，但不包括查询字符串。所以，对于一个访问http://localhost/HelloUser/index.jsp?name=zhaozhixuan的请求来说，getRequestURL()方法将返回http://localhost/HelloUser/index.jsp。
- getRequestURI()：该方法与getRequestURL()稍有不同，它将只返回URL中的服务器路径部分；对于上面的例子来说，它将返回/HelloUser/index.jsp。
- getServletPath()：类似于getRequestURI()，它将返回更少的URL。如果请求访问的是/HelloUser/hello?foo=world，应用程序在Tomcat中被部署到/HelloUser，Servlet映射为/hello和/welcome，getServletPath()方法将只返回用于匹配Servlet映射的URL部分：/hello。
- getHeader()：获取指定名称的头数据。传入参数的字符串大小写不必与头名称的大小写一致，所以getHeader("contenttype")可以匹配Content-Type头。如果有多个头使用了相同的名称，该方法将只返回第一个值。在这种情况下，可以使用getHeaders()方法返回所有值的枚举。
- getRemoteAddr()：获取发出请求的客户机的IP地址。
- getRemoteHost()：获取发出请求的客户机的完整主机名。
- getRemotePort()：获取客户机的所使用的网络端口号。
- getMethod()：获取客户机的请求方式。

## 3.3.3　使用HttpServletResponse

作为继承了ServletRequest的HttpServletRequest接口，它提供了对请求中与HTTP协议相关属性的访问，而HttpServletResponse接口继承了ServletResponse，所以HttpServletResponse也提供了对响应中与HTTP协议相关属性的访问。可以使用响应对象来设置响应头、编写响应正文、重定向请求、设置HTTP状态码以及将Cookies返回到客户端等任务。JSP的内置对象response就是HttpServletResponse的一个实例。

### 1. 编写响应正文

响应对象最常用的操作就是将内容输出到响应正文中。可以是在浏览器中显示的HTML、浏览器希望获取的图像或客户端下载的文件内容；也可以是普通文本或二进制数据，可能只有数个字节大小，也可能有几GB大。

向HTTP响应中输出数据的第一步就是获得一个输出对象：方法getOutputStream()将返回一个javax.servlet.ServletOutputStream，这是一个用于输出二进制数据的输出流；方法getWriter()将返回一个java.io.PrintWriter，可以使用PrintWriter向客户端返回HTML或其他基于字符编码的文本。

> ❖ **注意：**
>
> 不要对同一个响应对象同时使用getOutputStream()和getWriter()方法。在调用了其中一个方法之后，再调用另一个方法将触发IllegalStateException异常。

在向响应正文中输出数据时，可能还需要设置内容类型或编码格式。这就要用到setContentType()和setCharacterEncoding()。这两个方法可以被调用多次，但最后一次调用将覆盖之前的设置。需要注意的是：如果使用getWriter()向客户端输出文本信息，那么必须在调用getWriter()之前调用setContentType()和setCharacterEncoding()，因为这样getWriter()方法返回的Writer才能获得正确的字符编码设置，而在getWriter()调用之后调用的setContentType()和setCharacterEncoding()将被忽略。如果在调用getWriter()之前未设置内容类型和编码格式，返回的Writer将使用容器的默认编码。

### 2. 设置响应头和其他响应属性

作为HttpServletRequest的对应方法，可以调用setHeader()、setIntHeader()和setDateHeader()等方法来设置几乎任何希望设置的头数据。如果现有的响应头中已经包含了同名的头，该头数据将被覆盖。

另外还可以使用如下方法设置其他响应属性。

- setStatus()：设置HTTP响应状态码。
- getStatus()：判断当前响应的状态。
- sendError()：设置状态码，表示一条可选的错误消息将会被输出到响应数据中，重定向到Web容器为客户端提供的错误页面，并清空缓存。
- sendRedirect()：将客户端重定向至另一个URL。

3. 应用举例

在深入学习了HttpServletRequest和HttpServletResponse以后，下面来看一个简单的示例。

01 在HelloUser项目中，打开HelloServlet.java，在该Servlet中重写doGet()方法，代码如下：

```
@Override
public void doGet(HttpServletRequest request, HttpServletResponse response)
        throws ServletException, IOException {
    String requestUrl = request.getRequestURL().toString();     //得到请求的URL地址
    String requestUri = request.getRequestURI();       //得到请求的资源
    String queryString = request.getQueryString();     //得到请求的URL地址中附带的参数
    String remoteAddr = request.getRemoteAddr();       //得到来访者的IP地址
    String remoteHost = request.getRemoteHost();
    int remotePort = request.getRemotePort();
    String remoteUser = request.getRemoteUser();
    String method = request.getMethod();               //得到请求URL地址时使用的方法
    String pathInfo = request.getPathInfo();
    String localAddr = request.getLocalAddr();         //获取Web服务器的IP地址
    String localName = request.getLocalName();         //获取Web服务器的主机名
    response.setCharacterEncoding("UTF-8");            //设置将字符以"UTF-8"编码输出
    response.setHeader("content-type", "text/html;charset=UTF-8");
    PrintWriter out = response.getWriter();
    out.write("获取到的客户机信息如下：");
    out.write("<hr/>");
    out.write("请求的URL地址："+requestUrl);
    out.write("<br/>");
    out.write("请求的资源："+requestUri);
    out.write("<br/>");
    out.write("请求的URL地址中附带的参数："+queryString);
    out.write("<br/>");
    out.write("来访者的IP地址："+remoteAddr);
    out.write("<br/>");
    out.write("来访者的主机名："+remoteHost);
    out.write("<br/>");
    out.write("使用的端口号："+remotePort);
    out.write("<br/>");
    out.write("remoteUser："+remoteUser);
    out.write("<br/>");
    out.write("请求使用的方法："+method);
    out.write("<br/>");
    out.write("pathInfo："+pathInfo);
    out.write("<br/>");
    out.write("localAddr："+localAddr);
    out.write("<br/>");
    out.write("localName："+localName);
}
```

02 启动Tomcat服务器，打开浏览器，访问http://localhost:8080/HelloUser/hello?name=zhaozhixuan&age=4，将发送HTTP GET请求到服务器，然后调用上面的doGet()方法，返回HTTP响应给客户端，浏览器中的显示效果如图3-19所示。

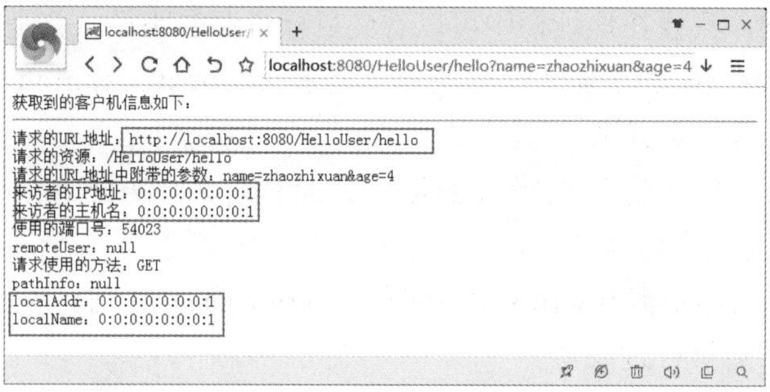


图3-19　调用doGet()方法并返回响应给客户端

03 上述结果中，主机IP地址和主机名均显示为“0:0:0:0:0:0:0:1”，这是因为在地址栏中输入的是localhost。如果在地址栏中输入127.0.0.1，显示的就是正确的IP地址了，如图3-20所示。

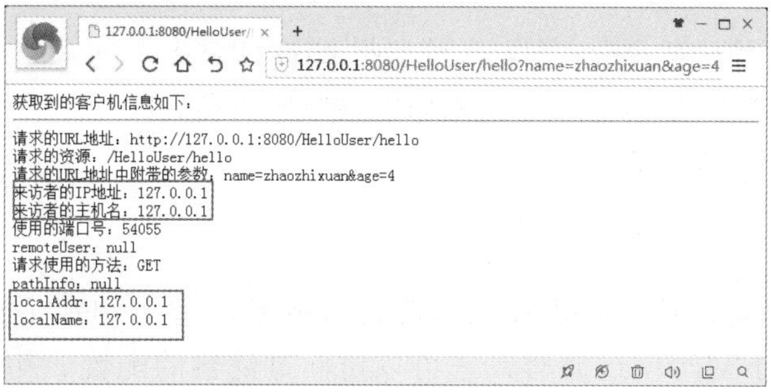


图3-20　改用地址发送请求

也可以修改Windows目录下的system32/drivers/etc/host文件，将其中把localhost映射为IPv6格式的本机IP地址的那一行注释掉即可。

```
# ::1 localhost
```

## 3.3.4 使用过滤器

Filter称为过滤器，是Servlet技术中最实用的技术。Web开发人员通过Filter技术，对Web服务器管理的所有Web资源，例如JSP、Servlet、静态图片文件或静态HTML文件进行拦截，从而实现一些特殊功能。例如，实现URL级别的权限控制、过滤敏感词汇、压缩响应信息等一些高级功能。

过滤器是Servlet规范中相对较新的技术，它在Servlet 2.3中添加并在Servlet 2.4中得到了改进。Servlet过滤器的功能十分强大，可以用在Web环境中存在请求和响应的任何地方来拦截请求和响应。其用途非常广泛，如日志记录、访问控制、会话处理等。

Filter的本质是实现了Filter接口的Java类，Servlet API提供了一个Filter接口，开发Web应用时，如果编写的Java类实现了这个接口，则把这个Java类称为Filter。通过Filter技术，开发人员可以实现用户在访问某个目标资源之前对访问的请求和响应进行拦截。Filter有以下4种拦截方式。

(1) REQUEST：直接访问目标资源时执行过滤器。包括在地址栏中直接访问、表单提交、超链接、重定向，只要在地址栏中可以看到目标资源的路径，就是REQUEST。

(2) FORWARD：转发访问执行过滤器。包括RequestDispatcher#forward()方法、<jsp:forward>标签都是转发访问。

(3) INCLUDE：包含访问执行过滤器。包括RequestDispatcher#include()方法、<jsp:include>标签都是包含访问。

(4) ERROR：当目标资源在web.xml中配置为<error-page>中时，并且真的出现了异常，转发到目标资源时，会执行过滤器。

Filter在执行过滤功能时一般遵循以下流程：

(1) 当客户端发生请求后，在HTTP请求到达之前，过滤器拦截客户的HTTP请求。

(2) 根据需要检查HTTP请求，也可以修改HTTP请求头和数据。

(3) 在过滤器中调用doFilter方法，对请求放行。请求到达Servlet后，对请求进行处理并产生HTTP响应发送给客户端。

(4) 在HTTP响应到达客户端之前，过滤器拦截HTTP响应。

(5) 根据需要检查HTTP响应，可以修改HTTP响应头和数据。

(6) HTTP响应到达客户端。

### 1. 创建过滤器

要创建一个过滤器，必须实现javax.servlet.Filter接口，该接口定义了3个主要方法。

- init()：用于初始化过滤器，它可以访问过滤器的配置、初始化参数和Servlet Context，正如Servlet的init()方法一样。
- doFilter()：用于进行过滤操作，它提供了对ServletRequest、ServletResponse和FilterChain对象的访问。在doFilter()中，可以拒绝请求或者调用FilterChain对象的doFilter()方法；可以修改请求和响应；并且可以封装请求和响应对象。
- destroy()：用于销毁过滤器。

下面将创建一个简单的过滤器，该过滤器用于过滤客户端用户的IP地址，以进行访问控制，限制某些IP地址的用户访问网站的某些功能。

(1) 在HelloUser工程的zhaozhixuan包中，新建Java类IPFilter，该类实现了Filter接口。

(2) 它的完整代码如下：

```
package zhaozhixuan;

import java.io.IOException;
import javax.servlet.Filter;
import javax.servlet.FilterChain;
import javax.servlet.FilterConfig;
import javax.servlet.RequestDispatcher;
import javax.servlet.ServletException;
import javax.servlet.ServletRequest;
import javax.servlet.ServletResponse;

public class IPFilter implements Filter {
    private String filterIP;
```

```
    @Override
    public void init(FilterConfig config) throws ServletException {
        filterIP=config.getInitParameter("filterIP");
        if(filterIP==null)
            filterIP="";

    }
    @Override
    public void doFilter(ServletRequest req, ServletResponse res, FilterChain chain)
            throws IOException, ServletException {
        RequestDispatcher rd=req.getRequestDispatcher("error.jsp");
        String ip= req.getRemoteAddr();
        if(ip.equals(filterIP))
            rd.forward(req, res);
        else
            chain.doFilter(req, res);
    }
    @Override
    public void destroy() {

    }
}
```

这样，一个简单的Servlet过滤器就创建完成了，稍后会介绍如何配置过滤器使之生效。

### 2. 了解过滤器链

在 Web 应用中，可以部署多个Filter，若这些Filter都拦截同一目标资源，则它们就组成了一个Filter链(也称过滤器链)。过滤器链中的每个过滤器负责特定的操作和任务，客户端的请求在这些过滤器之间传递，直到传递给目标资源。javax.servlet包中提供了一个FilterChain接口，该接口由容器实现。容器将其实例对象作为参数传入Filter对象的doFilter()方法中。Filter对象可以使用FilterChain对象调用链中下一个Filter的doFilter()方法，若该Filter是链中最后一个过滤器，则调用目标资源的service()方法。

请求资源时，过滤器链中的过滤器依次对请求进行处理，并将请求传递给下一个过滤器，直到最后将请求传递给目标资源。发送响应信息时，则按照相反的顺序对响应进行处理，直到将响应返回给客户端，如图3-21所示。

过滤器链的这种工作方式非常像栈。当请求进入时，它首先进入第一个过滤器，该过滤器将被添加到栈中。当过滤器链继续执行时，下一个过滤器将被添加到栈中。直到请求进入Servlet中，它是被添加到栈中的最后一个元素。当请求完成并且Servlet的service()方法也返回时，Servlet将从栈中移除，然后控制权被返回到最后一个过滤器。当它的doFilter()方法返回时，该过滤器将从栈中移除，控制权也将返回到它前面的过滤器，一直到控制权返回到第一个过滤器。当它的doFilter()方法返回时，栈已经是空的，请求处理也就完成了。因此，过滤器可以在目标Servlet处理请求的前后执行某些操作。

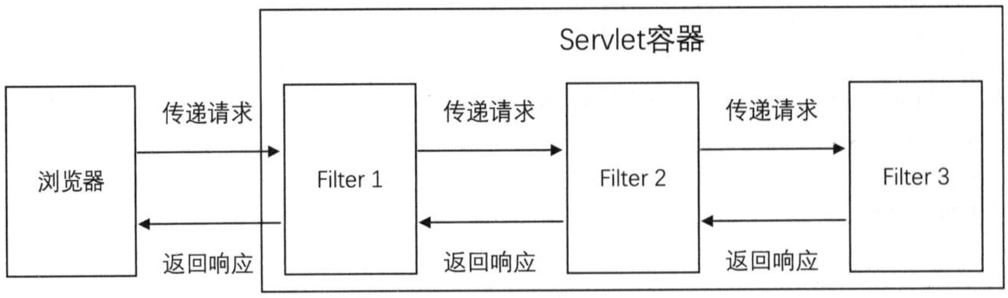


图3-21　过滤器链工作方式

### 3. 配置过滤器

要使得编写的过滤器能够正确地拦截请求，必须像配置Servlet一样来配置过滤器。

传统的配置方式是在web.xml文件中使用<filter>和<filter-mapping>元素(类似于<servlet>和<servlet-mapping>元素)。<filter>必须至少包含一个名字和类名，它还可以包含描述、显示名称、图标以及一个或多个初始化参数等信息。本例中我们在web.xml中添加如下<filter>元素，该过滤器包括一个初始化参数filterIP，当客户端IP地址为该参数值“192.168.1.100”时，访问该应用的某些页面请求将被拦截，并将用户重定向到一个名为error.jsp的页面。

```
<filter>
    <filter-name>myFilter</filter-name>
    <filter-class>zhaozhixuan.IPFilter</filter-class>
    <init-param>
        <param-name>filterIP</param-name>
        <param-value>192.168.1.100</param-value>
    </init-param>
</filter>
```

声明了过滤器之后，还需要为过滤器添加映射关系，可以将它映射到任意数目的URL或Servlet名称。如果过滤器被映射到URL模式，那么任何匹配某个过滤器的URL模式的请求，在被匹配的Servlet处理之前都将首先进入该过滤器。通过使用URL模式，过滤器不但可以拦截Servlet的请求，还可以拦截其他资源，例如图片、CSS文件、JavaScript文件等。

如果过滤器被映射到一个或多个Servlet名称，那么当请求匹配某个Servlet时，容器将寻找所有匹配该Servlet名称的过滤器，并将它们应用到请求上。

如同Servlet URL映射一样，过滤器URL映射也可以包含通配符。例如，在web.xml中将myFilter过滤器同时映射到URL模式和Servlet名称，可以添加如下<filter-mapping>元素：

```
<filter-mapping>
    <filter-name>myFilter</filter-name>
    <url-pattern>/hello</url-pattern>
    <url-pattern>/welcome/*</url-pattern>
    <servlet-name>HelloServlet</servlet-name>
</filter-mapping>
```

此时，过滤器将会响应该应用程序下路径为/hello和/welcome/*的所有请求，以及任何最终由HelloServlet处理的请求。

❖ **说明：**

无论是使用URL模式、Servlet名称，还是同时使用这两种方式进行映射，过滤器都可以拦截多个URL模式和Servlet名称，多个过滤器也可以拦截相同的URL模式或Servlet名称。

### 4. 测试过滤器

为了测试过滤器能有效拦截某IP地址，我们需要新建名为error.jsp的页面，被该过滤器拦截的请求将被定向到该页面。该页面的完整代码如下：

```
<%@ page language="java" pageEncoding="UTF-8"%>

<!DOCTYPE html>
<html>
<head>
<title>拒绝访问</title>
</head>
<body>
  <center>
    <h2>对不起，您的IP地址拒绝访问该网站</h2>
  </center>
</body>
</html>
```

启动Tomcat服务器，在本机或IP地址不为192.168.1.100的主机上访问本应用的任何请求(包括前面的/hello.jsp、/welcome.jsp以及/hello)，都能正常响应。

当通过IP地址为192.168.1.100的主机请求本应用的/hello时，将得到如图3-22所示的页面。这是因为过滤器有效拦截了该请求。

读者可以尝试访问HelloUser/hello.jsp，该页面能正常显示。但当我们输入用户名，单击“提交”按钮后，也将跳转到如图3-22所示的页面。这是因为在过滤器配置中配置了路径为/hello的请求，所有访问HelloUser/hello.jsp的请求不会被拦截，而当单击“提交”按钮时，会发生请求到HelloServlet，这个由HelloServlet处理的请求被拦截了。

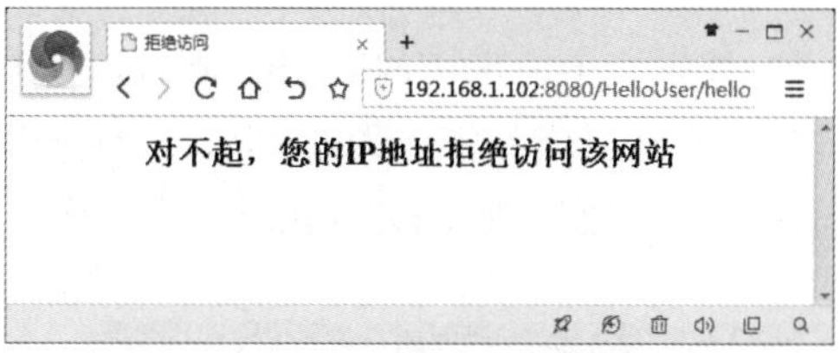


图3-22　过滤器拦截来自某IP地址的请求

### 5. 过滤器的顺序

当有多个过滤器都匹配某个请求时，过滤器的顺序决定了过滤器在过滤器链中出现的位置。在某些情况下，过滤器的顺序可能并不重要；但在有些情况下，则可能是非常关键的。例如，为请求创建日志信息(或者将请求输入日志中)的过滤器应该出现在所有其他过滤器之前，因为其他过滤器可能会改变请求的处理过程。

通过web.xml配置的Filter过滤器，执行顺序由 <filter-mapping> 标签的配置顺序决定。<filter-mapping> 靠前，则Filter先执行，靠后则后执行。通过修改 <filter-mapping> 的顺序，便可以修改Filter的执行顺序。除此之外，URL映射的过滤器优先级要比Servlet名称映射的过滤器高。

如果两个过滤器都可以匹配某个请求，一个是URL模式，而另一个是Servlet名称，那么在过滤器链中，由URL模式匹配的过滤器(即使它的映射出现在后面)总是出现在由Servlet名称匹配的过滤器之前，如图3-23所示。

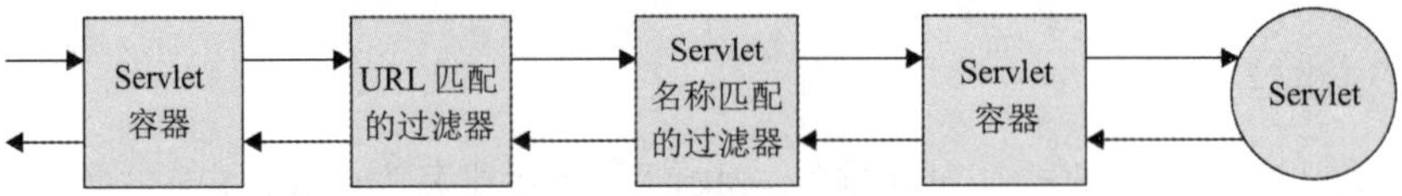


图3-23　过滤器的先后顺序

例如，假设有如下配置信息：

```
<servlet-mapping>
    <servlet-name>myServlet</servlet-name>
    <url-pattern>/hello*</url-pattern>
</servlet-mapping>

<filter-mapping>
    <filter-name>servletFilter</filter-name>
    <servlet-name>myServlet</servlet-name>
</filter-mapping>

<filter-mapping>
    <filter-name>myFilter</filter-name>
    <url-pattern>/hello*</url-pattern>
</filter-mapping>

<filter-mapping>
    <filter-name>myFilter2</filter-name>
    <url-pattern>/hello/info</url-pattern>
</filter-mapping>
```

如果一个请求访问的URL是/hello/info，那么它将匹配所有这3个过滤器。过滤器链将由3个过滤器组成，依次为myFilter、myFilter2，然后是servletFilter。myFilter将在myFilter2之前执行，它们都在servletFilter之前执行，因为URL映射总是在Servlet名称映射之前。

## 3.3.5　使用监听器

Listener(监听器)用于监听Java Web应用程序中的ServletContext、HttpSession等域对象的创建与销毁事件，以及监听这些域对象的属性发生修改的事件，例如创建、修改、删除Session、Request、Context等，并触发响应的响应事件。Listener是通过观察者设计模式进行实现的。观察者模式又叫发布订阅模式或者监听器模式。在该模式中有两个角色：观察者和被观察者(通常也叫作主题)。观察者在主题里面注册自己感兴趣的事件，当这个事件发生时，主题会通过回调接口的方式通知观察者。根据监听对象的不同，Servlet 2.4规范将Servlet监听器划分为以下3种。

- ServletContext事件监听器：用于监听应用程序环境对象。

- HttpSession事件监听器：用于监听用户会话对象。
- ServletRequest事件监听器：用于监听请求消息对象。

### 1. ServletContext事件监听器

对ServletContext对象的监听有生命周期监听和属性监听两种方式，分别用来监听其创建和销毁过程以及监听其属性的增删修改操作，详细介绍如下。

(1) 生命周期监听：使用ServletContextListener接口，其有两个方法，一个在出生时调用，一个在死亡时调用。

- void contextInitialized(ServletContextEvent sce)：创建ServletContext时调用。
- void contextDestroyed(ServletContextEvent sce)：销毁ServletContext时调用。

(2) 属性监听：使用ServletContextAttributeListener接口，其有三个方法，一个在添加属性时调用，一个在替换属性时调用，最后一个在移除属性时调用。

- void attributeAdded(ServletContextAttributeEvent event)：添加属性时调用。
- void attributeReplaced(ServletContextAttributeEvent event)：替换属性时调用。
- void attributeRemoved(ServletContextAttributeEvent event)：移除属性时调用。

### 2. HttpSession事件监听器

对HttpSession对象的监听有生命周期监听、属性监听和感知Session监听三种方式，分别用来监听其创建和销毁过程、监听其属性的增删修改操作，以及对感知Session的生命周期和属性监听。

(1) 生命周期监听：使用HttpSessionListener接口，其有两个方法，一个在出生时调用，一个在销毁时调用。

- void sessionCreated(HttpSessionEvent se)：创建Session时调用。
- void sessionDestroyed(HttpSessionEvent se)：销毁Session时调用。

(2) 属性监听：使用HttpSessioniAttributeListener接口，其有三个方法，一个在添加属性时调用，一个在替换属性时调用，最后一个在移除属性时调用。

- void attributeAdded(HttpSessionBindingEvent event)：添加属性时调用。
- void attributeReplaced(HttpSessionBindingEvent event)：替换属性时调用。
- void attributeRemoved(HttpSessionBindingEvent event)：移除属性时调用。

(3) 感知Session监听，包括HttpSessionBinding监听和HttpSessionActivation监听。

① HttpSessionBinding监听。

- 在需要监听的实体类实现HttpSessionBindingListener接口。
- 重写valueBound()方法，该方法是在该实体类被放到Session中时调用。
- 重写valueUnbound()方法，该方法是在该实体类从Session中被移除时调用。

② HttpSessionActivation监听。

- 在需要监听的实体类中实现HttpSessionActivationListener接口。
- 重写sessionWillPassivate()方法，该方法是在该实体类被序列化时调用。
- 重写sessionDidActivate()方法，该方法是在该实体类被反序列化时调用。

### 3. ServletRequest事件监听器

对ServletRequest对象的监听有生命周期监听和属性监听两种方式，分别用来监听其创建和销毁过程，以及监听其属性的增删修改操作，详细介绍如下。

(1) 生命周期监听：使用ServletRequestListener接口，它有两个方法，一个在出生时调用，一个在销毁时调用。

- void requestInitialized(ServletRequestEvent sre)：创建Request时调用。
- void requestDestroyed(ServletRequestEvent sre)：销毁Request时调用。

(2) 属性监听：使用ServletRequestAttributeListener接口，它有三个方法，一个在添加属性时调用，一个在替换属性时调用，最后一个是在移除属性时调用。

- void attributeAdded(ServletRequestAttributeEvent srae)：添加属性时调用。
- void attributeReplaced(ServletRequestAttributeEvent srae)：替换属性时调用。
- void attributeRemoved(ServletRequestAttributeEvent srae)：移除属性时调用。

### 4. 应用举例

下面来看一个使用监听器的简单例子。本例继续在HelloUser工程中完成，使用的是HttpSession事件监听器，通过该监听器监视网站的在线人数。

(1) 在zhaozhixuan包中新建一个监听器类OnlineListener，该类实现了HttpSessionListener接口，其完整代码如下：

```
package zhaozhixuan;

import javax.servlet.http.HttpSessionEvent;
import javax.servlet.http.HttpSessionListener;

public class OnlineListener implements HttpSessionListener {
    private int nCount;
    public OnlineListener() {
        nCount=0;
    }

    @Override
    public void sessionCreated(HttpSessionEvent e) {
        nCount++;
        e.getSession().getServletContext().setAttribute("online", nCount);
    }

    @Override
    public void sessionDestroyed(HttpSessionEvent e) {
        nCount--;
        e.getSession().getServletContext().setAttribute("online", nCount);
    }
}
```

(2) 在web.xml中配置监听器，监听器的配置比Servlet和过滤器都简单，只需指定监听器的实现类即可，添加的代码如下：

```
    <listener>
        <listener-class>zhaozhixuan.OnlineListener</listener-class>
    </listener>
```

(3) 创建一个JSP页面online.jsp来测试监听器，在该页面中通过application对象的getAttribute()方法获取监听器中设置的属性online。JSP页面文件的完整代码如下：

```
<%@ page language="java" pageEncoding="UTF-8"%>
<!DOCTYPE html>
<html>
<head>
<title>在线人数</title>
</head>
<body>
    <center>
        <h2>当前在线人数  <%= application.getAttribute("online") %></h2>
    </center>
</body>
</html>
```

(4) 启动Tomcat服务器，打开浏览器，访问应用程序的/HelloUser/online.jsp页面。为了测试在线人数，可以多找几台计算机同时访问上述页面，查看在线人数的变化，如图3-24所示。

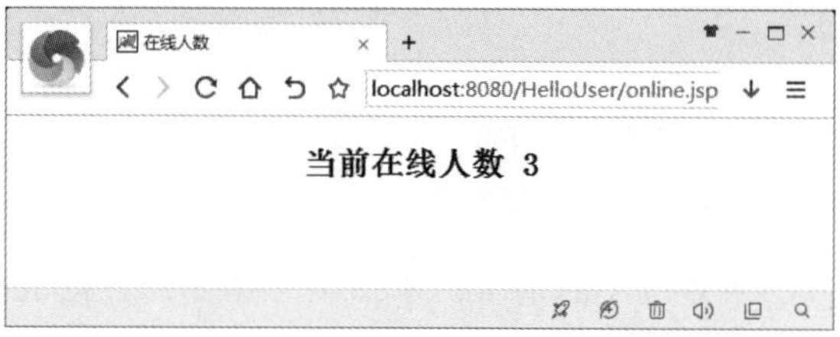


图3-24　使用监听器监视在线人数

# 3.4 使用jQuery异步请求数据

jQuery是一个快速、简洁的JavaScript库，其设计的宗旨倡导写更少的代码，做更多的事情。j就是JavaScript，Query是查询的意思，所以jQuery的意思就是查询js，把js中的DOM操作做了封装，我们可以快速地查询和使用里面的功能。jQuery封装了JavaScript常用的功能代码，优化了DOM操作、事件处理、动画设计和Ajax交互。

jQuery出现的目的是加快前端人员的开发速度，我们可以非常方便地调用和使用其封装的功能。jQuery是Web上目前主流的JavaScript框架，受到越来越多编程人员的青睐。很多Web应用的客户端开发都使用jQuery来完成。jQuery技术本身要介绍的内容相当丰富，所以本节不做过多介绍，感兴趣的读者可自行选择相关书籍或网站进行学习，本书重点介绍jQuery中的异步请求数据。

## 3.4.1 下载jQuery库

jQuery官方网站提供的下载地址为http://www.jquery.com/download，有两个版本的jQuery 可供下载。

- Production版本：用于实际的网站，已被精简和压缩。
- Development版本：用于测试和开发，未压缩，是可读的代码。

目前最新版本是3.6.1，下载后得到一个jquery-3.6.1.min.js文件，将该文件复制到应用程序的Web根目录下，或新建一个js子目录，用于存放所有的JavaScript文件。

接下来，需要在使用jQuery的JSP页面中使用HTML的<script>标签来引用它：

```
<head>
    <script src="jquery-3.6.1.min.js"></script>
</head>
```

接着输入如下测试代码，如果访问该页面，弹出提示对话框并显示“Hello World”，就表示jQuery可以正常使用了。

```
<script>
$(document).ready(function(){
    alert("Hello World");
});
</script>
```

## 3.4.2 jQuery与Ajax

jQuery提供了许多方法来处理Ajax请求。本节将介绍如何在jQuery中创建Ajax请求。

### 1. 什么是Ajax

Ajax是一种用于快速创建动态网页的技术，通过与后台服务器进行少量的数据交换可以使网页实现异步更新。目前有很多使用Ajax的应用程序案例，例如新浪微博、Google Maps、开心网等。Ajax的工作原理相当于在用户和服务器之间加了一个中间层，改变了同步交互的过程，也就是说并不是所有的用户请求都提交给服务器，例如一些表单数据验证和表单数据处理等都交给Ajax引擎来做，当需要从服务器读取新数据时会由Ajax引擎向服务器提交请求，从而使用户操作与服务器响应异步化。

Ajax的工作流程如图3-25所示。首先，浏览器向服务器请求数据。该请求包含服务器所需的信息，浏览器实现了一个名为XMLHttpRequest的对象来处理Ajax请求，一旦发送完毕，浏览器就不再等待服务器的响应了。服务器上发生的事情并不属于Ajax的一部分，当收到Ajax请求时，服务器会返回其他格式的数据，如JSON、XML或HTML。当服务器完成请求的响应过程时，浏览器就会触发一个事件(就像它在页面完成加载后触发事件一样)。这个事件可以用来触发一个JavaScript函数，该函数会处理数据并将其并入页面的某一部分(不会影响页面的其余部分)。

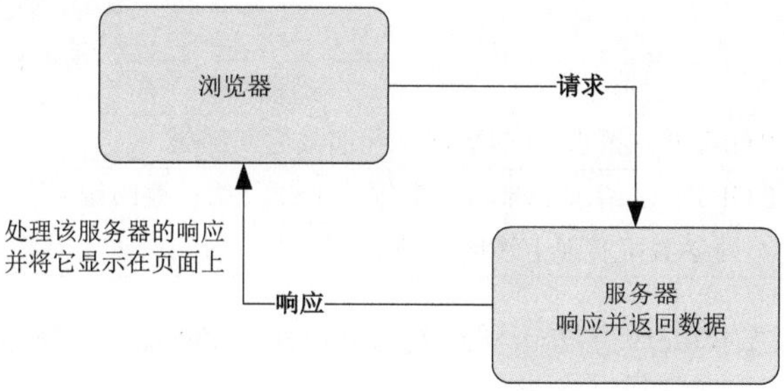


图3-25　Ajax的工作流程

### 2. 什么是JSON

JSON(JavaScript Object Notation，JavaScript对象表示法)，由Douglas Crockford在2002年发现并制定。JSON是用JavaScript语法来表示数据的一种轻量级数据交换格式。其中，轻量是与XML做比较，数据交换指的是客户端与服务器端之间业务数据的传递格式。虽然Douglas在2002年就注册了http://json.org，并为各种语言编写了解析与构造JSON数据的库，但JSON一直没有得到足够重视。直到Ajax的出现，在Ajax刚出现的时候，绝大多数应用是采用XML格式。但是XML格式文档构造复杂，需要传输较多的字节数。在这种情况下，JSON的轻便性逐渐得到重视，并替代XML成为Ajax最主要的数据传输格式。

JSON数据的书写格式是：名称/值对。

“名称/值对”中的名称写在前面(在双引号中)，值写在后面(同样在双引号中)，中间用冒号隔开，例如：

```
"firstName":"John"
```

任何支持的类型都可以通过 JSON 来表示，例如字符串、数字、对象、数组等。但是对象和数组是比较特殊且常用的两种类型。

对象在JavaScript中是使用花括号{}包裹起来的内容，数据结构为 {key1:value1, key2:value2, ...} 的键值对结构。在面向对象的语言中，key 为对象的属性，value 为对应的值。键名可以使用整数和字符串来表示，值的类型可以是任意类型。数组在JavaScript中是方括号[]包裹起来的内容，数据结构为 ["java", "javascript", "vb", ...] 的索引结构。在JavaScript中，数组是一种比较特殊的数据类型，它也可以像对象那样使用键值对，但还是索引使用得多。同样，值的类型可以是任意类型。

在服务器端，如果想返回JSON格式的数据给客户端，需要下载JSON依赖的工具包。

### 3. 使用jQuery处理Ajax请求

表3-11列出了使用jQuery创建Ajax请求的6个方法。其中前5个都是最后一个方法$.ajax()的快捷方式。

表3-11　jQuery创建Ajax请求的方法

| 方法 | 描述 |
| --- | --- |
| .load() | 将HTML片段加载到元素中，这是获取数据的最简单方法 |
| $.get() | 使用HTTP GET方法向服务器请求数据，并加载返回的结果 |
| $.post() | 使用HTTP POST方法向服务器发送数据，并加载服务器更新数据库的返回结果 |

(续表)

| 方法 | 描述 |
|---|---|
| $.getJSON() | 使用HTTP GET方法请求JSON数据，并加载返回结果 |
| $.getScript() | 使用HTTP GET方法请求JavaScript数据，加载并执行返回结果 |
| $.ajax() | 通过指定不同参数可实现上述所有功能，以上方法的请求实际都是通过该方法执行的 |

.load()方法像大多数jQuery方法一样运行在jQuery选择器上，它能将新的HTML内容加载到选中的元素中。

其他5个方法都是全局jQuery对象的方法，所以都以$开头。它们都用来向服务器请求数据，并且不会自动使用返回的数据更新匹配的元素，因此$符号后面并没有跟选择器名称。当服务器返回数据后，还需要编写脚本来指示接下来该干什么。

1) .load()方法

.load()方法通过Ajax请求从服务器加载数据，并把返回的数据放置到指定的元素中。其语法格式如下：

```
$(selector).load(url,data,function(response,status,xhr))
```

其中，参数url是必需的，用于指定需要加载的URL；参数data是可选的，用于指定连同请求发送到服务器的数据；参数function(response,status,xhr)也是可选的，用于指定.load()方法完成时运行的回调函数。

例如下面的代码，在单击按钮时，将把文件“demo_test.txt”的内容加载到指定的<div>元素中：

```
$("button").click(function(){
$("#div1").load( “demo_test.txt");
});
```

2) $.get()和$.post()方法

$.get()方法使用HTTP GET请求从服务器加载数据。其语法格式如下：

```
$.get(URL,data,function(data,status,xhr),dataType)
```

前3个参数的含义与.load()方法的参数相同，第4个参数dataType也是可选的，用于指定预期的服务器响应的数据类型。

$.post()方法与$.get()方法除了发送请求的方式不一样，其他用法完全相同。

例如，下面的代码将使用HTTP GET请求HelloServlet，所以会调用doGet()方法来显示客户端请求信息：

```
<script   src="jquery-3.1.1.min.js"></script>
<script>
$(document).ready(function(){
        $.get("hello",function(result){
                $("body").append(result);
        });
});
</script>
```

而下面的代码将使用HTTP POST请求HelloServlet，同时传递参数“USERNAME=邱淑娅”，与welcome.jsp实现类似的功能。

```
<script>
$(document).ready(function(){
    $.post("hello",{"USERNAME":"邱淑娅"},function(result){
        $("body").html(result);
    });
});
</script>
```

3) $.getJSON()和$.getScript()方法

可以使用$.getJSON()方法来加载JSON数据，当请求失败时，它也提供了方法来处理响应。想要使用JSON数据的话，就应该使用$.getScript()方法。

有时候对Web页面的请求会失败，并且Ajax请求不会抛出异常，可以链式调用如下3个方法来处理成功或失败的情况。

(1) .done()：请求成功时会触发的事件方法。

(2) .fail()：请求没有成功完成时触发的事件方法。

(3) .always()：请求完成(无论成功与否)之后会触发的事件方法。

**❖ 提示：**

jQuery旧版本使用的可能不是以上3个方法，而是.success()、.error()和.complete()。它们的功能与.done()、.fail()、.always()一模一样，但从jQuery 1.8开始推荐使用这些新方法。

4) $.ajax()方法

$.ajax()方法允许开发人员更好地控制Ajax请求。前面介绍的几个方法的内部都使用了这个方法。该方法包含超过30个不同的设置项，可以用它们来控制Ajax请求，从而更好地掌控整个过程。其语法格式如下：

```
$.ajax({name:value, name:value, ... })
```

它只有一个参数，指定了该请求的一个或多个名称/值对。常用的设置项如表3-12所示。

表3-12　$.ajax()方法常用的设置项

| 名称 | 值描述 |
|---|---|
| type | 请求的类型(GET或POST) |
| url | 发送请求的 URL。默认是当前页面 |
| data | 规定要发送到服务器的数据 |
| async | 布尔值，表示请求是否异步处理。默认是 true |
| success | 当请求成功时运行的函数，类似.done()方法 |
| error | 请求失败时运行的函数 |
| complete | 请求完成时运行的函数(在请求成功或失败之后均调用，即在success和error设置项之后) |
| dataType | 预期的服务器响应的数据类型 |
| beforeSend | 发送请求前运行的函数 |
| timeout | 设置本地的请求超时时间(以毫秒为单位) |

4. 应用举例

下面来看一个使用jQuery的$.ajax方法异步请求数据的例子。在本例的页面中有3个单选按钮，当用户单击选中不同的单选按钮时，将触发相应的事件。在该事件中通过$.ajax()方法异步请求数据，服务器通过Servlet处理请求，然后返回数据给客户端，局部刷新页面中的部分元素。

(1) 在HelloUser工程中新建一个Servlet，类名为AjaxServlet。本例中使用POST方式请求数据，所以只需实现doPost方法即可，代码如下：

```
protected void doPost(HttpServletRequest req, HttpServletResponse resp)
throws ServletException, IOException {
    int deptId=Integer.parseInt(req.getParameter("dept"));
    resp.setCharacterEncoding("UTF-8");
    PrintWriter out = resp.getWriter();
    String[] dept1={"Java Web程序设计教程","数据库原理","设计模式","jQuery与Ajax"};
    String[] dept2={"政治经济学","组织行为学","人力资源管理","电子商务与信息化"};
    String[] dept3={"变态心理学","工业心理学","心理咨询与治理","发展心理学"};
    switch (deptId){
      case 1:
        out.write(Arrays.toString(dept1));
        break;
      case 2:
        out.write(Arrays.toString(dept2));
        break;
      case 3:
        out.write(Arrays.toString(dept3));
        break;
    }
  }
```

上述代码中，将根据客户端请求中的参数dept，返回不同的课程信息。需要注意的是，由于返回信息中包含中文，因此需要设置响应对象的编码字符集为UTF-8。

(2) 部署Servlet，打开web.xml，参考在3.1.2节中学习的内容，添加AjaxServlet的配置信息，如下所示：

```
<servlet>
  <servlet-name>AjaxServlet</servlet-name>
  <servlet-class>zhaozhixuan.AjaxServlet</servlet-class>
</servlet>
<servlet-mapping>
  <servlet-name>AjaxServlet</servlet-name>
  <url-pattern>/ajax</url-pattern>
</servlet-mapping>
```

(3) 将jQuery的库文件复制到项目的Web根目录下。创建一个JSP页面AjaxTest.jsp，在JSP文件中引入jQuery库，然后添加文档就绪函数$(document).ready()。在其中添加核心代码，完整的JSP文件代码如下：

```
<%@ page language="java" pageEncoding="utf-8"%>
<html>
<head>
<script src="jquery-3.1.1.min.js"></script>
<title>jQuery Ajax示例</title>
</head>
<script>
  $(document).ready(function() {
    $("input:radio").click(function() {   // 动作触发后执行的代码
      var val = $('input:radio[name="dept"]:checked').val();
      $.ajax({
        url : "ajax",
        type : "post",
        data : {
          dept : val
        },
        success : function(result) {
          var data = "<h5>课程如下：</h5>" + result;
          $("#bookList").html(data);
        }
      });
    });
  });
</script>
<body>
  <form>
    <h3>请选择一个系,查看该系的课程</h3>
    <input type="radio" name="dept" value="1">计算机系 <input
      type="radio" name="dept" value="2">工商管理学院 <input type="radio"
      name="dept" value="3">心理系 <br>
    <div id="bookList">
  </form>
</body>
</html>
```

(4) 部署应用程序，然后启动Tomcat服务器，访问测试页面AjaxTest.jsp。单击选中不同的单选按钮，可以看到下面显示不同的课程信息，如图3-26所示。

在下面信息变化的过程中，用户是感觉不到页面刷新的，就好像所有的变化都只发生在客户端。可实际上，每次单击选中不同的单选按钮，都会触发一次服务器端的请求和响应过程。这就是异步刷新给终端用户带来的良好体验。

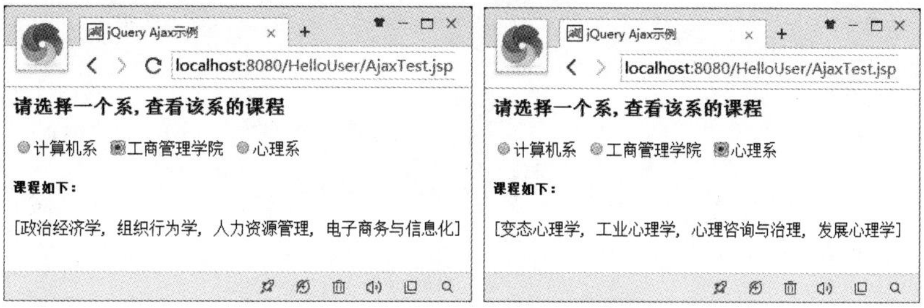


图3-26　使用Ajax异步刷新页面

# 3.5 本章小结

本章首先开发了一个简单的JSP + Servlet应用，使读者对JSP和Servlet有一个初步认识。接下来详细介绍了JSP和Servlet的相关知识，包括：JSP的工作原理，JSP的指令、动作、内置对象，Servlet的开发与部署，Servlet的生命周期、过滤器、监听器等。最后介绍了jQuery中的Ajax方法，Ajax是一种无须刷新整个页面就能为页面中的某一部分加载数据的技术，对于客户端提升用户体验有很好的效果，受到众多开发者的青睐。需要读者重点掌握的是JSP的3个编译指令、7个动作指令、9个内置对象；熟练掌握Servlet的生命周期，以及Servlet、过滤器和监听器的配置和部署；会使用jQuery向服务器发送异步请求，实现页面的局部刷新。

# 3.6 思考和练习

1. 简述JSP的工作原理。
2. 说出JSP的3个编译指令、7个动作指令和9个内置对象。
3. JSP文件支持哪些注释形式？
4. 如何获取客户端请求中的参数？
5. URL映射的过滤器和Servlet名称映射的过滤器，谁的优先级高？
6. Servlet监听器有几种？
7. jQuery创建Ajax请求的方法有哪些？

# 第 4 章

# 使用 JSP 标签库

JSP中可以通过Java代码来获取信息，但是过多的Java代码会使JSP页面非常复杂。为此，Sun公司制定了一套标准标签库JSTL。JSTL支持通用的、结构化的任务，比如迭代、条件判断、XML文档操作、国际化标签、SQL标签。 除了这些，它还提供了一个框架来使用集成JSTL的自定义标签。通过本章的学习，读者可以掌握几类标签库的功能和用法。

**本章学习目标**

- 了解表达式语言(EL)的基本语法
- 熟悉EL的11个隐式变量
- 掌握核心标签库的用法
- 了解格式化标签库的用法
- 掌握SQL标签库的用法
- 掌握XML标签库的用法
- 了解常用的标准函数
- 掌握自定义标签

## 4.1　JSP标准标签库(JSTL)

JSTL全名为JSP Standard Tag Library(JSP标准标签库)，它是Sun公司发布的一个针对JSP开发的新组件，允许使用标签开发JSP页面。

JSTL是一个标准的、已制定好的标签库，可以应用到很多领域，比如基本输入/输出、流程控制、循环、XML文件剖析、数据库查询及国际化、文字格式标准化等。

JSTL提供的标签库主要分为五大类。

- 核心标签库：前缀名称c，URI为http://java.sun.com/jsp/jstl/core，能完成Web应用的常见任务，比如循环、表达式赋值、基本输入/输出等。

- 格式化标签库：前缀名称fmt，URI为http://java.sun.com/jsp/jstl/fmt，里面包含用来格式化显示数据、国际化网页设定所需的标签。
- SQL标签库：前缀名称sql，URI为http://java.sun.com/jsp/jstl/sql，里面包含运行SQL和数据库操作相关的标签。
- XML标签库：前缀名称x，URI为http://java.sun.com/jsp/jstl/xml，里面包含用来访问XML文件相关的标签。
- 函数标签库：前缀名称fn，URI为http://java.sun.com/jsp/jstl/functions，里面包含一些特殊功能的函数标签。

### 4.1.1 下载JSTL安装包

在Web项目开发中，使用的JSTL标签是较新版本1.2.5。在使用JSTL之前，首先要进行JSTL环境的配置。JSTL标签环境的配置非常简单，先要下载JSTL，然后将下载的jar包复制到项目下。

首先输入网址https://tomcat.apache.org/download-taglibs.cgi，在打开的页面中找到Jar Files下的4个超链接，分别进行下载。

(1) Impl: taglibs-standard-impl-1.2.5.jar。

(2) Spec: taglibs-standard-spec-1.2.5.jar。

(3) EL: taglibs-standard-jstlel-1.2.5.jar。

(4) Compat: taglibs-standard-compat-1.2.5.jar。

将下载的4个jar包复制到Web项目的\WEB-INFlib文件夹中，这样就可以在项目中使用JSTL的所有功能了。

### 4.1.2 表达式语言(EL)

在早期的JSP中，通常需要在JSP页面中嵌入大量的Java代码来实现与用户的动态交互。在JSP中嵌入Java代码容易导致结构复杂，使程序可读性差，不易维护。为了解决这些问题，JSP中引入了EL表达式。使用EL表达式后，代码可以进行大大的简化。在JSTL 1.0规范中，EL(Expression Language，表达式语言)是JSTL的一部分，并且只可以用作JSTL标签的特性。到了JSP 2.0和JSTL 1.1，由于EL的流行，它的规范从JSTL规范移到了JSP规范中，并且在JSP的任何部位都可以使用，不再受限于JSTL标签特性。

**❖ 注意：**

这里的EL与第3章中讲到的JSP表达式是不同的，初学者一定不要将二者混淆。

使用表达式语言(EL)的目的是使JSP写起来更加简单。它的灵感来自ECMAScript和XPath表达式语言，它提供了在JSP中简化表达式的方法。它是一种简单的语言，基于可用的名称空间(PageContext 属性)、嵌套属性和对象集合、操作符(算术型、关系型和逻辑型)的访问符、映射到 Java 类中静态方法的可扩展函数以及一组隐式对象。

EL提供了在JSP脚本编制元素范围外使用运行时表达式的功能。脚本编制元素是指页面上能够用于在JSP文件中嵌入Java代码的元素。它们通常用于对象操作以及执行那些影响所生成内容的计算。JSP 2.0将EL表达式添加为一种脚本编制元素。

### 1. EL的基本语法

EL表达式与其他任何语言一样，有着特定的语法。如果违反了该语法，将会导致JSP在渲染时出现语法错误。不过，与Java不同的是，EL语法是弱类型，并且它包含了许多内建的隐式类型转换。

在JSP页面中调用EL表达式的一般格式为：

```
${expression}
```

其中，expression表示一个有效的EL表达式。类似于Java或JSP的表达式，一个有效的EL表达式可以包含文字、操作符、变量(对象引用)和方法调用。

### 2. 关键字

与任何其他语言一样，EL也有自己的保留关键字，如表4-1所示。这些关键字只被用于特定的目的。变量、属性和方法的名称不应该与这些保留关键字相同。

表4-1 EL保留关键字

| 关键字 | | | |
|---|---|---|---|
| true | empty | or | lt |
| false | div | not | gt |
| null | mod | eq | le |
| instanceof | and | ne | ge |

第一列的四个关键字同样也是Java的保留关键字，可以像在Java中使用它们对应的关键字一样使用它们。关键字empty用于验证某些集合、Map或数组是否含有值，或者某些字符串是否含有一个或多个字符。如果它们为null或“空”，那么表达式的结果将为真；否则，结果为假。例如：

```
${empty x}
```

关键字div和mod分别对应着Java中的数学运算符除(/)和求余(%)，它们只是数学运算符的替代关键字，也可以直接使用/和%。关键字and、or和not分别对应着Java中的逻辑运算符&&、||和！，也可以使用传统的逻辑运算符。最后面的eq、ne、lt、gt、le和ge运算符分别是Java中的关系运算符==、！=、<、>、<=和>=的替代关键字。当然，也可以直接使用传统的关系运算符。

### 3. 文字

EL表达式中可以使用的文字包括布尔类型、整数类型、小数类型、字符串类型及空值类型，类似于Java中的值，对应可使用的值如表4-2所示。

表4-2　EL中的文字类型

| 文字类型 | 文字的值 |
| --- | --- |
| 布尔类型 | true和false |
| 整数类型 | 与Java相同，可以是任何带符号整数，如24、-45等 |
| 小数类型 | 与Java相同，可以是任何带符号小数，如-1.8E-3、4.5等 |
| 字符串类型 | 任何由单引号或双引号限定的字符串。对于单引号、双引号和反斜杠，使用反斜杠字符作为转义序列。必须注意：如果在字符串两端使用双引号，则单引号不需要转义 |
| 空值类型 | null |

### 4. 操作符

EL表达式可使用的操作符大部分与Java中的操作符相同。操作符可以帮助用户完成各种所需的操作，EL中的操作符及它们各自的功能如表4-3所示。

表4-3　EL中的操作符

<table>
<tr><th>操作符</th><th>功能</th></tr>
<tr><td>.</td><td>访问一个bean属性或Map entry</td></tr>
<tr><td>[]</td><td>访问一个数组或链表元素</td></tr>
<tr><td>()</td><td>对子表达式分组，用来改变赋值顺序</td></tr>
<tr><td>? :</td><td>条件语句，比如条件 ?if_True:if_False，如果条件为真，表达式的值为前者，反之为后者</td></tr>
<tr><td>+ - * /或div</td><td>数学运算符，加减乘除操作</td></tr>
<tr><td>%或mod</td><td>数学运算符，模操作(取余)</td></tr>
<tr><td>==或eq</td><td>逻辑运算符，判断符号左右两端是否相等。如果相等，返回true，否则返回false</td></tr>
<tr><td>!=或ne</td><td>逻辑运算符，判断符号左右两端是否不相等。如果不相等，返回true，否则返回false</td></tr>
<tr><td><或lt</td><td>逻辑运算符，判断符号左边是否小于右边。如果小于，返回true，否则返回false</td></tr>
<tr><td>>或gt</td><td>逻辑运算符，判断符号左边是否大于右边。如果大于，返回true，否则返回false</td></tr>
<tr><td><=或le</td><td>逻辑运算符，判断符号左边是否小于或者等于右边，如果小于或等于，返回true，否则返回false</td></tr>
<tr><td>>=或ge</td><td>逻辑运算符，判断符号左边是否大于或等于右边。如果大于或等于，返回true，否则返回false</td></tr>
<tr><td>&&或and</td><td>逻辑运算符，与操作符。如果左右两边同为true，返回true，否则返回false</td></tr>
<tr><td>||或or</td><td>逻辑运算符，或操作符。如果左右两边有任何一边为true，返回true，否则返回false</td></tr>
<tr><td>!或not</td><td>逻辑运算符，非操作符。对true取非运算，返回false；对false取非运算，返回true</td></tr>
<tr><td>empty</td><td>用来对一个空变量值进行判断：null、一个空字符串、空数组、空Map、没有条目的集合</td></tr>
<tr><td>func(args)</td><td>调用方法，func是方法名，args是参数，可以没有，或有一个、多个参数。参数间用逗号隔开</td></tr>
</table>

下面通过几个示例来演示它们的使用方法：

```
${pageScope.sampleValue=3} <br>                    // 显示 12
${pageScope.sampleValue + 12} <br>                 // 显示 15
${(pageScope.sampleValue + 12)/3} <br>             // 显示 5.0
${(pageScope.sampleValue + 12) /3==4} <br>         // 显示 false
<input type="text" name="sample1" value="${pageScope.sampleValue + 10}">
//显示值为13的Text控件
```

可以看到，对于这些示例，程序设计者完全不必管理它们的类型转换，在表达式内部都已经处理了。有了EL表达式，对JSP页面的编程变得更灵活，也更容易。

5. 变量

在EL表达式中可使用的变量包括隐式变量和用户在各范围内自定义的变量。

EL隐式变量有11个，其中有10个都是Map对象。EL隐式变量中的大多数都被用于访问某些作用域、请求参数或头中的特性。

- pageContext：它是PageContext类的一个实例，并且是唯一一个不是Map对象的EL隐式变量。通过使用该变量，可以访问页面的错误数据和异常对象、表达式求值程序、输出Writer、JSP Servlet实例、请求和响应、ServletContext、ServletConfig和会话。
- pageScope：包含JSP内置对象page作用范围内的变量集合。
- requestScope：包含JSP内置对象request作用范围内的变量集合。
- sessionScope：包含JSP内置对象session作用范围内的变量集合。
- applicationScope：包含JSP内置对象application作用范围内的变量集合。
- param和paramValues：它们都提供了对请求参数的访问。变量param是一个Map<String, String>，它包含了任何多值参数中的第一个值(类似于ServletRequest中的getParameter)；而paramValues是一个Map<String, String[]>，它包含了所有参数的所有值(类似于ServletRequest中的getParameterValues)。
- header和headerValues：提供了对请求头的访问，header是一个Map<String, String>，它包含了所有多值头的第一个值；而headerValues是一个Map<String, String[]>，它包含了所有头的所有值。
- initParam：包含了该应用程序中ServletContext实例的所有上下文初始化参数。
- cookie：包含了用户浏览器发送的请求中的所有cookie。该Map中的键是cookie的名称。应该注意的是：可能存在两个cookie名称相同的情况(但路径不同)，在这种情况下，该Map将只包含请求中按顺序出现的第一个cookie。cookie出现的顺序可能随着请求的不同而不同。如果不遍历所有的cookie，在EL中就无法访问其他具有相同名称的重复cookie。

例如，下面的代码：

```
<% session.setAttribute("sampleValue", new Integer(10));%>
${sessionScope.sampleValue}
```

第一行表示在内置对象session中保存“键”为sampleValue、“值”为整数对象10的键值对。第二行则是使用EL表达式获取保存在session对象中的“键”为sampleValue的值并显示在页面上，显示结果为10。其中，“.”是属性访问操作符。

以上11个默认变量几乎包含了Web应用的所有基本操作，若一个表达式不使用这些变量而直接使用参数名，那么就采用就近原则，该表达式将使用最近取得的参数值。比如在页面中使用以下EL：

```
${sampleValue+10}
```

该表达式被解释执行时将会依次在pageScope、requestScope、sessionScope以及applicationScope中寻找“键”为sampleValue的变量，如果不存在则使用默认值0。

用户自定义的变量包括以下几种。

- 在JSP页面中用<%! %>进行声明的变量。
- 通过<jsp:useBean>定义的JavaBean。
- 通过setAttribute()方法保存在各内置对象中的变量。

#### 6. 方法调用

与Java表达式类似，在EL表达式中也可以调用对象变量的方法。比如，${sessionScope.user.toInterestsString()}表示调用sessionScope范围内的user对象中的toInterestsString()方法。

### 4.1.3 使用核心标签库(C名称空间)

核心标签库包含了几乎所有在替换JSP中的Java代码时需要用到的核心功能，包括条件编程工具、循环和迭代以及输出内容。该标签库中的标签一共有14个，被分为以下四类。

- 多用途通用标签：<c:out>、<c:set>、<c:remove>和<c:catch>。
- 条件控制标签：<c:if>、<c:choose>、<c:when>和<c:otherwise>。
- 循环控制标签：<c:forEach>和<c:forTokens>。
- URL相关标签：<c:import>、<c:url>、<c:redirect>和<c:param>。

在使用JSTL之前，必须引入taglib指令以声明网页要使用的标签种类，使用核心标签库的taglib指令如下：

```
<%@ taglib prefix="c" uri="http://java.sun.com/jsp/jstl/core" %>
```

taglib指令中的prefix属性指出了在JSP页面中引用标签库时使用的名称空间。标签库的标签库描述符(TLD)文件中提供了建议的标签前缀，但需要在taglib指令中使用prefix属性指明。uri属性标志着TLD中为该标签库定义的URI。这是JSP解析器为引用的标签库定位正确TLD的方式。

当JSP解析器遇到taglib指令时，它将在不同的位置搜索该URI，并定位到该标签库的TLD文件。解析器将按如下顺序搜索。

(1) 如果使用的容器是一个Java EE兼容容器，那么解析器将搜索所有匹配Java EE规范的TLD文件，包括JSP标签库、Java标准标签库和所有的Java Server Faces库。

(2) 如果没有找到，解析器将检查web.xml文件中<jsp-config>标签中的<taglib>声明。

(3) 如果仍未找到匹配的TLD文件，那么将检查应用程序的/WEB-INF/lib目录中所有JAR文件，或者递归地检查所有/WEB-INF子目录中的TLD文件。

(4) 解析器将检查Web容器或应用服务器中的所有TLD文件。

web.xml文件中的<taglib>声明如下所示：

```
<jsp-config>
    <taglib>
```

```
        <taglib-uri>http://java.sun.com/jstl/core</taglib-uri>
        <taglib-location>/WEB-INF/c.tld</taglib-location>
    </taglib>
</jsp-config>
```

其中，<taglib-uri>的值将会与taglib指令中的uri特性相比较。如果匹配，那么它将使用<taglib-location>指定的TLD文件，该路径是相对于Web应用程序的根目录的。

通常不需要在web.xml中显式地添加<taglib>声明，除非要引用的TLD文件中不包含URI，或者需要使用同名的URI覆盖一个无法控制的第三方JAR文件中的TLD文件。

1. 多用途通用标签

多用途通用标签有4个：<c:out>、<c:set>、<c:remove>和<c:catch>。

1) <c:out>

<c:out>是核心标签库中最常用的标签，主要用来显示数据的内容，与<%= %>和EL表达式${expression}的作用相似。所不同的是<c:out>标签支持3个属性的设置，如表4-4所示。

表4-4 <c:out>标签的属性

| 属性 | 描述 |
|---|---|
| value | 输出到页面的数据，必须设置该属性，可以是EL表达式或常量 |
| default | 可选属性，指定当value值是null时要输出的默认值。如果不指定该属性，且value是null，该标签输出空的字符串 |
| escapeXml | 可选属性，是否忽略XML特殊字符，默认为true，表示主动更换特殊字符 |

在default属性中也可以使用EL表达式(几乎所有标签的所有属性都可以使用)：

```
<c:out value="${someVariable}" default="${someOtherValue}" />
```

除了可以使用default属性，也可以使用嵌套内容来设置<c:out>的默认值，例如下面的语句，当变量的值为null时，页面中将显示default value：

```
<c:out value="${someVariable}">default value</c:out>
```

2) <c:set>

<c:set>标签的主要功能是设置变量的值到JSP的内置对象中(page、request、session或application)，或设置值到JavaBean的属性中。JSP的动作指令<jsp:setProperty>与<c:set>标签的功能类似。<c:set>标签有5个可选的属性，如表4-5所示。

表4-5 <c:set>标签的属性

| 属性 | 描述 |
|---|---|
| value | 要存储的数据，可以是EL表达式或常量 |
| target | 指定目标对象，可以是一个JavaBean或Map集合等 |
| property | 要修改的属性，如果指定了target属性，那么property属性也需要被指定 |
| var | 指定要存储标签体内容的变量名称 |
| scope | 指定将标签体存储到JSP的哪个内置对象中，var属性的作用域，默认值为page |

3) <c:remove>

<c:remove>标签用于移除一个变量，这个标签不是特别有用，不过可以用来确保JSP完成清理工作。

<c:remove>标签只有两个属性，即var和scope。其中，var是必选属性，用于指定要移除的变量名。scope属性指定这个变量的作用域，其值可以是page、request、session或application；若未指定，则默认为变量第一次出现的作用域。

4) <c:catch>

<c:catch>标签用于捕获JSP页面中出现的异常，与Java语言中的try…catch语句类似。<c:catch>标签主要用来处理产生错误的异常状况，并且将错误信息存储起来。它有一个可选属性var，用于存放异常的描述信息。如果没有var属性，那么仅仅捕捉异常而不做任何事情。

下面来看一个简单的应用示例。

01 启动Eclipse，新建一个Web应用UseJSTL。

02 将JSTL所需的JAR文件jstl.jar和standard.jar复制到当前Web应用程序的WEB-INF/lib目录下。在Eclipse的Project Explorer视图中按F5键刷新UseJSTL工程，即可看到WEB-INF/lib目录下已经有jstl.jar和standard.jar，如图4-1所示。

03 在应用的Web根目录下，新建一个JSP文件JSTLCore1.jsp，在该文件中输入如下代码：

```
<%@ page language="java" pageEncoding="UTF-8"%>
<%@ taglib prefix="c" uri="http://java.sun.com/jsp/jstl/core"%>
<html>
<head>
<title>Core标签实例1</title>
</head>
<body>
  <h3>&lt;c:out&gt; 实例</h3>
  <c:out value="&lt要显示的数据(未使用转义字符)&gt" escapeXml="true" default="默认值"/>
  <br />
  <c:out value="&lt要显示的数据(使用转义字符)&gt" escapeXml="false" ></c:out>
  <br />
  <c:out value="${null}" escapeXml="false" >使用的表达式结果为null，则输出该默认值</c:out>
  <br />
  <h3>&lt;c:set&gt; 实例</h3>
  <c:set var="salary" scope="session" value="${2000*2}" />
  <p>
    salary 变量值:      <c:out value="${salary}"/></p>
  </p>
  <h3>&lt;c:remove&gt; 实例</h3>
  <c:remove var="salary" />
  <p>
    删除 salary 变量后的值:   <c:out value="${salary}" >0(这是默认值)</c:out></p>
  </p>
  <h3>&lt;c:catch&gt; 实例</h3>
  <c:catch var="catchException">
    <%
```

```
            int x = 5 / 0;
        %>
    </c:catch>
    <c:if test="${catchException != null}">
        <p>
            异常为 : ${catchException} <br /> 发生了异常: ${catchException.message}
        </p>
    </c:if>
</body>
</html>
```

04 将应用部署到Tomcat服务器，然后启动Tomcat服务器，查看页面运行效果。在地址栏中输入http://localhost:8080/UseJSTL/JSTLCore1.jsp，按回车键，结果如图4-2所示。

图4-1　添加JSTL所需的JAR文件

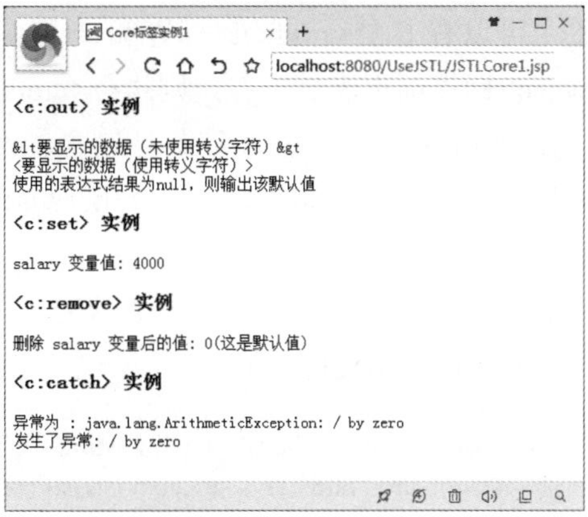


图4-2　页面的运行效果

在本例中，输出<c:catch>的异常信息时，使用了<c:if>标签，这是一个条件控制标签，下一小节将详细介绍该标签的用法。

### 2. 条件控制标签

条件控制标签也有4个：<c:if>、<c:choose>、<c:when>和<c:otherwise>。

1) <c:if>

<c:if>是一个条件控制标签，用于控制是否渲染特定的内容。该标签支持3个属性，如表4-6所示。

表4-6　<c:if>标签的属性

| 属性 | 描述 |
|---|---|
| test | 必选属性，判断一个条件，只有该条件为真时，<c:if>标签中内嵌的内容才会被执行 |
| var | 可选属性，指定变量名称，用于存放判断的结果，该值是一个Boolean类型 |
| scope | 可选属性，var属性的作用域，默认值为page |

**❖ 提示：**

没有<c:else>标签，<c:if>标签只是一个简单的、全有或全无的条件块。

2) <c:choose>、<c:when>和<c:otherwise>

这三个标签用于实现复杂条件判断语句，类似于Java语言中的switch...case结构，是一个多条件选择结构。

<c:choose>标签是<c:when>标签和<c:otherwise>标签的父标签，该标签没有任何属性。在<c:choose>标签体中除了空白字符外，只能包含<c:when>和<c:otherwise>标签。

<c:when>和<c:otherwise> 将作为<c:choose>标签的子标签来使用，功能与switch语句中的case和default语句相同。

<c:choose>标签可以有多个<c:when>标签，用于处理不同的业务逻辑，与JSP中when的功能一样。

<c:otherwise>标签用于定义<c:choose>标签中默认条件下的逻辑处理。在<c:choose>标签中可以有多个<c:when>标签和一个<c:otherwise>标签，如果<c:choose>标签中的所有<c:when>标签都不满足条件，则执行<c:otherwise>标签中的内容。

在<c:choose>标签中至少要包含一个<c:when>标签，可以不包含也可以包含一个<c:otherwise>标签，如果包含<c:otherwise>标签，则必须将该标签放在所有<c:when>标签之后。

下面来看条件控制标签的一个示例。

在应用的Web根目录下，新建一个JSP文件JSTLCore2.jsp，在该文件中输入如下代码：

```
<%@ page language="java" pageEncoding="UTF-8"%>
<%@ taglib uri="http://java.sun.com/jsp/jstl/core" prefix="c"%>
<html>
<head>
<title>条件控制标签实例</title>
</head>
<body>
  <c:set var="salary" scope="session" value="${6000*2}" />
  <c:if test="${salary > 3500}">
    <p>我的工资需要缴纳个人所得税
    <p>
  </c:if>
  <p>
    你的工资为：
    <c:out value="${salary}" />
  </p>
  <c:choose>
    <c:when test="${salary <= 1000}">
      太惨了。
    </c:when>
    <c:when test="${salary <= 3000}">
      月光族。
    </c:when>
    <c:when test="${salary <= 5000}">
      不错的薪水，还能生活。
    </c:when>
    <c:when test="${salary <= 8000}">
      小康生活。
    </c:when>
```

```
        <c:otherwise>
            土豪，我们做朋友吧。
        </c:otherwise>
    </c:choose>
</body>
</html>
```

重新启动Tomcat，并访问该页面，效果如图4-3所示。

### 3. 循环控制标签

循环控制标签有两个：<c:forEach>和<c:forTokens>。

图4-3　条件控制标签示例的结果

这些标签封装了Java中的for、while、do-while循环。相比而言，<c:forEach>标签是更加通用的标签，因为它迭代一个集合中的对象。<c:forTokens>标签通过指定分隔符将字符串分隔为一个数组，然后迭代它们。

1) <c:forEach>

<c:forEach>标签是一个迭代标签，主要用于循环的控制，可以循环遍历集合或数组中的所有或部分数据。一般在JSP页面中会使用<c:forEach>标签来显示从数据库中获取的数据，这样不仅可以解决JSP的页面混乱问题，同时也提高了代码的可维护性。它可以像Java的for循环或for-each循环一样工作。例如，可以使用<c:forEach>替换下面的Java循环：

```
for(int i = 0; i < 100; i++)
{
    out.println("Line "+ i + "<br />");
}
```

使用<c:forEach>标签实现相同的功能，如下所示：

```
<c:forEach var="i" begin="0" end="100">
    Line ${i}<br />
</c:forEach>
```

<c:forEach>标签的属性如表4-7所示。

表4-7　<c:forEach>标签的属性

| 属性 | 描述 |
|---|---|
| items | 必选属性，指定要循环遍历的对象，一般是数组和集合类的对象 |
| begin | 可选属性，开始的元素(0=第一个元素，1=第二个元素)，默认值为0 |
| end | 可选属性，最后一个元素 |
| step | 可选属性，每一次迭代的步长，默认值为1 |
| var | 可选属性，指定循环体的变量名，即用于存储items指定对象的成员 |
| varStatus | 可选属性，指定循环的状态变量，有index(循环的索引值从0开始)、count(循环的索引值从1开始)、first(是否为第一次循环)和last(是否为最后一次循环)4个属性值 |

其中，items中的表达式必须是一些集合、Map、Iterator、Enumeration、对象数组或原

生数组。

2) <c:forTokens>

<c:forTokens>标签可以解析一段字符串中以特定符号分隔的字符串成员，该标签与<c:forEach>标签包含了许多相同的属性(var、varStatus、begin、end和step)，这些属性的行为与<c:forEach>对集合进行for-each循环时的行为一致。主要的区别在于：<c:forTokens>的items属性使用的是字符串而不是集合，并且需要使用一个额外的delims属性指定一个或多个分隔符。

下面来看循环控制标签的一个示例。

在应用的Web根目录下，新建一个JSP文件JSTLCore3.jsp，在该文件中输入如下代码：

```
<%@ page language="java"      pageEncoding="UTF-8"%>
<%@ taglib uri="http://java.sun.com/jsp/jstl/core" prefix="c" %>
<html>
<head>
<title>循环控制标签实例</title>
</head>
<body>
<c:forEach var="i" begin="1" end="5">
   我喜欢的 <c:out value="${i}"/>所大学:
<c:forTokens items="清华大学,北京大学,浙江大学,南京大学,上海交通大学" delims="," end="${i-1}"
 var="name">
   <c:out value="${name}"/>、
</c:forTokens><p>
</c:forEach>
</body>
</html>
```

启动Tomcat服务器，然后访问该页面，结果如图4-4所示。

图4-4　循环控制标签示例的结果

### 4. URL相关标签

URL相关标签有4个：<c:import>、<c:url>、<c:redirect>和<c:param>。

1) <c:import>标签

<c:import>标签用于将动态或静态的文件包含到当前的JSP页面，其与JSP的动作指令<jsp:include>类似，不同的是，<jsp:include>只可以包含当前Web项目中的文件，而<c:import>可以包含当前Web项目中的文件和其他Web 项目中的文件。<c:import>标签提供了所有<jsp:include>行为标签所具有的功能，同时也允许包含绝对URL。<c:import>标签的属性如表4-8所示。

表4-8　<c:import>标签的属性

| 属性 | 描述 |
|---|---|
| url | 待导入资源的URL，可以是相对路径和绝对路径，并且可以导入其他主机资源(必选属性) |
| context | 上下文路径，用于访问同一个服务器中的Web应用，其值以“/”开头，如果该属性不为空，那么url属性的值也必须以“/”开头 |
| charEncoding | 所引入数据的字符编码集 |
| var | 用于存储所引入文本的变量 |
| scope | var属性的作用域，有page、request、session和 application几个值可选，默认为page |
| varReader | 可选的用于提供java.io.Reader对象的变量 |

❖ 注意：

不能同时使用var和varReader属性，这样做将会导致异常。当var和varReader属性都未指定时，URL中指定的资源内容将被内嵌到JSP中。

在第3章我们学习了其他两种导入外部资源的方法：include指令和include动作。

include指令是静态的，在将JSP转换成Java代码的时候，从file属性指定的文件中向当前页面添加内容，比如：

```
<%@ include file="header.jsp" %>
```

include动作是动态的，在请求的时候，从page属性指定的页面中向当前页面添加内容，比如：

```
<jsp:include page="header.jsp"/>
```

<c:import>标签与<jsp:include>相似，但是更加强大和灵活，它的URL属性可以指定一个来自容器外部的地址。

2) <c:url>标签

<c:url>标签主要用来产生一个字符串URL，这个字符串URL可以作为超链接标记<a>的地址，或作为重定向与网页转发的URL等。<c:url>标签用于对URL进行编码，并在需要添加会话ID的时候重写URL，它的属性如表4-9所示。

表4-9　<c:url>标签的属性

| 属性 | 描述 |
|---|---|
| value | 要处理的URL，可以使用EL表达式。基础URL，必选属性 |
| context | 上下文路径，用于访问同一个服务器中的Web应用，其值以“/”开头，如果该属性不为空，那么url属性的值也必须以“/”开头 |
| var | 变量名称，保存新生成的URL字符串。代表URL的变量 |
| scope | var属性的作用域，默认为page |

<c:url>标签只是用于调用response.encodeURL()方法的一种可选的方法。它真正的优势在于提供了合适的URL编码，并且可以和<c:param>一起使用，为URL提供查询参数。

3) <c:redirect>

<c:redirect>标签的主要作用是将用户的请求从一个页面跳转到另一个页面，该标签的功能和JSP中response 内置对象的跳转功能类似。<c:redirect>标签通过自动重写URL来将浏览器重定向到一个新的URL，它提供内容相关的URL，并且支持<c:param>标签。

<c:redirect>标签包含url和context两个属性，属性的含义和<c:url>标签相同。

4) <c:param>标签

<c:param>标签用于为<c:url>、<c:redirect>和<c:import>标签指定参数。在<c:param>标签内，name属性表明参数的名称，value属性表明参数的值。

例如，若页面中有下面的代码：

```
<c:redirect url="/login.jsp">
<c:param name="userName" value="RW" />
</c:redirect>
```

则当用户访问此页面时，将被重定向到login.jsp，并传递指定参数userName=RW。

下面来看一个URL相关标签的示例。

在应用的Web根目录下，新建一个HTML文件copyright.html，这是一个静态页面，用于显示网站的版权信息，完整的代码如下：

```
<!DOCTYPE html>
<html>
<head>
<title>Insert title here</title>
</head>
<body>
   <br />   <br />
   <hr>
   <center>Copyright &copy; 2015-2020 zhaozhixuan.edu All Rights Reserved.</center>
</body>
</html>
```

接下来，再新建一个JSP文件JSTLCore4.jsp，在该文件中引入版权信息，同时使用<c:param>标签为一个URL添加参数，完整的代码如下：

```
<%@ page language="java"   pageEncoding="UTF-8"%>
<%@ taglib uri="http://java.sun.com/jsp/jstl/core" prefix="c" %>
<html>
<head>
<title>URL标签实例</title>
</head>
<body>
   <h1>&lt;c:url&gt实例 </h1>
   <a href="<c:url value="http://www.tsinghua.edu.cn"/>">
   通过 &lt;c:url&gt; 标签生成清华大学链接。
   </a>
   <h1>使用&lt;c:param&gt; 为URL添加参数</h1>
   <c:url var="myURL" value="main.jsp">
      <c:param name="name" value="Runoob"/>
```

```
        <c:param name="age" value="23"/>
      </c:url>
      得到带参数的URL为：<c:out value="${myURL}"/><br/>
      <c:import url="copyright.html" ></c:import>
   </body>
   </html>
   </html>
```

启动Tomcat服务器，然后访问JSTLCore4.jsp，结果如图4-5所示。

图4-5　URL标签示例的结果

## 4.1.4　使用国际化和格式化标签库(FMT命名空间)

JSTL提供了同时支持国际化(Internationalization缩写为i18n，其中18表示单词Internationalization中第一个I和最后一个n之间的字符的个数)和本地化(Location，缩写为L10n)的标签库：国际化库和格式化库，它们的前缀是fmt。该标签库中的标签一共有11个，被分为以下三类。

- 国际化设定标签：<fmt:setLocale>和<fmt:requestEncoding>。
- 资源文件相关标签：<fmt:bundle>、<fmt:setBundle>和<fmt:message>。
- 数字日期格式化标签：<fmt:timeZone>、<fmt:setTimeZone>、<fmt:formatNumber>、<fmt:parseNumber>、<fmt:formatDate>和<fmt:parseDate>。

对于初学者来说，这一组标签使用比较少，所以我们只进行简单介绍。

国际化库和格式化库的taglib指令如下所示：

```
<%@ taglib prefix="fmt" uri="http://java.sun.com/jsp/jstl/fmt" %>
```

### 1. 国际化设定标签

国际化设定标签有两个：<fmt:setLocale>和<fmt:requestEncoding>。

<fmt:setLocale>标签用来将给定的区域存储在locale配置变量中。该标签有3个属性，如表4-10所示。

表4-10　<fmt:setLocale>标签的属性

| 属性 | 描述 |
| --- | --- |
| value | 指定ISO-639语言码和ISO-3166国家码，默认为en_US |
| variant | 特定浏览器变体 |
| scope | locale配置变量的作用域 |

如果使用了该标签，那么它应该出现在其他i18n或格式化标签之前，这样才可以保证它们使用了正确的区域设置。不过，正常情况下我们是不需要使用<fmt:setLocale>标签的。国际化应用程序通常会提供一种机制：在请求被转发到JSP中时自动进行区域设置。

<fmt:requestEncoding>标签用来指定返回给Web应用程序的表单编码类型。该标签只有一个value属性，用于指定字符编码集的名称。该标签是之前遗留下来的，当时请求中的编码无法获知，而现代浏览器已经解决了这个问题，所以也就不再需要使用该标签了。

### 2. 资源文件相关标签

资源文件相关标签有3个：<fmt:bundle>、<fmt:setBundle>和<fmt:message>。

<fmt:message>将在资源包中定位到某个本地化消息，然后将它内嵌在页面的消息中或者将它保存到EL变量中。它有4个属性：属性key是必需的，它将指定本地化消息的关键字，用于定位资源包中的消息；可选属性bundle用于指定要使用的本地化上下文，通过<fmt:setBundle>标签创建；可选属性var指定保存本地化消息的EL变量，对应的scope属性可以控制变量所在的作用域。

<fmt:bundle>和<fmt:setBundle>标签用于资源配置文件的绑定，唯一不同的是，<fmt:bundle>标签将资源配置文件绑定于其标签体中的显示，<fmt:setBundle>标签则允许将资源配置文件保存为一个变量，之后的工作可以根据该变量来进行。这两种标签单独使用是没有意义的，它们通常都与该组内的其他标签配合使用。

### 3. 数字日期格式化标签

数字日期格式化标签包括6个，这6个标签又可分为3对，其中<fmt:timeZone>和<fmt:setTimeZone>用于设定时区。唯一不同的是，<fmt:timeZone>标签将使得在其标签体内的工作可以使用该时区设置，<fmt:setTimeZone>标签则允许将时区设置保存为一个变量，在之后使用时区的时候就可以使用该变量。

<fmt:formatDate>标签用于格式化指定的日期(和/或时间)。然后，格式化的日期将被内嵌或保存在指定作用域内，由var属性指定的变量中。

<fmt:parseDate>标签是<fmt:formatDate>的相反操作，它将一个格式化的字符串(就像<fmt:formatDate>输出的内容一样)解析为Date对象。

<fmt:formatNumber>标签的作用是使用指定的格式或精度格式化数字、货币和百分比。例如，现在需要格式化货币，并假设number是一个值为12349.15823的作用域变量：

```
<fmt:formatNumber type="currency" value="${number}" />
```

该标签将为美国英语区域设置输出“$12,349.16”，为西班牙语区域设置输出“12.349,16 €”。

<fmt:parseNumber>标签与<fmt:formatNumber>标签对应，它将一个格式化的字符串解析为数字、货币或百分比。

## 4.1.5 使用SQL标签库(SQL名称空间)

JSTL SQL标签库提供了与关系数据库(Oracle、MySQL、SQL Server等)进行事务访问的标签。该标签库的标准前缀是sql，它的taglib指令类似于之前已学过的指令。

```
<%@ taglib prefix="sql" uri="http://java.sun.com/jsp/jstl/sql" %>
```

一般来讲，不建议在表示层(JSP)执行数据库操作。如果可能的话，应该尽量避免。通常，对数据库的操作一般添加到应用程序的业务逻辑层中。因此，本书对SQL标签库也只做简单介绍，并且不建议读者今后在开发过程中使用该标签库。

SQL标签库中共有6个标签，如表4-11所示。

表4-11 SQL标签库中的标签

| 标签 | 描述 |
|---|---|
| <sql:setDataSource> | 指定数据源 |
| <sql:query> | 运行SQL查询语句 |
| <sql:update> | 运行SQL更新语句 |
| <sql:param> | 用于向SQL语句传递除java.util.Date类型以外的所有参数 |
| <sql:dateParam> | 将SQL语句中的日期参数设为指定的java.util.Date对象值 |
| <sql:transaction> | 在共享数据库连接中提供嵌套的数据库行为元素，将所有语句以一个事务的形式来运行 |

通常，标签库中的标签都将使用javax.sql.DataSource进行操作。<sql:query>、<sql:update>、<sql:transaction>和<sql:setDataSource>标签都有dataSource属性，用于指定执行该操作时使用的数据源。

dataSource属性的值必须是DataSource类的对象或字符串。如果它是一个DataSource对象，就直接使用它；如果是一个字符串，容器将尝试把它当作数据源的JNDI名称进行解析。如果未找到匹配的DataSource，容器将把该字符串当作JDBC连接串，并尝试使用java.sql.DriverManager连接数据库。如果这些都无法正常工作，那么就抛出异常。

下面的代码演示了如何使用SQL标签库执行数据库操作：

```
<sql:transaction dataSource="${someDataSource}" isolation="read_committed">
    <sql:update sql="UPDATE dbo.Account
                        SET Balance = Balance - ?, LastTransaction = ?
                        WHERE AccountId = ?">
        <sql:param value="${transferAmount}" />
        <fmt:parseDate var="transactionDate" value="${effectiveDate}" />
        <sql:dateParam value="${transactionDate}" />
        <sql:param value="${sourceAccount}" />
    </sql:update>
    <sql:update>
        UPDATE dbo.Account SET Balance = Balance + ?, LastTransaction = ?
        WHERE AccountId = ?
        <sql:param value="${transferAmount}" />
        <sql:dateParam value="${someLaterDate}" />
        <sql:param value="${destinationAccount}" />
    </sql:update>
</sql:transaction>

<sql:query var="results" sql="SELECT * FROM dbo.User WHERE Status = ?">
    <sql:param value="${statusParameter}" />
</sql:query>

<c:forEach items="${results.rows}" var="user">
    ...
</c:forEach>
```

## 4.1.6 使用XML标签库(X名称空间)

如同SQL标签库，XML标签库也不推荐使用，本书也不会深入讲解。在发明该标签库的时候，XML是应用共享数据的、唯一得到广泛应用的标准，因此具有解析和遍历XML的能力是非常关键的。现在，越来越多的应用程序都支持JSON标准作为XML的备用选项，并且几种高效的标签库都可以将对象映射为JSON或XML，并再次映射回对象。这些工具比XML标签库更易用，并且可以在业务逻辑层处理数据传输。

XML标签库的前缀是x，它基于XPath标准，由节点或节点集、变量绑定、函数和命名空间前缀组成。它包含了许多类似于核心标签库中标签的操作，但被专门设计为使用XPath表达式处理XML文档。它的taglib指令如下：

```
<%@ taglib prefix="x" uri="http://java.sun.com/jsp/jstl/xml" %>
```

## 4.1.7 使用JSTL函数

为了简化在JSP页面上操作字符串，JSTL中提供了一套EL自定义函数，这些函数包含了JSP页面制作者经常要用到的字符串操作。JSTL中提供的EL自定义函数必须在EL表达式中使用，例如${fn:toUpperCase("www.abc.org")}。

引用JSTL函数库的taglib指令如下：

```
<%@ taglib prefix="fn" uri="http://java.sun.com/jsp/jstl/functions" %>
```

这些函数的具体功能如表4-12所示。

表4-12 JSTL标准函数

| 函数 | 描述 |
|---|---|
| fn:contains() | 测试输入的字符串是否包含指定的子串 |
| fn:containsIgnoreCase() | 测试输入的字符串是否包含指定的子串，忽略字符的大小写 |
| fn:endsWith() | 测试输入的字符串是否以指定的后缀结尾 |
| fn:escapeXml() | 跳过可以作为XML标记的字符 |
| fn:indexOf() | 返回指定字符串在输入字符串中出现的位置 |
| fn:join() | 将数组中的元素合成一个字符串后输出 |
| fn:length() | 返回字符串的长度 |
| fn:replace() | 将输入字符串中指定的位置替换为指定的字符串后返回 |
| fn:split() | 将字符串用指定的分隔符分隔后组成一个子字符串数组并返回 |
| fn:startsWith() | 测试输入字符串是否以指定的前缀开始 |
| fn:substring() | 返回字符串的子集 |
| fn:substringAfter() | 返回字符串在指定子串之后的子集 |
| fn:substringBefore() | 返回字符串在指定子串之前的子集 |
| fn:toLowerCase() | 将字符串中的字符转换为小写 |
| fn:toUpperCase() | 将字符串中的字符转换为大写 |
| fn:trim() | 移除首尾空白符 |

JSTL函数的使用都比较简单，这里不做赘述。

# 4.2 使用JSTL开发用户管理系统

本节将使用JSTL实现一个简单的用户管理系统，主要目的是通过一个完整的实例使读者能够掌握JSTL和EL在实际项目中的用法。

## 4.2.1 数据库设计

通常，一个网站包括很多功能和数据，出于安全和管理方面考虑，并不是所有功能和数据都面向所有用户开放。这就需要网站具备用户管理功能，针对不同用户开放不同的功能和数据信息。

我们要实现的这个用户管理系统主要包括用户的注册、登录、注销等功能。为了将注册的用户信息保存到MySQL数据库中，需要新建一个数据库usermanager，然后在该数据库中新建一个数据表user，用于存放用户信息，表结构如表4-13所示。

表4-13 user表结构

| 字段名 | 字段类型 | 描述 |
|---|---|---|
| id | int | 主键，自增1 |
| userName | varchar(25) | 用户名，非空 |
| password | varchar(32) | 密码，非空 |
| trueName | varchar(32) | 真实姓名 |
| sex | int | 性别：0表示男，1表示女 |

❖ 说明：

有关数据库的相关知识将在第6章详细介绍。

## 4.2.2 开发与实现

下面我们将在Eclipse中新建项目，使用JSP页面实现用户注册、登录和注销功能。

### 1. 创建项目

在Eclipse中创建一个动态Web项目UserManager。

将JSTL的两个JAR文件jstl.jar和standard.jar复制到项目的/WEB-INF/lib目录下。另外，本项目中需要连接MySQL数据库，所以还需要添加MySQL的驱动包文件mysql-connector-java-5.1.17-bin.jar(下载的版本不同，文件名会略有不同)。

本例创建的所有页面默认都在Web根目录中。

### 2. 在commin.jsp中创建数据源

因为在许多页面中都需要用到数据源，所以创建一个common.jsp文件，专门用于创建数据源变量。这样的好处是当数据源发生变化时，只需修改common.jsp即可。common.jsp文件的主要内容如下：

```
<%@ page language="java"    pageEncoding="UTF-8"%>
<%@ taglib prefix="sql"    uri="http://java.sun.com/jsp/jstl/sql" %>
<!-- 创建数据源    -->
<sql:setDataSource var="dataSrc" scope="request"
url="jdbc:mysql://localhost:3306/userManager"
driver="com.mysql.jdbc.Driver" user="root" password=""/>
```

**❖ 注意：**

此处创建的数据源变量dataSrc的作用域是request，不是默认的page。这样，其他页面就可以通过包含common.jsp来获取数据源了。

### 3. 创建登录页面login.jsp

登录页面比较简单，包括两个文本框，一个用于输入用户名，另一个用于输入密码，还有一个“登录”按钮，代码如下：

```
<%@ page language="java" pageEncoding="utf-8"%>
<!DOCTYPE>
<html>
<head>
<title>登录 </title>
</head>
<body>
  <form action="doLogin.jsp" method="post">
    用户名：<input type="text" name="userName" value="" /><br>
    口令：<input type="password" name="password" value="" /><br>
    <input type="submit" value="登录" />
  </form>
  <a href="register.jsp">注册</a>
</body>
</html>
```

### 4. 创建登录功能页面doLogin.jsp

在login.jsp中，请求会被提交到doLogin.jsp页面。在该页面上需要访问数据库，查询用户名和密码是否正确。如果正确，则登录成功，否则登录失败。在该页开头部分，需要引入核心标签库和数据库标签库，然后使用<c:import>标签引入common.jsp以获取数据源。

完整的页面代码如下：

```
<%@ page language="java" pageEncoding="UTF-8"%>
<%@ taglib prefix="c" uri="http://java.sun.com/jsp/jstl/core"%>
<%@ taglib prefix="sql" uri="http://java.sun.com/jsp/jstl/sql"%>
```

```
<!DOCTYPE>
<html>
<head>
<title>登录</title>
</head>
<body>
   <c:import url="common.jsp" />
   <sql:query dataSource="${dataSrc}" var="queryResult"
      sql="SELECT * FROM user WHERE userName=? and password=?">
      <sql:param>${param.userName}</sql:param>
      <sql:param>${param.password}</sql:param>
   </sql:query>
   <c:if test="${pageScope.queryResult.rowCount>0 }">
   <c:set var="user" value="${param.userName}" scope="session" />
   登录成功
   <a href="<c:url value="main.jsp"/>">进入主页面</a>
   </c:if>
   <c:if test="${pageScope.queryResult.rowCount==0 }">
   登录失败
   <a href="<c:url value="login.jsp"/>">返回登录页面</a>
   <a href="<c:url value="register.jsp"/>">返回注册页面</a>
   </c:if>
</body>
</html>
```

上述代码中，使用<sql:query>标签查询数据库，然后使用<c:if>标签判断查询结果，从而判断是否登录成功。如果登录成功，则在session中添加一个“user”属性，其值为当前登录的用户名。

### 5. 创建注册页面register.jsp

注册页面比较简单，包括一个表单，让用户输入注册信息，代码如下：

```
<%@ page language="java" pageEncoding="UTF-8"%>
<!DOCTYPE>
<html>
<head>
<title>注册新用户</title>
</head>
<body>
   <form action="doRegister.jsp" method="post">
      用户名：<input type="text" name="userName" value="" /><br>
      口令：<input type="password" name="password" value="" /><br>
      真实姓名：<input type="text" name="trueName" value="" /><br>
      性别：<input type="radio" name="sex" value="0" />男
            <input type="radio" name="sex" value="1" />女<br>
         <input type="submit" value="提交" />
   </form>
   <a href="login.jsp">返回登录页面</a>
</body>
</html>
```

### 6. 创建注册功能页面doRegister.jsp

与登录功能类似，注册时，表单数据也会被发送到一个JSP页面doRegister.jsp。在该页面上需要访问数据库，查询用户名是否已经存在。如果不存在，则将用户的注册信息添加到数据库的user表中。完整的页面代码如下：

```
<%@ page language="java" pageEncoding="UTF-8"%>
<%@ taglib prefix="c" uri="http://java.sun.com/jsp/jstl/core" %>
<%@ taglib prefix="sql" uri="http://java.sun.com/jsp/jstl/sql" %>
<!DOCTYPE>
<html>
<head>
<title>注册新用户</title>
</head>
<body>
  <c:import url="common.jsp" />
  <sql:query dataSource="${dataSrc}" var="queryResult"
    sql="SELECT * FROM user WHERE userName=? ">
    <sql:param>${param.userName}</sql:param>
  </sql:query>
  <c:if test="${pageScope.queryResult.rowCount>0 }">
  注册失败，该用户名已存在，请重新<a href="<c:url value="register.jsp"/>">注册</a>
  </c:if>
  <c:if test="${pageScope.queryResult.rowCount eq 0 }">
    <sql:update dataSource="${dataSrc}" var="updateResult"
      sql="INSERT INTO user (userName, password, trueName, sex) VALUES(?,?,?,?)">
      <sql:param>${param.userName}</sql:param>
      <sql:param>${param.password}</sql:param>
      <sql:param>${param.trueName}</sql:param>
      <sql:param>${param.sex}</sql:param>
    </sql:update>
    <c:if test="${updateResult>0 }">
      注册成功
      <a href="<c:url value="login.jsp"/>">登录</a>
    </c:if>
    <c:if test="${updateResult==0 }">
      注册失败
      <a href="<c:url value="register.jsp"/>">返回注册页面</a>
    </c:if>
  </c:if>
</body>
</html>
```

### 7. 注销登录

登录成功的用户可以进入系统的主页面main.jsp，在main.jsp上可以获取session变量user，判断用户是否已登录。如果session变量为null，则将页面重定向到登录页，否则显示欢迎信息，并提供“注销”链接。

main.jsp页面的完整代码如下：

```
<%@ page language="java" pageEncoding="UTF-8"%>
<%@ taglib prefix="c" uri="http://java.sun.com/jsp/jstl/core"%>
<html>
<head>
<title>首页</title>
</head>
<body>
   <c:if test="${sessionScope.user==null}">
      <c:redirect url="login.jsp" />
   </c:if>
   你好：${sessionScope.user}
   <br>
   <a href="<c:url value="logout.jsp"/>">注销</a>
</body>
</html>
```

在注销登录中，需要删除session中的user变量。logout.jsp页面的完整代码如下：

```
<%@ page language="java" pageEncoding="UTF-8"%>
<%@ taglib prefix="c" uri="http://java.sun.com/jsp/jstl/core"%>
<!DOCTYPE >
<html>
<head>
<title>注销</title>
</head>
<body>
   <c:remove var="user" scope="session" />
   重新<a href="<c:url value="login.jsp"/>">登录</a>
</body>
</html>
```

至此，完成所有页面的创建，下一节将验证各页面的功能和运行情况。

## 4.2.3　部署并测试应用

确保MySQL数据库已正确启动后，就可以将Web应用部署到Tomcat服务器，验证上述功能了。

首先，访问主页面main.jsp，由于当前尚未登录，因此会被重定向到登录页面，如图4-6所示。因为还没有注册新用户，所以单击下方的“注册”链接，进入注册页面，如图4-7所示。

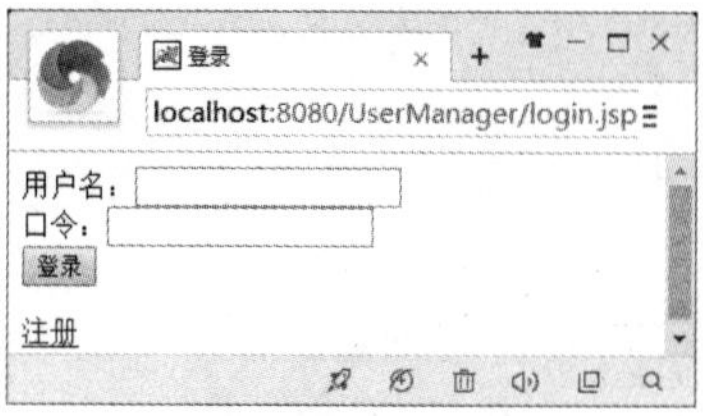


图4-6　登录页面

图4-7　注册页面

输入注册信息后，单击“提交”按钮即可注册一个新用户，图4-8所示为注册成功页面。如果输入的用户名已存在，则提示注册失败，如图4-9所示。

图4-8　注册成功

图4-9　注册失败

注册成功就可返回登录页面以登录系统了，输入正确的用户名和密码后，单击“登录”按钮，即可登录成功，如图4-10所示。如果密码输入错误，将出现登录失败信息，如图4-11所示。

图4-10　登录成功

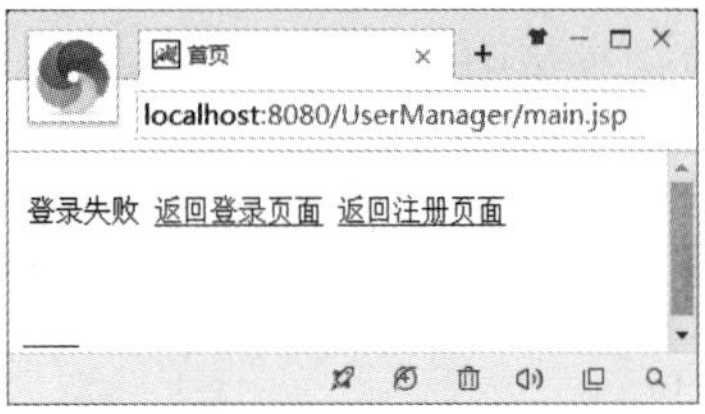


图4-11　登录失败

登录成功后，单击“进入主页面”链接，将进入main.jsp，此时将显示欢迎信息，如图4-12所示。然后单击“注销”链接可以注销此次登录，如图4-13所示。

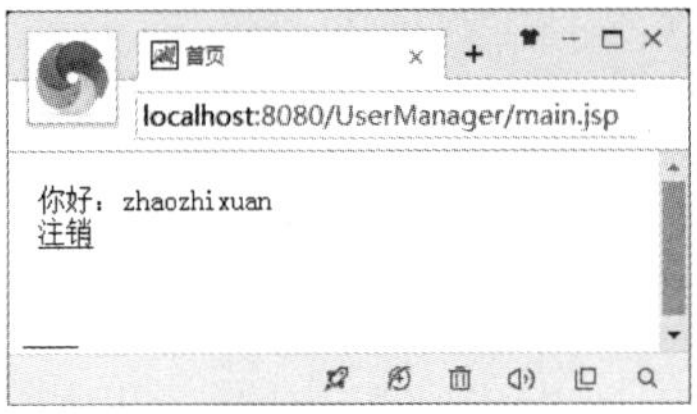


图4-12　进入主页面

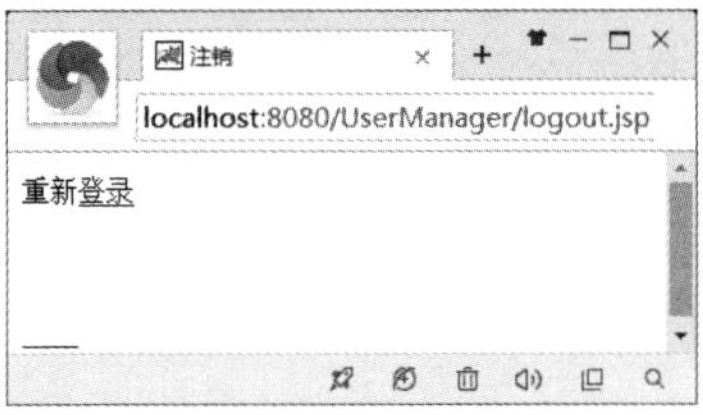


图4-13　注销登录

# 4.3　自定义标签库

除了可以使用JSTL以外，JSP还允许用户定义自己的标签库。自定义标签是用户定义的JSP语言元素，一般由标签处理器、标签库描述、应用程序部署描述符和JSP页面构成，如图4-14所示。

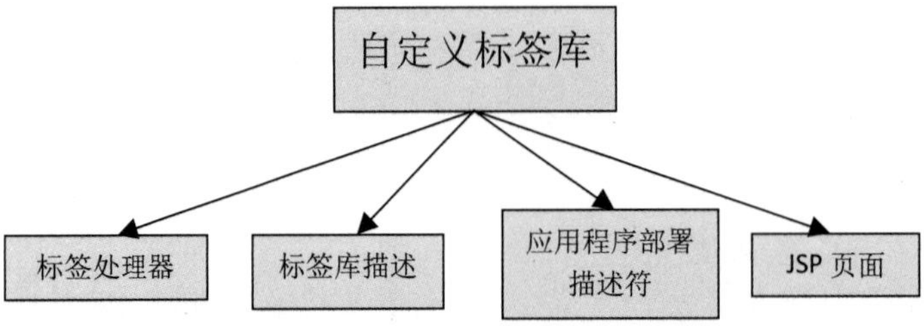


图4-14　自定义标签库的组成

自定义标签是可重用的组件代码，并且允许开发人员为复杂的操作提供逻辑名称。

- 标签处理器：自定义标签的核心元素，用来处理标签的定义、属性、标签体的内容、信息和位置等。
- 标签库描述：一般使用.tld文件对标签进行描述，其实质上是一个XML文件，其中记录了自定义标签的属性、信息及位置，并且由服务器来确定通过该文件应该调用哪一个标签。
- 应用程序部署描述符：在web.xml文件中定义自定义标签及描述自定义标签的tld文件的信息。
- JSP页面：开发完自定义标签库，需要在JSP页面中进行相关的声明，然后才能在页面中使用自定义标签。

## 4.3.1 一个最简单的自定义标签

为了简化开发自定义标签的复杂性，JSP 2.0规范新增了一个名为SimpleTag的接口，并且还提供了一个名为SimpleTagSupport(在javax.servlet.jsp.tagext包中)的实现类。只要继承SimpleTagSupport类，并重写doTag()方法即可快速开发一个最简单的自定义标签。

本节我们将创建一个没有标签体和属性的简单标签，标签格式如下：

```
<myTag:showIp />
```

### 1. 创建标签助手类

创建一个标签助手类(继承BodyTagSupport)。标签属性必须与助手类的属性对应，且要提供对应的get/set方法。该类的完整代码如下：

```
package zhaozhixuan;

import java.io.IOException;

import javax.servlet.http.HttpServletRequest;
import javax.servlet.jsp.JspException;
import javax.servlet.jsp.JspWriter;
import javax.servlet.jsp.PageContext;
import javax.servlet.jsp.tagext.SimpleTagSupport;

public class MyTag extends BodyTagSupport {
  @Override
  public void doTag() throws JspException, IOException {
    PageContext pageContext=(PageContext)getJspContext();
      JspWriter out = pageContext.getOut();
      HttpServletRequest req=(HttpServletRequest) pageContext.getRequest();
      String ip =req.getRemoteAddr();
      out.println(ip);
  }
}
```

### 2. 创建标签库描述文件

创建标签库描述文件(tld)，添加自定义标签的配置。标签库描述(Tag Library Descriptor)的文件扩展名必须为.tld，而且必须放在当前Web应用的WEB-INF目录或其子目录中。

TLD是一个XML格式的文件，包括Tag库中所有Tag标签的描述，一般被JSP服务器用来校验Tag语法的正确性。

一个TLD文件的开头必须遵守标准的XML开头，例如：

```
<?xml version="1.0" encoding="UTF-8" ?>
```

接下来，必须以<taglib>来作为它的根元素，<taglib>的子元素及其含义如表4-14所示。

表4-14 <taglib>的子元素

| 子元素标签 | 描述 |
|---|---|
| tlib-version | Tag库的版本 |
| jsp-version | Tag库所需的JSP的版本 |
| short-name | 助记符，标签的一个别名(可选) |
| uri | 用于确定一个唯一的Tag库，taglib指令中的uri要与此元素值匹配 |
| display-name | 被可视化工具用来显示的名称(可选) |
| small-icon | 被可视化工具用来显示的小图标(可选) |
| large-icon | 被可视化工具用来显示的大图标(可选) |
| description | 对Tag库的描述(可选) |
| listener | 一个Tag库可能定义一些类作为它的事件侦听类，这些类在TLD中被称为listener元素，该元素有一个子元素listener-class用于指定侦听类的完整类名 |
| tag | 标签库中每个标签的详细信息 |

其中，<tag>元素又包含若干子元素，如表4-15所示。

表4-15 <tag>的子元素

| 子元素标签 | 描述 |
|---|---|
| name | 标签的名称 |
| tag-class | 该标签对应的tag处理类名 |
| body-content | 标签体的类型 |
| display-name | 被可视化工具用来显示的名称(可选) |
| small-icon | 被可视化工具用来显示的小图标(可选) |
| large-icon | 被可视化工具用来显示的大图标(可选) |
| description | 标签的描述 |
| variable | 提供脚本变量的信息(可选) |
| attribute | 标签的属性 |

在项目的WEB-INF目录中创建一个名为myTag.tld的文件，在该文件中输入如下内容：

```
<?xml version="1.0" encoding="UTF-8" ?>
<taglib>
    <tlib-version>1.0</tlib-version>
    <jsp-version>2.0</jsp-version>
```

```
    <short-name>myTag</short-name>
    <uri>www.zhaozhixuan.com</uri>
    <tag>
        <name>showIp</name>
        <tag-class>zhaozhixuan.MyTag</tag-class>
        <body-content>empty</body-content>
    </tag>
</taglib>
```

在上述标签库文件中定义标签库的URI为“www.zhaozhixuan.com”，这个标签库中只有一个标签showIp，该标签对应的tag处理类是前面我们创建的类zhaozhixuan.MyTag，标签的标签体为空。

<body-content>元素的可取值有如下4个。

- tagdependent：标签体的内容直接被写入BodyContent，由自定义标签类进行处理，而不被JSP容器解释。
- JSP：接受所有JSP语法，如定制的或内部的标签、脚本、静态HTML、脚本元素、JSP指令和动作。
- empty：空标记，即起始标记和结束标记之间没有内容。
- scriptless：接受文本、EL和JSP动作。

### 3. 测试自定义标签

在JSP中通过taglib指令导入标签库描述文件，并通过指定后缀访问此自定义标签。在当前应用的Web根目录中新建一个JSP页面MyTagTest.jsp，在该页面上通过taglib指令引入上面的自定义标签库。

```
<%@ taglib prefix="myTag" uri="www.zhaozhixuan.com"%>
```

该taglib指令指定了标签库的前缀为myTag(该前缀通常与TLD文件名相同，但不是必须相同，只要和其他标签库区分开就行)，uri为myTag.tld中指定的uri元素。

MyTagTest.jsp的完整代码如下：

```
<%@ page language="java"   pageEncoding="UTF-8"%>
<%@ taglib prefix="myTag" uri="www.zhaozhixuan.com"%>
<html>
  <head>
    <title>自定义标签</title>
  </head>
  <body>
    使用自定义标签显示客户端IP：<myTag:showIp/>
  </body>
</html>
```

部署应用程序，然后启动Tomcat服务器，访问测试页面，查看自定义标签的运行效果，如图4-15所示。

图4-15　自定义标签的运行结果

## 4.3.2 访问标签体

上一节创建的showIp标签只能显示客户端的IP地址，而且不支持标签体和属性设置。本节我们将修改上面的标签，使其能够支持标签体。

01 修改标签处理类，在doTag()方法中添加代码，判断是否存在标签体。如果存在，则在输出IP地址后输出标签体的内容。修改后的doTag()方法如下：

```
public void doTag() throws JspException, IOException {
    PageContext pageContext=(PageContext)getJspContext();
        JspWriter out = pageContext.getOut();
        HttpServletRequest req=(HttpServletRequest) pageContext.getRequest();
        String ip =req.getRemoteAddr();
        out.println(ip);
        if(getJspBody()!=null){
            StringWriter sw = new StringWriter();
            getJspBody().invoke(sw);
            out.println(sw.toString());
        }
}
```

02 修改标签库描述文件，在myTag.tld文件中，将<tag>标签中的<body-content>子元素修改为tagdependent或scriptless，代码如下：

```
<tag>
        <name>showIp</name>
        <tag-class>zhaozhixuan.MyTag</tag-class>
        <body-content>scriptless</body-content>
</tag>
```

03 修改测试文件，在JSP文件中，为<myTag: showIp>标签添加标签体，代码如下所示：

```
<myTag:showIp>
    (这里显示的是标签体)
</myTag:showIp>
```

04 此时的页面显示结果如图4-16所示。

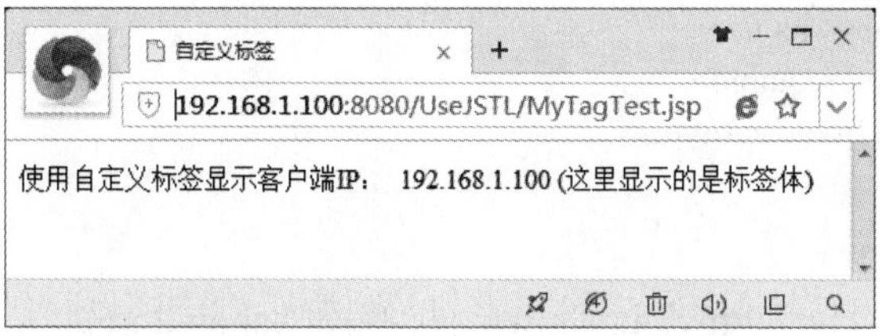


图4-16　为自定义标签添加标签体

## 4.3.3　自定义标签属性

除了可以设置标签体，还可以在自定义标签中设置各种属性。定义标签的属性也比较简单，只需在标签处理类中添加属性和对应的setter方法即可。

下面我们为前面的标签添加一个布尔型的属性showPort，当该属性为true时，在IP地址后面显示客户端的端口号。

(1) 修改MyTag类，添加一个Boolean型成员showPort，并添加相应的setter方法，代码如下：

```
private boolean showPort;
public void setShowPort(boolean showPort) {
   this.showPort = showPort;
}
```

(2) 修改doTag()方法，如果showPort的值为true，则显示客户端的端口号，代码如下：

```
public void doTag() throws JspException, IOException {
   PageContext pageContext=(PageContext)getJspContext();
      JspWriter out = pageContext.getOut();
      HttpServletRequest req=(HttpServletRequest) pageContext.getRequest();
      String ip =req.getRemoteAddr();
      out.println(ip);
      if(showPort){
         int port =req.getRemotePort();
         out.println(":"+port);
      }
      if(getJspBody()!=null){
         StringWriter sw = new StringWriter();
         getJspBody().invoke(sw);
         out.println(sw.toString());
      }
}
```

(3) 修改标签库描述文件，在<tag>中添加<attribute>子元素，如下所示：

```
<tag>
   <name>showIp</name>
   <tag-class>zhaozhixuan.MyTag</tag-class>
   <body-content>scriptless</body-content>
   <attribute>
```

```
        <name>showPort</name>
        <required>false</required>
        <type>java.util.Boolean</type>
    </attribute>
</tag>
```

(4) 在测试页面中可以为<myTag:showIp>标签添加showPort属性，并查看运行效果，如图4-17所示。

```
<myTag:showIp showPort="true">
    (这里显示的是标签体)
</myTag:showIp>
```

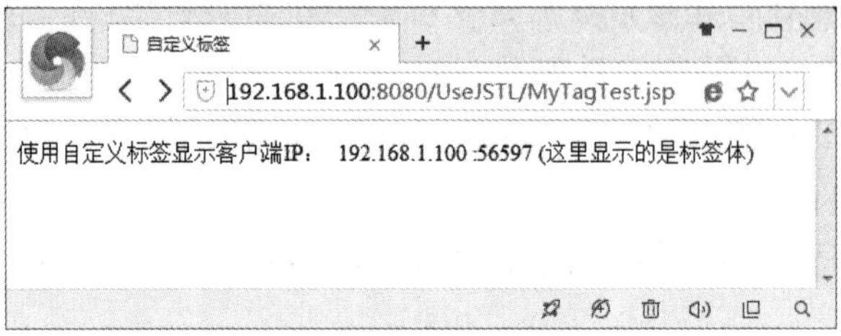


图4-17　为自定义标签添加标签属性

## 4.4　本章小结

本章全面讲述了JSP标签库的使用技巧。首先介绍的是JSP标准标签库(JSTL)，重点介绍了核心标签库的使用。接下来，使用JSTL开发了一个简单的用户管理系统，包括用户注册、登录和注销功能，让读者进一步熟悉标签库的使用，体验使用标签库的便利性和灵活性。最后，介绍了如何自定义标签库，包括标签处理类的创建、标签库描述文件的编写，以及如何访问标签体和定义标签属性等内容。

## 4.5　思考和练习

1. 什么是JSTL？如何在JSP中使用JSTL？
2. 如何用EL访问JSP中的内置对象？
3. JSTL的核心标签库中有哪些标签，各标签分别有什么用途？
4. 使用SQL标签库的taglib指令是什么？
5. 标签库描述文件中<tag>元素的子元素<body-content>的取值有哪些？

# 第 5 章

# Struts 2 框架基础

MVC是一种优秀的框架模式，自MVC提出以后，随之诞生了许多MVC框架，其中Struts是第一个使用MVC架构的框架。但是，随着时间的推移，Struts被证明存在一定的缺陷，开发人员决定寻找一种更好的解决方案，于是出现了Struts 2。Struts 2建立在Struts 1和WebWork基础之上，集成了Struts 1和WebWork两个框架的优点，拥有更好的可扩展性、更强大的功能。虽然Struts 2在实际应用中也存在一定的漏洞，但其设计思想和工作原理还是值得学习和借鉴的。通过本章的学习，读者可了解MVC架构的主要内容、Struts 2的工作流程以及如何使用Struts 2开发Web应用程序。

### 本章学习目标

- 了解MVC框架的内容
- 了解MVC的优点
- 掌握Struts 2的工作流程
- 了解Action的工作原理
- 掌握struts.xml文件的配置
- 了解Struts 2标签库的用法
- 掌握拦截器的工作机制
- 掌握Struts 2拦截器的用法

## 5.1 MVC框架

MVC的全名是Model View Controller，是模型(Model)-视图(View)-控制器(Controller)的英文缩写，是Xerox PARC在20世纪80年代为编程语言Smalltalk-80发明的一种软件设计模式。MVC是一种软件设计典范，用一种业务逻辑、数据、界面显示分离的方法组织代码，将业务逻辑聚集到各个部件里面，在改进和个性化定制界面及用户交互的同时，不必再重新编写业务逻辑。在图形化用户界面的结构中，MVC适用于映射传统的输入、处理和输出功能而被快速发展起来。

MVC开始是存在于桌面程序中的，M是指业务模型，V是指用户界面，C则是指控制器。使用MVC的目的是将M和V的实现代码分离，从而使同一个程序可以使用不同的表现形式。目前，MVC框架在Java EE平台上被广泛使用，并且受到越来越多的使用ColdFusion和PHP的开发者的欢迎。MVC框架将应用分成模型层、视图层和控制层3个层次，从而使同一个应用程序使用不同的表现形式。

之所以将应用程序分为3个层次，主要基于以下两个优点。

(1) MVC分层有助于管理复杂的应用程序，因为用户可以在一段时间内专门关注一个方面。例如，用户可以在不依赖业务逻辑的情况下专注于视图设计。同时，MVC分层也让应用程序的测试更加容易。

(2) MVC分层的同时也简化了分组开发。不同的开发人员可同时开发视图、控制器逻辑和业务逻辑。

MVC将各模块之间的耦合程度降至最低，这使得MVC设计模式构建的应用系统具有极高的可维护性、可扩展性、可移植性和组件可复用性。当前，许多应用系统和开发环境都使用MVC作为它们的基础架构。

## 5.1.1 框架内容

MVC是一种框架模式，它强制性地使应用程序的输入、处理和输出分开。它把应用程序分成三个核心部件：模型、视图、控制器。它们各自处理自己的任务，如图5-1所示。最典型的MVC就是JSP + Servlet + JavaBean模式。

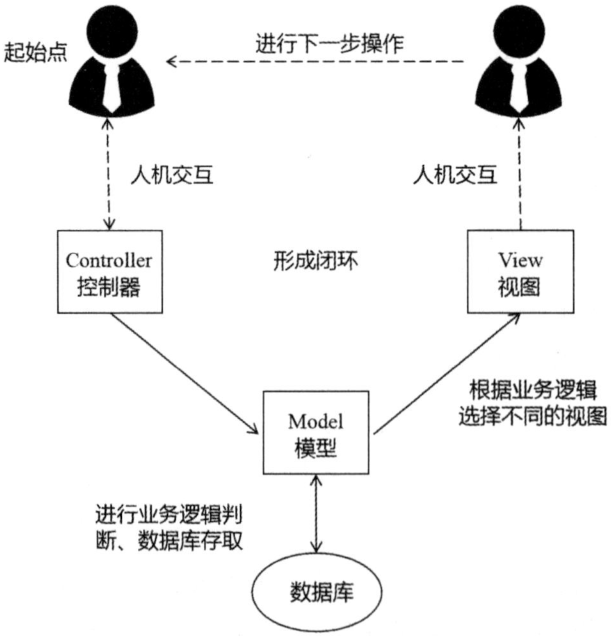


图5-1 MVC框架

1. 模型

模型是应用程序中用于处理应用程序数据逻辑的部分。在MVC的三个部件中，模型拥有最多的处理任务。模型返回的数据是中立的，就是说模型与数据格式无关，这样的话，一个模型就能为多个视图提供数据。由于应用于模型的代码只需写一次就可以被多个视图重用，因此减少了代码的重复性。

2. 视图

视图是用户看到并与之交互的界面。视图向用户展示用户感兴趣的业务数据，并能接收用户的输入数据，但是视图并不进行任何实际的业务处理。视图可以向模型查询业务数据，但不能直接改变模型中的业务数据。视图还能接收模型发出的业务数据更新事件，从而对用户界面进行同步更新。在Java Web应用开发中，由JSP来充当这个角色。

3. 控制器

控制器接受用户的输入并调用模型和视图以完成用户的需求，通常控制器负责从视图读取数据，控制用户输入并向模型发送数据。

当单击Web页面中的某个链接和发送HTML表单数据时，控制器本身不输出任何东西，也不做任何处理。它只是接收请求并决定调用哪个模型构件去处理请求，然后再确定用哪个视图来显示返回的数据。

MVC的3个部分也可以看作软件的3个层次：第一层为视图层(JSP)，第二层为控制器层(Servlet)，第三层为模型层(JavaBean)。视图层与控制器层依赖模型层来处理业务逻辑和提供业务数据。总的说来，层与层之间为自上而下的依赖关系，下层组件为上层组件提供服务。

## 5.1.2 框架和设计模式的区别

初学者往往把框架模式和设计模式混淆，其实它们之间还是有区别的。

框架通常是代码重用，而设计模式是设计重用，架构则介于两者之间，部分代码重用，部分设计重用，有时分析也可重用。MVC是一种框架模式。

在软件生产中有以下3种级别的重用。

- 内部重用，即在同一应用中能公共使用的抽象块。
- 代码重用，即将通用模块组合成库或工具集，以便在多个应用和领域都能使用。
- 应用框架的重用，即为专用领域提供通用的或现成的基础结构，以获得最高级别的重用。

框架与设计模式虽然相似，但却有着根本的不同。设计模式是对在某种环境中反复出现的问题以及解决该问题的方案的描述，它比框架更抽象；框架可以用代码表示，也能直接执行或复用。设计模式是比框架更小的元素，一个框架中往往含有一个或多个设计模式。框架总是针对某一特定应用领域，但同一模式却可适用于各种应用。可以说，框架是软件，而设计模式是软件的知识总结。简而言之：框架用来对软件设计进行分工；设计模式是对具体问题提出解决方案，以提高代码复用率，降低耦合度。

MVC框架其实是其他3个经典的设计模式的演变：观察者(Observer)模式、策略(Strategy)模式和组合(Composite)模式。根据MVC在框架中实现的不同，可能还会用到工厂(Factory)模式和装饰器(Decorator)模式。

### 5.1.3 MVC的优点

作为一种经典的架构模式，MVC的成功有其必然的道理，MVC的优点主要表现在以下几个方面。

(1) 低耦合性。视图层和业务层分离，这样就允许更改视图层代码而不用重新编译模型和控制器代码。同样，应用的业务流程或业务规则的改变只需要改动MVC的模型层即可。因为模型与控制器和视图相分离，所以很容易改变应用程序的数据层和业务规则。

(2) 高重用性和可适用性。随着技术的不断进步，现在需要用越来越多的方式来访问应用程序。MVC模式允许使用各种不同样式的视图来访问同一服务器端的代码，包括任何Web(HTTP)浏览器或无线浏览器(WAP)，用户可以通过计算机，也可通过手机来进行网上购物。虽然订单的请求方式不一样，但后台对订单的处理却是一样的。由于模型返回的数据没有进行格式化，因此同样的构件能被不同的界面使用。

(3) 较低的生命周期成本。MVC使开发和维护用户接口的技术含量降低。

(4) 快速部署。使用MVC模式使开发时间得到极大缩短，后端程序员只需集中精力于业务逻辑，前端界面开发者只需集中精力于表现形式上。

(5) 可维护性。由于MVC的软件开发具有松耦合性，它将视图层和业务逻辑层分离，因此应用程序更易于维护和修改。分层最大的好处就是容易后期维护，降低维护成本，提高代码重用性，从而提高开发效率。

(6) 有利于软件工程化管理。由于不同的层各司其职，每一层不同的应用具有某些相同的特征，有利于通过工程化、工具化管理程序代码。

## 5.2 Struts 2基础

当MVC在Java EE应用中大放异彩之后，各种基于MVC架构的框架雨后春笋般涌现出来，Struts 2就是其中一个。Struts 2是Struts的下一代产品，是在Struts 1和WebWork技术的基础上进行了合并的全新框架。虽然称为Struts 2，但它的体系结构与Struts 1的体系结构有着巨大差别，反而与WebWork有着更多相似之处。Struts 2引入了几个新的框架特性：从逻辑中分离出横切关注点的拦截器，减少或者消除配置文件，贯穿整个框架的强大表达式语言，支持可变更和可重用的基于MVC模式的标签API.Struts 2充分利用了从其他MVC框架学到的经验和教训，使得Struts 2框架更加清晰灵活。

## 5.2.1 Struts 2中的MVC

Struts 2是一个基于MVC架构的框架，它的MVC架构图如图5-2所示。

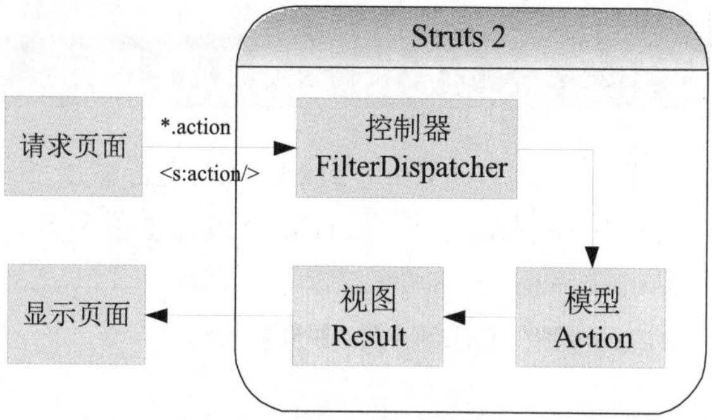


图5-2 Struts 2的MVC架构图

Struts 2框架中的MVC模型各部分构成如下。

- 控制器：在Struts 2框架中，虽然Action看起来像控制器，但实际上它只是作为一个模型提供业务逻辑。真正的控制器是FilterDispatcher，它是一个Servlet过滤器。当客户端进行请求时，首先要经FilterDispatcher过滤，由FilterDispatcher决定该由哪个Action来处理当前请求。
- 模型：Action在Struts 2框架中是作为模型存在的，它主要包括两个功能，即调用业务逻辑处理请求和进行数据传递。当Action对请求处理完毕后，会返回一个逻辑视图。
- 视图：在Struts 2中，视图可以有多种表现形式。除了传统的JSP页面外，还可以使用两个基于Java的模板语言(Velocity和FreeMarker)等多种视图资源。当视图组件接收到Action返回的逻辑视图后，会查找对应的物理视图资源，并返回给客户端。

Struts 2的MVC架构包含了前端控制器和页面控制器两种模式。

### 1. 前端控制器模式

前端控制器模式是Struts 2中应用最为广泛的一种MVC实现模式，在这种模式中，Struts 2框架接收以“.action”结尾的请求，并对该请求进行处理。

前端控制器模式的执行流程如下。

(1) JSP页面提交以“.action”结尾的请求。

(2) FilterDispatcher接收请求并调用Action处理该请求。

(3) Action处理完后，返回一个逻辑视图。

(4) FilterDispatcher根据Action返回的逻辑视图创建物理视图。

(5) 将物理视图返回给客户端。

### 2. 页面控制器模式

页面控制器模式是一种比较特殊的MVC实现模式，在这种模式下，页面将直接请求指定的模型(Action)。在Struts 2框架中，主要通过在JSP页面中使用<s:action/>标签来实现。

页面控制器模式的执行流程如下。

(1) JSP页面通过<s:action/>标签直接请求某个具体的Action。

(2) Action处理完后，返回一个逻辑视图。

(3) FilterDispatcher根据Action返回的逻辑视图创建物理视图。

(4) 将物理视图返回给客户端。

## 5.2.2 Struts 2的工作流程

Struts 2以WebWork为核心，采用拦截器的机制来处理用户的请求，这样的设计也使得业务逻辑控制器能够与Servlet API完全脱离开，所以Struts 2可以被理解为WebWork的更新产品。

Struts 2的工作流程如图5-3所示。

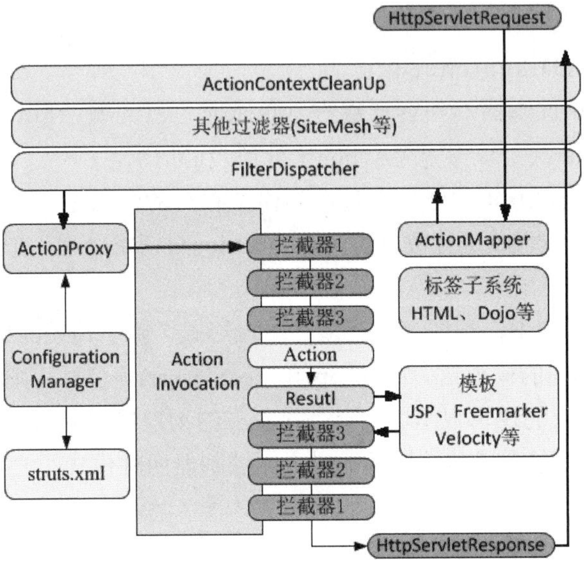


图5-3 Struts 2的工作流程

(1) 当Web容器接收到请求(HttpServletRequest)后，它将请求传递给一系列的过滤链进行过滤，然后传递给FilterDispatcher核心控制器。

(2) FilterDispatcher会根据URL在ActionMapper中搜索指定Action的映射信息，确定请求哪个Action。

(3) 找到对应的Action后，FilterDispatcher将控制权委派给ActionProxy，ActionProxy调用配置管理器(Configuration Manager)，从配置文件中读取配置信息(struts.xml)，然后创建ActionInvocation对象。

(4) 如果配置信息(struts.xml)中有被请求Action相关的拦截器， 那么ActionInvocation在调用Action之前会依次调用拦截器。一旦执行，就返回结果字符串。ActionInvocation负责查找结果字符串对应的结果，然后执行这个结果，会调用一些模板(JSP、Freemarker或Velocity)来呈现页面。

(5) 拦截器会再次被执行(顺序和Action执行之前的相反)。最后，响应(HttpServletResponse)被返回给核心控制器(FilterDispatcher)和其他过滤器。

## 5.2.3 一个简单的Struts 2应用

本节我们将在Eclipse中搭建Struts 2的开发环境，并编写一个简单的示例程序。

### 1. 下载Struts 2

Struts是Apache软件基金会赞助的一个开源项目，所以可以从Apache官方网站下载最新的Struts 2压缩包，从Apache官方网站下载一个Struts 2.3.30以后的版本即可。本书下载的是Struts 2.3.30，可以下载struts-2.3.30-min-lib.zip或struts-2.3.30-all.zip中的一个，前者是开发Struts 2应用程序必备的jar包，后者则包括Struts 2的示例程序、参考文档、Struts 2的所有jar包和源代码等完整信息。

struts-2.3.30-min-lib.zip包中包括如图5-4所示的9个jar包(不同版本需要的jar包可能不完全一样)。如果下载的是完整版zip包，则需要从其中的lib子目录中找出这9个jar包，用于搭建Struts 2开发环境。

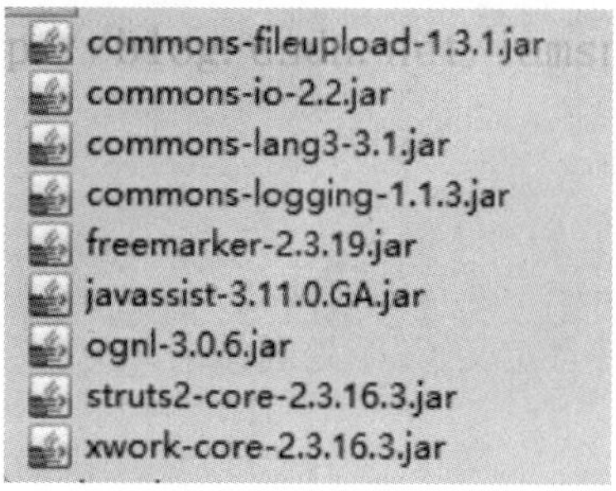


图5-4 Struts 2.3.30所需的jar包

### 2. 创建工程

接下来，我们将在Eclipse中新建工程，并添加Struts 2相关的配置信息。

01 启动Eclipse，新建一个动态Web工程UseStruts2，将Struts 2需要的9个jar包复制到工程的WEB-INF\lib目录中，然后在Eclipse的Project Explorer窗口中刷新该工程。

02 在web.xml配置文件中，配置Struts 2的核心过滤器。代码如下：

```
<filter>
    <filter-name>struts2</filter-name>
    <filter-class>org.apache.struts2.dispatcher.ng.filter.StrutsPrepareAndExecuteFilter</filter-class>
</filter>
<filter-mapping>
    <filter-name>struts2</filter-name>
    <url-pattern>/*</url-pattern>
</filter-mapping>
```

**❖ 注意：**

如果读者使用的是Struts 2.5以后的版本，那么StrutsPrepareAndExecuteFilter的包路径为org.apache.struts2.dispatcher.filter，比Struts 2.3.30少一级。

03 为了让Struts运行起来，还需要在src目录下创建struts.xml配置文件。这是一个标准的XML文件，根元素是<struts>，其中可以包含子元素。开发者使用最多的就是在<package>元素中定义<action>和<interceptor >子元素。

04 本例中，我们需要定义一个Action，这也是Struts开发中的一项重要工作，在struts.xml中添加如下信息：

```
<?xml version="1.0" encoding="UTF-8"?>
<!DOCTYPE struts PUBLIC
    "-//Apache Software Foundation//DTD Struts Configuration 2.3//EN"
    "http://struts.apache.org/dtds/struts-2.3.dtd">
<struts>
    <package name="zhaozhixuan"extends="struts-default">
        <action name="login" class="zhaozhixuan.LoginAction">
            <!-- 定义三个逻辑视图和物理资源之间的映射 -->
            <result name="input">/Login.jsp</result>
            <result name="error">/Error.jsp</result>
            <result name="success">/Welcome.jsp</result>
        </action>
    </package>
</struts>
```

上述代码中定义了一个Action，名为login，对应的Java类为zhaozhixuan.LoginAction，并且定义了3个处理结果。

### 3. 创建Action类和视图页面

在Struts.2框架中，表单提交的数据会自动注入实现Action接口的类对象的相应属性中，这与Spring框架中IOC的注入原理相同。在实现Action接口的类中，一般通过setter方法对对象的属性进行注入。Action对象的作用就是处理用户的请求，创建继承ActionSupport的类，用于处理用户提交的表单信息。

在struts.xml中，我们配置的Action类名是zhaozhixuan.LoginAction，所以在应用的src目录中先创建一个包zhaozhixuan，然后新建Java类LoginAction，该类继承自ActionSupport类。

完整的代码如下：

```
package zhaozhixuan;
import com.opensymphony.xwork2.ActionContext;
import com.opensymphony.xwork2.ActionSupport;
public class LoginAction extends ActionSupport{
    private String username;
    private String password;
    public String getUsername() {
        return username;
    }
    public void setUsername(String username) {
        this.username = username;
    }
    public String getPassword() {
        return password;
    }
    public void setPassword(String password) {
        this.password = password;
    }
    public String execute() throws Exception {
        if(getUsername().equals(""))
        return "input";
```

```
            if(getUsername().equals("zhao") && getPassword().equals("zhixuan")){
                ActionContext.getContext().getSession().put("user", getUsername());
                return "success";
            }else{
                return "error";
            }
        }
}
```

上述代码中定义了两个成员变量来分别表示用户名和密码，这两个变量对应页面请求中的数据信息。在execute()方法中，判断用户名是否为zhao且密码为zhixuan，若符合，则返回success。

execute()方法的3个可能的返回值即为Action返回的逻辑视图，对应struts.xml中每个返回值映射到一个JSP文件。接下来创建这几个JSP页面。

在Web应用的Web根目录中创建3个JSP文件：Login.jsp、Welcome.jsp和Error.jsp。

在Login.jsp中使用Struts标签创建表单并提交数据，代码如下：

```
<%@ page language="java"    pageEncoding="UTF-8"%>
<%@taglib prefix="S" uri="/struts-tags" %>
<html>
<head>
<title>登录页面</title>
</head>
<body>
  <S:form action="login" method="post">
        <S:textfield    name="username" label="用户名"></S:textfield>
        <S:password    name="password" label="密码"></S:password>
        <S:submit text="登录"></S:submit>
  </S:form>
</body>
</html>
```

**❖ 说明：**

Struts 2默认情况下拦截所有以“.action”结尾的请求，如果未使用Struts 2的标签，那么form对象的action属性值应写为“<form action="login.action">”。

Welcome.jsp显示登录成功的欢迎信息，代码如下：

```
<%@ page language="java"    pageEncoding="UTF-8"%>
<%@taglib prefix="S" uri="/struts-tags" %>
<html>
<head>
<title>登录成功页面</title>
</head>
<body>
    ${sessionScope.user}你好，您已经登录！
</body>
</html>
```

Error.jsp显示登录失败信息，代码如下：

```
<%@ page language="java"   pageEncoding="UTF-8"%>
<html>
<head>
<title>登录失败页面</title>
</head>
<body>
    对不起，登录失败！
</body>
</html>
```

### 4. 部署并测试Struts 2应用

将Web应用部署到Tomcat服务器，然后启动Tomcat，在IE浏览器中访问Login.jsp，如图5-5所示。

输入用户名zhao、密码zhixuan，可成功登录，显示欢迎信息，如图5-6所示。其他情况将登录失败，显示Error.jsp中的失败信息。

图5-5　登录页面

图5-6　登录成功

## 5.2.4　Action详解

对于Struts 2应用中的开发者来说，Action才是整个应用系统的核心，开发者需要提供大量的Action类，并且在struts.xml文件中对Action类进行配置。Action中包含了对用户请求的处理逻辑，因此，我们也称Action为业务控制器。Struts 2中的Action可以以多种形式存在：普通的Java类、实现Action接口和继承ActionSupport类。在上面的示例中，我们使用的是继承ActionSupport类的形式。

### 1. 普通的Java类

Action类可以是一个普通的Java类，在该类中通常包含以下内容。

- 无参数的execute()方法：用于处理用户的请求。
- 私有属性及其set和get方法：Action类中封装了HTTP请求参数，所以私有属性的名称应与HTTP请求参数的名称保持一致。

使用普通类作为Action，优点是无侵入、代码具有良好的复用性。上一个示例中的LoginAction类，也可以改成普通的Java类。

### 2. 实现Action接口

Struts 2提供了一个名为com.opensymphony.xwork2.Action的接口，开发人员在创建

Action类时可以实现该接口。Action接口的源代码如下：

```
package com.opensymphony.xwork2;
public interface Action {
    public static final String SUCCESS = "success";
    public static final String NONE = "none";
    public static final String ERROR = "error";
    public static final String INPUT = "input";
    public static final String LOGIN = "login";
    public String execute() throws Exception;
}
```

实现Action接口的优点是使Action类更具规范性，多个人员共同开发同一项目时，使用Action接口提供的常量，可方便项目的统一管理。

### 3. 继承ActionSupport类

除了实现Action接口，还可以从com.opensymphony.xwork2.ActionSupport类派生新类来创建Action。ActionSupport类实现了Action接口、Validateable接口、ValidationAware接口、TextProvider接口和LocaleProvider接口，并提供了用于处理输入校验、访问国际化资源包等的不同方法。继承ActionSupport类的优点是可以在Action类中方便地使用ActionSupport类提供的各种方法，在很大程度上简化了Action类的开发，能提高开发效率。

## 5.2.5　struts.xml配置详解

struts.xml是Struts 2中的一个核心配置文件，它是程序整个工作流程的依据。该文件的根元素是<struts>，其中可以包含4个子元素：<include>、<constant>、<bean>和<package>。

### 1. <include>元素

使用Struts 2开发一个大型项目时，struts.xml中的配置信息会越来越多，从而造成该文件的可读性和维护性变差，这时利用include标签，可以按照功能的不同将一个struts.xml配置文件分割成多个配置文件，然后在struts.xml中使用<include>标签引入其他配置文件。比如一个网上购物程序，可以把用户配置、商品配置、订单配置分别放在3个配置文件user.xml、goods.xml和order.xml中，然后在struts.xml中将这3个配置文件引入：

```
<struts>
  <include file="user.xml"/>
  <include file="goods.xml"/>
  <include file="order.xml"/>
</struts>
```

### 2. <constant>元素

所有在struts.properties文件中定义的属性，都可以配置在struts.xml文件中。<constant>元素用于配置一些常量信息，如开发模式、字符集编码方式、禁用动态方法调用等，例如：

```
<struts>
    <!-- 所有匹配*.action的请求都由Struts 2处理 -->
    <constant name="struts.action.extension" value="action" />
    <!-- 是否启用开发模式 -->
    <constant name="struts.devMode" value="true" />
    <!-- Struts配置文件改动后，是否重新加载 -->
    <constant name="struts.configuration.xml.reload" value="true" />
    <!-- 设置浏览器是否缓存静态内容 -->
    <constant name="struts.serve.static.browserCache" value="false" />
    <!-- 请求参数的编码方式 -->
    <constant name="struts.i18n.encoding" value="utf-8" />
    <!-- 每次HTTP请求系统都重新加载资源文件，有助于开发 -->
    <constant name="struts.i18n.reload" value="true" />
    <!-- 文件上传最大值 -->
    <constant name="struts.multipart.maxSize" value="104857600" />
    <!-- 让Struts 2支持动态方法调用 -->
    <constant name="struts.enable.DynamicMethodInvocation" value="true" />
    <!-- Action名称中是否使用斜线 -->
    <constant name="struts.enable.SlashesInActionNames" value="false" />
    <!-- 允许标签中使用表达式语法 -->
    <constant name="struts.tag.altSyntax" value="true" />
    <!-- 对于WebLogic、Orion、OC4J，此属性应该设置成true -->
    <constant name="struts.dispatcher.parametersWorkaround" value="false" />
</struts>
```

### 3. <bean>元素

Struts 2的大部分核心组件不是以硬编码的形式写在代码中，而是通过自身的IoC容器来管理的。

Struts 2以可配置的形式来管理核心组件，所以开发者可以很容易扩展框架的核心组件。当开发者需要扩展或替换Struts 2的核心组件时，只需要提供自己的组件实现类，并部署在Struts 2的IoC容器中即可。

例如，我们使用一个自定义的ObjectFactory对象来替换Struts 2内置的ObjectFactory：

```
<bean name="myFactory" type="com.opensymphony.xwork2.ObjectFactory" class="zhaozhixuan.
ObjectFactory" />
```

### 4. <package>元素

对于初学者来说，前面3个元素都很少使用。使用最多的是在<package>元素中添加子元素，可使用的子元素及其功能描述如表5-1所示。

表5-1 <package>元素的子元素

| 子元素 | 功能描述 |
|---|---|
| default-action-ref | 配置默认Action |
| default-class-ref | 配置默认class |
| default-interceptor-ref | 配置默认拦截器，对package范围内的所有Action有效 |
| global-results | 配置全局结果集，对package范围内的所有Action有效 |
| global-exception-mappings | 配置全局异常映射，对package范围内的所有Action有效 |
| result-types | 配置自定义返回结果类型 |

(续表)

| 子元素 | 功能描述 |
|---|---|
| interceptors | 配置拦截器信息 |
| action | 配置Action信息 |

Struts 2的包类似于Java中的包，包提供了将action、result、result类型、拦截器和拦截器栈组织成为一个逻辑单元的一种方式。与Java不同的是，Struts 2中的包可以扩展另外的包(类似于类的继承)，从而“继承”原有包所有定义，包括action、result、result类型、拦截器和拦截器栈的配置。

package提供了将多个Action组织为一个模块的方式，package的名称在整个struts.xml文件中必须是唯一的，并且一个package可以扩展至另一个package。此时该package会在本身配置的基础上加入扩展的package的配置，父package必须在子package前配置。

<package>元素有如下4个属性。

- name：package的名称，作为其他包引用本包的标识，相当于id，必选属性。
- extends：继承的父package的名称，可选属性。通常设置该属性为“struts-default”，这是Struts 2框架的一个内置包，它配置了Struts 2所有的内置结果类型、内置拦截器等。
- abstract：设置package的属性为抽象的，抽象的package不能定义Action，可选属性。
- namespace：可选属性，定义package名称空间。package元素的namespace属性可以将包中的action配置为不同的命名空间，这样在不同的命名空间可以存在相同的action，可以达到窄化URL映射的效果。当Struts 2接收到一个请求时，它会将URL和namespace/action组成的action完整路径进行比较，如果找到，则将请求交由namespace下的该action进行处理；没有找到，则Struts 2会在默认的命名空间中查找；仍然没有找到，则会报错。

下面对<package>元素常用的子元素进行介绍。

1) <default-class-ref>元素

<default-class-ref>元素用于配置默认的类，在配置Action时，如果没有指定具体的class属性，系统就会使用<default-class-ref>元素中的配置。<default-class-ref>元素只有一个class属性，在Struts 2中，默认的类是com.opensymphony.xwork2.ActionSupport。

**❖ 注意：**

当使用<default-class-ref>元素指定了默认类后，Struts原来默认的类会被覆盖，而且默认的Action类必须包含execute()方法。

2) <default-interceptor-ref>元素

<default-interceptor-ref>元素用于配置默认拦截器，如果package继承了“struts-default”，那么也会继承父package的默认拦截器。

3) <global-results>元素

<global-results>元素用于设置package范围内的全局结果集，它的子元素是<result>。例如，有多个Action类，每个Action返回的逻辑视图中都包含error，且对应的物理视图也一

样，那么就可以使用该元素，而不必在每个Action中定义error视图对应的物理视图，示例代码如下：

```
<global-results>
    <result name="error" >error.jsp</result>
</global-results>
```

4) <global-exception-mapping>元素

<global-exception-mapping>元素用于配置全局异常映射，如果<action>元素内配置了自己的异常映射，则Action内的优先级高于此配置。它的子元素是<exception-mapping>元素，<exception-mapping>元素包含3个属性：name、result和exception。示例代码如下：

```
<global-exception-mappings>
  <exception-mapping result="error" exception="异常类型"></exception-mapping>
</global-exception-mappings>
```

5) <result-types>元素

<result-types>元素用于配置自定义返回结果类型，该元素基本不用。

6) <interceptors>元素

<interceptors>元素用于配置拦截器或拦截器栈，它有两个子元素：<interceptor>和<interceptor-stack>，分别用来定义拦截器和拦截器栈。

7) <action>元素

<action>元素是<package>中比较重要的一个子元素，也是开发人员使用最多的一个元素。

<action>元素用来配置Action信息，该元素有以下4个属性。

- name：必选属性，Action的名称。
- class：可选属性，Action处理类的名称。
- method：可选属性，指定Action中的方法。如果没有配置该属性，所有请求都会被转发到execute()方法去处理。如果有多个请求需要分别交给不同的方法去处理，就可以使用该属性来指明。
- converter：可选属性，指定Action使用的类型转换器。

使用method属性的优点是可以减少Action类的数目(可以在一个Action中定义多个方法去处理不同的请求)，缺点是在配置文件中会产生大量的冗余代码。为了消除这种冗余，Struts 2提供了通配符的配置方式，例如有如下配置：

```
<action name="*User" class="zhaozhixuan.UserAction" method="{1}User" >
    <result name="error">/error.jsp</result>
    <result name="success">/success.jsp</result>
</action>
```

其中，name属性值中的“*”就是通配符，表示所有以“User.action”结尾的请求都会由这个Action处理；method属性值中的“{1}”是表达式，表示name属性中“*”的值，若请求为createUser.action，那么将传递给method属性，此时将会调用Action的createUser()方法。

<action>元素中可以有如下几个子元素。

- <result>：用于配置Action的结果映射，除了常规的结果映射外，也可以像method

属性值一样使用表达式，实行动态结果。

- <interceptor-ref>：用于配置拦截器。
- <exception-mapping>：用于配置异常映射。

这里我们对<result>元素进行详细说明。

<result>元素指定逻辑视图与物理视图的映射关系。在Struts 2中，所有的Action类在处理完成后返回的都是字符串类型的结果，这个结果作为逻辑视图存在，对应<result>元素的name属性值，然后找到与之对应的视图资源。

<result>元素有两个属性：name和type。type指定了结果的类型，可取值如表5-2所示。

表5-2　<result>元素的type属性的可取值

| 可取值 | 描述 |
|---|---|
| dispatcher | 默认结果类型，对应视图为JSP页面 |
| chain | 将Action和另一个Action链接起来 |
| freemarker | 返回结果的对应视图为FreeMarker模板 |
| HttpHeaderResult | 返回一个已配置好的HTTP头信息响应 |
| redirect | 将用户重定向到一个已配置好的URL |
| redirectAction | 将用户重定向到一个已定义好的Action |
| stream | 将原始数据作为流传递回浏览器，一般用于下载 |
| velocity | 返回结果的对应视图为Velocity模板 |
| xslt | 呈现XML到浏览器，该XML可以通过XSL模板进行转换 |
| plaintext | 返回普通文本内容 |

虽然Struts 2支持的结果类型较多，但是最常用的有3个：dispatcher、redirect和chain。

## 5.2.6　Struts 2标签库

使用标签能够避免在JSP页面中嵌套Java代码，增强页面的可读性。Struts 2提供了大量的标签供开发者使用，这些标签大多与JSTL的用法和功能类似，本书只做简要介绍。

Struts 2标签库提供了主题、模板支持，极大地简化了视图页面的编写，而且Struts 2的主题、模板都提供了很好的扩展性，实现了更好的代码复用。Struts 2允许在页面中使用自定义组件，这完全能满足项目中页面显示复杂、多变的需求。像使用JSTL一样，使用Struts 2标签也需要taglib指令，如下所示：

```
<%@taglib prefix="S" uri="/struts-tags" %>
```

Struts 2标签包含很多内容，可以按照功能大致分为3类。

- 数据标签：用来从值栈上取值或者向值栈赋值。
- 控制标签：控制程序的运行流程，比如分支和循环控制。
- UI标签：用来显示UI界面的标签，大多会生成HTML。

### 1. 值栈与OGNL表达式

之前Web阶段，在servlet里面进行操作，把数据放到域对象里面，在页面中使用EL表达式获取到；域对象在一定范围内赋值和取值。在Struts 2里面提供了本身的一种存储机制，类似于域对象，是值栈，可以赋值和取值。值栈是Struts 2中一个重要的概念，几乎所有的Struts 2操作都要同值栈打交道。值栈其实是一个存放对象的堆栈，对象以Map的形式存储在该堆栈中，并且该堆栈中对象属性的值可以通过OGNL表达式获得。

OGNL(Object Graphic Navigation Language，对象-图导航语言)是一个开源项目，Struts 2框架使用OGNL作为默认的表达式语言。

OGNL有一个上下文的概念，上下文就是一个Map结构，它实现了java.utils.Map接口。在Struts 2中，上下文的实现为ActionContext。在OgnlContext中只有一个根对象，但是非根对象有很多个。比如在某一间教室通常只有一个老师在上课，很多同学在该教室听老师讲课，在这里老师就是根对象，而很多同学就是非根对象。使用OGNL访问上下文中的对象需要使用"#"标注名称空间，例如#request.userName或#request['userName']，相当于调用request.getAttribute("userName")。

OGNL还提供对集合元素的访问功能。在Java中，创建List对象的代码如下所示：

```
List list=new ArrayList();
list.add("赵智暄");
list.add("邱淑娅");
list.add("李知诺");
```

而OGNL则使用下面的方式来创建List对象：

```
{"赵智暄","邱淑娅","李知诺"}
```

### 2. 数据标签

数据标签用来从值栈上取值或者向值栈赋值。Struts 2的数据标签如表5-3所示。

表5-3　Struts 2的数据标签

| 标签 | 描述 |
| --- | --- |
| property | property标签用来输出OGNL表达式的值 |
| set | set标签用于对设置的表达式进行求值，并将结果赋给特定作用域中的某个变量。它的功能类似于定义一个变量并赋值 |
| push | push标签用于将对象的引用压入值栈 |
| bean | bean标签用来创建JavaBean实例，并将其压入值栈。创建JavaBean实例时，还可以使用param标签来添加属性 |
| date | date标签用来格式化输出日期数据 |
| debug | debug标签可以帮助程序员进行调试，它在页面上生成一个链接，单击该链接可以查看ActionContext和值栈中所有能访问的值 |
| url | url标签用来生成一个URL，但是它不显示在页面上，需要其他的标签引用 |
| a | a标签用来生成HTML的<a>标签，可以通过url标签来设置它的URL |
| include | include标签用于把其他页面包含到当前页面中，类似于JSP的include标准动作。它也是一种动态引入，引入页和被引入页完全以独立的页面运行，所以不能共享变量 |
| i18n | i18n标签用于指定国际化资源文件 |
| text | text标签通常作为i18n的子标签，用于显示文本信息 |

### 3. 控制标签

控制标签主要用于控制输出流程以及访问值栈中的值。Struts 2的控制标签如表5-4所示。

表5-4　Struts 2的控制标签

| 标签 | 描述 |
|---|---|
| if/elseif/else | 这3个标签是一组，它们的用法与Java语言中的if...else if...else结构非常类似 |
| iterator | iterator标签用来处理循环，可以用它遍历数组、Set和List等集合对象 |
| append | append标签用于把几个已经存在的集合组合成一个大的集合，通常需要与param标签一起使用，用来指定组合哪些集合 |
| merge | merge标签用来把几个已经存在的集合组合成一个大的集合，与append标签的作用类似，只是原来集合中出现的各个元素出现在大集合中的顺序不同 |
| generator | generator标签用来切分字符串，并把切分的结果组成一个集合 |
| sort | sort标签利用设置的比较器来对指定的集合进行排序 |
| subset | subset标签用于获取指定集合的子集合 |

例如，下面的代码演示了append标签和merge标签的不同，运行结果如图5-7所示。

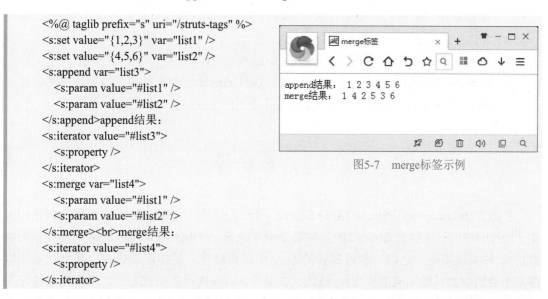

```
<%@ taglib prefix="s" uri="/struts-tags" %>
<s:set value="{1,2,3}" var="list1" />
<s:set value="{4,5,6}" var="list2" />
<s:append var="list3">
   <s:param value="#list1" />
   <s:param value="#list2" />
</s:append>append结果：
<s:iterator value="#list3">
   <s:property />
</s:iterator>
<s:merge var="list4">
   <s:param value="#list1" />
   <s:param value="#list2" />
</s:merge><br>merge结果：
<s:iterator value="#list4">
   <s:property />
</s:iterator>
```

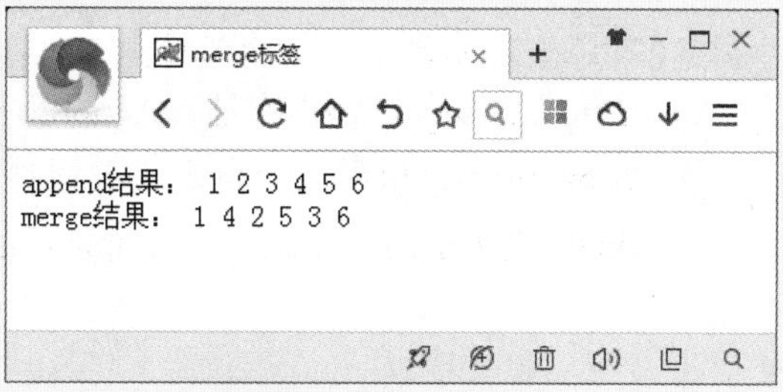

图5-7　merge标签示例

通过上面的运行结果可以看出，使用append标签是将第一个集合的所有元素先复制到合并后的大集合中，然后把第二个集合的所有元素追加到大集合中；而使用merge标签的时候，是先取得每个集合中的第一个元素，然后是每个集合中的第二个元素，以此类推。

### 4. UI标签

UI标签是用来生成Web页面或为Web页面提供某些功能支持的标签。比如，表单标签用于把以各种途径获取的需要展示的数据，通过动态生成HTML的形式展示到页面上。

用于生成HTML标签的Struts 2标签如表5-5所示。

表5-5　生成HTML标签的Struts 2标签

| Struts 2标签 | 生成的HTML标签 | Struts 2标签 | 生成的HTML标签 |
| --- | --- | --- | --- |
| <s:form> | <form> | <s:checkbox> | <input type="checkbox"> |
| <s:head> | <head> | <s:file> | <input type="file"> |
| <s:hidden> | <input type="hidden"> | <s:password> | <input type="password"> |
| <s:radio> | <input type="radio"> | <s:submit> | <input type="submit"> |
| <s:reset> | <input type="reset"> | <s:select> | <input type="select"> |
| <s:textfield | <input type="textfield"> | <s:textarea> | <input type="textarea"> |

❖ **注意：**

表单标签在生成HTML的时候，如果标签没有设置value属性的话，就会从值栈中按照name获取相应的值，把这个值设置成生成的HTML组件的value。

Struts 2提供的非表单标签用于生成非表单性质的可视化元素，主要有如下4个。

- actionerror：输出存储在ActionError中的值。
- fielderror：输出存储在FieldError中的值，在进行类型转换和输入校验发生错误时，该标签经常被用到。如果需要单独输出某个字段的错误信息，可以使用param标签作为子元素来指定字段名称。
- actionmessage：输出存储在ActionMessage中的值。
- component：引用一个自定义的组件，属性templateDir设置引用的主题所在位置，theme设置引用的主题名，template设置使用的组件名。

# 5.3　拦截器

拦截器(Interceptor)是Struts 2的核心组成部分，它可以动态拦截Action调用的对象，类似于Servlet中的过滤器。 Struts 2的拦截器是AOP(Aspect Object Programming，面向切面编程)的一种实现策略。它以一种可插拔的方式(所谓可插拔，是指增加或减少某个功能的时候，不会影响到其他功能的实现)，被定义在某个Action执行之前或之后，用来完成特定的功能。即可以任意地组合Action提供的附加功能，而不需要修改Action的代码，开发者只需要提供拦截器的实现类，并将其配置在struts.xml中即可。

## 5.3.1　拦截器的工作机制

Struts 2拦截器的实现原理和过滤器差不多，它提供了一种机制，使开发者可以在一个Action的execute()方法执行前后进行拦截，然后插入一些自己的逻辑。如果没有拦截器，这些要插入的逻辑就得写在Action的实现中，而且每个Action实现都要写这些功能逻辑，这样实现起来非常烦琐。而Struts 2的设计者们把这些共有的逻辑独立出来，实现成一个个拦截器，既体现了软件复用的思想，又方便程序员使用。

下面以日志和安全功能为例，介绍拦截器的工作机制。

日志和安全功能是应用程序中的重要组成部分，它们会在每个Action请求前后被使用。如果不使用拦截器，那么就需要在每个Action中加入日志和安全功能的相关代码，或是编写实现日志和安全功能的类，然后让Action来继承这个类。图5-8所示是未加入拦截器时Action的执行流程。使用在每个Action类中都添加日志和安全功能的代码这种方式，势必造成代码臃肿庞大，使后期维护变得困难；继承的方式虽然可以在一定程度上减少代码量，但灵活性较差。使用拦截器就不存在这些弊端了，其执行流程如图5-9所示。

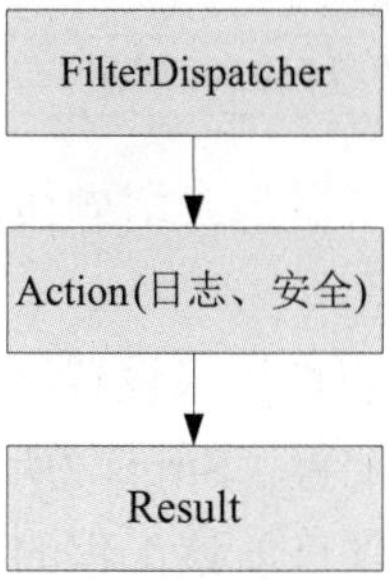


图5-8 未使用拦截器的Action执行流程

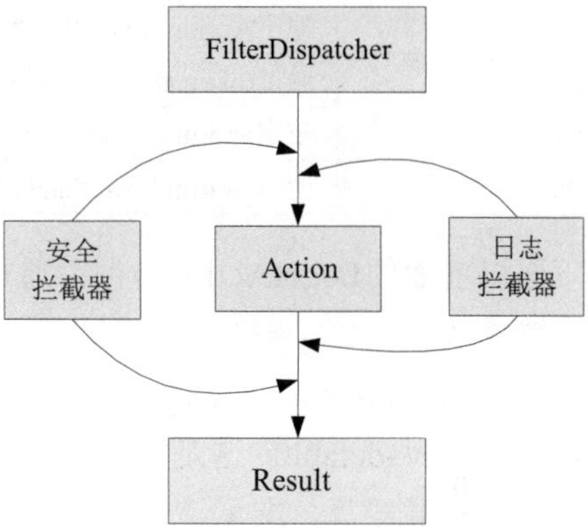


图5-9 使用拦截器的Action执行流程

拦截器是一个类，它将需要的功能封装到这个类中，当为Action添加功能时就配置该拦截器；当为Action减少功能时就取消配置拦截器。通过这种方法，在Action所需功能发生变化时，只需修改拦截器的配置即可。

## 5.3.2 Struts 2内置拦截器

Struts 2框架内置了大量的实现各种功能的拦截器，多个拦截器还可以组成一个拦截器栈。系统为我们配置了一个默认的拦截器栈defaultStack，这些内置的拦截器和拦截器栈都可以在 Struts 2的核心包struts2-core-2.3.30.jar的struts-default.xml中找到。

### 1. 拦截器

在struts-default.xml文件中找到<interceptors>节点，就可以看到Struts 2内置的所有拦截器。表5-6所示是比较常用的几个内置拦截器。

表5-6 Struts 2常用的内置拦截器

| 拦截器名 | 功能描述 |
|---|---|
| alias | 在不同请求之间将请求参数在不同名称间转换，请求内容不变 |
| autowiring | 框架自动寻找相应的bean，并完成设置工作 |
| chain | 构建Action链，使用<result type="chain">时，当前Action可以使用上一个Action的属性，实现Action链的数据传递 |
| checkbox | 添加了checkbox自动处理代码，将没有选中的checkbox的内容设定为false，而HTML默认情况下不提交没有选中的checkbox |

(续表)

| 拦截器名 | 功能描述 |
|---|---|
| cookies | 使用配置的name和value来设置cookies，然后注入Action中 |
| createSession | 自动创建HttpSession，用来为需要用到HttpSession的拦截器服务 |
| clearSession | 清空HttpSession对象 |
| exception | 异常处理，将异常映射为结果 |
| logger | 输出Action的名称 |
| servletConfig | 提供以Map方式访问HttpServletRequest和HttpServletResponse的方法 |
| timer | 输出Action执行的时间 |
| token | 通过token来避免重复提交 |
| validation | 使用action-validation.xml文件中定义的内容校验提交的数据 |
| workflow | 调用Action的validate()方法进行校验，校验失败返回input视图 |

下面以前面的LoginAction为例，通过为该Action添加拦截器来介绍如何在应用程序中使用内置拦截器。

前面我们介绍struts.xml时说过，<package>元素的extends属性用来设置继承另一个包，通常设置为struts-default。这是Struts 2框架的一个内置包，它配置了Struts 2所有的内置结果类型、内置拦截器等。继承该包后将继承所有这些配置，所以目前该工程的配置中已经包含了所有内置拦截器的定义，接下来只需为Action类指定要使用的拦截器即可。

**❖ 注意：**

*如果没有继承struts-default包，则必须在<package>标签内使用<interceptors>及其子元素<interceptor-ref>来配置拦截器的名称与对应类。*

本例只需在<action>元素中使用<interceptor-ref>子元素指明该Action要应用的拦截器即可，代码如下：

```
<action name="login" class="zhaozhixuan.LoginAction">
    <!-- 定义三个逻辑视图和物理资源之间的映射 -->
    <result name="input">/Login.jsp</result>
    <result name="error">/Error.jsp</result>
    <result name="success">/Welcome.jsp</result>
    <interceptor-ref name="logger"></interceptor-ref>
    <interceptor-ref name="timer"></interceptor-ref>
    <interceptor-ref name="defaultStack" />
</action>
```

这里要使用的logger和timer拦截器都不需要参数，对于需要参数的拦截器，可以通过<param>子元素为其设置参数。

重新部署应用程序并启动Tomcat，再次请求login.action，在控制台中可以看到logger拦截器和timer拦截器输出的信息，如图5-10所示。

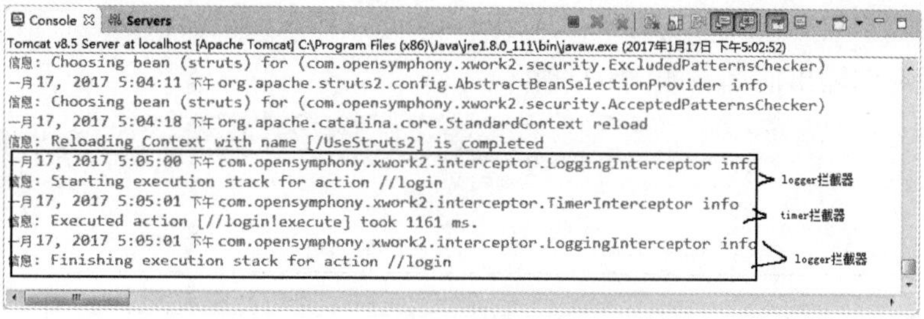


图5-10　logger和timer拦截器输出的信息

### 2. 拦截器栈

在实际开发中，经常需要在Action执行前同时执行多个拦截动作，如用户登录检查、登录日志记录以及权限检查等，这时，可以把多个拦截器组成一个拦截器栈。在使用时，可以将栈内的多个拦截器当成一个整体来引用。当拦截器栈被附加到一个Action上时，在执行Action之前必须先执行拦截器栈中的每一个拦截器。Struts 2框架本身内置了很多拦截器栈，可以在struts-default.xml中找到。

下面我们来学习如何使用拦截器栈。在UseStruts2工程中，重新创建一个Action类，该类仅为了测试拦截器栈，所以execute()方法只有一条输出语句，完整的代码如下：

```
package zhaozhixuan;
public class StackAction {
    public String execute() throws Exception {
        System.out.println("拦截器栈测试Action");
        return "success";
    }
}
```

接下来，在struts.xml中定义一个拦截器栈myStack，该拦截器栈包含logger和timer两个拦截器，代码如下：

```
<package name="zhaozhixuan" extends="struts-default">
    <interceptors>
        <interceptor-stack name="myStack">
            <interceptor-ref name="logger"></interceptor-ref>
            <interceptor-ref name="timer"></interceptor-ref>
        </interceptor-stack>
    </interceptors>
    ... .... ...
</package>
```

然后添加Action的定义，并为该Action指定拦截器为myStack，代码如下：

```
<package name="zhaozhixuan" extends="struts-default">
    ...   ...   ...
    <action name="stackAction" class="zhaozhixuan.StackAction">
        <result >/Welcome.jsp</result>
        <interceptor-ref name="myStack" />
    </action>
</package>
```

此时就可以启动Tomcat，访问stackAction.action，测试拦截器栈的运行情况。可以在控制台中看到相应的输出信息，如图5-11所示。

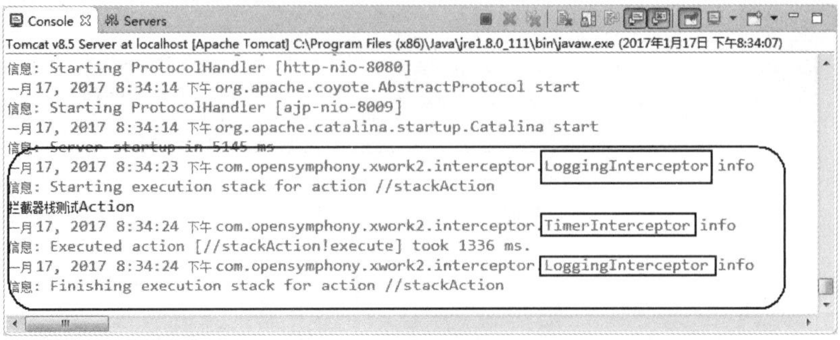


图5-11　拦截器栈应用示例

## 5.3.3 自定义拦截器

如果内置的拦截器和拦截器栈还不能满足实际的应用需求，Struts 2还支持用户自定义拦截器，自定义一个拦截器需要3步。

01 自定义一个实现Interceptor接口(或者继承自AbstractInterceptor)的类。

02 在strutx.xml中注册上一步中定义的拦截器。

03 在需要使用的Action中引用上述定义的拦截器，为了方便也可将拦截器定义为默认的拦截器，这样在不加特殊声明的情况下所有的Action都被这个拦截器拦截。

自定义拦截器的第一步就是创建自己的拦截器类，通常有如下两种方法实现。

- 实现com.opensymphony.xwork2.interceptor.Interceptor接口。
- 继承com.opensymphony.xwork2.interceptor.AbstractInterceptor类。

接下来的操作就和配置内置拦截器一样了。

### 1. 实现Interceptor接口

Interceptor接口定义了拦截器要实现的功能，该接口共声明了3个方法，如下所示。

```
public interface Interceptor extends Serializable {
    void destroy();
    void init();
    String intercept(ActionInvocation invocation) throws Exception;
}
```

- void init()：该方法在拦截器被创建后会立即被调用，它在拦截器的生命周期内只被调用一次。可以在该方法中对相关资源进行必要的初始化。
- void destroy()：该方法与init()方法相对应，在拦截器实例被销毁之前，将调用该方法来释放与拦截器相关的资源。它在拦截器的生命周期内也只被调用一次。
- String intercept(ActionInvocation invocation) throws Exception：该方法是拦截器的核心方法，用来添加真正执行拦截工作的代码，实现具体的拦截操作。它返回一个字符串作为逻辑视图，系统根据返回的字符串跳转到对应的视图资源。每拦截一个动作请求，该方法就会被调用一次。该方法的ActionInvocation参数包含了被拦截的Action的引用，可以通过该参数的invoke()方法，将控制权转给下一个拦截器或者转给Action的execute()方法。

为了演示自定义拦截器的用法，在UseStruts2工程中定义一个拦截器类MyInterceptor。该类实现了Interceptor接口，完整的代码如下：

```
package zhaozhixuan;
import com.opensymphony.xwork2.ActionInvocation;
import com.opensymphony.xwork2.interceptor.Interceptor;
public class MyInterceptor implements Interceptor {
   public void destroy() {
      System.out.println("MyInterceptor destroy");
   }
   public void init() {
      System.out.println("MyInterceptor init");
   }
   public String intercept(ActionInvocation inv) throws Exception {
      System.out.println("Action执行前拦截信息");
      String result=inv.invoke();
      System.out.println("Action执行后拦截信息");
      return result;
   }
}
```

这个拦截器很简单，在init()和destroy()方法中，以及Action调用前后，都只输出了一行提示信息。在实际开发中，这些地方都可以根据应用的需求做相应的拦截操作。

针对该拦截器在struts.xml中添加配置信息，并为前面的StackAction应用该拦截器，响应的配置代码如下：

```
<interceptors>
      <interceptor name="myInterceptor" class="zhaozhixuan.MyInterceptor"></interceptor>
   <interceptor-stack name="myStack">
      <interceptor-ref name="logger"></interceptor-ref>
      <interceptor-ref name="timer"></interceptor-ref>
   </interceptor-stack>
</interceptors>
<action name="stackAction" class="zhaozhixuan.StackAction">
   <result >/Welcome.jsp</result>
   <interceptor-ref name="myInterceptor" />
   <interceptor-ref name="myStack" />
</action>
```

此时重启Tomcat后，访问stackAction.action，可以看到控制台中的信息如图5-12所示。从图中可以看出，Tomcat启动时，拦截器就完成了初始化工作。Action调用前后分别输出了相应的信息，由于此时拦截器还没销毁，因此看不到destroy()方法的输出信息。

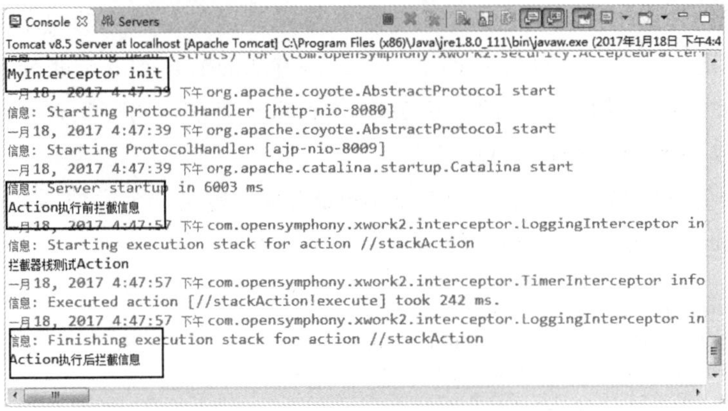


图5-12　自定义拦截器应用示例

### 2. 继承AbstractInterceptor类

Struts 2中的AbstractInterceptor类提供了一个简单的Interceptor接口的实现，在不需要编写init()和destroy()方法的时候，通过继承AbstractInterceptor类可以快速创建一个拦截器，只需实现intercept()方法即可。

## 5.4　本章小结

本章全面讲述了Struts 2框架的工作流程和使用技巧。首先介绍了MVC框架模型，因为MVC是Web领域比较流行的架构模式，故详细介绍了MVC框架中的3部分以及MVC的优点；接下来介绍了一个基于MVC架构的框架——Struts 2，包括Struts 2的工作流程、Struts 2开发环境的搭建以及如何开发Struts 2应用程序；最后对Struts 2中的拦截器做了简单介绍，Struts 2拦截器的实现原理和过滤器差不多，它提供了一种机制，使开发者可以在一个Action的execute()方法执行的前后进行拦截，然后插入一些自己的逻辑。Struts 2内置了很多拦截器和拦截器栈，同时支持用户自定义拦截器。虽然Struts 2在实际项目中逐渐被更优秀的框架替代，但是其工作原理和设计思想还是值得学习和借鉴的，其中一些重要技术更是被很多优秀的框架吸取。通过本章的学习，读者应掌握MVC架构模式的工作原理，理解其设计思想，掌握Struts 2的工作流程，深入了解拦截器的工作机制。

## 5.5　思考和练习

1. MVC架构把应用程序分成哪几部分？
2. 简述Struts 2的工作流程。
3. 如何为所有Action配置默认拦截器？
4. 简述拦截器的工作机制。
5. 如何自定义拦截器类？

# 第 6 章

# SQL 与 JDBC

复杂应用程序的实现离不开数据库的支持，本章将简单介绍SQL语言的基本语法以及如何使用JDBC访问关系数据库。JDBC是一套面向对象的应用编程接口，通过使用JDBC技术，开发人员可以用纯Java语言和标准的SQL语句编写完整的数据库应用程序。通过本章的学习，读者可以掌握MySQL数据库管理系统的安装、常用SQL语句的基本语法，以及如何使用JDBC访问数据库等相关知识。

**本章学习目标**

- 掌握MySQL数据库管理系统的安装
- 掌握MySQL JDBC驱动的安装
- 掌握常用SQL语句的基本语法
- 了解JDBC的架构和常用组件
- 掌握使用JDBC访问数据库的方法和步骤

## 6.1 准备关系数据库

前面几章介绍的都是比较基础的知识，示例项目也大多比较简单。从本章开始，我们使用的示例项目需要一个能够存储持久化实体的关系数据库管理系统。常用的关系数据库管理系统有MySQL、Oracle和Microsoft SQL Server。

### 6.1.1 下载并安装MySQL

MySQL是一个关系数据库管理系统，由瑞典MySQL AB公司开发，目前属于Oracle公司。目前许多应用开发项目都选用MySQL，主要原因是MySQL的性能卓越，可以降低软件的开发和使用成本。由于MySQL是开源项目，很多网站都提供免费下载，这里选择的是

MySQL的官方网站。

下面以为Windows 10系统安装MySQL为例，介绍具体操作步骤。

01 从MySQL官方下载网站(https://dev.mysql.com/downloads/installer/)下载MySQL Community Server产品的针对Windows平台的安装包。

02 MySQL官网上提供了两种安装方式，第一种是在线版联网安装，第二种是本地安装。二者的区别是前者是联网安装，当安装时必须能访问互联网，后者是离线安装使用的，一般建议下载离线安装使用的版本，如图6-1所示。可以直接下载只包含MySQL Community Server的zip压缩包，也可下载MySQL Installer安装包，前者解压后即可使用，后者则需要安装，并且可以附带安装MySQL Workbench管理工具、MySQL JDBC驱动以及MySQL for Excel等其他工具。

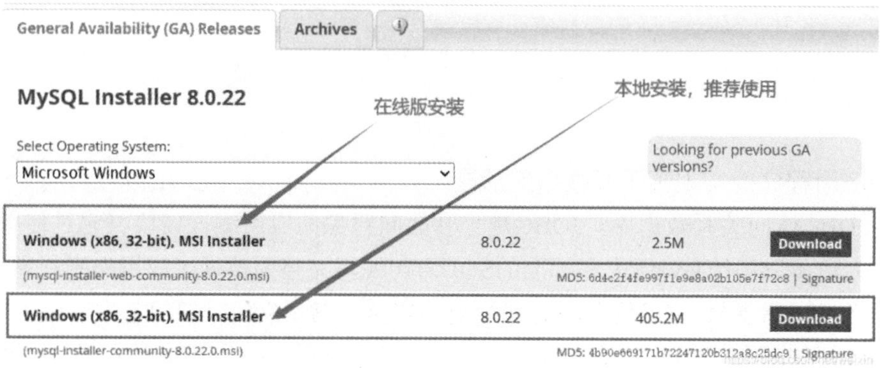


图6-1　MySQL安装网页展示

03 对于安装版本，双击下载得到的安装包，根据向导即可完成安装。首先是阅读安装许可协议，同意后单击Next按钮，选择安装类型，如图6-2所示。

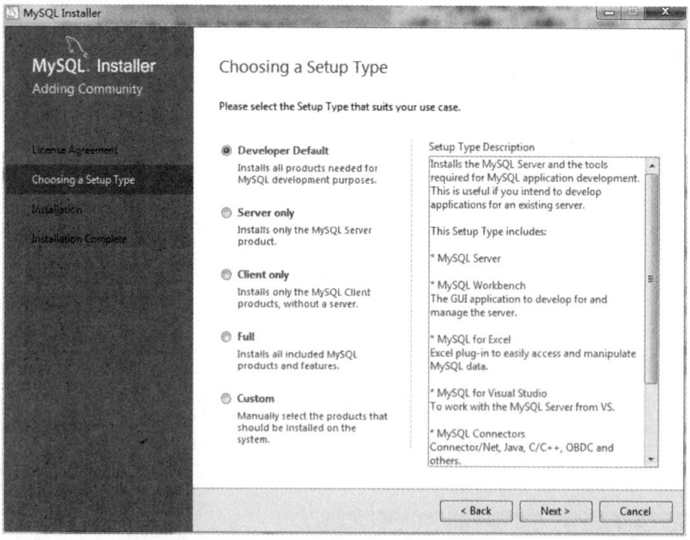


图6-2　MySQL安装向导

04 对于开发人员，通常选择Developer Default类型，它将安装我们需要使用的所有MySQL功能。如果只希望安装特定的功能，也可以选择Custom类型，并在屏幕中选择希望安装的产品。

05 单击Next按钮，根据提示即可完成安装。产品组件安装完以后，会出现配置向导，通过该向导可以配置数据库root用户的密码，以及是否将MySQL安装为Windows服务等。

如果安装为Windows服务，可以在系统服务中找到MySQL并启动。如果没有将MySQL安装为Windows服务，可找到MySQL安装目录(默认为C:\Program Files\MySQL)，然后进入bin子目录，双击mysqld.exe即可启动MySQL数据库。

此时，可以打开MySQL客户端(在命令行窗口中输入mysql)或者MySQL Front、MySQL Workbench，连接MySQL，验证是否启动成功。

❖ 说明：

MySQL Front和MySQL Workbench都是图形化浏览和管理MySQL数据库的工具，类似于Microsoft SQL Server Management Studio和Oracle SQL Developer。

通过图形化工具连接MySQL时需要指定用户名和密码，可以使用root用户名和安装时为root用户设置的密码。如果没有设置密码，则为空。为了通过JDBC访问数据库，可以为应用程序创建用户名和密码(如tomcatUser/password1234)，并为用户授权：

```
GRANT ALL PRIVILEGES ON *.* TO 'tomcatUser'@'localhost'
    IDENTIFIED BY 'password1234';
GRANT ALL PRIVILEGES ON *.* TO 'tomcatUser'@'127.0.0.1'
    IDENTIFIED BY 'password1234';
GRANT ALL PRIVILEGES ON *.* TO 'tomcatUser'@'::1' IDENTIFIED BY 'password1234';
FLUSH PRIVILEGES;
```

上面的语句将创建一个可以从本地Tomcat服务器连接数据库的用户。当然，该用户被授予所有权限，这是为了开发方便，在实际项目部署时，通常只为某个用户授予很少的权限。

## 6.1.2 安装MySQL JDBC驱动

与其他关系数据库提供者一样，MySQL也提供了从Java连接MySQL数据库的JDBC驱动。我们可以下载该驱动(JAR文件)并将它添加到Tomcat服务器中，这样就可以从应用程序中使用JDBC连接MySQL数据库了。

当然，也可以将JAR文件存放在应用程序的/WEB-INF/lib中，但不建议这样做，因为这样做可能引起内存泄漏。JDBC驱动将自动使用java.sql.DriverManager注册它们，这是Java SE核心库的一部分。如果应用程序在/WEB-INF/lib中安装了一个JDBC驱动，那么Driver Manager将永远保留该驱动，即使应用程序被卸载了也是这样。应用服务器可能无法完全卸载应用程序，并导致内存泄漏。所以，最好使用应用服务器来管理JDBC数据源。应用服务器有专门用于管理连接池的内建系统，可以改进应用程序中数据库连接的性能。

要在Tomcat中安装MySQL JDBC驱动，需要从MySQL网站下载该JAR包，查找Connector/J产品，这就是JDBC驱动。它是平台独立的，只需下载该文件并解压得到mysql-connector-java-5.1.7-bin.jar，将它复制到Tomcat的lib子目录下即可。

# 6.2 SQL语言简介

SQL是一种介于关系代数和关系演算之间的结构化查询语言，其功能并不仅仅是查询，还具备数据定义和数据操纵等功能，目前已经成为关系数据库的通用操作语言。本节将简单介绍SQL的基本语法和使用技巧。

## 6.2.1 SQL概述

ANSI(美国国家标准协会)规定SQL为关系数据库管理系统的标准语言。SQL语言的主要功能就是同各种数据库建立联系，进行沟通，以达到操纵数据库中数据的目的。SQL语句可以用来执行各种各样的操作，例如，更新数据库中的数据，从数据库中检索数据等。目前，绝大多数流行的关系数据库管理系统，如Oracle、MySQL、Microsoft SQL Server及Access等，都采用了SQL语言标准。

通过SQL语言控制数据库可以大大提高程序的可移植性和可扩展性，因为几乎所有的主流数据库都支持SQL语言，用户可将使用SQL的技能从一个数据库系统转到另一个数据库系统。所有用SQL编写的程序都是可以移植的。

SQL是非过程化编程语言，它支持使用集合作为输入、查询等操作的参数，从而实现复杂的有条件的嵌套查询。SQL语言的语法简单，功能丰富，非常容易学习。

SQL语言包含以下4部分。

- 数据定义语言(Data Definition Language，DDL)：包括CREATE、ALTER、DROP语句，主要用于表的建立、修改和删除操作。
- 数据查询语言(Data Query Language，DQL)：包括SELECT语句。
- 数据操纵语言(Data Manipulation Language，DML)：包括INSERT、UPDATE、DELETE语句，分别用于向表中添加若干行记录、修改表中的数据和删除表中的若干行数据。
- 数据控制语言(Data Control Language，DCL)：包括COMMIT、ROLLBACK、GRANT等语句。

## 6.2.2 SQL数据类型

SQL中常用的数据类型有5种：字符型、文本型、数值型、逻辑型和日期型。

### 1. 字符型

字符型有VARCHAR和CHAR两种，它们都用来存储字符串长度小于255的字符串。两者的差别在于VARCHAR的字符串长度可变，而CHAR的字符串长度不可变。

例如，向一个长度为40个字符的VARCHAR型字段中输入数据zhaozhixuan。当从这个字段中取出此数据时，得到的数据长度为11个字符；而如果把该字符串保存到一个长度为40个字符的CHAR型字段中，那么取出的数据长度将是40个字符，字符串的后面会被附加多余的空格。

### 2. 文本型

文本型数据使用TEXT表示，它可以存放超过20亿个字符的字符串。当需要存储较大数据时，可以使用该数据类型。

一旦向文本型字段中输入了任何数据，即使是空值，也会有2KB的空间被自动分配给该数据。一般情况下，应避免使用文本型字段，因为文本型字段大且慢，滥用文本型字段会造成磁盘空间的浪费，同时也会使服务器的速度变慢。

### 3. 数值型

数值型数据包括多种类型，如表6-1所示，在使用过程中可以根据不同情况来选择。

表6-1 数值型数据

| 类型名称 | 类型描述 |
|---|---|
| INT | -2147483647～2147483647的整数 |
| SMALLINT | -32768～32768的整数 |
| TINYINT | 0～255的整数，不能存储负数 |
| NUMERIC | -1038～1038范围内的数，可以存储小数 |
| SMALLMONET | -2147483647～2147483647的金额 |
| MONET | -922337203685477.5808～922337203685477.5807的金额 |

通常，为了节省空间，应该尽可能使用最小的整型数据。一个TINYINT型数据只占用1字节空间；一个INT型数据占用4字节空间。

### 4. 逻辑型

逻辑型数据使用BIT表示，该类型只支持两个值：0或1。对于只有两种状态的数据，就可以使用这种类型。

### 5. 日期型

日期型有DATETIME和SMALLDATETIME两种。

一个 DATETIME型的字段可以存储的日期范围是从1753年1月1日第一毫秒到9999年12月31日最后一毫秒。

SMALLDATETIME型只能存储从1900年1月1日到2079年6月6日的日期，只能精确到秒。

## 6.2.3 常用SQL语句

本节将介绍一些常用SQL语句的语法和使用技巧。

### 1. 数据定义语言(DDL)

数据定义语言(DDL)主要包括CREATE、ALTER、DROP语句，通常用来创建、修改和删除数据库或数据表，也可以用来为表创建或删除索引。

- CREATE DATABASE用于创建数据库。

- ALTER DATABASE用于修改数据库，可以修改数据库的属性信息。
- DROP DATABASE用于删除指定的数据库。
- CREATE TABLE语句用于创建数据库中的表，需要指定表中字段的名称和数据类型，语法格式如下：

```
CREATE TABLE 表名称
(
列名称1 数据类型,
列名称2 数据类型,
....
)
```

- ALTER TABLE语句用于在已有的表中添加、删除或修改列，语法格式如下：

```
ALTER TABLE 表名称    ADD column_name datatype ;
ALTER TABLE 表名称    DROP COLUMN column_name;
ALTER TABLE 表名称    MODIFY COLUMN column_name datatype;
```

- DROP TABLE语句用于删除指定的表。

使用如下语句在MySQL中创建数据库School，然后在该数据库中创建学生表students和院系表departments：

```
create database School;
use School;
CREATE TABLE 'students' (
   'Sno' int(11) NOT NULL DEFAULT '0',
   'Sname' varchar(20) NOT NULL DEFAULT '',
   'Sphone' varchar(16) DEFAULT NULL,
   'Saddr' varchar(32) DEFAULT NULL,
   'Sgender' int(1) DEFAULT '0',
   'SdeptNo' int(11) DEFAULT NULL,
   PRIMARY KEY ('Sno')
);
CREATE TABLE 'departments' (
   'Dno' int(11) NOT NULL DEFAULT '0',
   'Dname' varchar(20) NOT NULL DEFAULT '',
   PRIMARY KEY ('Dno')
);
```

- CREATE INDEX语句用于创建指定表的索引。索引可以提高数据库的性能。语法格式如下：

```
CREATE [ VIRTUAL ] [ UNIQUE ] [ CLUSTERED ] INDEX 索引名
ON [ owner.]表名
( 列名 [ ASC | DESC ], ...
      | function-name ( argument [ ,... ] ) AS column-name )
[ { IN | ON } dbspace-name ]
```

- DROP INDEX语句用来删除表格中的索引。该语句在不同的关系数据库中用法不同，在MySQL中需要和ALTER TABLE一起使用，如下所示：

```
ALTER TABLE  <表名>  DROP INDEX  索引名
```

### 2. 数据操纵语言(DML)

数据操纵语言(DML)包括INSERT、UPDATE和DELETE语句，分别用于向表中添加记录、修改表中的数据和删除表中的数据。

- INSERT语句用于向表中插入数据，语法格式如下：

```
INSERT INTO <表名> VALUES (值1, 值2,....)
```

也可以指定要插入数据的列：

```
INSERT INTO <表名>  (列1, 列2,...) VALUES (值1, 值2,....)
```

例如，使用如下语句向students表和departments表各插入一条数据：

```
INSERT INTO 'students' VALUES (2016504045,'张宝之','13643287713',NULL,0,5040);
INSERT INTO 'departments' (Dno,Dname)VALUES (5040,'信息工程系');
```

- UPDATE语句用于修改表中的数据，语法格式如下：

```
UPDATE  <表名> SET 列名 = 新值 WHERE 列名 = 某值
```

例如，使用如下语句修改students表中学号为2016504045的学生，将姓名改为“时运”：

```
UPDATE students SET sname = '时运' WHERE sno = '2016504045';
```

- DELETE语句用于删除表中的数据，语法格式如下：

```
DELETE  FROM  <表名> WHERE 列名 = 值
```

例如，使用如下语句删除departments表中的所有记录：

```
DELETE  FROM  departments;
```

### 3. 数据查询语言(DQL)

数据库查询是数据库的核心操作。SQL中的SELECT语句用于数据库的查询，该语句具有灵活的使用方式和丰富的功能，语法格式如下：

```
SELECT [ALL|DISTINCT] <目标列表表达式>[,<目标列表表达式>]…
FROM <表名或视图名> [,<表名或视图名>]…
[WHERE <条件表达式>]
[GROUP BY <列名1> [HAVING <条件表达式>]]
[ORDER BY <列名2> [ASC|DESC]];
```

整个SELECT语句的含义是：根据WHERE子句的条件表达式，从FROM子句指定的基本表或视图中找出满足条件的元组，再按SELECT子句中的目标列表表达式，选出元组中的属性值以形成结果表。

如果有GROUP BY子句，将结果按<列名1>的值进行分组，该属性列里值相等的元组为一组。通常会在每组中使用聚集函数。如果GROUP BY子句带有HAVING短语，只有满足指定条件的组才予以输出。

如果有ORDER BY子句，结果表还要按<列名2>的值的升序或降序排列。

**❖ 提示：**

SQL语言不区分大小写，SELECT与select的含义是相同的。

SELECT语句既可以完成简单的单表查询，也可以完成复杂的连接查询和嵌套查询。

- 最简单的SELECT语句只有SELECT和FROM子句，例如查询所有学生的信息：

```
SELECT Sno,Sname,Sphone
FROM students
```

这条SELECT语句将返回students表中选定字段(Sno、Sname、Sphone)的数据。如果需要返回students表中的所有字段，可以使用通配符“*”表示“所有”，比如：

```
SELECT *
FROM students
```

- 重命名输出列。在创建表时，为方便计算和查询，一般将字段名称定义为英文名。但是，当需要将表显示出来时，对于中国人来说，英文字段名称就不如中文字段名称直观。SQL提供了AS关键字来对字段重新命名。例如，将输出的Sno字段重命名为“学号”、将Sname字段重命名为“姓名”：

```
SELECT Sno AS 学号, Sname AS 姓名
FROM students
```

**❖ 提示：**

在SQL查询语句中使用AS对表的字段重命名，只改输出，并未改变该表在设计视图中的字段名称。

- 使用WHERE子句。查询满足指定条件的元组可以通过WHERE子句来实现。WHERE子句常用的查询条件如表6-2所示。

表6-2　常用的查询条件

| 查询条件 | 谓词 |
| --- | --- |
| 比较 | =、>、<、>=、<=、!=、<>、!>、!<和其他比较运算符 |
| 确定范围 | BETWEEN AND、NOT BETWEEN AND |
| 确定集合 | IN、NOT IN |

(续表)

| 查询条件 | 谓词 |
|---|---|
| 字符匹配 | LIKE、NOT LIKE |
| 空值 | IS NULL、IS NOT NULL |
| 多重条件(逻辑运算) | AND、OR、NOT |

其中，LIKE操作符是针对字符串的，作用是确定给定的字符串是否与指定的模式匹配。模式可以包含常规字符和通配符。模式匹配过程中，常规字符必须与字符串中指定的字符完全匹配。可以使用字符串的任意字段匹配通配符。与使用 = 和 != 字符串比较运算符相比，使用通配符可使LIKE运算符更加灵活。

例如，下面的语句将返回所有姓“葛”的学生记录：

```
SELECT *
FROM students
WHERE Sname LIKE '葛*'
```

当要查找的某个字段匹配多个值的时候，可以使用IN操作符。例如，查找姓名字段Sname为“时运”和“赵智暄”的学生信息，可以使用下面的语句：

```
SELECT *
FROM students
WHERE Sname IN ('时运', '赵智暄')
```

在该例中，所在的取值范围是直接指定的，实际上IN操作符还支持从另一条SELECT语句中得到这个范围。也就是说，支持查询嵌套(子查询)，后面将详细介绍子查询。

在SQL语言中，一条SELECT…FROM…WHERE语句称为一个查询块。将一个查询块嵌套在另一个查询块中的WHERE子句或HAVING关键字的条件中的查询，就称为嵌套查询。

SQL语言允许多层嵌套查询，即一个子查询中还可以嵌套其他子查询。需要注意的是，子查询的SELECT语句中不能使用ORDER BY子句，因为ORDER BY子句只能对最终查询结果进行排序。

子查询返回单值时可以用比较运算符，但当返回多值时要用ANY(有的系统用SOME)或ALL谓词修饰符。而使用ANY或ALL谓词时则必须同时使用比较运算符，其语义定义如表6-3所示。

表6-3　ANY和比较运算符的组合

| 运算符 | 意义 |
|---|---|
| >ANY | 大于子查询结果中的某个值 |
| >ALL | 大于子查询结果中的所有值 |
| <ANY | 小于子查询结果中的某个值 |
| <ALL | 小于子查询结果中的所有值 |
| >=ANY | 大于或等于子查询结果中的某个值 |

(续表)

| 运算符 | 意义 |
|---|---|
| >=AL L | 大于或等于子查询结果中的所有值 |
| <=ANY | 小于或等于子查询结果中的某个值 |
| <=ALL | 小于或等于子查询结果中的所有值 |
| =ANY | 等于子查询结果中的某个值 |
| =ALL | 等于子查询结果中的所有值 |
| !=(或<>)ANY | 不等于子查询结果中的某个值 |
| !=(或<>)ALL | 不等于子查询结果中的任何一个值 |

以下SQL语句查询出与院系编号为5040的学生有重名的学生信息：

```
SELECT  *
FROM students
WHERE SdeptNo!='5040'
AND Sname= ANY  (SELECT Sname FROM students WHERE SdeptNo='5040')
```

系统在执行此查询语句时，首先处理子查询，然后处理父查询。

#### 4. 数据控制语言(DCL)

数据控制语言(DCL)包括COMMIT、ROLLBACK、GRANT等语句。

- COMMIT用于把事务所做的修改保存到数据库中，它把上一个COMMIT或ROLLBACK命令之后的全部事务都保存到数据库中。
- ROLLBACK与COMMIT相反，用于把事务中对数据库的所有已经完成的操作全部撤销，回滚到事务开始时的状态。
- GRANT用于为数据库用户授予某些权限，从而保护数据的安全。

## 6.3 JDBC简介

JDBC是一套面向对象的应用编程接口，它制定了统一的访问各类关系数据库的标准接口，为各个数据库厂商提供了标准接口的实现。通过使用JDBC技术，开发人员可以用纯Java语言和标准的SQL语句编写完整的数据库应用程序，并且真正地实现软件的跨平台。

### 6.3.1 JDBC概述

数据库实现了数据的持久化，但我们最终要在程序里处理数据，那么Java是如何访问数据库并读写数据呢？这就要用到JDBC(Java Database Connectivity)。由于JDBC只是规范，不做具体实现，于是数据库厂商又根据JDBC标准，实现自家的驱动Driver，如MySQL驱动com.mysql.cj.jdbc.Driver及Oracle的驱动oracle.jdbc.OracleDriver。有了这套解决方案，Java就可以对数据库进行操作了。Java中提倡面向接口开发，而最经典的接口设计莫过于JDBC数据库接口。

### 1. JDBC架构

JDBC API支持用两层和三层处理模型进行数据库访问，一般由两层组成。

- JDBC API：提供应用程序对JDBC的管理连接。
- JDBC Driver API：支持JDBC管理到驱动器的连接。

JDBC API使用驱动程序管理器和数据库特定的驱动程序提供到异构数据库的透明连接。JDBC驱动程序管理器可确保使用正确的驱动程序来访问不同的数据源。JDBC驱动程序管理器能够支持连接到多个异构数据库的多个并发的驱动程序。

图6-3所示为JDBC架构图。

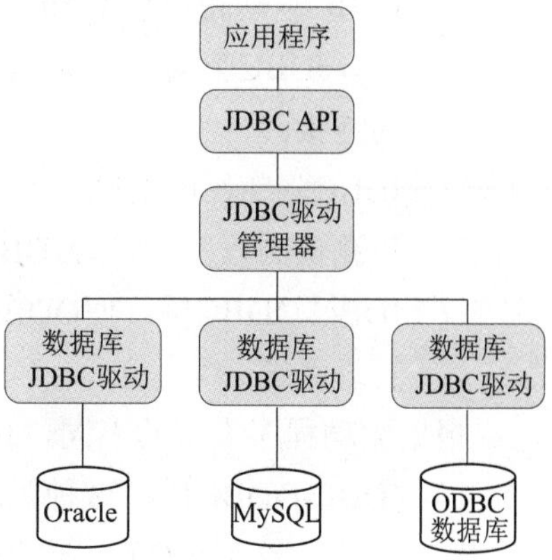


图6-3　JDBC架构图

JDBC访问数据库的主要步骤如下。

(1) 与数据库建立连接。

(2) 向数据库发送SQL语句。

(3) 处理发送的SQL语句。

(4) 将处理结果返回。

使用JDBC时不需要指定底层数据库的细节，JDBC操作不同的数据库时仅仅有连接方式的差异而已。

### 2. 常见的JDBC组件

JDBC API提供了以下接口和类。

- DriverManager：这个类是JDBC的管理层，作用于用户和驱动程序之间。它跟踪可用的驱动程序，并在数据库和相应的驱动程序之间建立连接。
- Driver：此接口处理与数据库服务器的通信，通常由数据库厂商实现该接口。在进行Java Web开发时，程序员只需要根据程序使用的驱动程序类型进行装载就行。
- Connection：此接口代表数据库连接，与数据库的所有通信都通过该对象连接。连接对象表示通信上下文，即与数据库中的所有的通信是通过此唯一的连接对象。
- Statement：该接口代表SQL语句对象，可以向数据库发送任何SQL语句。可以使用这个接口创建对象的SQL语句提交到数据库。一些派生的接口接受除执行存储过程的参数。
- ResultSet：它封装了查询返回的结果集对象。结果集是一个存储查询结果的对象，但是结果集不仅仅具有存储功能，同时还具有操纵数据的功能，可以完成对数据的更新等。
- SQLException：这个类处理发生在数据库操作过程中的任何错误。

## 6.3.2 JDBC驱动程序

在应用程序中使用JDBC，必须为其提供相应数据库的驱动程序和类库。不同的数据库产品使用不同的类库。

JDBC对各种关系数据库的驱动和操作进行了封装，在实际项目开发过程中，程序员可以通过加载不同的数据库驱动程序来连接它，而不需要为了不同的数据库编写额外的程序，因此方便了程序的开发。

JDK已经提供了以下JDBC的管理应用程序。

- JDBC驱动程序管理器：它是使用Java编写的一个小程序，是JDBC体系结构的支柱。JDBC驱动程序管理器通过其内部的几行代码完成Java程序与JDBC驱动器之间的连接。
- JDBC驱动程序测试工具包：此测试工具包可以为JDBC提供安检。只有通过此工具包测试的程序才符合JDBC标准，才能被信任使用。
- JDBC-ODBC桥：使ODBC驱动程序可以被JDBC使用，以访问那些不常见的数据库管理系统。

根据驱动程序类型的不同，JDBC驱动程序主要分为以下4种。

- JDBC-ODBC桥：这种驱动程序通过JDBC访问ODBC的接口。在使用时，在客户端必须加载ODBC的二进制代码，所以要求客户端必须安装ODBC驱动。只要本地机装有相关的ODBC驱动，那么采用JDBC-ODBC桥几乎可以访问所有的数据库。但是，由于JDBC-ODBC先调用ODBC，再由ODBC去调用本地数据库接口来访问数据库，因此执行效率比较低，对于那些大数据量存取的应用是不适合的。
- 本地API：这种方式的驱动是将客户端的JDBC API转换为DBMS来调用，从而进行数据库的连接。这种驱动比JDBC-ODBC桥的执行效率高多了，但它仍然需要在客户端加载数据库厂商提供的二进制代码库。
- 网络Java驱动：这种驱动首先将JDBC转换成一种网络协议(该网络协议与DBMS没有任何关系)，然后将网络协议转换为DBMS协议。网络Java驱动是最灵活的驱动，因为网络中的服务器可以将Java客户机连接到各种数据库，所使用的协议可以由提供者来决定。
- 本地协议纯Java驱动：这种驱动直接把JDBC调用转换为DBMS使用的协议，客户机可以直接调用DBMS服务器。由于这种驱动不需要先把JDBC调用传给ODBC、本地数据库接口或中间层服务器，因此它的执行效率是非常高的。而且它根本不需要在客户端或服务器端装载任何软件或驱动，这种驱动程序可以动态下载，但是对于不同的数据库需要下载不同的驱动程序。

## 6.3.3 使用JDBC操作数据库

上一节已经介绍过，JDBC驱动程序主要分为4种，其中本地协议纯Java驱动是4种当中访问数据库速度最快的一种，也是使用最多的一种。本节将介绍通过这种方式访问数据库的一般步骤。

1) 加载JDBC驱动程序

在连接数据库之前，首先要加载连接数据库的驱动到Java虚拟机，通过java.lang.Class类的静态方法forName()来实现。例如，加载MySQL驱动程序的示例代码如下：

```
private String dbDriver="com.mysql.jdbc.Driver";
        try{
                Class.forName(dbDriver);
        }catch(ClassNotFoundException e){
e. printStackTrace( ) ;
        }
```

加载JDBC驱动程序后，会将加载的驱动类注册给DriverManager类。如果加载失败，将抛出ClassNotFoundException异常，即未找到指定的驱动类。

常用的关系数据库的JDBC驱动与连接字符串如下。

- MySQL
  driverClass：com.mysql.jdbc.Driver
  URL：jdbc:mysql://localhost:3306/mydb
- Oracle
  driverClass：oracle.jdbc.driver.OracleDriver
  URL：jdbc:oracle:thin:@127.0.0.1:1521:dbname
- DB2
  driverClass：com.ibm.db2.jcc.DB2Driver
  URL：jdbc:db2://127.0.0.1:50000/dbname
- Sybase
  driverClass：com.sybase.jdbc.SybDriver
  URL：jdbc:sybase:Tds:localhost:5007/dbname
- ODBC桥接
  driver：sun.jdbc.odbc.JdbcOdbcDriver
  URL：jdbc:odbc:Test_DB
  URL：jdbc:odbc:;Driver={Microsoft Access Driver (*.mdb)};DBQ=Access数据库名
- SQL Server 2000
  driverClass：com.microsoft.jdbc.sqlserver.SQLServerDriver
  URL：jdbc:microsoft:sqlserver://localhost:1433;DatabaseName=dbname
- SQL Server 2005
  driverClass：com.microsoft.sqlserver.jdbc.SQLServerDriver
  URL：jdbc:sqlserver://localhost:1433; DatabaseName=dbname

**❖ 说明：**

SQL Server 2000和2005的驱动是有区别的，使用错误的话，会出现下面的错误：java.sql.SQLException: [Microsoft][SQLServer JDBC Driver][SQLServer]传入的表格格式数据流(TDS)、远程过程调用(RPC)协议流不正确，参数1 (""): 数据类型0x38未知。

2) 取得数据库连接

通过DriverManager.getConnection()获取数据库连接，返回一个实现了Connection接口的对象。java.sql.DriverManager类是JDBC的管理层，主要用来建立和管理数据库连接。通过该管理器的静态方法getConnection(String url,String user,String password)可以建立数据库连接。其中，参数url是连接数据库的URL地址，user和password则是连接数据库的用户名和密码。示例代码如下：

```
String url="jdbc:mysql://localhost:3306/School";
try{
    Connection con= DriverManager.getConnection(url,"tomcatUser", "password1234");
}
catch(SQLException e){
}
```

3) 执行各种SQL语句

利用Connection对象创建Statement，获得执行SQL语句的对象，发送SQL语句访问数据库。获取到数据库连接后，就可以准备Statement对象了，然后通过Statement对象执行各种SQL语句。实际上有3种Statement对象，它们都作为在给定连接上执行SQL语句的包容器。

- Statement：Statement对象用于执行不带参数的简单SQL语句。
- PreparedStatement：Statement的子接口类型，PreparedStatement对象用于执行带或不带IN参数的预编译SQL语句。
- CallableStatement：PreparedStatement的子接口类型，CallableStatement对象用于执行对数据库已存在的存储过程的调用。

Statement接口提供了执行语句和获取结果的基本方法。PreparedStatement接口添加了处理 IN 参数的方法，而 CallableStatement 接口则添加了处理 OUT 参数的方法。

有些 DBMS 将存储过程中的每条语句视为独立的语句；而另外一些则将整个过程视为一条复合语句。在启用自动提交时，这种差别就变得非常重要，因为这影响什么时候调用 commit 方法。在前一种情况下，每条语句单独提交；在后一种情况下，所有语句同时提交。

Statement接口的executeUpdate(String sql)方法将执行添加、修改和删除功能的SQL语句，执行成功后，返回一个int数值，该数值为受影响数据库记录的行数；executeQuery(String sql)方法将执行查询语句，执行成功后，将返回一个ResultSet类型的结果集对象，该结果集对象将存储所有满足查询条件的数据库记录。

4) 获取查询结果

执行SQL语句，并返回结果。执行查询使用的是executeQuery()方法，该方法返回的是ResultSet对象，ResultSet封装了查询结果，我们称之为结果集。通过各种Statement接口的executeUpdate(String sql)和executeQuery(String sql)方法，将执行传入的SQL语句并返回执行结果。对于查询结果返回的结果集ResultSet，并不只是可以获取满足查询条件的记录，还可以获得数据表的相关信息，如每列的名称、列的数量等。

5) 关闭数据库连接

对数据库操作完成后，要及时关闭数据库连接，释放连接占用的数据库和JDBC资源，以免影响软件的运行速度。

ResultSet、Statement和Connection接口均提供了关闭各自实例的close()方法，用于释放各自占用的数据库和JDBC资源。ResultSet、Statement和Connection接口的关闭次序如图6-4所示。

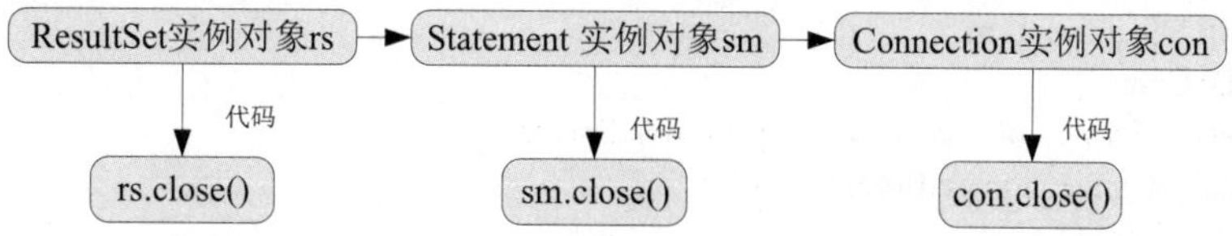


图6-4　ResultSet、Statement和Connection接口的关闭次序

❖ **注意：**

虽然Java的垃圾回收机制会定时清理缓存，关闭长时间不用的数据库连接。但是如果不及时关闭，数据库连接达到一定数量，将严重影响数据库和计算机的运行速度，甚至导致它们瘫痪。

## 6.3.4 JDBC示例

本节将使用JDBC以及前面学过的Servlet + JSP技术，开发一个简单的学生信息录入项目。关系数据库使用MySQL，数据库实例为前面创建的School。本例提供一个学生信息录入页面，通过该页面录入学生信息并保存至Students表。

具体步骤如下：

01 新建动态Web工程UseJDBC，该工程需要的类比较多，根据不同功能分别设置不同的包名，工程的目录结构及说明如图6-5所示。

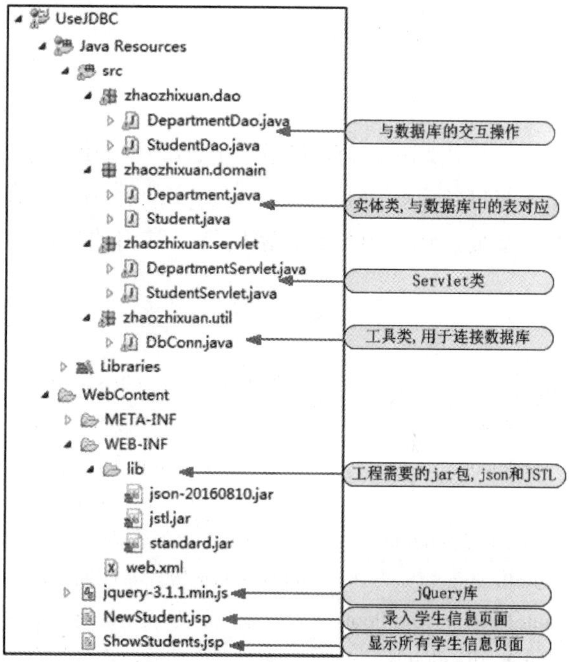


图6-5　工程的目录结构

❖ **注意：**

本例中使用的是MySQL数据库，因为我们已经将MySQL的JDBC驱动程序jar包放在了Tomcat的lib目录下，所以项目中无须再添加该jar包。

02 工具类DbConn用于获取数据库连接，完整的代码如下：

```
package zhaozhixuan.util;

import java.sql.Connection;
import java.sql.DriverManager;
import java.sql.PreparedStatement;
```

```
import java.sql.SQLException;
public class DbConn {
    private static String dbDriver="com.mysql.jdbc.Driver";
    public static Connection getConnection() {
        try{
            Class.forName(dbDriver);
        }catch(ClassNotFoundException e){
            e.printStackTrace();
        }
    String url="jdbc:mysql://localhost:3306/School?useUnicode=true&characterEncoding=UTF-8";
        try{
            Connection con= DriverManager.getConnection(url,"tomcatUser", "password1234");
            con.setAutoCommit(false);
            return con;
        }
        catch(SQLException e){
            e.printStackTrace();
        }
        return null;
    }
}
```

上述代码中，JDBC连接串url的后面跟了两个参数“?useUnicode=true&characterEncoding= UTF-8”，这是为了保证中文能够正确保存到数据库中。MySQL的URL中还可以设置很多参数，包括用户名、密码等，常用的参数及含义如表6-4所示。

表6-4 MySQL连接串中的参数

| 参数 | 含义 |
|---|---|
| user | 数据库用户名(用于连接数据库) |
| passWord | 用户密码(用于连接数据库) |
| useUnicode | 是否使用Unicode字符集，如果参数characterEncoding设置为gb2312或gbk，本参数的值必须设置为true |
| characterEncoding | 当useUnicode设置为true时，指定字符编码。可设置为UTF-8或gbk等 |
| autoReconnect | 当数据库连接异常中断时，是否自动重新连接 |
| autoReconnectForPools | 是否使用针对数据库连接池的重连策略 |
| failOverReadOnly | 自动重连成功后，连接是否设置为只读 |
| maxReconnects | autoReconnect设置为true时，重试连接的次数 |
| initialTimeout | autoReconnect设置为true时，两次重连之间的时间间隔，单位为秒 |
| connectTimeout | 和数据库服务器建立socket连接时的超时，单位为毫秒。0表示永不超时 |
| socketTimeout | socket操作(读写)超时，单位为毫秒。0表示永不超时 |

03 实体类有两个：Department和Student。这两个类分别包含表示院系和学生的一些私有属性，以及对应的getter和setter方法。这些属性分别对应数据表Departments和Students表中的字段，由于篇幅受限，这里只给出Department的完整代码，代码如下：

```
package zhaozhixuan.domain;
public class Department {
    private long dno;
```

```
        private String dname;
        public long getDno() {
            return dno;
        }
        public void setDno(long dno) {
            this.dno = dno;
        }
        public String getDname() {
            return dname;
        }
        public void setDname(String dname) {
            this.dname = dname;
        }
    }
```

04 DAO(Data Access Object)层有两个类：DepartmentDao和StudentsDao，分别用于操作Departments和Students表。在本例中，录入学生信息时，院系信息需要加载Departments中的院系列表供用户选择，所有DepartmentDao中只有一个查询所有院系的方法，其核心代码如下：

```
public class DepartmentDao {
    private Connection con;
    public List queryAllDepartments()throws Exception{
        List<Department> list=new ArrayList();
        con=DbConn.getConnection();
        String sql="select * from departments";
        try{
            PreparedStatement pst=con.prepareStatement(sql);
            ResultSet rs=pst.executeQuery();
            while(rs.next()){
                Department depart=new Department();
                depart.setDno(rs.getLong(1));
                depart.setDname(rs.getString(2));
                list.add(depart);
            }
        }catch(SQLException e){
            e.printStackTrace();
        }finally{
            con.close();
        }
        return list;
    }
}
```

StudentDao中包含新增学生记录和查询所有学生记录的方法，核心代码如下：

```
public class StudentDao {
    private Connection con;
    public boolean insertStudent(Student stu)throws Exception{
        boolean isSuccess=false;
        con=DbConn.getConnection();
        String sql="insert into students values(?,?,?,?,?,?)";
```

```
        try{
            PreparedStatement pst=con.prepareStatement(sql);
            pst.setLong(1, stu.getSno());
            pst.setString(2, stu.getSname());
            pst.setString(3, stu.getSphone());
            pst.setString(4, stu.getSaddr());
            pst.setShort(5, stu.getSgender());
            pst.setLong(6, stu.getSdeptNo());
            pst.executeUpdate();
            con.commit();
            isSuccess =true;
        }catch(SQLException e){
            con.rollback();
            e.printStackTrace();
        }finally{
            con.close();
        }
        return isSuccess;
    }
    public List queryAllStudents()throws Exception{
        List<Student> list=new ArrayList();
        con=DbConn.getConnection();
        String sql="select * from students";
        try{
            PreparedStatement pst=con.prepareStatement(sql);
            ResultSet rs=pst.executeQuery();
            while(rs.next()){
                Student stu=new Student();
                stu.setSno(rs.getLong(1));
                stu.setSname(rs.getString(2));
                stu.setSphone(rs.getString(3));
                stu.setSaddr(rs.getString(4));
                stu.setSgender(rs.getShort(5));
                stu.setSdeptNo(rs.getLong(6));
                list.add(stu);
            }
        }catch(SQLException e){
            e.printStackTrace();
        }finally{
            con.close();
        }
        return list;
    }
}
```

05 Servlet类用于处理页面请求，根据请求内容调用DAO层的方法来获取数据，再将结果返回给客户端。为了将对学生信息和院系信息的请求分开，我们创建了两个Servlet类。对院系信息的请求只有在录入学生信息页面上，通过POST方式异步请求，所以在该类中只重写了doPost()方法，代码如下：

```
public class DepartmentServlet extends HttpServlet {
```

```
    protected void doPost(HttpServletRequest req, HttpServletResponse resp)
throws ServletException, IOException {
        DepartmentDao dao=new DepartmentDao();
        List list = null;
        try {
            list = dao.queryAllDepartments();
        } catch (Exception e) {
            e.printStackTrace();
        }
        JSONArray json= new JSONArray(list);
        resp.setCharacterEncoding("UTF-8");
        PrintWriter out = resp.getWriter();
        out.write(json.toString());
    }
}
```

StudentServlet重写了doGet()和doPost()方法，代码如下：

```
public class StudentServlet extends HttpServlet {
    protected void doGet(HttpServletRequest req, HttpServletResponse resp)
throws ServletException, IOException {
        doPost(req, resp);
    }
    protected void doPost(HttpServletRequest req, HttpServletResponse resp)
throws ServletException, IOException {
        String type="";
        req.setCharacterEncoding("utf-8");
        if(req.getParameter("type")!=null){
            type=req.getParameter("type").toString();
        }
        if(type.equals("new"))
            try {
                insertStudent(req,resp);
            } catch (Exception e) {
                e.printStackTrace();
            }
        else
            try {
                queryAllStudents(req, resp);
            } catch (Exception e) {
                e.printStackTrace();
            }
    }
    private void insertStudent(HttpServletRequest req, HttpServletResponse resp) throws Exception {
        Long sno=Long.parseLong(req.getParameter("Sno"));
        String sname=req.getParameter("Sname");
        String sphone=req.getParameter("Sphone");
        String saddr=req.getParameter("Saddr");
        Short sgender=Short.parseShort( req.getParameter("Sgender"));
        Long sdeptNo=Long.parseLong( req.getParameter("SdeptNo"));
        StudentDao dao=new StudentDao();
        Student stu=new Student();
```

```
            stu.setSno(sno);
            stu.setSname(sname);
            stu.setSphone(sphone);
            stu.setSaddr(saddr);
            stu.setSgender(sgender);
            stu.setSdeptNo(sdeptNo);
            dao.insertStudent(stu);
            this.queryAllStudents(req, resp);
        }
        private void queryAllStudents(HttpServletRequest req, HttpServletResponse resp)
    throws Exception    {
            StudentDao dao=new StudentDao();
            List list=dao.queryAllStudents();
            req.setAttribute("students", list);
            RequestDispatcher rd=req.getRequestDispatcher("ShowStudents.jsp");
            rd.forward(req, resp);
        }
    }
```

06 配置Servlet。在web.xml中添加两个Servlet的配置和映射关系，代码如下：

```
<servlet>
    <servlet-name>StudentServlet</servlet-name>
    <servlet-class>zhaozhixuan.servlet.StudentServlet</servlet-class>
</servlet>
<servlet-mapping>
    <servlet-name>StudentServlet</servlet-name>
    <url-pattern>/student</url-pattern>
</servlet-mapping>
<servlet>
    <servlet-name>DepartmentServlet</servlet-name>
    <servlet-class>zhaozhixuan.servlet.DepartmentServlet</servlet-class>
</servlet>
<servlet-mapping>
    <servlet-name>DepartmentServlet</servlet-name>
    <url-pattern>/department</url-pattern>
</servlet-mapping>
```

07 页面的实现。本例中有两个页面：NewStudent.jsp和ShowStudents.jsp。NewStudent.jsp用到了jQuery的$.post()方法，用于获取院系信息，从而在录入学生信息时可以从下拉列表中选择院系，该页的完整代码如下：

```
<%@ page language="java" pageEncoding="utf-8"%>
<html>
<head>
<title>录入学生信息</title>
<script src="jquery-3.1.1.min.js"></script>
<script>
    $(document).ready(
            function() {
                    $.post("department", "", function(data, status) {
```

```
                    if (data) {
                                            //循环读入数据并添加到院系列表中
                        $.each($.parseJSON(data), function(i, item) {
                            var opt = "<option value=" + item.dno +">"
                                    + item.dname + "</option>";
                            $("#dept").append(opt);
                        });
                    }
                });
            });
</script>
</head>
<body>
    <form action="student" method="post">
        <input type="hidden" name="type" value="new">
        <table>
            <tr>
                <td>学号</td>
                <td><input type="text" name="Sno"></td>
            </tr>
            <tr>
                <td>姓名</td>
                <td><input type="text" name="Sname"></td>
            </tr>
            <tr>
                <td>电话</td>
                <td><input type="text" name="Sphone"></td>
            </tr>
            <tr>
                <td>地址</td>
                <td><input type="text" name="Saddr"></td>
            </tr>
            <tr>
                <td>性别</td>
                <td><input type="radio" name="Sgender" value="0" checked>女
                    <input type="radio" name="Sgender" value="1">男</td>
            </tr>
            <tr>
                <td>院系</td>
                <td><select id="dept" name="SdeptNo">
                        <option value="0">请选择</option>
                    </select></td>
            </tr>
        </table>
        <input type="submit" name="submit" value="提交">
    </form>
</body>
</html>
```

ShowStudents.jsp页面用于显示所有学生信息，在该页面中使用JSTL标签来遍历结果并显示，代码如下：

```
<%@ page language="java" pageEncoding="utf-8"%>
<%@ taglib prefix="c" uri="http://java.sun.com/jsp/jstl/core"%>
<html>
<head>
<title>学生列表</title>
</head>
<body>
    <table border=1>
        <tr align="center">
            <td colspan="6">学生信息表</td>
        </tr>
        <tr>
            <td>学号</td>
            <td>姓名</td>
            <td>电话</td>
            <td>地址</td>
            <td>性别</td>
            <td>院系</td>
        </tr>
        <c:forEach var="i" items="${students}">
            <tr>
                <td><c:out value="${i.sno}" /></td>
                <td><c:out value="${i.sname}" /></td>
                <td><c:out value="${i.sphone}" /></td>
                <td><c:out value="${i.saddr}" /></td>
                <td><c:if test="${i.sgender ==0}">女</c:if>
                    <c:if test="${i.sgender ==1}">男</c:if></td>
                <td><c:out value="${i.sdeptNo}" /></td>
            </tr>
        </c:forEach>
        <tr>
            <td><a href="<c:url value="NewStudent.jsp"/>">录入学生信息</a></td>
        </tr>
    </table>
</body>
</html>
```

**08** 部署并测试程序功能。将应用部署到Tomcat上，启动MySQL数据库，然后就可以访问页面NewStudent.jsp，完成录入学生信息的工作，如图6-6所示。

输入一个学生的信息后，单击“提交”按钮，将学生信息保存到数据库中，同时显示最新的学生信息表，如图6-7所示。

图6-6 学生信息录入页面

图6-7 显示所有学生的信息

# 6.4 本章小结

本章介绍了如何使用Java操作数据库方面的相关知识。首先介绍了MySQL数据库及JDBC驱动的安装；接下来介绍了SQL的使用方法，包括SQL数据类型和常用SQL语句的语法等；最后重点介绍了使用JDBC操作数据库的方法和技巧，包括JDBC的常用组件、使用JDBC操作数据库的主要步骤，并通过一个简单的实例介绍了JDBC访问数据库的注意事项和实用技巧。本章内容是后续学习Hibernate和Spring框架等内容的基础，通过本章的学习，读者应熟悉常用SQL语句的基本语法，掌握JDBC操作数据库的基本流程和注意事项，为后续学习打下良好基础。

# 6.5 思考和练习

1. 简述SELECT语句的用法。
2. 字符类型VARCHAR和CHAR有什么区别？
3. 简述用JDBC访问数据库的主要步骤。
4. 使用JDBC连接MySQL数据库时，为了保证中文能够正确保存到数据库中，该如何设置？

# 第 7 章

# Hibernate 框架基础

Hibernate是一个对象关系映射(Object-Relation Map，ORM)框架，它对JIDBC进行了轻量级的封装。通过使用Hibernate框架，开发人员能够以面向对象的思维方式来操作数据。Hibernate不仅负责从Java类到数据库表的映射(还包括从Java数据类型到SQL数据类型的映射)，还提供了面向对象的数据查询检索机制，从而极大地缩短了手动处理SQL和JDBC上的开发时间。本章将从ORM讲起，详细介绍Hibernate框架的基本知识，包括Hibernate开发环境的搭建、Hibernate的工作原理，以及Hibernate中的检索策略与查询方式。通过本章的学习，读者应了解Hibernate的框架结构，掌握Hibernate的工作原理，学会配置Hibernate的配置文件和映射文件。

### 本章学习目标

- 掌握Hibernate开发环境的搭建
- 理解Hibernate的框架结构和工作流程
- 掌握Hibernate的配置文件
- 掌握Hibernate映射文件的配置
- 理解Hibernate的检索策略
- 掌握Hibernate关联关系在映射文件中的配置
- 了解Hibernate的查询方式

## 7.1 ORM简介

ORM是将表与表之间的操作映射为对象与对象之间的操作，从而实现通过操作实体类来操作表的目的。从数据库中获取的数据自动按设置的映射要求封装成特定的对象，然后通过对对象进行操作来修改数据库中表的数据，在这个过程中操作的数据信息就是一个对象。

Hibernate将数据表的字段映射到类的属性上，这样数据表的定义就对应于一个类的定义，而每一个数据行将映射成该类的一个对象。因此，Hibernate通过数据表和实体类之间的映射关系对对象进行的修改就是对数据行的修改，而不用考虑关系型的数据库表，使得程序完全对象化，更加符合面向对象思维，同时也简化了持久层的代码，使得逻辑结构更加清晰。

## 7.1.1 应用ORM的意义

在程序开发中，都会遇到对象和关系数据库进行数据交互的问题。在Java中，可以使用JDBC来进行持久化的工作，但是要实现一个健壮的持久化层，不但需要高超的开发技巧，编码的工作量通常也是巨大的。为了解决这些不足，提出了ORM技术。其原理就是将对象与表、对象的属性与表的字段分别建立映射关系。例如，在Java程序中有一个User对象，它包含username和password两个属性；数据库中有一个users表，该表包含username和password两个字段。

通过这种“O-R映射”可以自由地通过操作对象来操作数据，而不用考虑数据在数据库中的存取问题。

ORM提供了概念性的、易于理解的模型化数据的方法。ORM方法论基于以下3条核心原则。

- 简单：以最基本的形式建模数据。
- 传达性：数据库结构被任何人都能理解的语言文档化。
- 精确性：基于数据模型创建正确标准化的结构。

典型地，建模者通过收集来自那些熟悉应用程序但不熟练的数据建模者的人的信息开发信息模型。建模者必须能够用非技术专家可以理解的术语，在概念层次上与数据结构进行通信。建模者也必须能以简单的单元分析信息，对样本数据进行处理。ORM被专门设计为改进这种联系。

ORM这一概念很好地将程序员从数据库中解放出来，做到了真正的面向对象编程。ORM在提出以后，受到各种编程语言使用者的推崇，同时也获得很多应用程序开发团队的认可，并因此出现了许多“O-R映射”框架，Hibernate就是其中非常优秀的一个。

## 7.1.2 流行的ORM框架

自从ORM概念提出之后，涌现出很多基于ORM的应用框架。其中，具有代表性的有Hibernate、iBATIS、JPOX、Apache Torque、TopLink等。

### 1. Hibernate

Hibernate是一个开放源代码的轻量级框架，该框架的第一个正式版本在2001年末对外发布。到了2003年6月，Hibernate 2问世，它是Hibernate历史上的一个里程碑，为Hibernate的成功奠定了基础。2005年3月，Hibernate 3正式发布，该版本更加成熟和稳定，将Hibernate推向了一个新高度。

Hibernate对JDBC进行了轻量级的封装，将Java对象与对象关系映射至关系数据库中的数据表与数据表的关系，它是Java应用与关系数据库之间的桥梁。

### 2. iBATIS/MyBatis

iBATIS最初侧重于密码软件的开发，现在是一个基于Java的持久层框架。iBATIS提供的持久层框架包括SQL Maps和Data Access Objects(DAO)，同时还提供一个利用这个框架开发的JPetStore惯例。

相对于Hibernate而言，iBATIS是一个开放源代码的半自动ORM框架，该框架同Hibernate一样，面对的都是纯粹的Java代码。在对数据库的操作过程中，Hibernate使用的是HQL(自动化地生成SQL语句)，而iBATIS使用的则是半自动方式，即开发人员以手工的方式编写SQL语句，这可以增加程序的灵活性，在一定程度上可以作为ORM的一种补充。在系统的数据库优化方面，iBATIS提供了较多的空间。

iBATIS是一个由克林顿·贝恩(Clinton Begin)在2002年发起的开放源代码项目，最早寄居于Apache软件基金会，在2010年6月中旬，几乎在发布3.0版本的同时，iBATIS将代码托管到Google Code，同时iBATIS更名为MyBatis。

从iBATIS到MyBatis，不只是名称上的变化，MyBatis提供了更为强大的功能，同时并没有损失易用性。相反，在很多地方都借助JDK的泛型和注解特性进行了简化。

### 3. JPOX

JPOX是一个由Java Data Objects(JDO)实现的框架。JPOX支持多维数据库(OLAP)和关系数据库系统(RDBMS)，是一个多元化的框架。

### 4. Apache Torque

Apache Torque是Apache的开源项目，来源于Web应用框架Jakarta Apache Turbine，目前已经完全独立于Turbine。它主要包含以下两方面功能。

- Generator：产生应用程序需要的所有数据库资源，包括SQL和Java文件。
- Runtime：提供使用Generator生成代码访问数据库的运行环境。

### 5. TopLink/EclipseLink

TopLink是最早的ORM之一，原属WebGain公司的产品，后被Oracle收购，并重新包装为Oracle AS TopLink。TopLink为在关系数据库中存储Java对象和企业级Java组件(EJB)提供高度灵活和高效的机制。它提供一个强效且弹性的框架(Framework)，可让Java物件存放到关联性数据库内，或提供Java物件与XML文件的转换功效。

后来，Oracle宣布把企业级的ORM平台TopLink捐献给Eclipse社区，发起并领导名为EclipseLink的Eclipse持久平台项目。EclipseLink-ORM提供一个可扩展的支持JPA的ORM框架，提供强大的缓存功能，缓存支持集群。

通常，ORM自己不知道实体应该被映射到哪个表和哪些列，也不总是知道如何对应数据类型。在使用ORM时，必须创建正式的映射，告诉ORM如何映射自己的实体。

### 7.1.3 使用Hibernate ORM的原因

如此多不同的ORM框架给项目的移植和复用带来一定的问题。例如，使用Hibernate编写的应用程序，如果不对域层次的代码进行重大重构，就无法轻松地将应用程序修改为使用EclipseLink或MyBatis。JPA(Java Persistence API)的出现正是为了解决这个问题，它为使用ORM技术在关系数据库中持久化Java对象提供了标准API，因此JPA本身更像是一种ORM规范。

JPA的总体思想和现有的Hibernate、TopLink、JDO等ORM框架大体一致。JPA 1.0属于JSR 220，在2006年被标准化，它是Java EE 5的一部分。它统一了Java Data Objects (JDO) API和EJB 2.0 Container Managed Persistence (CMP) API，并包含了一些由TopLink和Hibernate ORM产生的许多特性。

JSR 317在2009年标准化了JPA 2.0，它是Java EE 6的一部分，添加了对实体集合、嵌套实体和有序列表的更好支持。它也支持根据已定义的实体自动生成数据库模式，以及集成Bean Validation API。遗憾的是，它仍然缺少对自定义数据类型转换的支持，因此许多开发者不得不继续依赖于私有实现特性，例如Hibernate的UserType。最后，JPA 2.1满足了自定义数据类型的需求。作为Java EE 7的一部分，JSR 338在2013年标准化了JPA 2.1。

JPA需要Provider来实现其功能，Hibernate就是JPA Provider中很强的一个，应该说无人能出其右。从功能上来说，JPA就是Hibernate功能的一个子集。Hibernate从3.2开始，就开始兼容JPA。Hibernate 3.2获得了Sun TCK的JPA(Java Persistence API)兼容认证。

Hibernate是一个非常成熟和稳定的项目，它有着庞大的支持社区和数以千计的在线帮助文档。在必要时我们可以轻松地从Hibernate获得帮助。

总体来说，使用Hibernate有以下几点优点。

(1) Hibernate是JDBC的轻量级的对象封装，内存消耗小，运行效率高。

(2) Hibernate与使用它的Java程序和App Server没有任何关系，不存在兼容性问题。

(3) Hibernate具有可扩展性，当Hibernate本身提供的API不够用时，可以自己编码进行扩展。

## 7.2 一个简单的Hibernate应用

本节介绍如何搭建Hibernate运行环境，以及使用Hibernate开发一个简单的应用。

### 7.2.1 下载Hibernate资源包

Hibernate的官方网站为http://www.hibernate.org，在该网站上找到ORM项目，可以下载其最新版本或历史版本。下载页面的地址为http://hibernate.org/orm/downloads/。

选择要下载的版本，单击相应的链接即可。下载后得到一个zip压缩包，该压缩包中不仅包括Hibernate应用开发所需的jar包，还包括了它的源代码以及相应的文档说明等。本书使用的是5.2.7版本，解压后的文件结构如图7-1所示。

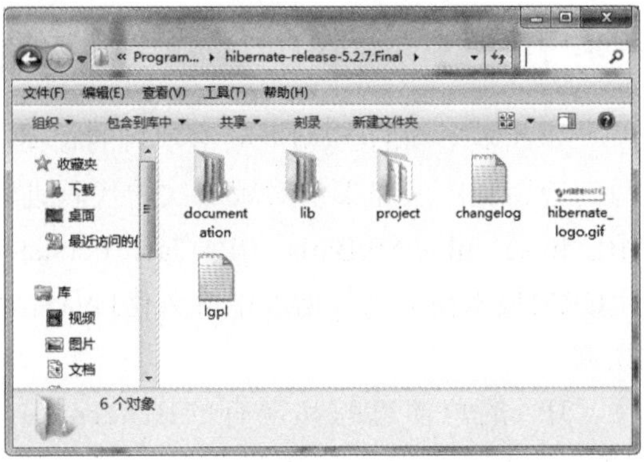


图7-1 Hibernate资源包的目录结构

- documentation：这个目录存放的是Hibernate的使用手册。
- lib：这个目录存放的是Hibernate所有的运行库文件资源包，每一种资源包都存放在独立的子文件夹中，其中required子文件夹中的jar包是我们开发Hibernate项目所需的jar包。
- project：这个目录存放的是Hibernate框架的源代码文件。
- changelog.txt：该文件记载了所有Hibernate版本更新所做的变更说明。
- hibernate_logo.gif：Hibernate图标文件。
- lgpl.txt：使用Hibernate的授权说明。

## 7.2.2 在Eclipse中引入Hibernate的JAR包

本书第4章在介绍JSTL时，我们把JSTL所需的JAR包直接复制到了项目的WEB-INF/lib目录中。使用这种方式同样可以在项目中引入Hibernate所需的JAR包，但是当所需JAR包较多，而且可能多个项目都需要这些JAR包时，我们可以使用另一种方式来引入第三方JAR包。

### 1. Hibernate的JAR包简介

在Hibernate的lib/required子目录中有使用Hibernate开发项目所需的全部jar包，每个JAR文件的用途如下。

- antlr-2.7.7.jar：Antlr(ANother Tool for Language Recognition)是一个工具，它为我们构造自己的识别器(recognizers)、编译器(compiler)和转换器(translators)提供了基础。通过定义自己的语言规则，Antlr可以为我们生成相应的语言解析器，这样便可以省却自己全手工打造的劳苦。
- classmate-1.3.0.jar：一个快速解析XML的工具包。
- dom4j-1.6.1.jar：dom4j XML解析器。
- geronimo-jta_1.1_spec-1.1.1.jar：Apache Geronimo所带的Java事务处理接口。
- hibernate-commons-annotations-5.0.1.Final.jar：使用javax.persistence下的Annotation可以不依赖Hibernate的JAR包，这样的好处是可以切换到其他的ORM框架。
- hibernate-core-5.2.7.Final.jar：Hibernate核心JAR包。
- hibernate-jpa-2.1-api-1.0.0.Final.jar：Hibernate对JPA(Java持久化API)规范的支持。
- jandex-2.0.3.Final.jar：用来索引Annotation。
- javassist-3.20.0-GA.jar：一个编辑Java字节码的类库，使Java字节码操纵简单。
- jboss-logging-3.3.0.Final.jar：JBoss内置的日志管理功能。

### 2. 新建User Library

为了今后更多的项目都能快速引入Hibernate的依赖库，可以在Eclipse中新建一个User Library，然后在项目中通过Add Library快速引入Hibernate开发必需的全部JAR包。新建User Library的操作如下。

01 在Eclipse中，选择Window | Preferences，打开Preferences窗口。

02 在左侧上方的搜索文本框中输入User，将搜索出所有以User开头的选项，如图7-2所示。选择Java节点下面的Build Path|User Libraries节点。

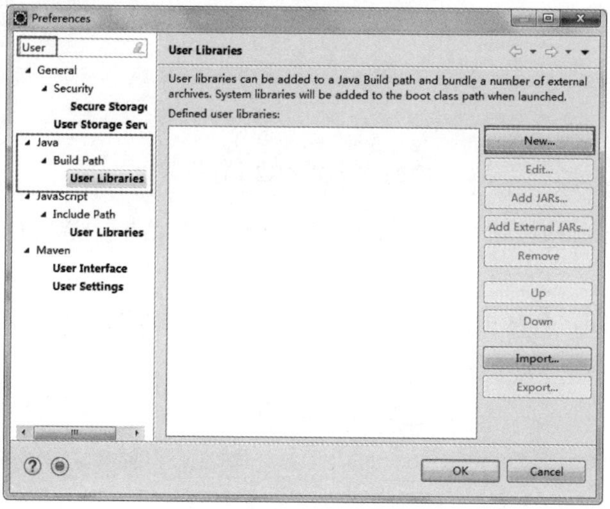


图7-2　Preferences对话框

03 单击右侧窗口中的New按钮，打开New User Library对话框，在文本框中为新建的User Library输入名称"Hibernate 5"，如图7-3所示。选中下方的复选框可将该Library添加到系统的classpath路径。

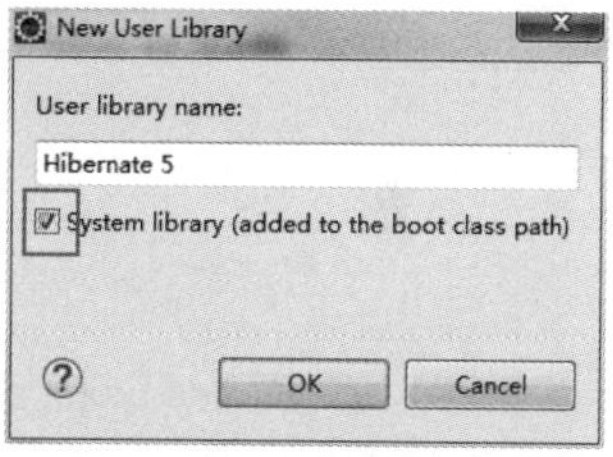


图7-3　New User Library对话框

04 单击OK按钮，关闭New User Library对话框。在Preferences对话框中，选中刚才新建的"Hibernate 5"，单击右侧的Add External JARs按钮，选择Hibernate的lib/required子目录中的所有JAR文件。

05 添加完成后，单击Preferences对话框中的OK按钮关闭对话框，完成User Library的创建。

### 3. 在项目中引入User Library

创建好Hibernate的User Library后，就可以在任意项目中引入Hibernate的依赖包了。

01 在Eclipse中新建一个动态Web工程UseHibernate。

02 在Project Explorer窗口中，右击项目名称，从弹出的快捷菜单中选择Build Path|Configure Build Path命令，打开项目的属性窗口。

03 切换到Libraries选项卡，窗口右侧显示的是当前的构建路径信息，如图7-4所示。

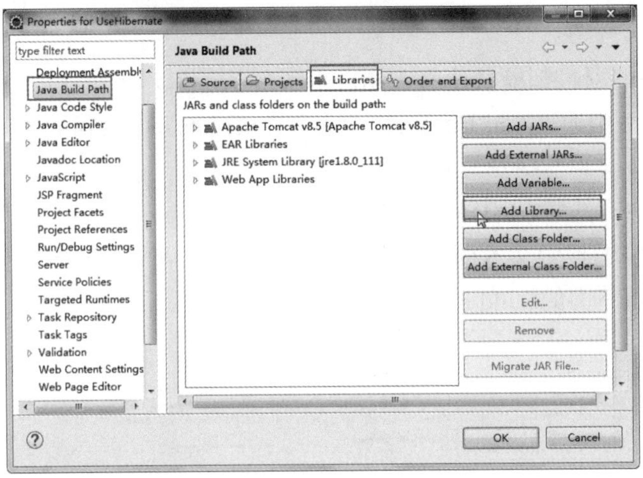


图7-4　项目的构建路径信息

04 单击Add Library按钮，在打开的Add Library对话框中选择User Library选项，如图7-5所示。

05 单击Next按钮，选择前面创建的“Hibernate 5”，如图7-6所示。

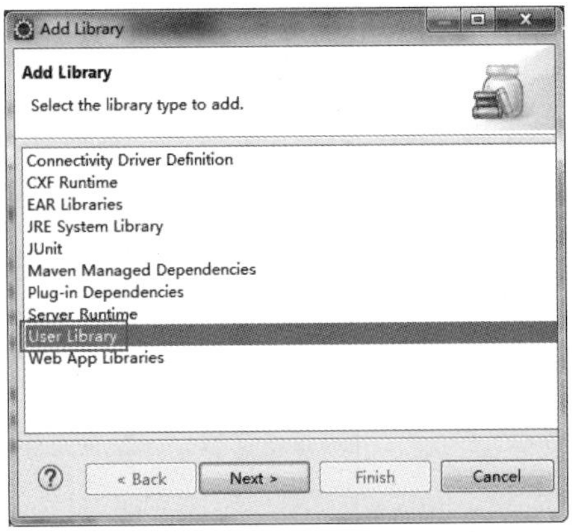


图7-5　Add Library对话框

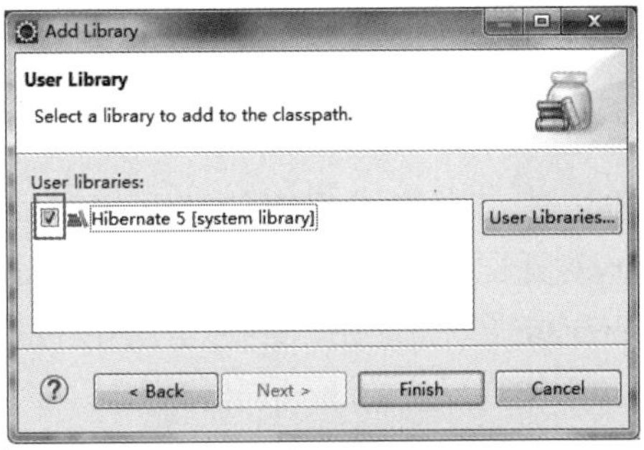


图7-6　选择Hibernate 5

06 单击Finish按钮，完成Hibernate依赖库的添加，此时项目的构建路径如图7-7所示。

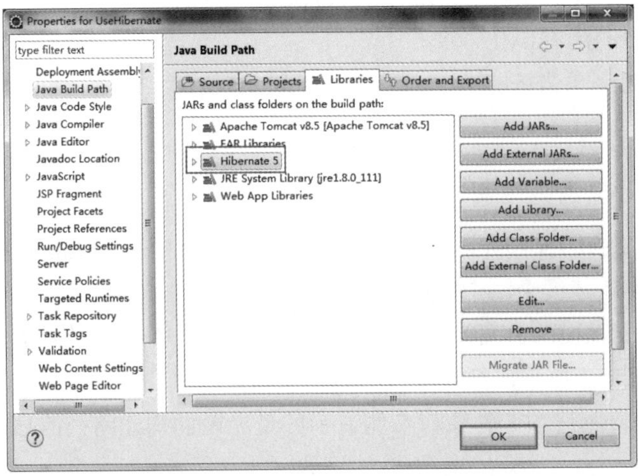


图7-7　添加Hibernate后的项目构建路径

07 单击OK按钮，关闭项目的属性窗口，完成构建路径的设置。

## 7.2.3 使用Hibernate代替JDBC

本节将使用Hibernate替换第6章中通过JDBC实现的学生信息录入功能。

(1) 将UseJDBC工程中的如下文件复制到UseHibernate工程中：

- zhaozhixuan.domain.Department.java和zhaozhixuan.domain.Student.java
- zhaozhixuan.servlet.DepartmentServlet.java和zhaozhixuan.servlet.StudentServlet.java
- WebContent/NewStudent.jsp和WebContent/ShowStudents.jsp

(2) 引入JSTL和JSON所需的JAR包，引入jQuery的库文件。

(3) 在src目录中新建Hibernate的配置文件hibernate.cfg.xml，该配置文件用于配置数据库连接和Hibernate运行时所需的各种属性。在Hibernate工作的初始阶段，这些信息被先后加载到Configuration和SessionFactory实例中，本例的配置文件的内容如下：

```
<?xml version="1.0" encoding="UTF-8"?>
<!DOCTYPE hibernate-configuration PUBLIC
        "-//Hibernate/Hibernate Configuration DTD 3.0//EN"
        "http://hibernate.sourceforge.net/hibernate-configuration-3.0.dtd">
<hibernate-configuration>
  <session-factory>
    <property name="hibernate.connection.driver_class">com.mysql.jdbc.Driver
    </property>
    <property name="hibernate.connection.url">jdbc:mysql://localhost:3306/School
    </property>
    <property name="hibernate.connection.username">tomcatUser</property>
    <property name="hibernate.connection.password">password1234</property>
    <property name="hibernate.connection.pool.size">20 </property>
    <property name="hibernate.show_sql">true </property>
    <property name="jdbc.fetch_size">50 </property>
    <property name="Connection.useUnicode">true </property>
    <property name="connection.characterEncoding">gbk </property>
    <property name="hibernate.dialect">org.hibernate.dialect.MySQLDialect
    </property>
    <mapping resource="domain.hbm.xml"></mapping>
  </session-factory>
</hibernate-configuration>
```

上述配置中，配置了数据库连接信息、保留驱动程序类、连接URL、用户名、密码、字符编码以及映射文件等信息。

(4) 在src目录中新建Hibernate映射文件domain.hbm.xml，该映射文件包含Hibernate的基本映射信息，即系统中每个类与之对应的数据库表之间的关联信息。在Hibernate工作的初始阶段，这些信息通过hibernate.cfg.xml的mapping节点被加载到Configuration和SessionFactory实例中。本例需要映射两个实体类Department.java和Student.java分别与两个数据表departments和students的关系，如下所示：

```
<?xml version="1.0" encoding="UTF-8"?>
<!DOCTYPE hibernate-mapping PUBLIC
    "-//Hibernate/Hibernate Mapping DTD 3.0//EN"
    "http://www.hibernate.org/dtd/hibernate-mapping-3.0.dtd">
<hibernate-mapping>
  <class name="zhaozhixuan.domain.Student" table="students">
    <id name="sno">
      <!-- <generator>：指定主键由什么生成，如uuid，assigned指用户手工填入。 -->
      <generator class="assigned" />
    </id>
    <property name="sname" column="Sname" />
    <property name="sphone" column="Sphone" />
    <property name="saddr" column="Saddr" />
    <property name="sgender" column="Sgender" />
    <property name="sdeptNo" column="SdeptNo" />
  </class>
  <class name="zhaozhixuan.domain.Department" table="departments">
    <id name="dno">
      <generator class="assigned" />
    </id>
    <property name="dname" column="Dname" />
  </class>
</hibernate-mapping>
```

(5) 新建一个工具类MySessionFactory，该类用来获取Hibernate的SessionFactory实例，代码如下：

```
package zhaozhixuan.util;
import org.hibernate.SessionFactory;
import org.hibernate.cfg.Configuration;

final public class MySessionFactory {
  private static SessionFactory sessionFactory = null;

  private MySessionFactory() {
  }                                  // 让该类不能被外部实例化
  static {                           // 静态块优先执行
    sessionFactory = new Configuration().configure().build SessionFactory(); //得到一个对象
  }
  public static SessionFactory getSessionFactory() {
    return sessionFactory;           // 返回该对象
  }
}
```

该类被设计为final类，所以不能被继承，而且默认构造方法为private。也就是说，不能被外部实例化。从代码可以看出，这个类只用来获取一个静态的SessionFactory实例。这是因为SessionFactory不是轻量级的，创建和销毁都比较占资源，所以一般一个项目中创建一次即可。

(6) 新建DAO层的Java类DepartmentDao.java和StudentDao.java，在每个类中声明一个私有的SessionFactory成员，并在构造函数中通过使用工具类MySessionFactory来初始化该成员。StudentDao类的核心代码如下：

```
public class StudentDao {
    private SessionFactory factory;
    public StudentDao() {
        factory = MySessionFactory.getSessionFactory();
    }
    public void insertStudent(Student stu) throws Exception {
        Session session = null;
        try {
            session = factory.openSession();
                                                    // 开启事务
            session.beginTransaction();
            session.save(stu);
                                                    // 提交事务
            session.getTransaction().commit();
        } catch (Exception e) {
            e.printStackTrace();
                                                    // 回滚事务
            session.getTransaction().rollback();
        } finally {
            if (session != null) {
                if (session.isOpen()) {
                                                    // 关闭session
                    session.close();
                }
            }
        }
    }
    public List queryAllStudents() throws Exception {
        List<Student> list = new ArrayList<Student>();
        Session session = null;
        try {
            session = factory.openSession();
            String hql = "from Student as s";                //from后面是对象，不是表名
            Query<Student> query = session.createQuery(hql);
            list = query.getResultList();
        } finally {
            if (session != null)
                session.close();
        }
        return list;
    }
}
```

DepartmentDao类的核心代码如下：

```
public class DepartmentDao {
    private SessionFactory factory;
    public DepartmentDao() {
        factory = MySessionFactory.getSessionFactory();
    }
    public List queryAllDepartments() throws Exception {
        List<Department> list = new ArrayList();
        Session session = null;
```

```
        try {
            session = factory.openSession();
            String hql = "from Department as d";          //from后面是对象，不是表名
            Query<Department> query = session.createQuery(hql);
            list = query.getResultList();
        } finally {
            if (session != null)
                session.close();
        }
        return list;
    }
}
```

(7) 在web.xml中添加Servlet的配置和映射关系(与UseJDBC中的配置相同)。

(8) 部署应用程序，启动Tomcat，访问新建学生页面，将得到一个显示HTTP 500错误的页面，如图7-8所示。该页面会显示具体的错误信息：java.lang.NoClassDefFoundError: org/hibernate/cfg/Configuration，提示配置文件类没有找到。

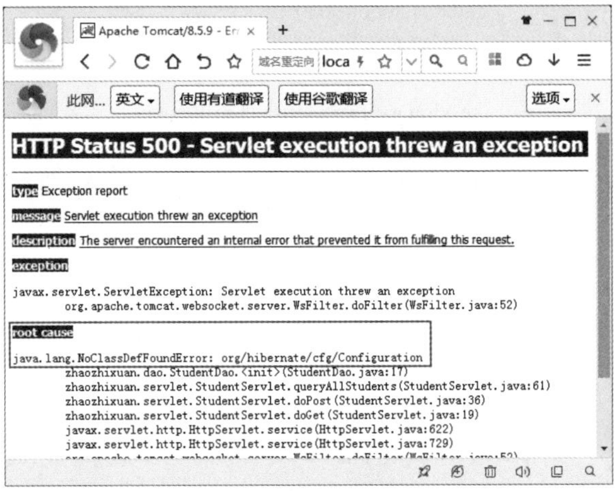


图7-8　HTTP 500错误

产生这一错误的原因是：虽然在项目的构建路径中引入了Hibernate依赖的JAR包，但发布时并没有将Hibernate依赖的JAR包一起发布，这是使用User Library和将全部JAR包复制到WEB-INF/lib目录中的重要区别。如果要将User Library中的JAR包随Web应用一起发布，可通过项目的属性窗口来设置。

选择Project | Properties命令，打开项目的属性窗口，从左侧列表中选择Deployment Assembly选项，如图7-9所示。

右侧窗口显示了当前项目的发布设置，单击Add按钮，出现如图7-10所示的选择发布指令类型对话框，本例选择Java Build Path Entries选项。

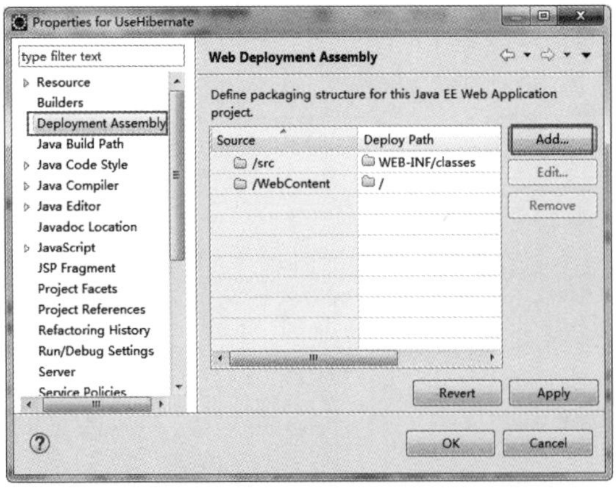


图7-9　项目的属性窗口

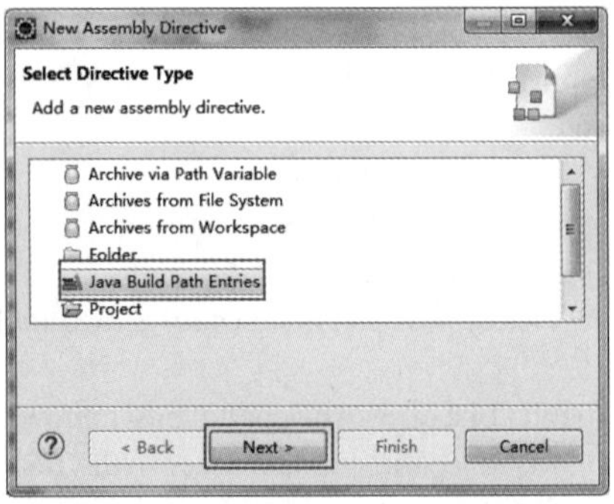


图7-10　选择发布指令类型

单击Next按钮，选择要发布的实体Hibernate 5，如图7-11所示。

单击Finish按钮，完成发布实体的添加，此时项目的发布设置如图7-12所示。

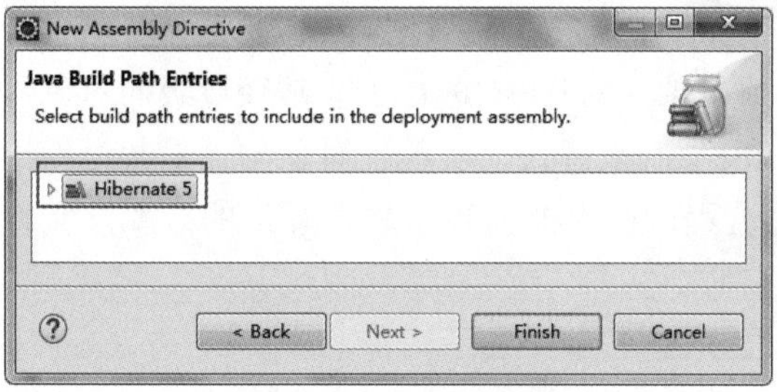


图7-11　选择发布实体

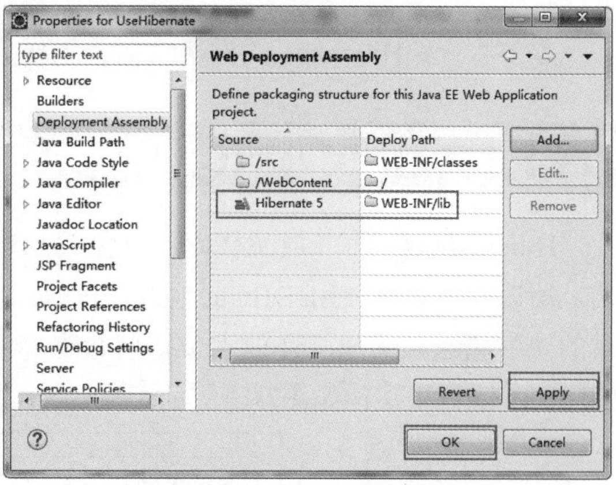


图7-12　项目的发布设置

单击Apply按钮，应用发布设置，单击OK按钮，关闭属性窗口。

重新部署应用程序，启动Tomcat服务器，然后刷新页面，HTTP 500错误不见了。输入学生信息后单击“提交”按钮，页面变成了空白。查看Eclipse控制台，会发现如图7-13所示的错误信息。

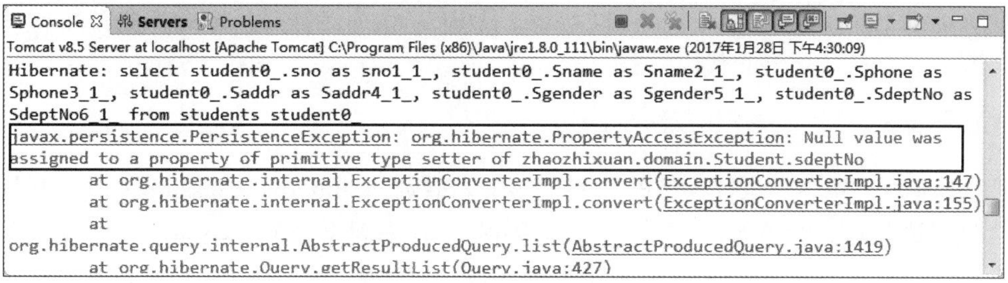
Console
Servers
Problems
Tomcat v8.5 Server at localhost [Apache Tomcat] C:\Program Files (x86)\Java\jre1.8.0_111\bin\javaw.exe (2017年1月28日 下午4:30:09)
Hibernate: select student0_.sno as sno1_1_, student0_.Sname as Sname2_1_, student0_.Sphone as Sphone3_1_, student0_.Saddr as Saddr4_1_, student0_.Sgender as Sgender5_1_, student0_.SdeptNo as SdeptNo6_1_ from students student0_
javax.persistence.PersistenceException: org.hibernate.PropertyAccessException: Null value was assigned to a property of primitive type setter of zhaozhixuan.domain.Student.sdeptNo
at org.hibernate.internal.ExceptionConverterImpl.convert(ExceptionConverterImpl.java:147)
at org.hibernate.internal.ExceptionConverterImpl.convert(ExceptionConverterImpl.java:155)
at
org.hibernate.query.internal.AbstractProducedQuery.list(AbstractProducedQuery.java:1419)
at org.hibernate.Query.getResultList(Query.java:427)

图7-13　Eclipse控制台错误信息

图中的错误信息提示不能将Student类的sdeptNo字段设置为Null值，这是因为数据库中students表的SdeptNo字段被设置为可以为空值，而实体类Student中的sdeptNo属性为long类型，但是Hibernate不允许int、long和float等类型的数据为空。如果对应的字段可能为空，需要将这些属性设置为相应的对象类型Integer、Long和Float等。解决的方法是将实体类的sdeptNo属性设置为Long类型，并修改相应的getter和setter方法，然后修改映射文件，为sdeptNo属性添加type属性，代码如下：

```
<property name="sdeptNo" column="SdeptNo" type="java.lang.Long" />
```

**❖ 说明：**

在Java中，long是基本类型，java.lang.Long是对象类型；Long又叫 long的包装类。

全部修改完成后，程序就能正常运行了，读者可自行测试学生信息的录入与显示功能。

本节我们用Hibernate ORM代替JDBC实现了相同的功能，而使用ORM的代码却简化了许多，下一节将详细介绍Hibernate的工作原理、框架结构、配置文件及映射文件等。

# 7.3 认识Hibernate ORM

本节将介绍Hibernate 的框架结构、工作原理及配置等内容。

## 7.3.1 Hibernate的框架结构

Hibernate是一个开放源代码的对象关系映射框架，对JDBC进行了非常轻量级的对象封装，所以任何可以使用JDBC的地方都可以用Hibernate来替代，实现了对象与关系数据库记录的映射关系，简化了开放人员访问数据库的流程，极大地提高了软件开发的效率。完整的Hibernate框架结构如图7-14所示。

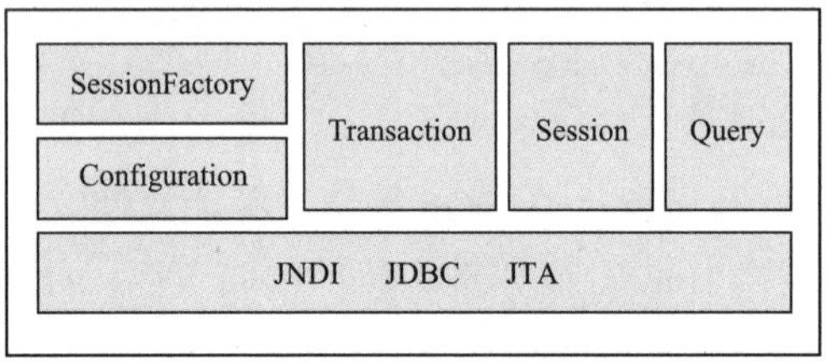


图7-14 Hibernate的框架结构

Hibernate框架就是利用这几个接口封装了JDBC，使用这些接口来操作数据库变得非常简单，减少了在持久层上的代码量。

### 1. Session

在Hibernate ORM中执行操作的主要工作单元就是org.hibernate.Session接口，主要负责被持久化对象与数据的操作，可以使用SessionFactory来创建一个Session，当对数据库的所有操作都执行完，就关闭Session。Session在访问数据库时会建立与数据库的连接，这个连接只有在需要时才会被建立。Hibernate Session与HttpSession不同，Hibernate Session代表了一个事务从开始到结束的整个生命周期，它提供了操作数据库的各种方法，如save()、delete()、update()、createQuery()等。

Session是非线程安全的，每执行一个数据库事务，都应创建一个Session实例。

Session实例用来与数据库交互的常用方法如下。

- createQuery()：通过传递查询字符串来创建查询对象，从而完成数据的查询操作。
- beginTransaction()：开启事务，获得事务管理对象。
- save()/persist()：新增数据，将指定的实体数据映射并保存到数据库表中。persist()与save()不同的是，在执行persist()之前已经如果有ID了，则不会进行Insert操作，并且抛出异常。
- get()：按照实体的OID查找实体，如果指定的实体不存在，那么get()方法将返回null。执行get方法会立即执行select操作。
- load()：与get()功能类似，也是根据实体的OID查找实体。如果指定的实体不存在，那么将抛出org.hibernate.ObjectNotFoundException异常，执行load方法不会立即查询，而返回一个代理对象。

❖ 说明：

get()方法会在调用之后立即向数据库发出SQL语句(不考虑缓存的情况下)，返回持久化对象；而load()方法会在调用后返回一个代理对象，该代理对象只保存了实体的OID，直到使用对象的非主键属性时才会发出SQL语句。

- update()：根据load()或get()方法获取的数据与当前数据做比较，进而更新数据表中的数据。
- merge()：如果实体已经被附着到会话上，那么更新将会抛出异常；而使用merge()方法则不会，无论实体是否已经被附着到会话上，它都可以正常工作。
- delete()：根据实体的代理id删除数据表中的数据。只要OID和数据表记录一致，就执行删除操作，删除不存在的记录会抛异常，可以配置使删除之后把持久化对象和游离对象变为临时对象(ID置为null)。

save()和persist()方法都用于添加新的实体，二者的区别在于：persist()方法更安全，如果事务已经关闭，它永远不会执行INSERT操作；而save()方法将会产生额外的事务插入；另外，persist()方法触发的INSERT无法保证马上执行，只有调用flush()方法刷新的时候才执行。

刷新会话只会使挂起的语句立即执行，而不会结束事务。因此，如果需要，可以在会话的生命周期内多次调用flush()方法。

### 2. SessionFactory

Session不会凭空出现，它将被关联到一个JDBC数据库连接，因此在使用会话之前，必须创建连接或者从数据源中获得一个连接，实例化会话实现，并将会话附着到连接上。如果当前上下文中已经有了一个正在执行的会话，那么需要查询现有会话，而不是每次执行操作时都创建一个新的会话。org.hibernate.SessionFactory接口的出现正是出于这个目的，它包含几个用于构建会话、打开会话和获取“当前”会话的方法。例如，要打开一个新会话，可以调用其openSession()方法：

```
Session session = sessionFactory.openSession();
```

该方法将使用SessionFactory的所有默认配置(数据源、拦截器等)打开一个会话。

有时，出于某些特殊的目的，可能需要使用不同的数据库连接，这时可使用类似下面的方法来打开一个新会话：

```
Session session = sessionFactory.withOptions().connection(connection).openSession();
```

❖ 注意：

SessionFactory不是轻量级的，创建和销毁都相当耗费资源，因此一般情况下，一个项目通常只需要一个SessionFactory，当需要操作多个数据库时，可以为每个数据库指定一个SessionFactory。

### 3. Transaction

org.hibernate.Transaction接口用来管理与数据库交互过程中的事务。可以通过getStatus()方法获取事务的当前状态，也可以使用setTimeout()方法设置事务的超时时间。

Transaction接口的事务对象是通过Session对象开启的，其开启方式如下：

```
Transaction transaction=session.begin Transaction();
```

在Transaction接口中，提供了事务管理的常用方法，具体如下。

- commit()：提交相关联的Session实例。
- rollback()：撤销事务操作。
- wasCommitted()：检查事务是否提交。

### 4. Query

org.hibernate.query.Query接口负责执行各种数据库查询，它可以使用HQL语句或SQL语句两种表达方式。

通过Session对象的createQuery()方法可以快速创建Query对象。Query()的常用方法如下。

- list()：查询全部数据。
- iterator()：查询语句，返回的结果是一个Iterator对象，在读取时只能按顺序方式读取。
- uniqueResult()：返回唯一结果，在确保只有一条记录的查询时使用。
- executeUpdate()：支持HQL的更新删除操作。
- setFirstResult()：设置获取第一个记录的位置，默认是0。

### 5. Configuration

org.hibernate.cfg.Configuration类负责管理Hibernate的配置信息，并根据配置信息初始化Hibernate，Configuration对象只存在于系统的初始化阶段，它将SessionFactory创建完成后，就完成了自己的使命。比如前面的示例通过如下代码创建Configuration实例：

```
Configuration cfg = new Configuration().configure();
```

这种方式默认去src目录下读取hibernate.cfg.xml文件，如需更改默认读取的文件，则需要向configure()方法传递一个文件路径，其代码写法如下：

```
Configuration config=new Configuration().configure("xml文件位置");
```

在实例化过程中，Configuration对象会加载默认的配置文件hibernate.properties和hibernate.cfg.xml。hibernate.properties是模板型配置，可以配置一些用XML写起来比较麻烦的东西，比如连接池、事务等；hibernate.cfg.xml中的配置是在前面配置的基础上再次配置，主要是配置一些 mapping文件。如果查看Hibernate的源代码，就可以发现：

- Configuration cfg = new Configuration();是加载hibernate.properties配置。
- cfg.configure()是加载hibernate.cfg.xml配置。

实际开发中，可以使用两个配置文件，也可以将所有配置都写在一个配置文件中。如果使用一个配置文件，则建议使用XML文件进行配置，因为XML配置能覆盖properties配置。

Configuration类还提供了如下方法用于添加Hibernate的配置信息。

- addResource()：该方法用来添加映射文件，使用hibernate.properties文件作为配置文件时，必须使用该方法来添加映射文件。
- addClass()：该方法用来添加持久化类，在Hibernate中，映射文件和持久化类是一一对应的。
- addProperties()/setProperty()：添加或指定配置属性。

## 7.3.2 Hibernate配置文件详解

Hibernate配置文件主要功能是配置数据库连接和Hibernate运行时所需的各种属性，配置文件应该位于Java应用或者Java Web应用的类文件中。Hibernate配置文件的方式有两种：一种通过Java属性文件hibernate.properties配置，一种是通过XML格式文件hibernate.cfg.xml配置。

属性文件配置采用的是“键值对”的方式。建议采用XML格式文件配置格式，XML配置文件可以直接对映射文件进行配置，配置中每一个类节点对应数据库表中的关联信息。在Hibernate初始化阶段，mapping节点由Hibernate自动加载到Configration和SessionFactory实例中。而属性文件配置必须通过编码加载映射文件。

### 1. hibernate.properties

以hibernate.properties作为配置文件的方式是不推荐新手使用的，因为其可读性差。另外，众多的配置参数会让初学者不知道如何下手。

在Hibernate发布包的project/etc/目录中提供了一个hibernate.properties文件，该文件列出了Hibernate的所有配置参数，但是都用#注释掉了。每一行是一个配置参数，以键值对的方式存在，空格前是键，空格后是值，实际配置时应该将空格改为等号。

对于每一个配置参数，文件里都有详细解释。下面是一个hibernate.properties的简单例子：

```
#数据库使用的驱动类
hibernate.connection.driver_class=com.mysql.jdbc.Driver
#数据库连接字符串
hibernate.connection.url=jdbc:mysql://localhost:3306/db
#数据库连接的用户名
hibernate.connection.username=user
#数据库连接的密码
hibernate.connection.password=password
#数据库使用的方言
hibernate.dialect=net.sf.hibernate.dialect.MySQLDialect
#是否打印SQL语句
hibernate.show_sql=true
javax.persistence.validation.mode=none
```

hibernate.properties没有提供加载映射文件的方式，因此需要通过Configuration类的addResource()方法来加载映射文件。Hibernate会自动找到另一方，前提是映射文件和POJO

类在同一包(目录)中。

```
Configuration cfg = new Configuration();
cfg.configure("/etc/hibernate.properties");
cfg.addResource("test/User.hbm.xml");
cfg.addClass(test.Order.class);
```

### 2. hibernate.cfg.xml

hibernate.cfg.xml文档开头的DTD(文档类型定义)是很复杂的，我们并不需要去理会和记忆它，直接复制过来就行了。

hibernate.cfg.xml文档的根元素是<hibernate-configuration>，在根元素下面可以添加的子元素有两种：<security>和<session-factory>。其中，<security>可有可无，<session-factory>则是必需的。根据DTD定义，<session-factory>元素可以包含6个子元素：<property>、<mapping>、<class-cache>、<collection-cache>、<event>和<listener>。其中使用比较多的是<property>和<mapping>。<property>用来配置各种参数，<mapping>用来配置映射文件。

常用的配置属性如表7-1所示。

表7-1 Hibernate配置属性

| 属性名称 | 说明 |
|---|---|
| jdbc.fetch_size | 非零值，指定JDBC抓取数量的大小 |
| jdbc.batch_size | 非零值，允许Hibernate使用JDBC 2的批量更新 |
| jdbc.use_scrollable_resultse | 允许Hibernate使用JDBC 2的可滚动结果集。只有在使用用户提供的JDBC连接时，这个选项才是必要的 |
| connection.provider_class | 自定义ConnectionProvider的类名，此类用来向Hibernate提供JDBC连接 |
| connection.isolation | 设置JDBC事务隔离级别 |
| connection.autocommit | 允许被缓存的JDBC连接开启自动提交，取值为true或false |
| jndi.<propertyName> | 将属性propertyName传递到JNDI InitialContextFactory中 |
| connection.driver_class | 配置数据库的驱动程序 |
| connection.url | 设置数据库的连接URL |
| connection.username | 连接数据库的用户名 |
| connection.password | 连接数据库的密码 |
| connection.pool.size | 数据库连接池的大小 |
| show_sql | 是否在后台显示Hibernate用到的SQL语句，开发时设置为true，便于查错。程序运行时可以在Eclipse的控制台显示Hibernate的执行SQL语句。项目部署后可被设置为false，以提高运行效率 |
| connection.characterEncoding | 连接数据库时数据的传输字符集编码方式 |
| connection.useUnicode | 连接数据库时是否使用Unicode编码 |
| dialect | Hibernate使用的数据库方言，就是要用Hibernate连接哪种类型的数据库服务器，指定为org.hibernate.dialect.Dialect的相应子类 |
| cache.use_query_cache | 允许查询缓存，个别查询仍然需要被设置为可缓存的 |
| cache.use_second_level_cache | 用来完全禁止使用二级缓存。对于那些在类的映射定义中指定<cache>的类，会默认开启二级缓存 |

## 7.3.3 使用Hibernate映射文件

hibernate.cfg.xml中的<mapping>元素是用来关联映射文件的，通过属性resource来指定映射文件的路径和名称，例如：

```
<mapping resource="domain.hbm.xml"></mapping>
```

如果有多个映射文件，则可以使用多个<mapping>元素。

Hibernate映射文件是标准的XML文件，文件的扩展名为.hbm.xml，其中包含了告知Hibernate如何保存实体以及如何从关系数据库中获取实体的指令。

Hibernate映射文件的根元素是<hibernate-mapping>，<hibernate-mapping>元素中包含了一个或多个<class>元素，用于指定类名和对应的表之间的映射。

### 1. <hibernate-mapping>元素

<hibernate-mapping> 是Hibernate映射文件的根元素，在该元素中定义的配置在整个映射文件中都有效。<hibernate-mapping> 元素中常用的属性及其功能描述如表7-2所示。

表7-2 hibernate-mapping配置属性

| 属性名称 | 说明 |
|---|---|
| schema | 指定映射文件所对应的数据库名称空间 |
| catalog | 为映射文件对应的实体类指定包名 |
| default-cascade | 指定映射文件所对应的数据库目录 |
| default-lazy | 指定Hibernate用于访问属性时所使用的策略，默认为 property。当 default-access="property"时，使用 getter 和 setter 方法访问成员变量；当 default-access="field"时，使用反射访问成员变量 |
| auto-import | 指定默认的级联风格 |
| package | 指定 Hibernate 默认使用的延迟加载策略 |

### 2. <class>元素

<class>元素用于在一个持久化类与数据库表之间建立映射关系。通过name属性指定持久化类名，通过table属性指定数据表名。

尽管可以在单个映射文件中使用多个<class>元素来包含多个映射，但为了便于维护和管理，可以一个文件对应一个实体，并使用类名来命名映射文件。例如，Student类的映射文件将是Student.hbm.xml。另外，为了使目录结构更清晰，而且为了防止不同包中出现同名的实体类，还可以在包结构中将映射文件放置在实体类所在的资源目录中，例如zhaozhixuan.domain.Student类的映射文件为zhaozhixuan/domain/Student.hbm.xml。该元素中包含的常用属性如表7-3所示。

表7-3 class配置属性

| 属性名称 | 说明 |
|---|---|
| name | 实体类的完全限定名(包名+类名)，若根元素<hibernate-mapping>中已经指定了package属性，则该属性可以省略包名 |

(续表)

| 属性名称 | 说明 |
|---|---|
| table | 对应的数据库表名 |
| catalog | 指定映射文件所对应的数据库catalog名称，若根元素 <hibernate-mapping>中已经指定catalog属性，则该属性会覆盖根元素中的配置 |
| schema | 指定映射文件所对应的数据库schema名称，若根元素<hibernate-mapping>中已经指定schema属性，则该属性会覆盖根元素中的配置 |
| lazy | 指定是否使用延迟加载 |
| package | 指定 Hibernate 默认使用的延迟加载策略 |

<class>元素中比较重要的子元素有<id>、<property>和<set>。

1) <id>元素

<id>元素指定了单列、单字段代理键，对应数据表中的主键列；而互斥的<composite-id>元素则指定了多列、多字段代理键，对应数据表中的联合主键。

<id>元素的常用属性有3个：name属性用于指定持久化类的属性名称；type属性为该属性的Hibernate的类型名；column属性为数据表中的主键字段名，默认为属性名。

<id>元素有一个可选的子元素<generator>，用于指定主键的获取方式。通过class属性来指定具体的实现类，或是Hibernate内置的某个ID生成器，如表7-4所示。

表7-4　Hibernate内置的ID生成器

| ID生成器 | 说明 |
|---|---|
| increment | 适用于代理主键，由Hibernate自动以递增方式生成 |
| identity | 适用于代理主键，由底层数据库生成标识符 |
| sequence | 适用于代理主键，Hibernate根据底层数据库的序列生成标识符 |
| hile | 适用于代理主键，通过高低位合成ID，先建表hi_value，再建列next_value |
| seqhilo | 适用于代理主键，通过高低位合成ID，建一个sequence序列，不用建表 |
| uuid.hex | 适用于代理主键，用一个128位的UUID算法生成字符串类型的标识符，UUID被编码为一个32位的十六进制数字的字符串 |
| native | 跨数据库时使用，由底层方言产生 |
| uuid.string | 适用于代理主键，使用同样的UUID算法。UUID被编码为一个16个字符长的由任意ASCII字符组成的字符串 |
| assigned | 适用于自然主键，让应用程序在save()之前为对象分配一个标识符 |
| foreign | 适用于代理主键，使用另一个相关联的对象的标识符，和< one-to-one>联合一起使用 |

2) <property>元素

除了主键外的其他字段，可以使用<property>元素指定映射关系。该元素的常用属性有4个：name属性用于指定对象的属性名称；column属性用于指定与对象属性对应的表的字段名称，默认与对象属性一致；length属性用于指定字符的长度，默认为255；type属性用于指定映射表的字段的类型，如果不指定，则会自动匹配属性的类型。

此外，在 Hibernate 映射文件中，父元素中的子元素必须遵循一定的配置顺序，例如在<class>元素中必须先定义<id>元素，再定义<property>元素，否则Hibernate的XML解析器在运行时会报错。

在映射文件中，Hibernate采用映射类型作为Java类型和SQL类型的桥梁。Hibernate对所有的Java原生类型、常用的Java类型(如String、Date等)都定义了内置的映射类型。表7-5所示为Hibernate映射类型、Java类型以及标准SQL类型之间的对应关系。

表7-5　Hibernate类型映射、Java类型及标准SQL类型的对应关系

| Hibernate映射类型 | Java类型 | SQL数据类型 |
|---|---|---|
| integer、int | int、java.lang.Integer | INTEGER |
| long | long、java.lang.Long | BIGINT |
| short | short、java.lang.Short | SMALLINT |
| byte | byte、java.lang.Byte | TINYINT |
| float | float、java.lang.Float | FLOAT |
| double | double、java.lang.Double | DOUBLE |
| big_decimal | java.math.BigDecimal | NUMERIC |
| character | char、java.lang.Character | CHAR(1) |
| string | java.lang.String | VARCHAR变长字符 |
| class | java.lang.Class | VARCHAR定长字符 |
| locale | java.util.Locale | VARCHAR定长字符 |
| timezone | java.util.TimeZone | VARCHAR定长字符 |
| currency | java.util.Currency | VARCHAR 定长字符 |
| boolean、yes_no、true_false | boolean、java.lang.Boolean | BIT |
| date | java.util.Date、java.sql.Date | DATE |
| calendar_date | java.util.Calendar | DATE |
| time | java.util.Date、java.sql.Time | TIME |
| timestamp | java.util.Date、java.util.Timestamp | TIMESTAMP |
| calendar | java.util.Calendar | TIMESTAMP |
| binary | byte[] | BLOB |
| text | java.lang.String | TEXT |
| serializable | 实现java.io.Serializablej接口的任意 Java类 | BLOB |
| clob | java.sql.Clob | CLOB |
| blob | java.sql.Blob | BLOB |

3) <set>元素

<set>元素用来映射Set属性集合，主要用于实体间一对多或多对多的关联关系中。通常需要一些子元素，如<key>元素用来指定关联的字段，<many-to-many>用来指定多对多关系中的另一个实体类，<one-to-many>用来指定一对多关系中多方的实体类。

有关<set>元素的详细用法，后面介绍关联查询时会通过具体的实例进一步详述。

## 7.3.4　Hibernate的工作流程

Hibernate的工作流程如图7-15所示。

01 读取并解析配置文件hibernate.cfg.xml，这是使用Hibernate框架的开始，由Configuration对象来完成。

```
Configuration config = new Configuration().configure();
```

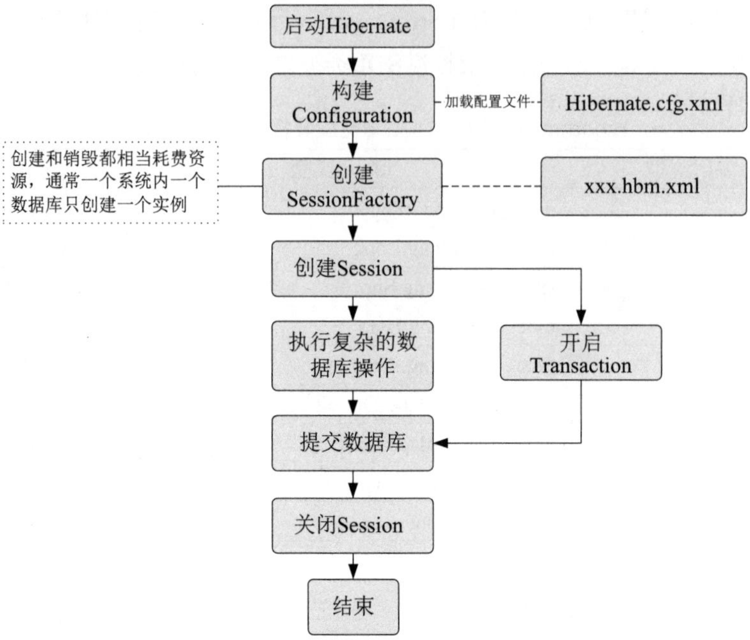


图7-15 Hibernate的工作流程

02 读取并解析映射信息，调用以下代码来创建SessionFactory对象。

```
config.buildSessionFactory();
```

03 开启Session。

```
Session session = sf.openSession();
```

04 创建并启动事务。

```
Transaction tx = session.beginTransaction();
```

05 通过Session提供的方法，执行数据的持久化操作。

06 提交事务。

```
tx.commit();
```

如果数据库操作失败，则需要回滚tx.rollback();。

07 关闭Session。

```
session.close();
```

如果不再使用Hibernate，还需要关闭SessionFactory。

# 7.4 Hibernate查询

为了最大限度地提高查询性能，Hibernate提供了各种检索策略和检索方式。本节将学习Hibernate提供的各种检索策略、检索方式以及各种关联关系的使用。

### 7.4.1 Hibernate的检索策略

Hibernate的session在加载对象时可以将其关联的对象也加载到缓存中来，但在有些情况下，不太需要加载太多无用的对象到缓存中来，一是浪费内存，二是消耗无谓的查询。所以为了合理使用缓存，优化检索性能，Hibernate框架提供了多种检索策略，如立即检索、延迟检索、预先检索和批量检索。下面分别进行介绍。

1. 立即检索

立即检索指的是在加载一个对象时，不仅立即加载该对象，而且还会立即加载与该对象相关联的其他对象，这样做能够及时加载自身数据和关联对象数据，但是需要频繁地访问数据库，这样会影响检索性能，而且往往会加载一些多余的对象，造成内存空间的浪费。在Hibernate中，出于性能的考虑，默认不使用立即检索，若要使用立即检索，需要在映射文件中将<class>元素和<set>元素的lazy属性设置为false。

❖ 提示：

在<class>、<property>、<set>和<many-to-one>元素中都有lazy属性，它们的默认值依次为true、false、true和proxy。

下面以学生表和院系表为例，介绍如何使用立即检索策略。

01 打开UseHibernate项目，因为院系和学生是一对多的关系，所以在院系实体类Department中，增加一个Set集合属性来表示该院系的所有学生，并添加相应的getter和setter方法，代码如下：

```
private Set<Student> students= new HashSet<Student>();
public Set<Student> getStudents() {
   return students;
}
public void setStudents(Set<Student> students) {
   this.students = students;
}
```

02 在Department映射文件中添加一对多的映射关系，这需要使用<set>元素来表示，并需要设置lazy属性为false，修改后的院系映射关系代码如下：

```
<class name="zhaozhixuan.domain.Department" table="departments" lazy="false">
   <id name="dno" >
      <generator class="assigned" />
   </id>
   <property name="dname" column="Dname" />
   <set name="students" lazy="false">
      <key column="sdeptNo"></key>
      <one-to-many class="zhaozhixuan.domain.Student"/>
   </set>
</class>
```

上述代码中，实体类Department的<class>元素及其<set>子元素的lazy属性都被设置为

false。因此，在检索Department时使用立即检索策略，会同时将所关联的Student对象立即检索出来。

Hibernate针对一对多的关联关系提供了如下几种映射方法。

- 一对多单向关联：其原理是在多的一端加入一个外键，指向一的一端在实体类中，将多的一方定义为一的一方的一个Set集合属性，并在映射文件中使用<set>元素及其子元素<one-to-many>建立映射关系，例如本例中就是一对多单向关联。
- 多对一单向关联：多对一关联映射原理和一对多关联映射是一致的，都是在多的一端加入一个外键，指向一的一端。在实体类中，将一的一方定义为多的一方的一个属性，在多的一方的映射文件中使用<many-to-one>元素建立映射关系。
- 双向关联：双向关联是前面两个单向关联的合集，即在实体类中，分别在一的一方和多的一方定义属性，同时在各自的映射文件中添加映射关系。

**03** 在DepartmentDao类中增加一个根据院系编号查询院系信息的方法，代码如下：

```
public Department qryDepartment(Long dno) {
    Department department=null;
    Session session = null;
    try {
      session = factory.openSession();
      department =(Department)session.load(Department.class, dno);
    } finally {
      if (session != null)
        session.close();
    }
return department;
}
```

**04** 在DepartmentServlet中重写doGet()方法，调用Dao层的qryDepartment()方法，代码如下：

```
protected void doGet(HttpServletRequest req, HttpServletResponse resp)
throws ServletException, IOException {
    DepartmentDao dao = new DepartmentDao();
    String strDno=req.getParameter("dno");
    Long dno=5010L;
    if(strDno!=null)
      dno=Long.parseLong(req.getParameter("dno"));
    Department course=dao.qryDepartment(dno);
    req.setAttribute("department" ,course);
    RequestDispatcher rd=req.getRequestDispatcher("Department.jsp");
    rd.forward(req, resp);
}
```

**05** 新建Department.jsp页面，用于展示某个院系的学生信息，代码如下：

```
<%@ page language="java" pageEncoding="utf-8"%>
<%@ taglib prefix="c" uri="http://java.sun.com/jsp/jstl/core"%>
<html>
<head>
```

```
<title><c:out value="${department.dname}" />学生列表</title>
</head>
<body>
  <h3>
    <c:out value="${department.dname}" />
    (院系编号：
    <c:out value="${department.dno}" />
    )
  </h3>
  <h4>全系学生信息如下</h4>
  <table border=1>
    <tr align="center">
      <td colspan="5">学生信息表</td>
    </tr>
    <tr>
      <td>学号</td>
      <td>姓名</td>
      <td>电话</td>
      <td>地址</td>
      <td>性别</td>
    </tr>
    <c:forEach var="i" items="${department.students}">
      <tr>
        <td><c:out value="${i.sno}" /></td>
        <td><c:out value="${i.sname}" /></td>
        <td><c:out value="${i.sphone}" /></td>
        <td><c:out value="${i.saddr}" /></td>
        <td><c:if test="${i.sgender ==0}">女</c:if> <c:if
            test="${i.sgender ==1}">男</c:if></td>
      </tr>
    </c:forEach>
  </table>
</body>
</html>
```

**06** 部署应用程序，在地址栏中输入http://localhost:8080/UseHibernate/department，将发送GET请求到DepartmentServlet，获取某院系的学生信息，如图7-16所示。

图7-16　通过检索院系获取其学生列表

也可以在地址栏中输入“?dno=具体院系编号”来获取指定院系的学生列表。程序中默认加载的是编号为5010院系的院系信息，由于是立即检索策略，因此会将该院系的所有学生查询出来。打开Eclipse控制台，可以看到Hibernate使用的查询语句，如图7-17所示。

一般来说，立即检索(lazy="false")会加载所有关联对象，并执行其关联语句，有时有必要，有时则没有必要，在性能上比较吃紧，所以一般使用它时，一定要注意使用场景和需求。

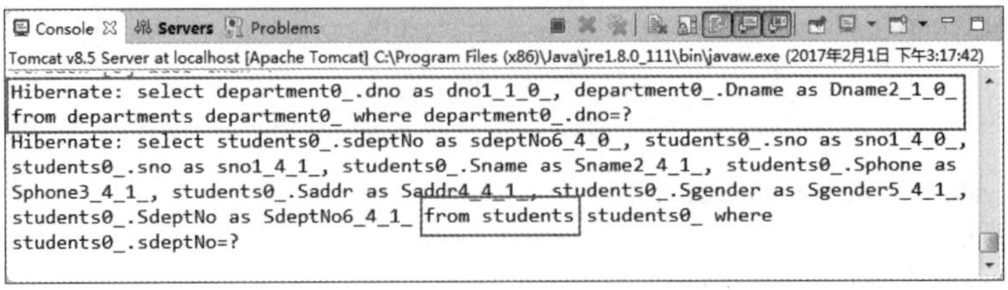
Console
Servers
Problems
Tomcat v8.5 Server at localhost [Apache Tomcat] C:\Program Files (x86)\Java\jre1.8.0_111\bin\javaw.exe (2017年2月1日 下午3:17:42)
Hibernate: select department0_.dno as dno1_1_0_, department0_.Dname as Dname2_1_0_ from departments department0_ where department0_.dno=?
Hibernate: select students0_.sdeptNo as sdeptNo6_4_0_, students0_.sno as sno1_4_0_, students0_.sno as sno1_4_1_, students0_.Sname as Sname2_4_1_, students0_.Sphone as Sphone3_4_1_, students0_.Saddr as Saddr4_4_1_, students0_.Sgender as Sgender5_4_1_, students0_.SdeptNo as SdeptNo6_4_1_ from students students0_ where students0_.sdeptNo=?

图7-17 立即检索执行的查询语句

## 2. 延迟检索

延时检索策略在不涉及连级操作单张表时，只适用session的load方法，只有在用到对象除id以外的属性时才会去加载对象。延迟检索的优点是由程序决定加载哪些内容，避免了大量无用的查询语句。其缺点是在session关闭后，就不能访问关联类的对象了，强行访问会发生延迟加载异常。

若要使用延迟检索策略，需要将lazy属性设置为true，例如上面的例子。如果将Department的映射文件中的<class>和<set>元素的lazy属性都设置为true，那么通过页面访问时将得到一个错误信息，Eclipse控制台中会显示延迟加载初始化异常：org.hibernate.LazyInitializationException: could not initialize proxy - no Session。这是因为我们在Dao层通过load()方法查询院系信息，而在前台页面中才去使用，这时后台的Hibernate Session早就已经关闭了。

如果我们在Dao层的qryDepartment方法的load()方法后面添加两行代码，如下所示：

```
try {
    session = factory.openSession();
    department =(Department)session.load(Department.class, dno);
    String dname=department.getDname();
    department.getStudents().toArray();
}
```

此时刷新页面，可以看到页面正常显示了。如果在新加的两行代码上添加断点，单步执行程序，就可以看到，当程序执行了String dname= department.getDname();语句后，Hibernate才去加载departments中的记录，控制台显示如图7-18所示的语句。

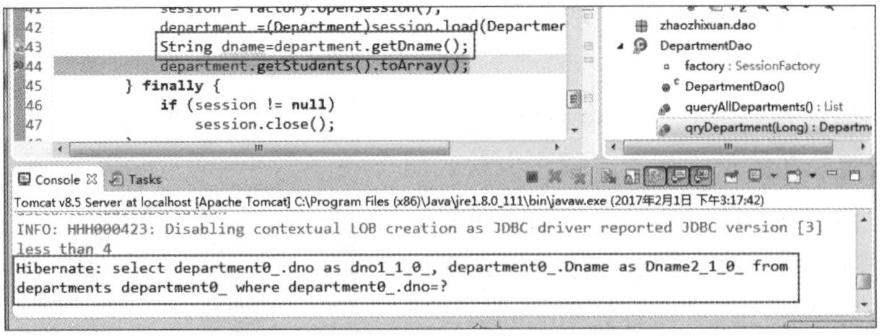
department =(Department)session.load(Departmer
String dname=department.getDname();
department.getStudents().toArray();
} finally {
if (session != null)
session.close();
zhaozhixuan.dao
DepartmentDao
factory : SessionFactory
DepartmentDao()
queryAllDepartments() : List
qryDepartment(Long) : Departm
Console
Tasks
Tomcat v8.5 Server at localhost [Apache Tomcat] C:\Program Files (x86)\Java\jre1.8.0_111\bin\javaw.exe (2017年2月1日 下午3:17:42)
INFO: HHH000423: Disabling contextual LOB creation as JDBC driver reported JDBC version [3] less than 4
Hibernate: select department0_.dno as dno1_1_0_, department0_.Dname as Dname2_1_0_ from departments department0_ where department0_.dno=?

图7-18 延迟检索在使用对象时才加载数据

继续执行下面的department.getStudents().toArray();语句时，会再次输出一条查询语句，加载students对象。

**❖ 说明：**

大多数情况下，可以使用延迟检索策略。这样，在有多处需要检索该对象时，如需要立即加载该对象或其关联对象的地方，立即访问一下该对象或其关联对象即可。

### 3. 预先检索

预先检索是一种通过左外连接(left outer join)来获得对象关联实例或集合的检索方式，因此主要适用于关联级别的查询。仅从使用角度来说，预先检索和立即检索的效果一样，只不过预先抓取能减少SQL语句的条数。

若要使用预先检索策略，需要在<set>元素内添加fetch属性，并将其设置为join。

仍以学生表和院系表为例，修改映射文件，将<class>元素的lazy属性设置为false，删除<set>元素的lazy属性，增加fetch属性，如下所示：

```
<class name="zhaozhixuan.domain.Department" table="departments" lazy="false">
  <id name="dno" >
    <generator class="assigned" />
  </id>
  <property name="dname" column="Dname" />
  <set name="students" fetch="join">
    <key column="sdeptNo"></key>
    <one-to-many class="zhaozhixuan.domain.Student"/>
  </set>
</class>
```

**❖ 说明：**

fetch属性是从Hibernate 3才有的，之前的版本设置预先检索策略的方法是在<set>元素中添加outer-join属性，并设置其值为true。

删除测试延迟检索策略时增加的那两行代码，刷新页面，可以看到页面能正确显示。在Eclipse控制台查看Hibernate加载数据的查询语句，如图7-19所示。从图中可以看出，采用预先检索策略，会使用左外连接(left outer join)来查询关联的表students。

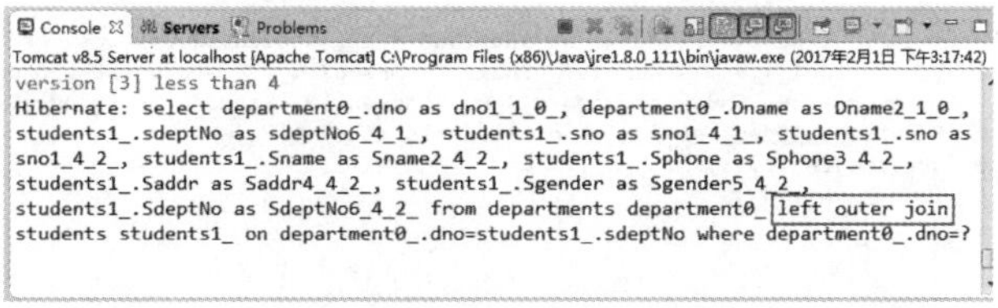
Console Servers Problems
Tomcat v8.5 Server at localhost [Apache Tomcat] C:\Program Files (x86)\Java\jre1.8.0_111\bin\javaw.exe (2017年2月1日 下午3:17:42)
version [3] less than 4
Hibernate: select department0_.dno as dno1_1_0_, department0_.Dname as Dname2_1_0_,
students1_.sdeptNo as sdeptNo6_4_1_, students1_.sno as sno1_4_1_, students1_.sno as
sno1_4_2_, students1_.Sname as Sname2_4_2_, students1_.Sphone as Sphone3_4_2_,
students1_.Saddr as Saddr4_4_2_, students1_.Sgender as Sgender5_4_2_,
students1_.SdeptNo as SdeptNo6_4_2_ from departments department0_ left outer join
students students1_ on department0_.dno=students1_.sdeptNo where department0_.dno=?

图7-19 预先检索使用左外连接查询

使用预先检索时，查询语句的数目比较少，适用于多对一、一对一关联查询。

### 4. 批量检索

前面介绍的几种检索都是根据主键查询表中的一条记录，那么对于返回多条查询结果的情况会是怎样的呢？例如，DepartmentDao中原有的查询所有院系的方法，如果采用立即检索策略(将lazy属性设置为false)，执行该方法时(访问NewStudent.jsp页面即可调用该方法)，控制台输出的查询语句如图7-20所示。

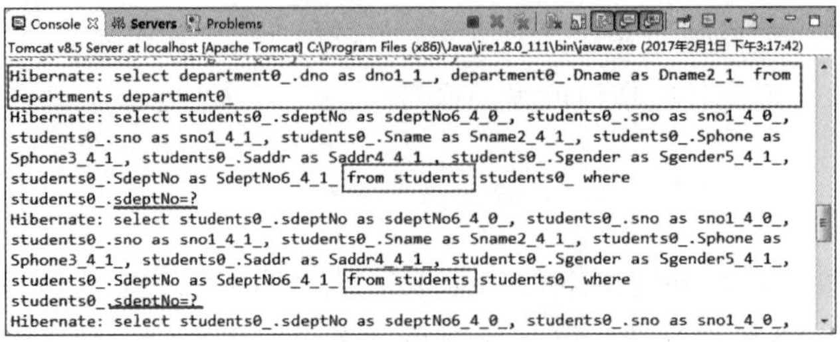
Console Servers Problems
Tomcat v8.5 Server at localhost [Apache Tomcat] C:\Program Files (x86)\Java\jre1.8.0_111\bin\javaw.exe (2017年2月1日 下午3:17:42)
Hibernate: select department0_.dno as dno1_1_, department0_.Dname as Dname2_1_ from departments department0_
Hibernate: select students0_.sdeptNo as sdeptNo6_4_0_, students0_.sno as sno1_4_0_, students0_.sno as sno1_4_1_, students0_.Sname as Sname2_4_1_, students0_.Sphone as Sphone3_4_1_, students0_.Saddr as Saddr4_4_1_, students0_.Sgender as Sgender5_4_1_, students0_.SdeptNo as SdeptNo6_4_1_ from students students0_ where students0_.sdeptNo=?
Hibernate: select students0_.sdeptNo as sdeptNo6_4_0_, students0_.sno as sno1_4_0_, students0_.sno as sno1_4_1_, students0_.Sname as Sname2_4_1_, students0_.Sphone as Sphone3_4_1_, students0_.Saddr as Saddr4_4_1_, students0_.Sgender as Sgender5_4_1_, students0_.SdeptNo as SdeptNo6_4_1_ from students students0_ where students0_.sdeptNo=?
Hibernate: select students0_.sdeptNo as sdeptNo6_4_0_, students0_.sno as sno1_4_0_,

图7-20　返回多条记录的查询

从图7-20中可以看出，第一条SQL语句是从院系表departments中查询所有院系信息，后面几条语句则是每次使用不同的院系编号dno从学生表students中查询该院系的学生列表。如果一共有n个院系，该查询将会执行n+1条SQL语句。为了减少执行的SQL语句数目，提高查询效率，此时可以使用批量检索策略。

批量立即检索是利用Hibernate批量初始化要检索的实体类对象实例，发出批量查询SQL语句，从而减少SQL语句数量。要使用批量检索，需要在<class>或<set>元素中添加<batch-size>属性，并指定其值为每次处理的记录数。例如，设置<set>元素的<batch-size>属性为3：

```
<set name="students" lazy="false" batch-size="3">
    <key column="sdeptNo"></key>
    <one-to-many class="zhaozhixuan.domain.Student"/>
</set>
```

再次执行查询所有院系的方法时，Hibernate会批量处理3个院系，控制台中显示的SQL语句如图7-21所示。

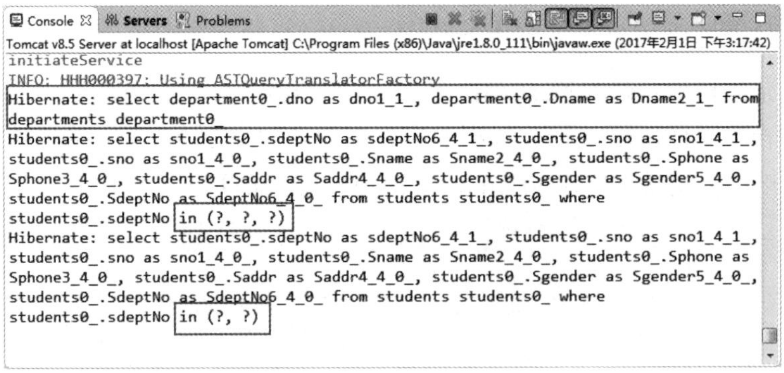


图7-21　使用批量检索策略

从图7-21中可以看出，关联对象的查询每3个为一条SQL语句，使用in(?,?,?)的形式，最后不足3个时Hibernate也会自动处理，从而在整体上减少了SQL语句的数目。

**❖ 说明：**

batch-size属性的值不宜设置太大，建议取值范围在3和10之间。

## 7.4.2 Hibernate的关联查询

关联关系是一种结构化关系，指两个对象之间存在某种联系。在Hibernate框架中，关系体系在持久化类对象之间存在。在关系数据库中，常见的数据表之间的关系包括一对一、一对多和多对多3种。Hibernate针对这几种关联关系做了相应配置和处理。

### 1. 一对一关系

一对一关联关系是现实中比较常见的一种关系，例如，一个人只能有一个身份证号，一个身份证号只能对应一个人。

一对一关系有两种实现方式：主键关联和外键关联。主键关联就是让两个对象具有相同的主键值，以表明它们之间的一一对应的关系；数据库表不会有额外的字段来维护它们之间的关系，仅通过表的主键来关联。外键关联本来是用于多对一的配置，但是加上唯一的限制之后(采用<many-to-one>标签来映射，指定多的一端unique为true，这样就限制了多的一端的多重性为一)，也可以用来表示一对一关联关系，其实它就是多对一的特殊情况。

在前面的章节中，我们已经创建了学生表students，接下来我们创建一个学生认证表stu_auth，用于存放学生用来登录校园网的登录名和密码等信息，该表的表结构如表7-6所示。

表7-6 stu_auth表结构

| 字段名 | 类型 | 描述 |
|---|---|---|
| Sno | int(11) | 学号，非空，主键，同时作为外键参照学生表 |
| LoginName | varchar(20) | 登录名，非空 |
| Password | varchar(20) | 登录密码，非空 |
| Role | Tinyint(3) | 角色，用于权限控制，可空 |

学生表students和学生认证表stu_auth之间就是通过主键关联的一对一的关联关系，如图7-22所示。

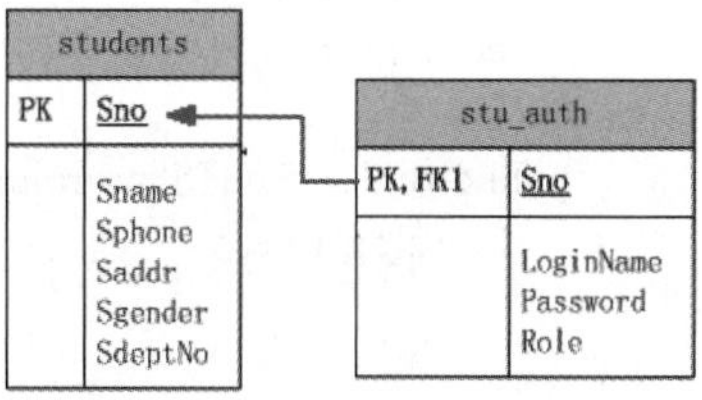


图7-22 一对一主键关联

针对一对一主键关联关系，Hibernate提供了<one-to-one>元素来支持实体间的关联。

在Student实体类中增加StuAuth类的私有成员stuAuth，并生成相应的getter和setter方法，然后在映射文件的<class>元素中添加<one-to-one>子元素，如下所示：

```
<class name="zhaozhixuan.domain.Student" table="students">
<!-- 省略其他配置 -->
<one-to-one name="stuAuth" class="zhaozhixuan.domain.StuAuth" cascade="delete "/>
</class>
```

通过<one-to-one>元素指定两个实体之间的一对一的关联关系，其中属性cascade用于设置级联关系，表示删除学生对象时，级联删除学生认证对象；如果所有操作都级联，也可设置其值为all。

接下来，新建StuAuth实体类。同样，也要添加Student类的私有成员student，完整的代码如下：

```
public class StuAuth {
    private Long sno;
    private String loginName;
    private String password;
    private Short role;
    private Student student;
    public Student getStudent() {
        return student;
    }
    public void setStudent(Student student) {
        this.student = student;
    }
    public Long getSno() {
        return sno;
    }
    public void setSno(Long sno) {
        this.sno = sno;
    }
    public String getLoginName() {
        return loginName;
    }
    public void setLoginName(String loginName) {
        this.loginName = loginName;
    }
    public String getPassword() {
        return password;
    }
    public void setPassword(String password) {
        this.password = password;
    }
    public Short getRole() {
        return role;
    }
    public void setRole(Short role) {
        this.role = role;
    }
}
```

StuAuth的映射关系配置如下：

```
<class name="zhaozhixuan.domain.StuAuth" table="stu_auth">
    <id name="sno">
        <generator class="foreign" >
            <param name="property">student</param>
        </generator>
    </id>
    <property name="loginName" column="LoginName" />
    <property name="password" column="Password" />
    <property name="role" column="Role" type="java.lang.Short" />
    <one-to-one name="student" class="zhaozhixuan.domain.Student" constrained="true"/>
</class>
```

上述配置中，<id>元素的子元素<generator>被配置为使用外键生成机制，<one-to-one>元素的constrained属性值为true，表示当前表的主键存在约束，即作为外键参照students表的主键。

外键关联的一对一关系，实际上是一对多关联关系的特例，即多的一方只有一个对象。外键关联在配置时需要在其中一个数据表中建立一个外键，用来关联另一个数据表。例如，如果修改stu_auth表，增加一个Id列作为表的主键，那么Sno字段成为外键列，用于参照学生表的主键(students.Sno)，如图7-23所示。

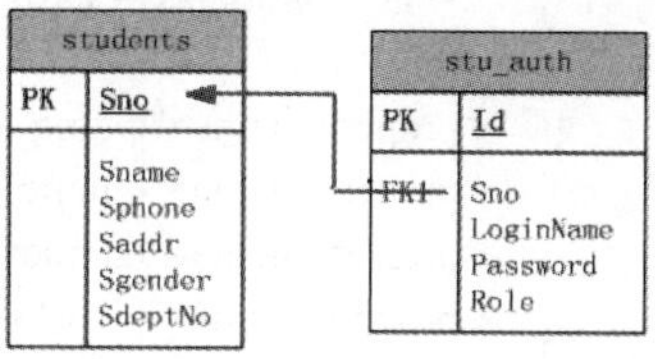


图7-23　外键关联一对一关系

在映射文件中，学生实体的配置代码与主键关联配置时一样，但在学生认证实体的映射配置中，不是使用<one-to-one>元素，而是使用<many-to-one>元素，如下所示：

```
<class name="zhaozhixuan.domain.StuAuth" table="stu_auth">
   <!-- 省略其他配置 -->
   <many-to-one name="student" class="zhaozhixuan.domain.Student" column="sno" unique="true"/>
</class>
```

在<many-to-one>元素中，通过column来指定外键的字段名称，属性unique="true"表示为外键生成一个唯一约束，也就是两个表是一对一关联关系。

### 2. 一对多/多对一关系

一对多关系是最普遍的映射关系，如前面的学生表与院系表就是一对多的关系。从院系的角度来看，每个系都有多名学生，所以是一对多的关系；从学生的角度来看，多名学生可以是同一个系的，即多对一的关系。

前面介绍立即检索策略的时候已经介绍过一对多关系的映射有3种方式：一对多单向关联、多对一单向关联和双向关联。我们在配置学生和院系映射关系时使用的是一对多单向关联，接下来我们来介绍一下多对一单向关联，这两种方式合起来也就是双向关联了。

在一个学校管理系统中，教师和院系之间也是一对多的关系。下面就以教师和院系为例，介绍多对一单向关联的映射配置。

在数据库School中创建教师表teachers，表结构如表7-7所示。

表7-7　teachers表结构

| 字段名 | 类型 | 描述 |
|---|---|---|
| Tno | int(11) | 教师编号，非空，主键 |
| Tname | varchar(20) | 教师姓名，非空 |
| Tphone | varchar(20) | 联系电话，可空 |
| Cgender | tinyint(1) | 性别，可空，默认值0 |
| CdeptNo | int(11) | 院系编号，可空，外键(院系表dno) |

定义实体类Teacher，根据表结构定义类中的成员，然后添加一个Department类型的成员，并生成所有的getter和setter方法。

Teacher实体类的映射关系代码如下：

```
<class name="zhaozhixuan.domain.Teacher" table="teachers">
    <id name="tno">
        <generator class="assigned" />
    </id>
    <property name="tname" column="Tname" />
    <property name="tphone" column="Tphone" />
    <property name="tgender" column="Tgender" />
    <property name="tdeptNo" column="TdeptNo" type="java.lang.Long" />
    <many-to-one name="department" column="tdeptNo" class="zhaozhixuan.domain.Department"
not-null="true"></many-to-one>
    </class>
```

上述代码中，<many-to-one>元素的name属性为实体类Teacher中定义的一方对象的属性名，column为数据表teachers中的外键字段，class指定一方对象的类型，not-null指定该一方对象是否允许为空。

3. 多对多关系

多对多也是一种常见的关联关系，例如学生表和课程表，一个学生可以选择多门课程，而每门课程也可以被多个学生选择，学生和课程之间就是多对多的关系。

对于多对多关系，在数据库中需要提供第3个表来建立关系。在学生与课程之间，选课表stu_courses就是第3个表，3者之间的关系如图7-24所示。

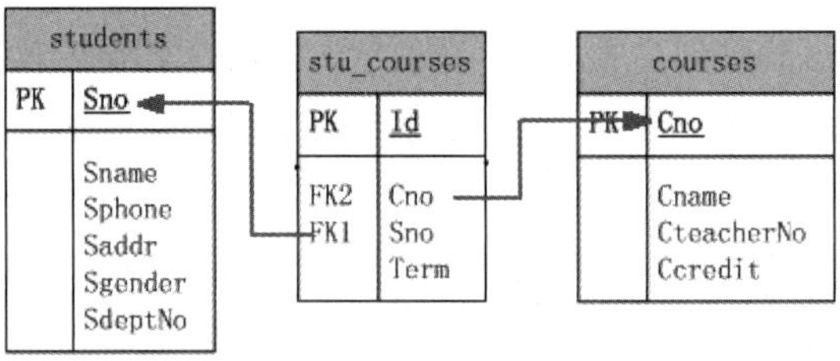


图7-24　学生表、选课表和课程表之间的关系

在数据库School中，创建课程表courses和选课表stu_courses，表结构分别如表7-8和表7-9所示。

表7-8　courses表结构

| 字段名 | 类型 | 描述 |
|---|---|---|
| Cno | int(11) | 课程编号，非空，主键 |
| Cname | varchar(20) | 课程名称，非空 |
| CteacherNo | int(11) | 任课教师编号，可空 |
| Ccredit | tinyint(3) | 学分，非空，默认值0 |

表7-9　stu_courses表结构

| 字段名 | 类型 | 描述 |
|---|---|---|
| Id | int(11) | 主键，非空，自动生成序列 |
| Cno | int(11) | 外键，课程编号，非空 |
| Sno | int(11) | 外键，学号，非空 |
| Term | varchar(10) | 学期， 如201701，可空 |

Hibernate对多对多关联关系的支持也分为单向关联和双向关联。单向关联只需在一个实体类中定义Set类型的属性以及在其映射文件中使用<set>元素配置即可。双向关联则需要在两个实体类中都定义Set类型的属性。下面以双向关联为例介绍学生和课程之间的多对多关联关系的配置。

01 新建课程表对应的实体类Course，根据表结构定义私有成员，最后添加一个Set类型的属性students，表示选择该课程的学生，完整的代码如下：

```
public class Course {
    private Long cno;
    private String cname;
    private Long cteacherNo;
    private Short ccredit;
    private Set<Student> students= new HashSet<Student>();
    public Set<Student> getStudents() {
        return students;
    }
    public void setStudents(Set<Student> students) {
        this.students = students;
    }
    public Long getCno() {
        return cno;
    }
    public void setCno(Long cno) {
        this.cno = cno;
    }
    public String getCname() {
        return cname;
    }
    public void setCname(String cname) {
        this.cname = cname;
    }
    public Long getCteacherNo() {
        return cteacherNo;
    }
    public void setCteacherNo(Long cteacherNo) {
        this.cteacherNo = cteacherNo;
    }
    public Short getCcredit() {
        return ccredit;
    }
    public void setCcredit(Short ccredit) {
        this.ccredit = ccredit;
    }
}
```

02 类似地，在Student实体类中也添加一个Set类型的属性courses，表示该学生选修的所有课程，并添加getter和setter方法：

```
private Set<Course> courses=new HashSet<Course>();
public Set<Course> getCourses() {
```

```
        return courses;
    }
    public void setCourses(Set<Course> courses) {
        this.courses = courses;
    }
```

03 在映射文件中添加实体类Course与数据表的映射关系，其中多对多关系需要使用<set>元素来表示，本例仍在domain.hbm.xml中添加代码：

```
<class name="zhaozhixuan.domain.Course" table="courses" lazy="false">
    <id name="cno">
        <generator class="assigned" />
    </id>
    <property name="cname" column="Cname" />
    <property name="cteacherNo" column="CteacherNo" />
    <property name="ccredit" column="Ccredit" />
    <set name="students" table="stu_courses" lazy="false" cascade="save-update">
        <key column="cno"></key>
        <many-to-many class="zhaozhixuan.domain.Student" column="sno"/>
    </set>
</class>
```

上述代码中，<set>元素的name属性为Course类中集合属性的名称，属性table为选课表的表名，lazy属性为false，表示采用立即检索策略，这主要是为了方便我们后面测试使用。cascade属性的值为save-update，表示级联保存和更新；<key>元素指定stu_courses表参照courses表的外键字段；<many-to-many>元素的class属性为多对多关系中另一方的持久化类的全路径，column属性指定stu_courses表中参照students表的外键字段。

04 在Student类的映射配置代码中，添加类似的<set>元素，配置多对多关联关系：

```
<set name="courses" table="stu_courses">
    <key column="sno"></key>
    <many-to-many class="zhaozhixuan.domain.Course" column="cno"/>
</set>
```

05 新建Course对应的Servlet和Dao层实现类：CourseServlet和CourseDao。在CourseServlet类中重写doGet()方法，编写如下测试代码：

```
protected void doGet(HttpServletRequest req, HttpServletResponse resp)
throws ServletException, IOException {
        CourseDao dao = new CourseDao();
        String strCno=req.getParameter("cno");
        Long cno=5001L;
        if(strCno!=null)
            cno=Long.parseLong(req.getParameter("cno"));
        Course course=dao.qryCourse(cno);
        dao.qryAllCourses();
        req.setAttribute("course" ,course);
        RequestDispatcher rd=req.getRequestDispatcher("Course.jsp");
        rd.forward(req, resp);
    }
```

06 在CourseDao类中，同样需要声明一个SessionFactory的私有成员，然后在构造方法中使用工具类MySessionFactory来初始化该变量，同时声明一个查询指定课程的方法qryCourse()，相应的代码如下：

```
public class CourseDao {
  private SessionFactory factory;
  public CourseDao() {
    factory = MySessionFactory.getSessionFactory();
  }
  public Course qryCourse(Long cno) {
    Course course=null;
    Session session = null;
    try {
      session = factory.openSession();
      course =(Course)session.load(Course.class, cno);
    } finally {
      if (session != null)
        session.close();
    }
    return course;
  }
}
```

07 在web.xml中增加Servlet的配置和URL映射，代码如下：

```
<servlet>
  <servlet-name>CourseServlet</servlet-name>
  <servlet-class>zhaozhixuan.servlet.CourseServlet</servlet-class>
</servlet>
<servlet-mapping>
  <servlet-name>CourseServlet</servlet-name>
  <url-pattern>/course</url-pattern>
</servlet-mapping>
```

08 新建JSP文件Course.jsp，用于展示课程信息以及选修该课程的学生列表，代码如下：

```
<%@ page language="java" pageEncoding="utf-8"%>
<%@ taglib prefix="c" uri="http://java.sun.com/jsp/jstl/core"%>
<html>
<head>
<title><c:out value="${course.cname}" /></title>
</head>
<body>
  <h3>
    <c:out value="${course.cname}" />
  </h3>
  课程信息如下：
  <br> 课程编号：
  <c:out value="${course.cno}" />
  <br> 课程名称：
```

```
        <c:out value="${course.cname}" />
        <br> 任课教师编号：
        <c:out value="${course.cteacherNo}" />
        <br> 课程学分：
        <c:out value="${course.ccredit}" />
        <br>  <hr>
        <h4>选修该课程的学生如下：</h4>
        <table border=1>
          <tr>
            <td>学号</td>
            <td>姓名</td>
            <td>电话</td>
            <td>地址</td>
            <td>性别</td>
            <td>院系</td>
          </tr>
          <c:forEach var="i" items="${course.students}">
            <tr>
              <td><c:out value="${i.sno}" /></td>
              <td><c:out value="${i.sname}" /></td>
              <td><c:out value="${i.sphone}" /></td>
              <td><c:out value="${i.saddr}" /></td>
              <td><c:if test="${i.sgender ==0}">女</c:if> <c:if
                    test="${i.sgender ==1}">男</c:if></td>
              <td><c:out value="${i.sdeptNo}" /></td>
            </tr>
          </c:forEach>
        </table>
      </body>
    </html>
```

09 部署应用程序，在地址栏中输入http://localhost:8080/UseHibernate/course，将发送GET请求到CourseServlet。在CourseDao中将默认查询课程编号为5001的课程信息，由于是立即检索策略，因此会将所有选修该课程的学生信息也查询出来，结果如图7-25所示。

图7-25　多对多关联查询

## 7.4.3 Hibernate的查询方式

使用JDBC进行数据检索时，必须编写查询的SQL语句。当在多个表中进行级联查询时，SQL语句也会变得复杂，这些SQL语句从一定程度上降低了程序的可维护性，同时也对开发人员提出了更高的要求。针对这些不足，Hibernate提供了面向对象的检索方式，只需通过正确的关联关系配置就可以轻松完成查询，不仅避免了冗长的SQL语句，而且使用起来也非常简单。本节将介绍Hibernate的三种查询方式：HQL查询、Criteria查询和原生SQL查询。

### 1. HQL查询

Hibernate查询语言(HQL)是一种面向对象的查询语言，类似于SQL，但不是去对表和列进行操作，而是面向对象和它们的属性。HQL查询被Hibernate翻译为传统的SQL查询，从而对数据库进行操作。在HQL中一些关键字比如Select，From和Where等，是不区分大小写的，但是一些属性比如表名和列名是区分大小写的。

HQL的语法格式与SQL很相似，其中没有表和字段的概念，只有类、对象和属性的概念，完整的语句结构如下：

```
[select/update/delete……] from Entity [where……] [group by……] [having……] [order by……]
```

例如，前面程序中的String hql="from Course as c";就是一条最简单的HQL语句，其中的Course指的是持久化类的名称，as c是给该类取一个别名。

由于HQL是完全面向对象的查询语句，因此可以支持继承、多态等特性。HQL查询依赖于Query类，每一个Query实例对应一个查询对象，它的执行是通过Session的createQuery()方法来获得的。执行HQL查询的步骤如下。

(1) 获得Hibernate Session对象。

(2) 编写HQL语句。

(3) 调用Session的createQuery方法创建查询对象。

(4) 如果HQL语句包含参数，则调用Query的setXxx方法为参数赋值。

(5) 调用Query对象的list等方法返回查询结果。

除了简单的查询，HQL还具有如下功能。

- 支持属性查询。可以在HQL中只查询指定的属性，例如：

```
List list=session.createQuery("select c.cname from Course as c").getResultList();
```

- 支持条件查询。通过where子句可以为HQL添加查询条件，例如，下面的语句只查询学分大于3的课程信息：

```
List list=session.createQuery("from Course as c where c.ccredit>3 ").getResultList();
```

- 支持连接查询。前面介绍过预先检索策略就是使用左外连接进行关联查询，如果不采用预先检索策略，也可以通过编写HQL实现连接查询，包括内连接、外连接和交叉连接，例如：

```
String hql="from Course as c left join on stu_courses as sc on c.cno=sc.cno ";
List list=session.createQuery(hql).getResultList();
```

- 支持分页查询。当数据记录较多时，可以采用分页查询的方式使得前台页面显得更加美观。在HQL中使用分页查询需要用到Query对象的两个方法：setFirstResult()和setMaxResult()。setFirstResult()方法用于指定记录检索开始的位置(默认从0开始)，setMaxResult()方法用于指定一次检索出来的最大记录数。例如：

```
Query query=session.createQuery("from Student as s order by sno");
query.setFirstResult(20);
query.setMaxResult(10);
List list=query.getResultList();
```

- 支持动态绑定参数查询。在使用条件查询时，条件的值通常需要根据每次查询动态发生变化，此时就可以使用动态绑定参数查询。指定参数时，在HQL中使用“:参数名”的形式，然后通过Query对象的setter方法给参数赋值，例如：

```
Query query=session.createQuery("from Student as s where s.sname=:name");
query.setString("name","李知诺");
Student stu=query.getSingleResult();
```

- 支持排序查询。HQL语言与SQL语言类似，使用ORDER BY子句和ASC、DESC关键字实现对查询实体对象的属性进行排序的操作，ASC是升序排列，DESC是降序排列。例如：

```
List list=session.createQuery("from Student stu ORDER BY age ASC ").getResultList();
```

- 其他功能。除了上述功能外，HQL还支持分组查询、使用内置函数或自定义函数、子查询等。

分组查询可以使用having和group by子句，其用法与SQL中的相应语句一样。内置函数有sum()、min()、max()、count()等。

### 2. Criteria查询

Criteria查询也称为QBC查询(Query by Criteria)，是完全面向对象的查询。有的书中也称之为QBC(Query By Criteria)方式。Criterion是Criteria的查询条件。Criteria提供了add(Criterion criterion)方法来添加查询条件。

这种方式其实是将查询条件封装为一个Criteria对象，非常适合于动态查询。使用Criteria进行检索的步骤如下。

**01** 创建Criteria实例。org.hibernate.Criteria 接口的父接口是CriteriaSpecification，除了Criteria外，还有一个类也实现了CriteriaSpecification 接口，该类名为org.hibernate.criterion.DetachedCriteria。Criteria和 DetachedCriteria的主要区别在于创建的形式不一样，Criteria是在线的，是由Hibernate Session创建的；而DetachedCriteria是离线的，创建时无须Session。

```
Criteria criteria=session.createCriteria(Student.class);
```

**02** 创建查询条件。Criteria和DetachedCriteria均可使用Criterion来设置查询条件。Criteria提供了add(Criterion criterion)方法来添加查询条件。

Criterion接口的主要实现包括Example、Junction和SimpleExpression。Criterion的实例可以通过Restrictions工具类来创建，Restrictions提供了大量的静态方法来创建Criterion条件，如表7-10所示。

表7-10 创建查询条件的常用方法

| 方法 | 说明 |
|---|---|
| Restrictions.eq() | 等于，相当于SQL中的 = |
| Restrictions.gt() | 大于，相当于SQL中的 > |
| Restrictions.lt() | 小于，相当于SQL中的 < |
| Restrictions.ge() | 大于或等于，相当于SQL中的 >= |
| Restrictions.le() | 小于或等于，相当于SQL中的 <= |
| Restrictions.and() | 逻辑与关系，相当于SQL中的and |
| Restrictions.or() | 逻辑或关系，相当于SQL中的or |
| Restrictions.ne() | 不等于，相当于SQL中的<>或!= |
| Restrictions.isNull() | 相当于is null |
| Restrictions.isNotNull() | 相当于is not null |
| Restrictions.not() | 相当于not |
| Restrictions.between() | 相当于between x and y |
| Restrictions.in | 相当于SQL中的in |
| Restrictions.ilike | 用于模糊查询，相当于SQL中的like |

例如，查询姓赵的学生信息，可按如下代码设置查询条件：

```
criteria.add(Restrictions.ilike("sname","赵%"));
```

**03** 返回查询结果。添加好查询条件后，可以通过Criteria对象的list()或uniqueResult()方法获取查询结果，前者返回集合对象，后者则返回单个对象。

**❖ 说明：**

从Hibernate 5.2开始，已不建议使用session.createCriteria()方法来创建org.hibernate.Criteria对象，而推荐使用JPA Criteria。

### 3. 原生SQL查询

前面两种查询方式最终都是通过Hibernate解析，转换成SQL语句来对数据库进行操作。除此之外，Hibernate还支持由开发人员自己编写SQL语句来进行数据查询，即原生SQL查询方式。

执行SQL查询步骤如下。

**01** 获取Hibernate Session对象。

**02** 编写SQL语句。

**03** 通过Session的createSQLQuery方法创建查询对象。

**04** 调用SQLQuery对象的addScalar()或addEntity()方法，将选出的结果与标量值或实体进行关联，分别用于进行标量查询或实体查询。

**05** 如果SQL语句包含参数，调用Query的setXxx方法为参数赋值。

06 调用Query的list方法返回查询的结果集。

在Hibernate中，使用原生SQL查询有两种方法：使用SQLQurey接口以及在映射文件中使用原生SQL。但是从Hibernate 5.2开始，已不建议使用SQLQurey接口，所以本书只介绍第2种方法。

在映射文件中使用<sql-query>元素可以配置原生SQL，然后在程序代码中通过名称来引用查询。例如，在domain.hbm.xml中配置一个根据姓名查询学生信息的原生SQL：

```
<sql-query name="qryStudentByName">
    <![CDATA[
    select s.* from students s where sname=:name
    ]]>
    <return alias="s" class="zhaozhixuan.domain.Student"></return>
</sql-query>
```

<sql-query>元素是与<class>元素并列的一个元素，其name属性是程序代码中要引用的名称，<return>子元素用于将持久化类与数据表联系在一起，alias属性用于指定数据表的别名。针对上述配置，在程序代码中可以按如下方式获取Query对象，从而使用原生SQL：

```
Query<Student> query = session.getNamedQuery("qryStudentByName");
query.setParameter("name", "赵智暄");
list = query.getResultList();
```

getNamedQuery()方法的参数就是配置文件中<sql-query>元素的name属性值，setParameter()方法用于给SQL语句中的参数赋值。

## 7.5 本章小结

本章介绍了Hibernate框架的基础知识，包括Hibernate开发环境的搭建、配置和使用Hibernate进行数据库操作等。首先从ORM讲起，介绍了ORM的意义以及常见的ORM框架；接下来通过一个简单的应用程序介绍了Hibernate开发环境的搭建，包括下载Hibernate资源包，在Eclipse中引入Hibernate所需的JAR包 ，如何配置Hibernate和映射文件以及Hibernate的工作流程；最后介绍了Hibernate的查询和检索策略。读者应重点掌握的是Hibernate映射文件的配置与使用，以及Hibernate的检索策略。

## 7.6 思考和练习

1. 什么是ORM？常见的ORM框架有哪些？
2. 在Hibernate的配置文件中，与配置数据库连接相关的属性有哪些？
3. 简述Hibernate的框架结构。
4. Hibernate的检索策略有哪些？它们分别是如何实现的？
5. Hibernate针对一对多关联关系是如何配置映射文件的？

# 第 8 章

# Hibernate 性能优化

上一章学习了如何使用Hibernate完成持久化操作，但是如果使用不合理，就可能引起很多并发问题或降低应用程序的性能。为了解决这些问题，Hibernate提供了事务和并发控制，并支持缓存机制，本章就重点介绍这些技术。事务与并发控制是保证应用程序正常运行的必要手段，缓存是提高应用程序性能的关键因素。通过本章的学习，读者应掌握Hibernate对事务和并发的处理方式，以及如何在应用程序中应用Hibernate缓存。

**本章学习目标**

- 理解事务的概念
- 了解并发可能引起的问题
- 掌握Hibernate的悲观锁与乐观锁的使用
- 理解Hibernate的缓存机制
- 掌握Hibernate各种缓存的应用

## 8.1　Hibernate事务与并发

通俗来讲，事务是一组原子操作单元，不论成功与否都作为一个整体进行工作。从数据库角度来看，事务就是一组SQL指令，要么全部执行成功，要么因为某个原因导致其中一条指令执行错误，就撤销先前执行过的所有指令。

本节将介绍Hibernate的事务处理机制及并发控制。

### 8.1.1　什么是事务

事务(Transaction)是用户定义的一系列数据库操作，这些操作可以视为一个完整的逻辑处理工作单元，要么全部执行，要么全部不执行，是不可分割的工作单元。在关系数据库中，一个事务可能包括一系列更新数据库记录的SQL操作，而一个完整的事务保证这些操作都被正确地同步到数据库中，不会发生数据的不完整或不一致现象，或者受到其他干扰。

1. 为什么需要事务

数据库中的数据是共享资源，因此数据库系统通常要支持多个用户的或不同应用程序的访问，并且各个访问进程都是独立执行的，这样就有可能出现并发存取数据的现象，这里有点类似Java开发中的多线程安全问题(解决共享变量安全存取问题)，如果不采取一定措施会出现数据异常的情况。

2. 事务的特性

一个逻辑工作单元要成为事务，必须满足事务的ACID(原子性、一致性、隔离性和持久性)特性。

- 原子性(Atomic)：事务的原子性保证事务中包含的一组更新操作是原子的。事务是不可分割的最小的工作单位，事务会把所包含的操作视为一个整体，执行过程中遵循“要么全部执行，要么都不执行”。
- 一致性(Consistent)：事务的一致性要求事务必须满足数据库的完整性约束，且事务执行完毕后会将数据库由一个一致性的状态变为另一个一致性的状态。事务的一致性与原子性是密不可分的。
- 隔离性(Insulation)：在执行并发的数据库操作时，不同的事务操作相同的数据时，每个事务都有自己完整的数据空间。一个事务不会看到或拿到另一个事务正修改到一半的数据，这些数据要么是另一个事务修改前提交的，要么是另一个事务修改后提交的。这个特性用于在执行数据库并发操作过程中，保证所有并发操作的正确性。
- 持久性(Duration)：事务成功提交后，数据就被永久地保存到数据库中，不会因为系统故障而丢失，重新启动数据库系统后，数据仍然保存在数据库系统中。

关系数据库管理系统(RDBMS)实现了事务的这4个特性，它通过系统的日志记录来确定如何实现ACID。也就是说，系统会根据日志记录来回滚错误的数据操作。

实际应用过程中，可以根据不同的环境来选择不同的事务方法。

## 8.1.2 Hibernate Session和事务范围

Hibernate Session是和事务联系在一起的，可以通过Session获取事务的接口，从而进行事务的控制。比如上一章中，在StudentDao的insertStudent()方法中就用到了事务。调用Session对象的beginTransaction()方法，将生成一个Transaction实例并开始一个事务：

```
Transaction ts = session.beginTransaction();
```

Transaction接口是对事务实现的抽象，这些实现包括JDBC事务等。Transaction接口中定义了cimmit()和rollback()两个方法，前者是提交事务的方法，后者是回滚事务的方法。

一个Session实例可以与多个Transaction实例相关联，但一个特定的Session实例在任何时候必须与至少一个未提交的Transaction实例相关联。

上一章我们介绍过，SessionFactory对象的创建和销毁比较消耗资源，它是线程安全的对象，通常只创建一次；而Session对象是轻量级的，它是非线程安全的，对于单个业务进程、单个工作单元而言，它只被使用一次，然后就被丢弃，只有在需要的时候，Session才会获取JDBC的一个Connection(或一个Datasource)对象，所以我们可以放心打开和关闭Session，但也不建议频繁打开和关闭Session。在单个线程中，不要因为一次数据库操作，就打开和关闭Session。

此外我们还要考虑数据库事务。数据库事务应该尽可能短，降低数据库锁定造成的资源争用，长事务会导致应用程序无法扩展到高的并发负载。那么该如何划分数据库事务的边界呢？

最常用的模式是每个请求一个会话(session-per-request)，在客户端请求被发送到服务器端的时候(即Hibernate持久化层)，一个新的Hibernate Session应该被开启，并执行操作单元中所有的数据库操作。一旦操作完成，Session被同步关闭。也可以使用单个数据库事务来处理客户端请求，在打开Session之后启动事务，在关闭 Session之前提交事务。会话和请求之间的关系是一对一的关系，这种模式对于大多数应用程序来说是很棒的。

## 8.1.3 并发控制

并发是指同一个时间段内多个事务共同请求同一个资源。并发控制是确保及时纠正由并发操作导致的错误的一种机制。

通俗来讲，就是保证多个线程同时对某一对象进行操作时不会出错。比如两个火车票售票点，同时对某天某次列车的一个坐席票进行售卖，如果不加以并发控制，那么就会出现同时发售两张相同的车票这种错误。

### 1. 并发可能引起的问题

如果没有锁定且多个用户同时访问一个数据库，那么当他们的事务同时使用相同的数据时可能会发生问题。由于并发操作带来的数据不一致性包括：丢失数据修改、读“脏”数据(脏读)、不可重复读、虚读等。

假设数据表中有如表8-1所示的一条记录。

表8-1 数据表中的某条记录

| ID | 车次 | 日期 | 余票 |
|---|---|---|---|
| 98123 | G1234 | 2017-03-01 | 50 |

下面我们先来看看并发可能引起的问题。

1) 第一类丢失更新(lost update)

在完全未隔离事务的情况下，两个事务更新同一条数据，某一事务异常终止，回滚造成另一个完成的更新也同时丢失，如表8-2所示。

表8-2　第一类丢失更新场景

| 时刻 | 事务1 | 事务2 |
|---|---|---|
| T1 | 开启事务 | |
| T2 | | 开启事务 |
| T3 | 取出数据　余票=50 | |
| T4 | | 取出数据　余票=50 |
| T5 | 更新数据　余票=46 | |
| T6 | | 更新数据 余票=49，并提交事务 |
| T7 | 回滚事务 | |

从表8-2中可以看出，在T1时刻开启了事务1，在T2时刻开启了事务2；在T3时刻，事务1从数据库中取出了ID="98123"的数据，在T4时刻事务2取出了同一条数据，在T5时刻事务1将“余票”字段更新为46，在T6时刻事务2更新“余票”为49并提交了数据。但是，在T7时刻事务1回滚了事务，“余票”最后的值依然为50，事务2的更新丢失了，这种情况就叫作“第一类丢失更新(lost update)”。

2) 脏读(dirty read)

如果第二个事务查询到第一个事务还未提交的更新数据，就会形成脏读，如表8-3所示。

表8-3　脏读场景

| 时刻 | 事务1 | 事务2 |
|---|---|---|
| T1 | 开启事务 | |
| T2 | | 开启事务 |
| T3 | 取出数据　余票=50 | |
| T4 | 更新数据　余票=46 | |
| T5 | | 取出数据　余票=50 |
| T6 | 回滚事务 | |

在T1时刻开启了事务1，在T2时刻开启了事务2，在T3时刻，事务1从数据库中取出了ID="98123"的数据，在T4时刻事务1将“余票”的值更新为46，但是事务还未提交，在T5时刻事务2读取同一条记录，获得“余票”的值为50，这是由于事务1还未提交。若在T6时刻事务1回滚了事务，事务2读取的数据就是错误的数据(脏数据)，这种情况就叫“脏读(dirty read)”。

3) 虚读(phantom read)

一个事务执行两次查询操作，第二次的结果集包含第一次中没有的记录，或者某些行已被删除，造成两次查询的结果不一致。这是由于另一个事务在这两次查询中间插入或删除了数据造成的，如表8-4所示。

表8-4　虚读场景

| 时刻 | 事务1 | 事务2 |
|---|---|---|
| T1 | 开启事务 | |
| T2 | | 开启事务 |
| T3 | 查询数据，有一条记录(ID为98123) | |

(续表)

| 时刻 | 事务1 | 事务2 |
|---|---|---|
| T4 | | 删除了ID为98123的记录 |
| T5 | | 提交事务 |
| T6 | 回滚事务 | |

在T1时刻开启了事务1，在T2时刻开启了事务2，在T3时刻事务1从数据库中按日期和车次查询记录，只有一条(ID为98123)，在T4时刻事务2在数据库中删除了ID为98123的记录，在T5时刻事务2提交事务，在T6时刻事务1再次查询数据时，记录没有了。这种情况就叫“虚读(phantom read)”，也叫幻读。

4) 不可重复读(unrepeated read)

一个事务两次读取同一行数据，结果得到不同状态的结果，比如中间正好有另一个事务更新了数据，两次结果相异，不可信任，如表8-5所示。

表8-5 不可重复读场景

| 时刻 | 事务1 | 事务2 |
|---|---|---|
| T1 | 开启事务 | |
| T2 | | 开启事务 |
| T3 | 取出数据 余票=50 | |
| T4 | | 查询数据 余票=50 |
| T5 | | 更新数据 余票=49 |
| T6 | | 提交事务 |
| T7 | 查询数据 余票=49 | |

在T1时刻开启了事务1，在T2时刻开启了事务2，在T3时刻，事务1从数据库中取出了ID="98123"的数据，此时余票=50，在T4时刻事务2查询同一条数据，在T5时刻事务2更新数据余票=49，在T6时刻事务2提交事务，在T7时刻事务1再次查询同一条数据，发现数据与第一次不一致。这种情况就是“不可重复读(unrepeated read)”。

5) 第二类丢失更新(second lost updates)

这种情况是不可重复读的特殊情况，如果两个事务读取同一行数据，然后两个都进行写操作并提交，那么第一个事务所做的修改就会丢失，如表8-6所示。

表8-6 第二类丢失更新场景

| 时刻 | 事务1 | 事务2 |
|---|---|---|
| T1 | 开启事务 | |
| T2 | | 开启事务 |
| T3 | 更新数据 余票=45 | |
| T4 | | 更新数据 余票=49 |
| T5 | 提交事务 | |
| T6 | | 提交事务 |

在T1时刻开启了事务1，在T2时刻开启了事务2，在T3时刻事务1更新数据余票=45，在T4时刻事务2更新数据余票=49，在T5时刻事务1提交事务，在T6时刻事务2提交事务，把事

务1的更新覆盖了。这种情况就是“第二类丢失更新(second lost updates)”。

2. 数据库事务隔离级别

为了解决数据库事务并发运行时的各种问题，数据库系统提供了4种事务隔离级别。

(1) Serializable：可串行化，这是最高的隔离级别，可以避免幻读。要求非常高，需要在读取的每一行数据上加锁。例如：如果一个事务已经在操作某行数据了，那么另一个事务如果也想操作这行数据，不管它的操作会不会与第一个事务的操作发生冲突，它都必须停下来，等待第一个事务结束，这个事务才能恢复运行。一般很少使用该隔离级别。

(2) Repeatable Read：可重复读，数据库的默认事务隔离级别，保证在同一事务中多次读取同样的数据结果是相同的(不允许其他事务执行删除或更新操作)，但可能有幻读发生。即开始读取某一范围的数据，该级别不允许其他事务对这些数据执行删除和更新操作，但另一事务可能插入了新的记录，所以可能会产生幻读。

(3) Read Committed：读已提交，如果设置为这个级别，那么一个事务只能读取被提交的数据。如果数据在被另一个事务更改而事务未被提交，那么其他事务是看不到该数据的。这能够避免脏读问题。但是，如果一个事务执行同一个查询两次，但是在两次查询期间，其他事务更新或删除了数据，那么两个查询的结果会不一样，可能出现不可重复读问题。

(4) Read Uncommitted：读未提交，如果设置为这个级别，当某个事务新插入了数据或更新了数据，但是这个事务还没有提交时，那么另一个事务能看到这些新插入或修改的尚未提交的数据。如果第一个事务失败而回滚操作，那么第二个事务中查询语句的结果就会发生脏读，所以设置为读未提交级别不能避免脏读问题。

隔离级别越高，并发性能越低，二者之间的关系如图8-1所示。

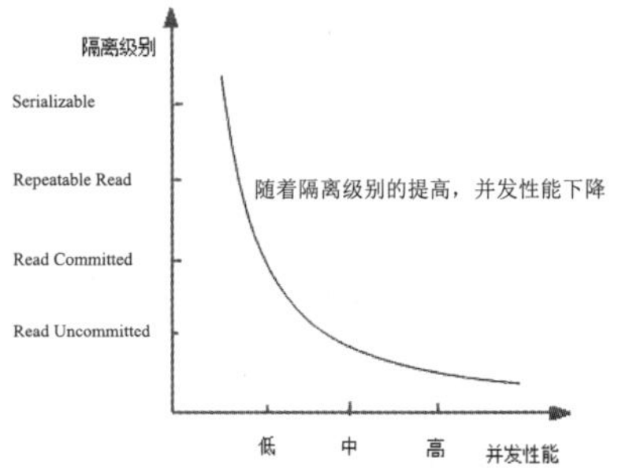


图8-1　隔离级别与并发性能的关系

不同隔离级别可以解决的问题，如表8-7所示。

表8-7　不同隔离级别解决的并发问题

| 隔离级别 | 第一类丢失更新 | 脏读 | 虚读 | 不可重复读 | 第二类丢失更新 |
|---|---|---|---|---|---|
| Serializable | 解决 | 解决 | 解决 | 解决 | 解决 |
| Repeatable Read | 解决 | 解决 | 不能解决 | 解决 | 解决 |
| Read Committed | 解决 | 解决 | 不能解决 | 不能解决 | 不能解决 |
| Read Uncommitted | 解决 | 不能解决 | 不能解决 | 不能解决 | 不能解决 |

在Hibernate中，可以通过配置文件显式地配置数据库事务隔离级别。每一个隔离级别用一个整数表示。

- 8：Serializable(可串行化)
- 4：Repeatable Read(可重复读)
- 2：Read Committed(读已提交)
- 1：Read Uncommitted(读未提交)

在hibernate.cfg.xml中使用hibernate.connection.isolation参数配置数据库事务隔离级别，示例代码如下：

```
<session-factory>
        <property name="hibernate.connection.isolation">4</property>
</session-factory>
```

当数据库系统采用Read Committed隔离级别时，会导致不可重复读和第二类丢失更新的并发问题。在可能出现这种问题的场合，还可以在应用程序中采用悲观锁或乐观锁来避免这类问题。

3. 悲观锁

锁就是防止其他事务访问指定资源的手段。锁是实现并发控制的主要方法，是多个用户能够同时操纵同一个数据库的数据而不发生数据不一致现象的重要保障。

悲观锁，顾名思义，假定当前事务操纵数据资源时，肯定还有其他事务同时访问该数据资源，为了避免当前事务的操作受到干扰，先锁定资源。

无论事务间操作是否有冲突，使用悲观锁都会有额外的开销，且影响并发性能，因此通常不推荐使用。但是有些特殊情况，如为了严格避免死锁而使用悲观锁，可以实质性地解决问题。

在Hibernate中使用悲观锁十分容易，Session类的get()、load()和lock()方法都有可以设置LockMode或LockOptions的重载方法，Query类也提供了setLockMode()方法来设置锁的模式，可设置的悲观锁的级别如下。

- LockMode.PESSIMISTIC_FORCE_INCREMENT：对于带版本号的实体，它迫使实体的版本递增。这是Hibernate 5以后新增的，作为早期版本中LockMode. FORCE的替换级别。
- LockMode.NONE：不加锁，这是默认的锁定模式。但是，如果缓存中没有要检索的数据，会自动地采用READ共享锁模式访问数据库。
- LockMode.READ：使用版本检查机制，不从缓存中读取数据，直接访问数据库。当Hibernate被设置为可重复读级别或可串行化级别时，Hibernate将自动使用这种锁模式来读取数据。
- LockMode.WRITE：当向数据库中插入或更新数据时，Hibernate会自动使用这种锁，这种锁机制只作为内部使用，不能作为load()和lock()的参数。
- LockMode.PESSIMISTIC_WRITE：使用数据库的悲观锁。默认情况下，数据库使用共享锁来执行查询操作。使用了悲观锁后，Hibernate检索数据时使用的查询语句后面都有for update，代表为检索操作加锁。其他事务，无论读操作还是写操作，都无法访问相关的数据，它是早期版本中LockMode.UPGRADE的替代级别。
- LockMode.UPGRADE_NOWAIT：类似于LockMode.UPGRADE，但是使用for update nowait进行加锁，nowait说明执行该查询语句时，如果不能立刻获得悲观锁，那么不会等待其他事务释放锁，而是抛出异常。

例如，如果要修改院系编号为5010的院系名称，可使用如下代码：

```
Department d=null;
Session session = null;
try {
    session = factory.openSession();
    Transaction ts=session.beginTransaction();
    d=(Department)session.load(Department.class, 5010L,LockMode.PESSIMISTIC_WRITE);
    d.setDname("法律系");
    session.update(d);
    ts.commit();
} finally {
    if (session != null)
        session.close();
}
```

执行上述代码时，可以看到控制台输出的查询语句使用for update进行加锁，如图8-2所示。

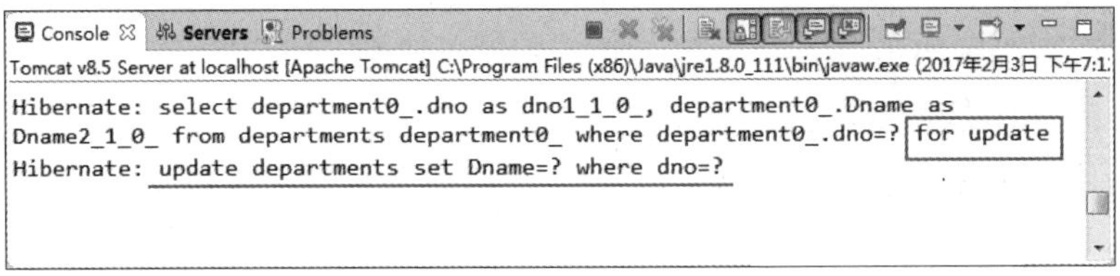
Console
Servers
Problems
Tomcat v8.5 Server at localhost [Apache Tomcat] C:\Program Files (x86)\Java\jre1.8.0_111\bin\javaw.exe (2017年2月3日 下午7:1
Hibernate: select department0_.dno as dno1_1_0_, department0_.Dname as
Dname2_1_0_ from departments department0_ where department0_.dno=? for update
Hibernate: update departments set Dname=? where dno=?

图8-2　使用悲观锁的示例

4. 乐观锁

相对于悲观锁而言，乐观锁机制采取了更加宽松的加锁机制。悲观锁大多数情况下依靠数据库的锁机制实现，以保证操作最大程度上的独占性。但随之而来的就是数据库性能的大幅降低，特别是对于长事务而言，这样的开销往往无法承受。乐观锁机制在一定程度上解决了这个问题。

Hibernate为乐观锁提供了3种实现：基于version的乐观锁、基于timestamp的乐观锁和为遗留项目添加乐观锁。

1) 基于version的乐观锁

乐观锁大多基于数据版本(version)记录机制而实现。所谓数据版本，就是为数据增加一个版本标识，在基于数据库表的版本解决方案中，一般是通过为数据库表增加一个version字段来实现。读取数据时，将版本号一同读出，更新数据时，对此版本号进行加一。此时，将提交数据的版本数据与数据库表对应记录的当前版本信息进行比较，如果提交的数据版本号大于数据库表的当前版本号，则予以更新，否则认为是过期数据。

使用基于version(版本)的乐观锁的步骤如下。

**01** 在数据表中增加version字段，该字段的类型必须是数字类型，如long、integer等。如果此时表中已有数据，可设置该字段的默认值为0。

**02** 在该表对应的持久化类中增加相应类型的version属性，并提供getter和setter方法。

**03** 在映射文件中配置该字段和属性的映射关系，配置version字段与属性的关系时需要使用<version>元素，并且必须写在<id>元素的下面、<property>元素的上面，如下所示：

```
<class name="zhaozhixuan.domain.Department" table="departments">
    <id name="dno">
        <generator class="assigned" />
    </id>
    <version name="version" column="version" type="integer"/>
    <property name="dname" column="Dname" />
</class>
```

基于version的乐观锁是通过程序来实现的锁定机制，如果一个事务更改了版本信息，那么另一个事务必须先获得新版本号后，才能进行数据操作，这一点不利于程序的安全性。如果非法用户得知目前数据表记录的版本号，那么就可以通过手动递增版本号的形式来恶意操纵数据。

2) 基于timestamp的乐观锁

基于timestamp(时间戳)的乐观锁，其原理与版本控制类似，所不同的是，基于timestamp的乐观锁是在数据表中增加一个时间类型的版本号。相比数字类型的版本号，这种控制技术的安全性不高。

**❖ 说明：**

虽然理论上同时发出的两个事务线程可以同时取得数据库中的同一记录，但事实上发生这种情况的可能性非常小。

使用基于时间戳的乐观锁的步骤如下。

01 首先，需要在数据表中增加一个时间戳类型(timestamp)的字段，字段名可以任意(如modifyTime)。如果此时表中已有数据，可设置该字段默认值为sysdate。

02 在该表对应的持久化类中增加Date类型的属性modifyTime，并提供getter和setter方法。

03 在映射文件中使用<timestamp>配置该字段和属性的映射关系，<timestamp>元素和<version>元素的位置一样，并且二者不能同时出现在一个<class>元素中。

```
<timestamp name="modifyTime" column="modifyTime"/>
```

3) 为遗留项目添加乐观锁

对于遗留项目，由于各种原因无法为原有的数据表添加version或timestamp字段，这时不可以使用上面两种方式配置乐观锁，Hibernate为这种情况提供了另一种实现方式：通过<class>元素的“optimisitic-lock”属性指定乐观锁，该属性的可取值有4个：none(无乐观锁)、version(通过版本机制实现乐观锁)、dirty(通过检查发生过变动的属性实现乐观锁)、all(通过检查所有属性实现乐观锁，即该记录所有的字段都为版本控制信息)。

**❖ 提示：**

当optimistic-lock属性值为all或dirty时，需要将<class>元素的dynamic-update属性设置为true。动态生成的update语句只更新变化的字段。

在实际项目应用中，应该根据实际需求来确定使用并发控制的悲观锁和乐观锁。对于数据访问频率较低，并且一旦产生冲突后果极其严重的情况，应该使用悲观锁；对于性能和效率要求较高，或者数据访问频率较高，即使发生数据冲突后果也不是很严重的情况，可以使用乐观锁。

# 8.2 Hibernate缓存

Hibernate是一个持久层框架，经常访问物理数据库。为了降低应用程序对物理数据源访问的频次，从而提高应用程序的运行性能，Hibernate提供了缓存机制。

## 8.2.1 Hibernate缓存概述

缓存的介质一般是内存，所以读写速度很快；但如果缓存中存放的数据量非常大，也会用硬盘作为缓存介质。缓存的实现不仅要考虑存储的介质，还要考虑管理缓存的并发访问和缓存数据的生命周期。

### 1. 简介

Hibernate缓存包括两大类：Hibernate一级缓存和Hibernate二级缓存。

第一级缓存为Session级别的缓存，第二级缓存为SessionFactory级别的缓存，还有人认为存在第三级缓存，即查询缓存。

缓存内的数据是对物理数据源中的数据的复制，应用程序在运行时从缓存读写数据，在特定的时刻或事件会同步缓存和物理数据源的数据。接下来将具体介绍Hibernate的几种缓存的使用。

### 2. 缓存的范围

缓存的范围决定了缓存的生命周期以及可以被谁访问。缓存的范围分为三类。

(1) 事务范围。缓存只能被当前事务访问。缓存的生命周期依赖于事务的生命周期，当事务结束时，缓存也就结束生命周期。在此范围内，缓存的介质是内存。事务可以是数据库事务或应用事务，每个事务都有独自的缓存，缓存内的数据通常采用相互关联的对象形式。

(2) 进程范围。缓存被进程内的所有事务共享。这些事务有可能是并发访问缓存，因此必须对缓存采取必要的事务隔离机制。缓存的生命周期依赖于进程的生命周期，进程结束时，缓存也就结束了。进程范围的缓存可能会存放大量的数据，所以存放的介质可以是内存或硬盘。缓存内的数据既可以是相互关联的对象形式，也可以是对象的松散数据形式。松散的对象数据形式有点类似于对象的序列化数据，但是对象分解为松散的算法比对象序列化的算法更快。

(3) 集群范围。在集群环境中，缓存被一个机器或多个机器的进程共享。缓存中的数据被复制到集群环境中的每个进程节点，进程间通过远程通信来保证缓存中数据的一致性，缓存中的数据通常采用对象的松散数据形式。对于大多数应用来说，应该慎重地考虑是否需要使用集群范围的缓存，因为访问的速度不一定会比直接访问数据库数据的速度快多少。

持久化层可以提供多种范围的缓存。如果在事务范围的缓存中没有查到相应的数据，还可以到进程范围或集群范围的缓存内查询。如果还是没有查到，那么只有到数据库中查询。事务范围的缓存是持久化层的第一级缓存，通常是必需的；进程范围或集群范围的缓存是持久化层的第二级缓存，通常是可选的。

## 8.2.2 应用一级缓存

Hibernate一级缓存又称为“Session的缓存”。由于Session对象的生命周期通常对应一个数据库事务或应用事务，因此它的缓存是事务范围的缓存。第一级缓存是必需的，不允许而且事实上也无法卸除。在第一级缓存中，持久化类的每个实例都具有唯一的OID。

使用Session的如下方法时，数据对象就被加载到一级缓存了。

- save()、update()、saveOrUpdate()：保存、更新、保存或更新方法。
- load()、get()、createQuery()：查询指定的对象或创建查询对象，进而查询指定对象。

当Session的flush()方法被调用时，对象的状态会和数据库取得同步。如果不希望此同步操作发生，或者正处理大量对象、需要对内存进行有效管理时，可以调用如下方法，从一级缓存中去掉这些对象及其集合。

- evict()：从缓存中清空指定属性类型的持久化对象。
- clear()：清空缓存中的所有数据。

如果不希望通过对象的状态变化来更新数据库中的数据，可以使用evict()方法。使用了该方法后，将释放该对象占用的系统内存，在第二次加载该对象时，将从数据库中重新加载记录数据。除了上述方法以外，还可以使用contains()方法判断指定的对象是否存在于一级缓存中。

下面编写一个按学号查询学生信息的方法，演示Hibernate的一级缓存，代码如下：

```
public Student queryStudentsBySno(Long sno) throws Exception {
    Student stu = null;
    Session session = null;
    Transaction tx=null;
    try {
        session = factory.openSession();
        tx=session.beginTransaction();
        stu=session.get(Student.class, sno);
        System.out.println("stu.getSname():" +stu.getSname());
        tx.commit();
        //开启新事务
        tx=session.beginTransaction();
        Student stu2=session.get(Student.class, sno);
        System.out.println("stu2.getSname():" +stu2.getSname());
        tx.commit();
    } catch (Exception e) {
        e.printStackTrace();
        if(tx!=null)tx.rollback();
    }finally {
        if (session != null)
```

```
            session.close();
        }
        System.out.println("Session关闭,重新开始新的Session");
        session = factory.openSession();
        stu=session.get(Student.class, sno);
        System.out.println("stu.getSname():" +stu.getSname());
        return stu;
    }
```

调用该方法时，控制台的输出信息如图8-3所示。

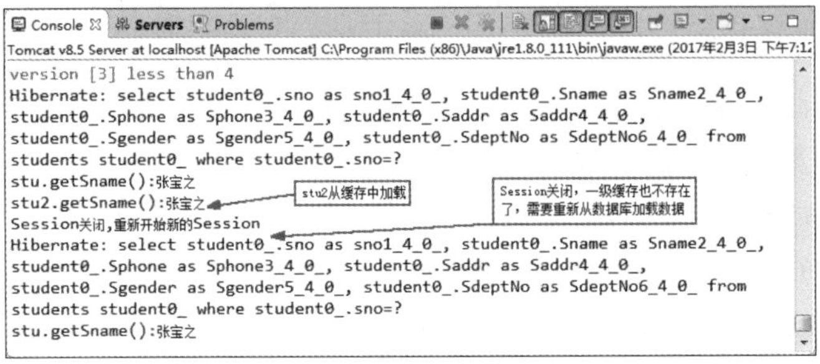
Console Servers Problems
Tomcat v8.5 Server at localhost [Apache Tomcat] C:\Program Files (x86)\Java\jre1.8.0_111\bin\javaw.exe (2017年2月3日 下午7:1
version [3] less than 4
Hibernate: select student0_.sno as sno1_4_0_, student0_.Sname as Sname2_4_0_,
student0_.Sphone as Sphone3_4_0_, student0_.Saddr as Saddr4_4_0_,
student0_.Sgender as Sgender5_4_0_, student0_.SdeptNo as SdeptNo6_4_0_ from
students student0_ where student0_.sno=?
stu.getSname():张宝之
stu2.getSname():张宝之
stu2从缓存中加载
Session关闭，一级缓存也不存在了，需要重新从数据库加载数据
Session关闭,重新开始新的Session
Hibernate: select student0_.sno as sno1_4_0_, student0_.Sname as Sname2_4_0_,
student0_.Sphone as Sphone3_4_0_, student0_.Saddr as Saddr4_4_0_,
student0_.Sgender as Sgender5_4_0_, student0_.SdeptNo as SdeptNo6_4_0_ from
students student0_ where student0_.sno=?
stu.getSname():张宝之

图8-3　测试一级缓存

程序中，第一次调用get()方法时，Hibernate先检索缓存中是否有该查找对象。发现没有，Hibernate发送SELECT语句到数据库中取出相应的对象，然后将该对象放入缓存中，以便下次使用。第二次调用get()方法时，Hibernate发现缓存中有要查找的对象，所以就从缓存中取出来，不再去数据库中检索。try/catch/finally语句结束后，Session关闭了，缓存也就不存在了，后面重新开启新的会话。调用get()方法时，就需要再次发送SELECT语句到数据库中去检索相应的对象。

**❖ 提示：**

Session缓存中存放的数据量很少，当数据超过一定数量或达到内存限定的数目后会导致系统异常。因此，当在项目中应用了缓存而在进行大数据量的操作时，必须采取必要的手段避免这种情况的发生，如每加载100条数据，立即处理一次，然后清空缓存，再进行数据加载。

## 8.2.3 应用二级缓存

Hibernate二级缓存又称为“SessionFactory的缓存”。该级别的缓存又可进一步分为两级：内置缓存和外置缓存。

- 内置缓存：SessionFactory的内置缓存和Session的缓存在实现方式上比较相似，前者是SessionFactory对象的一些集合属性包含的数据，后者是指Session的一些集合属性包含的数据。SessionFactory的内置缓存中存放了映射元数据和预定义SQL语句，映射元数据是映射文件中数据的副本，而预定义SQL语句是在Hibernate初始化阶段根据映射元数据推导出来的。SessionFactory的内置缓存是只读的，应用程序

不能修改缓存中的映射元数据和预定义SQL语句，因此，SessionFactory不需要进行内置缓存与映射文件的同步。

- 外置缓存：SessionFactory的外置缓存是一个可配置的插件。默认情况下，SessionFactory不会启用这个插件。外置缓存的数据是数据库数据的副本，外置缓存的介质可以是内存或硬盘。很多书中所说的Hibernate二级缓存指的就是SessionFactory的外置缓存。

本书要介绍的二级缓存指的就是SessionFactory的外置缓存。

由于SessionFactory对象的生命周期和应用程序的整个过程对应，因此Hibernate二级缓存是进程范围或集群范围的缓存，有可能出现并发问题，需要采用适当的并发访问策略，该策略为被缓存的数据提供了事务隔离级别。Hibernate支持的二级缓存策略如表8-8所示。

表8-8　Hibernate二级缓存的并发策略

| 策略名称 | 说明 |
|---|---|
| transactional | 事务型：仅适用于受管理的环境中，可以防止脏读和不可重复读的并发问题，适用于经常读取但很少修改的数据 |
| read-write | 读写型：仅适用非集群环境中，可以防止脏读，适用于经常读取、较少修改的数据 |
| nonstrict-read-write | 非严格读写型：不能保证缓存中的数据与数据库中的数据一致，通过设置较短的数据过期时间来避免脏读，适用于极少修改并且偶尔会出现脏读的数据 |
| read-only | 只读型：只适用于从来不会修改的数据 |

上述4种策略中，避免并发问题的隔离级别从上往下事务型最高，只读型最低；相应的性能则恰好相反。使用哪一种策略需要根据实际项目需求来决定。

Hibernate并没有提供相应的二级缓存的组件，所以需要引入额外的二级缓存包，常用的二级缓存包是EhCache。在下载的Hibernate资源包中可以找到所需的JAR包，位于lib/optional/ehcache目录，我们使用的Hibernate 5.2.7版本，EhCache的JAR包有3个：ehcache-2.10.3.jar、hibernate-ehcache-5.2.7.Final.jar和slf4j-api-1.7.7.jar。

EhCache是一个纯Java的进程内缓存框架，具有快速、精干等特点，是Hibernate中默认的Cache Provider。下面就以EhCache为例介绍Hibernate二级缓存的应用。

01 在项目中引入EhCache的JAR包。

02 在hibernate.cfg.xml配置文件中添加二级缓存相关的配置属性，如下所示：

```
<!-- 开启二级缓存 -->
<property name="hibernate.cache.use_second_level_cache">true</property>
<!-- 二级缓存的提供类 -->
<property name="hibernate.cache.region.factory_class">
        org.hibernate.cache.ehcache.EhCacheRegionFactory
</property>
<!-- 二级缓存配置文件的位置 -->
<property name="hibernate.cache.provider_configuration_file_resource_path">
        ehcache.xml
</property>
```

03 在项目的src目录中创建EhCache的配置文件ehcache.xml，示例代码如下：

```
<ehcache>
    <!--指定二级缓存在磁盘上的存放位置-->
    <diskStore path="user.dir"/>        <!--用户当前工作目录-->
    <!--默认的缓存配置-->
    <defaultCache
        maxElementsInMemory="10000"
        eternal="false"
        timeToIdleSeconds="120"
        timeToLiveSeconds="120"
        overflowToDisk="true"    /
        />
    <!--可以给每个实体类指定一个缓存配置，通过name属性指定-->
    <cache name="zhaozhixuan.domain.Student"
        maxElementsInMemory="10000"
        eternal="false"
        timeToIdleSeconds="300"
        timeToLiveSeconds="600"
        overflowToDisk="true"
        />
</ehcache>
```

其中，各元素的使用说明如下。

- <diskStore>：指定数据存储位置或使用如下几个常量，即user.home(用户home目录)、user.dir(用户工作目录)、java.io.tmpdir(系统默认的temp目录)。
- <defaultCache>：设置缓存的默认数据过期策略。如果一个实体类被配置使用二级缓存，而又没有匹配的命名缓存，则使用这个默认的缓存配置。
- <cache>：该元素用来设置命名缓存的数据过期策略。每个命名缓存代表一个缓存区域，命名缓存机制允许用户在每个类以及类的每个集合的粒度上设置数据过期策略。

<defaultCache>元素和<cache>元素的很多属性是一样的，常用的属性包括：eternal属性指定是否永不过期，true为不过期，false为过期；maxElementsInMemory属性用于设置缓存对象的最大数目；timeToldleSeconds属性设置对象在多长时间内没有被访问就会失效；timeToLiveSeconds属性设置对象处于缓存状态的最大秒数，只对eternal为false的有效，默认值为0，表示一直可以访问；overflowToDisk属性设置内存溢出时是否将溢出对象写入硬盘；maxElementsOnDisk属性设置在磁盘上缓存的元素的最大数目，默认值为0，表示不限制；memoryStoreEvictionPolicy属性设置如果内存中的数据超过内存限制，向磁盘缓存时的策略，默认值为LRU(Least Recently Used，最近最少使用)，可选值有FIFO(First In First Out，先进先出)和LFU(Less Frequently Used，最少使用)。

04 在持久化对象的映射文件中开启二级缓存，仍以学生实体为例。在映射文件中添加<cache>元素，如下所示：

```
<class name="zhaozhixuan.domain.Student" table="students">
    <!-- 开启二级缓存 -->
    <cache usage="read-write" region="zhaozhixuan.domain.Student"/>
```

```
    <id name="sno">
        <generator class="assigned" />
    </id>
    <!-- 省略其他配置 -->
</class>
```

<cache>元素的usage属性的取值为表8-8中的策略名称，但是EhCache插件不支持transactional；region属性的值为ehcache.xml中命名缓存的name属性值，如果没有指定该属性，则使用name名为实体类名的cache，如果不存在与类名匹配的cache，则使用defaultCache。

**❖ 说明：**

<cache>元素只能放在<class>元素的内部，而且必须处在<id>元素的前面，<cache>元素放在哪些<class>元素的下面，就说明会对哪些持久化类进行缓存。

05 测试二级缓存。仍使用上面测试一级缓存的代码，调用两次该方法，控制台输出结果如图8-4所示。

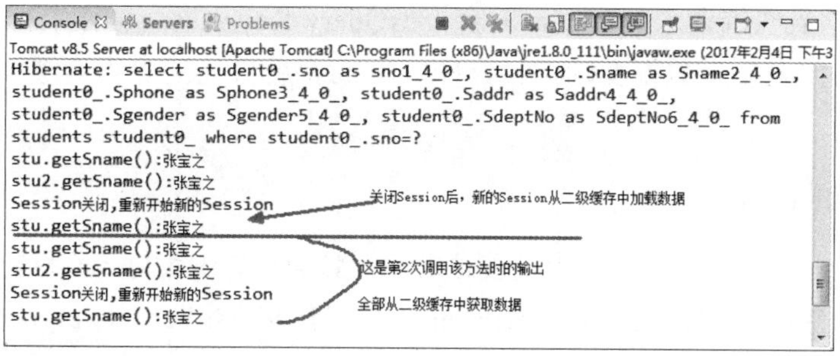
Console Servers Problems
Tomcat v8.5 Server at localhost [Apache Tomcat] C:\Program Files (x86)\Java\jre1.8.0_111\bin\javaw.exe (2017年2月4日 下午3
Hibernate: select student0_.sno as sno1_4_0_, student0_.Sname as Sname2_4_0_,
student0_.Sphone as Sphone3_4_0_, student0_.Saddr as Saddr4_4_0_,
student0_.Sgender as Sgender5_4_0_, student0_.SdeptNo as SdeptNo6_4_0_ from
students student0_ where student0_.sno=?
stu.getSname():张宝之
stu2.getSname():张宝之
Session关闭,重新开始新的Session
stu.getSname():张宝之
stu.getSname():张宝之
stu2.getSname():张宝之
Session关闭,重新开始新的Session
stu.getSname():张宝之
关闭Session后，新的Session从二级缓存中加载数据
这是第2次调用该方法时的输出
全部从二级缓存中获取数据

图8-4 测试二级缓存

**❖ 提示：**

读者测试时如果有语句输出，可能是配置了students和stu_auth之间存在一对一关联关系，因为只缓存了Student，所以控制台可能会出现查询stu_auth的SQL语句。

因为二级缓存是SessionFactory级别的缓存，当我们关闭Session以后，再去查询对象时，Hibernate首先会去二级缓存中查询是否有该对象，有的话就不会再出现SELECT语句了。

二级缓存减少了应用程序对物理数据源的访问次数，大大提高了程序性能，但并不是所有的数据都适合放到二级缓存中，像经常被修改的数据、不允许并发访问的数据(如财务数据)以及与其他应用共享的数据，通常都不适合使用二级缓存。

适合存放到二级缓存中的数据有如下几类：① 很少被修改的数据；② 不是很重要的数据，允许出现偶尔并发的数据；③ 不会被并发访问的数据；④ 常量数据。

## 8.2.4 查询缓存

查询缓存是对普通属性结果集的缓存，对实体对象的结果集只缓存ID。对于经常使用的查询语句，如果启用了查询缓存，当第一次执行查询语句时，Hibernate会把查询结果存放在二级缓存中，以后再次执行该查询语句时，只需从缓存中获得查询结果，从而提高了查询性能。

如果当前关联的表发生修改，那么查询缓存的生命周期将结束。

查询缓存以键值对的方式存储，键为查询的条件语句(具体的键规则应该是：类名+方法名+参数列表)，值为查询之后得到的结果集的ID列表。

查询缓存对query.list()起作用，对query.iterate不起作用，也就是query.iterate不使用查询缓存。

查询缓存的一般过程如下。

(1) 查询缓存保存之前查询执行过的SELECT语句以及结果集等信息，组成一个Query Key。

(2) 当再次遇到查询请求的时候，就会根据Query Key从查询缓存中查找，如果找到就返回，但如果数据表发生数据变动的话，Hibernate就会自动清除查询缓存中对应的Query Key。

### 1. 查询缓存的配置

查询缓存基于二级缓存，使用查询缓存之前，必须首先配置好二级缓存。

在配置了二级缓存的基础上，在Hibernate的配置文件hibernate.cfg.xml中添加如下配置，可以启用查询缓存：

```
<property name="hibernate.cache.use_query_cache">true</property>
```

此外在程序中还必须手动启用查询缓存：

```
query.setCacheable(true);
```

### 2. 测试查询缓存

为了更好地理解查询缓存是对普通属性结果集的缓存，而对实体对象的结果集只缓存ID，我们分几种情况来测试查询缓存。

(1) 开启查询缓存，关闭二级缓存，开启两个Session，查询属性。

在hibernate.cfg.xml文件中开启查询缓存，关闭二级缓存，如下所示：

```
<property name="hibernate.cache.use_query_cache">true</property>
<property name="hibernate.cache.use_second_level_cache">false</property>
```

以学生表为例，编写如下测试代码：

```
public void query(){
    Session session1 = factory.openSession();
    Transaction tx1 = session1.beginTransaction();
```

```
        Query query = session1.createQuery("select s.sname from Student s");
        query.setCacheable(true);
        List names = query.getResultList();
        for(Iterator iter = names.iterator();iter.hasNext();){
            String name = (String)iter.next();
            System.out.print(name+"    ");
        }
        tx1.commit();
        session1.close();
        System.out.println("\nSession关闭,开启新的Session");
        Session session2 = factory.openSession();
        Transaction tx2 = session2.beginTransaction();
        query = session2.createQuery("select s.sname from Student s");
        query.setCacheable(true);
        names = query.getResultList();
        for(Iterator iter = names.iterator();iter.hasNext();){
            String name = (String)iter.next();
            System.out.print(name+"   ");
        }
        tx2.commit();
        session2.close();
    }
```

调用这个测试方法，控制台输出的信息如图8-5所示。

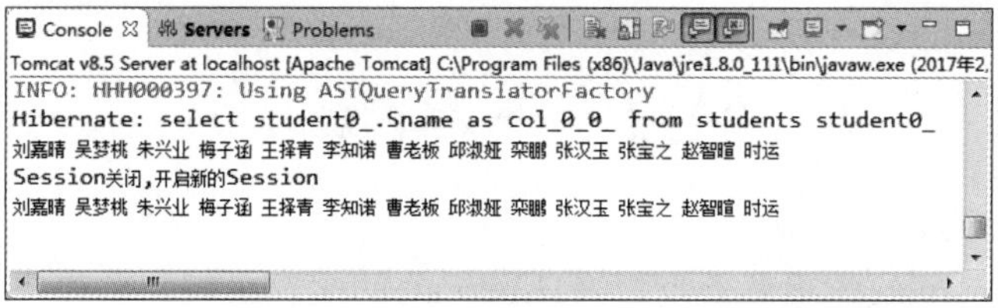
Console
Servers
Problems
Tomcat v8.5 Server at localhost [Apache Tomcat] C:\Program Files (x86)\Java\jre1.8.0_111\bin\javaw.exe (2017年2,
INFO: HHH000397: Using ASTQueryTranslatorFactory
Hibernate: select student0_.Sname as col_0_0_ from students student0_
刘嘉晴 吴梦桃 朱兴业 梅子涵 王择青 李知诺 曹老板 邱淑娅 栾鹏 张汉玉 张宝之 赵智暄 时运
Session关闭,开启新的Session
刘嘉晴 吴梦桃 朱兴业 梅子涵 王择青 李知诺 曹老板 邱淑娅 栾鹏 张汉玉 张宝之 赵智暄 时运

图8-5　使用查询缓存对普通属性结果集进行缓存

从输出结果可以看出，查询缓存起作用了，第二次开启Session查询相同信息，没有去查数据库，因为查询缓存生命周期与Session生命周期无关。

(2) 开启查询缓存，关闭二级缓存，开启两个Session，查询实体对象。

对测试代码稍做修改，将两个Session都改为查询实体对象，对for循环迭代也做相应修改，修改部分的代码如下：

```
Query query = session1.createQuery("from Student");
query.setCacheable(true);
List names = query.getResultList();
for(Iterator iter = names.iterator();iter.hasNext();){
    Student s = (Student)iter.next();
    System.out.print(s.getSname()+" ");
}
```

查询结果如图8-6所示。从输出结果可以看出，第二次查询数据库时，会发出n条SQL语句，因为开启了查询缓存，关闭了二级缓存，查询缓存会缓存实体对象的ID，所以Hibernate会根据实体对象的ID去查询相应的实体。如果缓存中不存在相应的实体，那么将发出根据实体ID查询的SQL语句，否则不会发出SQL语句，使用缓存中的数据。

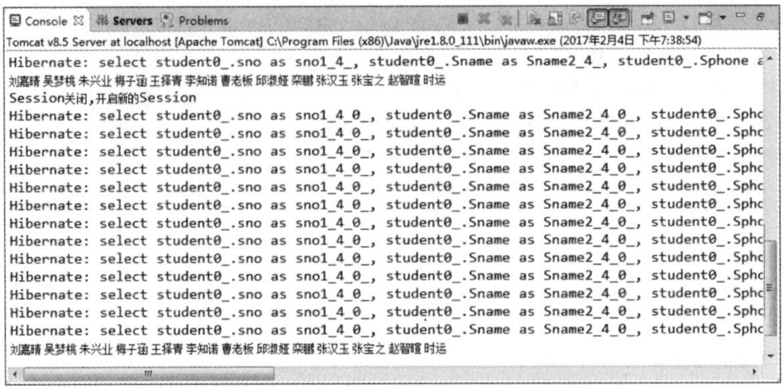


图8-6　使用查询缓存查询实体对象

(3) 开启查询缓存，开启二级缓存，开启两个Session，查询实体对象。

在hibernate.cfg.xml文件中开启查询缓存，开启二级缓存，如下所示：

```
<property name="hibernate.cache.use_query_cache">true</property>
<property name="hibernate.cache.use_second_level_cache">true</property>
```

对于上述查询实体对象的测试代码，结果不同，第二次查询不会发出SQL语句，因为开启了二级缓存和查询缓存。查询缓存缓存了实体对象的ID，Hibernate会根据实体对象的ID到二级缓存中取得相应的数据。

# 8.3　本章小结

本章介绍了Hibernate的事务处理以及Hibernate的缓存机制。首先讲述了事务的概念；然后通过并发可能引起的问题，介绍了Hibernate的并发控制，包括悲观锁与乐观锁；最后讲述了Hibernate的缓存机制，Hibernate的缓存包括一级缓存、二级缓存和查询缓存，合理使用缓存可以大大提升应用程序的性能。通过本章的学习，读者应掌握如何使用事务和并发控制，避免应用程序可能发生的并发问题，合理使用Hibernate缓存提升应用程序的性能。

# 8.4　思考和练习

1. 什么是事务？事务的ACID特性是什么？
2. 简述并发可能引发的问题。
3. Hibernate为乐观锁提供了哪些实现？
4. 缓存的范围有几类？Hibernate的一级缓存是指什么范围？
5. 如何应用查询缓存？

# 第 9 章

# Spring 框架基础

Spring的中文可翻译为春天，因为它极大地简化了开发，给Java程序员带来了春天。Spring是一个以IoC(Inversion of Control，控制反转)和AOP(Aspect Oriented Programming，面向切面编程)为核心的轻量级容器框架。它提供了一系列的Java EE开发解决方案，包括表示层的Spring MVC、持久层的Spring JDBC以及业务层的事务管理等众多的企业级应用技术。Spring的核心代码均来自真实项目，是对开发实践的提炼和升华，这一点决定了Spring框架非常适用于实际应用中的开发设计。Spring框架技术自从问世以来不断得以完善和发展，得到了越来越多开发人员的关注和使用。本书后面的章节将重点学习Spring，本章将介绍Spring框架的基本组成结构、Spring的基本配置以及Spring的IoC等功能。

### 本章学习目标

- 了解Spring框架的特点
- 了解Spring框架的模块结构
- 掌握Spring开发环境的搭建
- 理解Spring IoC的基本思想
- 掌握Bean的装配
- 理解Spring AOP编程思想

## 9.1 Spring框架简介

Spring是一个开放源代码的设计层面框架，它是于2003年兴起的一个轻量级的Java开发框架。由罗德 • 约翰逊(Rod Johnson)创建，其前身为Interface 21框架，后改为了Spring并且正式发布。

## 9.1.1 Spring概述

Spring是为了解决企业应用开发的复杂性而创建的，主要解决了业务逻辑层和其他各层的松耦合问题，因此它将面向接口的编程思想贯穿整个系统应用。它提供了许多有用的特性，例如反转控制(IoC)、依赖注入、抽象数据访问、事务管理等。

### 1. 背景

罗德•约翰逊在2002年编著的*Expert one on one J2EE design and development*一书中，对Java EE系统框架臃肿、低效、脱离现实的种种现状提出了质疑，并积极寻求探索革新之道。以此书为指导思想，他编写了Interface 21框架，这是一个力图冲破J2EE传统开发困境，从实际需求出发，着眼于轻便、灵巧，易于开发、测试和部署的轻量级开发框架。Spring框架即以Interface 21框架为基础，经过重新设计，并不断丰富其内涵，于2004年3月24日发布了1.0正式版。同年他又推出了一部堪称经典的力作*Expert one-on-one J2EE Development without EJB*，该书在Java世界掀起了轩然大波，不断改变着Java开发者进行程序设计和开发的思考方式。在该书中，作者根据自己多年丰富的实践经验，对EJB的各种笨重臃肿的结构进行了逐一分析和否定，并分别以简洁实用的方式替换。至此，一战成功，罗德•约翰逊成为改变Java世界的大师级人物。

传统J2EE应用的开发效率低，应用服务器厂商对各种技术的支持并没有真正统一，导致J2EE应用没有真正实现“Write Once，Run Anywhere”。

Spring致力于J2EE应用的各层的解决方案，而不是仅仅专注于某一层的解决方案。可以说，Spring是企业级应用开发的“一站式”选择，并贯穿表现层、业务层及持久层。然而，Spring并不想取代那些已有的框架，而是与它们无缝地整合。

### 2. 框架特点

Spring框架之所以受到广泛欢迎，与其自身的特性有密切关系。

- 轻量级：从大小与开销两方面而言，Spring都是轻量级的。完整的Spring框架可以在一个大小只有1MB多的JAR文件里发布，并且Spring所需的处理开销也是微不足道的。此外，Spring是非侵入式的，典型的表现就是Spring应用中的对象不依赖于Spring的特定类。
- 方便解耦：Spring通过一种称作控制反转(IoC)的技术促进了低耦合。当应用了IoC时，一个对象依赖的其他对象会通过被动的方式传递进来，而不是这个对象自己创建或查找依赖对象。
- 面向切面编程：Spring提供了对面向切面编程(AOP)的丰富支持，允许通过分离应用的业务逻辑与系统级服务进行内聚性的开发。开发人员只需关注业务逻辑的实现即可。
- 方便集成各种优秀框架：Spring不排斥各种优秀的开源框架，相反，Spring可以降低各种框架的使用难度。Spring提供了对各种优秀框架(如Struts、Hibernate、Hessian、Quartz等)的直接支持。
- MVC：Spring的作用是整合，但不仅限于整合，Spring 框架可以被看成一个企业解决方案级别的框架。客户端发送请求，服务器控制器(由DispatcherServlet实现)完成请求的转发。控制器调用一个用于映射的类HandlerMapping，该类用于将请求映射到对应的处理器来处理请求。HandlerMapping将请求映射到对应的处理器Controller(相当于Action)。在Controller中可以调用一些Service或DAO来进行数据操作，Model和View用于存放从DAO中取出的数据，还可以存放响应视图的一些数据。

- 方便程序测试：可以用非容器依赖的编程方式进行几乎所有的测试工作，在Spring中，测试不再是昂贵的操作，而是随手可做的事情。例如，Spring支持JUnit 4，可以通过注解方便地测试Spring程序。
- 框架：Spring可以将简单的组件配置、组合成为复杂的应用。在Spring中，应用对象被声明式地组合，典型的是在一个XML文件里。Spring也提供了很多基础功能(如事务管理、持久化框架集成等)，将应用逻辑的开发留给开发者。
- 容器： Spring包含并管理应用对象的配置和生命周期，在这个意义上它是一种容器，用户可以配置自己的每个Bean，用户的Bean可以创建一个单独的实例或者每次需要时都生成一个新的实例，以及它们是如何相互关联的。

Spring的所有这些特性使得开发人员能够编写更干净、更好管理并且更易于测试的代码。它们也为Spring中的各种模块提供了基础支持。

## 9.1.2 Spring框架的模块结构

Spring 框架是一个分层架构，由20个定义良好的模块组成。这些模块实现的功能不同，在实际应用中可以根据开发需要，选择合适的一个或多个模块。

这些模块分为核心容器、数据访问/集成、Web、AOP、服务器设备接口、消息处理和测试，如图9-1所示。

Spring的这些模块囊括了Java EE应用中持久层、业务层与表示层的全部解决方案，所有的模块都建立在核心容器之上，核心容器定义了创建、配置和管理Bean的方式。

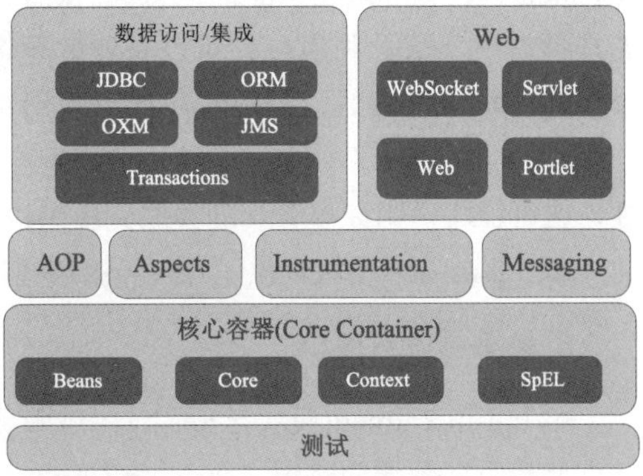


图9-1　Spring框架的模块结构

### 1. 核心容器

Spring的核心容器主要由Beans模块、Core模块、Context模块和SpEL(Spring Expression Language，Spring表达式语言)模块组成。

- Beans模块：Spring将管理对象称为Bean，该模块就是Bean工厂。
- Core模块：提供Spring的基本组成部分，如DI和IOC。
- Context模块：基于Core和Bean来构建，它提供了用一种框架风格的方式来访问对象，有些像JNDI注册表。Context封装包继承了Beans包的功能，还增加了国际化(I18N)、事件传播、资源装载，以及透明创建上下文，例如，通过Servlet容器，以及对大量Java EE特性的支持，如EJB、MX。其核心接口是ApplicationContext。

- SpEL模块：表达式语言模块，提供了在运行期间查询和操作对象的强大能力。支持访问和修改属性值、方法调用，支持访问及修改数组、容器和索引器，命名变量，支持算术和逻辑运算，支持从Spring容器获取Bean，也支持列表投影、选择和一般的列表聚合等。

spring-core和spring-bean模块提供框架的基本部分，包括IoC和依赖注入功能。spring-core的主要组件是 BeanFactory，它是工厂模式的实现。BeanFactory使用控制反转(IoC)模式将应用程序的配置和依赖性规范与实际的应用程序代码分开，降低了各个类之间耦合的紧密度。

IoC是一种软件设计模式：组装器(在此例中为Spring Framework)将在运行时而不是编译时绑定对象。当某些程序逻辑组件(例如Service A)依赖于另一个程序逻辑组件(例如Service B)时，该依赖将在应用程序运行时实现，而不是由Service A直接实例化Service B(这种方式将在编译时绑定对象)。通过使用这种方式，应用程序开发者可以针对一组接口进行编程，这样可以在不同的环境中进行切换，而无须重新编译代码。尽管理论上可以通过许多种方式实现IoC，但依赖注入(Dependency Injection，DI)是最常见的技术。通过使用DI，一段程序代码(Spring Framework中的一个类)可以声明它依赖于另一段程序代码(一个接口)，然后组装器可以在运行时注入它依赖的实例。

### 2. AOP

spring-aop模块直接将AOP(Aspect Oriented Programming，面向切面编程)功能集成到了Spring框架中，可以很容易地使Spring框架管理的任何对象支持AOP。AOP是OOP(Object Oriented Programming，面向对象编程)的延续，是软件开发中的一个热点，是函数式编程的一种衍生范型。利用AOP可以对业务逻辑的各个部分进行隔离，从而使得业务逻辑各部分之间的耦合度降低，提高程序的可重用性，同时提高开发的效率。Spring AOP模块为基于Spring的应用程序中的对象提供了事务管理服务。通过使用 Spring AOP，不用依赖EJB组件，就可以将声明性事务管理集成到应用程序中。

spring-aspects模块提供了与AspectJ的整合。

### 3. 服务器设备接口

spring-instrument模块是Spring针对服务器的代理接口，为应用服务器提供了一流的设备支持和类装载器的实现。spring-instrument-tomcat模块是Spring对Tomcat连接池的集成。

### 4. 消息处理

spring-messaging模块为集成消息处理API和消息协议提供支持，其中定义了消息Message(MessageHeader和body)、消息处理MessageHandler、发送消息MessageChannel。

该模块还包括一组将消息映射到方法的注释。

### 5. 数据访问与集成

数据访问与集成层由JDBC、ORM、OXM、JMS和事务处理模块组成。

spring-jdbc模块提供了有意义的异常层次结构，可用该结构来管理异常处理和不同数据库供应商抛出的错误消息。异常层次结构简化了错误处理，并且极大地降低了需要编写的异常代码量(例如打开和关闭连接)。Spring DAO的面向JDBC的异常遵从通用的DAO异常层次结构。

spring-tx模块为JDBC、Hibernate、JDO、JPA、Beans等提供一致的声明式和编程式事务管理支持。

spring-orm模块提供集成层上流行的ORM的API，包括JPA、JDO、Hibernate，所有这些都遵从Spring的通用事务和DAO异常层次结构。

spring-oxm模块提供支持对象的XML映射实现，如JAXB、Castor、XML Beans、JiBX和XStream。

spring-jms模块(Spring JMS，即Spring Java消息服务)简化了JMS API的使用，JMS可以简单分成两个功能区：消息的生产和消息的消费。在Spring框架4.1之后，该模块还提供了与Spring消息模块的集成。

#### 6. Web

Spring Web层包括spring-web、spring-webmvc、spring-websocket和spring-webmvc-portlet模块，这些模块的用法是本书学习的重点。

spring-web模块提供了基本的面向Web的集成功能，如多个文件上传功能、使用Servlet监听器和面向Web应用程序上下文初始化IoC容器。该模块还包含HTTP客户端和Spring的远程支持网站相关部分，简化了处理大部分请求以及将请求参数绑定到域对象的工作。

spring-webmvc模块(也称为Web Servlet模块)提供了一个完整的MVC解决方案，MVC框架是一个全功能的构建Web应用程序的MVC实现，使用Spring框架的MVC模块进行开发，能够更好地结合IoC容器。模型由JavaBean构成，存放于Map中；视图是一个接口，负责显示模型；控制器表示逻辑代码，是Controller的实现。Spring框架的功能可以用在任何J2EE服务器中，大多数功能也适用于不受管理的环境。

spring-webmvc-portlet模块(也称为Web门户模块)提供MVC实现，用于portlet环境和镜像spring-webmvc模块的功能。

#### 7. 测试

spring-test模块支持单元测试和集成测试，相应的组件为JUnit或TestNG。它统一加载ApplicationContexts和上下文缓存，还提供了可用于隔离测试代码的模拟对象。

### 9.1.3 Spring 5.x新特性

Spring 5于2017年9月发布，标志着自2013年12月以来的第一个主要Spring框架发布。它提供了期待已久的改进，并采用了一种新的编程范式，该范式基于反应性宣言中提出的反应性原则。

Spring 5与Java兼容，集成了jdk 8和jdk 9，为端点和Web应用程序开发提供了一种改变游戏规则的方法。

Spring 5.x版本相比以前版本有了很大改进和升级，主要体现在如下几个方面。

### 1. 升级至Java SE 8和Java EE 7

到目前为止，Spring框架还支持不推荐的Java版本，但是Spring 5已经从遗留的包袱中解放出来了。它的代码库已经过修改，以利用Java 8的特性，并且该框架需要Java 8作为最低的JDK版本。

Spring 5在类路径和模块路径上与Java 9完全兼容，并通过了jdk 9测试套件。

在API级别，Spring 5与Java EE 8技术兼容，并满足Servlet 4.0、BeanValidation 2.0和全新的JSON绑定API的要求。Java EE API的最低要求是Version 7，它为Servlet、JPA和Bean验证API引入了次要版本。

### 2. 反应式规划模型

Spring 5最令人兴奋的新特性是它的反应式编程模型。Spring 5框架是建立在反应基础上的，完全异步和非阻塞。新的事件循环执行模型可以垂直扩展，只需要少量线程。

Spring WebFlux是Spring 5的反应式核心，它为开发人员提供了两种为Spring Web编程设计的编程模型：基于注释的模型和功能性Web框架(WebFlux.fn)。

基于注释的模型是Spring WebMVC的现代替代方案，它建立在被动的基础上，而功能性Web框架是基于@Controller注释的编程模型的替代方案。这些模型运行在相同的反应性基础上，从而使非阻塞HTTP与反应性流API相适应。

### 3. 包清理和Deprecation

Spring 5停止了对一些过时API的支持。Hibernate 3和Hibernate 4被淘汰，取而代之的是Hibernate 5，对Portlet、Velocity、JasperReports、XMLBeans、JDO和Guava的支持也消失了。

Spring 5不再支持beans.factory.access、jdbc.support.nativejdbc、mock.staticmock(来自SpringAspects模块)或web.view.tiles2M。Tiles 3现在是Spring的最低要求。

### 4. Spring核心和容器更新

Spring Framework5改进了组件的扫描和识别方式，从而提高大型项目的性能。

用Javax包中的注释标记的组件与用@index注释的任何类或接口一起添加到索引中。Spring的传统类路径扫描并没有被移除，但仍然是一个回退选项。大型代码库有明显的性能优势，而托管许多Spring项目的服务器将减少启动时间。

Spring 5还增加了对@Nullable的支持，它可以用来指示可选的注入点。@Nullable主要用于IntelliJ IDEA等，但也用于Eclipse和FindBugs，它有助于在编译时处理空值，而不是在运行时发送NullPointerExceptions。

### 5. Kotlin和Spring WebFlux

Kotlin是JetBrains的一种面向对象语言，支持函数式编程。它的主要优点之一是提供了与Java非常好的互操作性。在Spring 5中引入了对Kotlin的专门支持。Kotlin的函数式编程风格是Springwebflux模块的理想匹配，它的新路由DSL利用了功能性Web框架和干净的惯用代码。

6. SpringWebMVC对最新API的支持

WebFlux模块更新许多新功能，但是Spring 5也迎合了那些喜欢继续使用Spring MVC的开发人员。

7. 其他

Spring 5采用了WebMVC的@Controller编程模型，并使用相同的注释。Spring 5新的函数方法将请求委托给处理函数，处理函数接收服务器请求实例并返回反应类型，客户端请求通过与HTTP请求谓词和媒体类型匹配的路由函数路由到处理程序。Spring 5支持JUnit 5，在SpringTestContext框架中实现多个扩展API的灵活性。

## 9.2 从Hello World开始

本节将介绍如何搭建Spring开发环境，并编写一个简单的Hello World程序。

### 9.2.1 下载Spring资源包

在浏览器的地址栏中输入https://repo.spring.io/，出现如图9-2所示界面，按图中操作序号下载资源包。

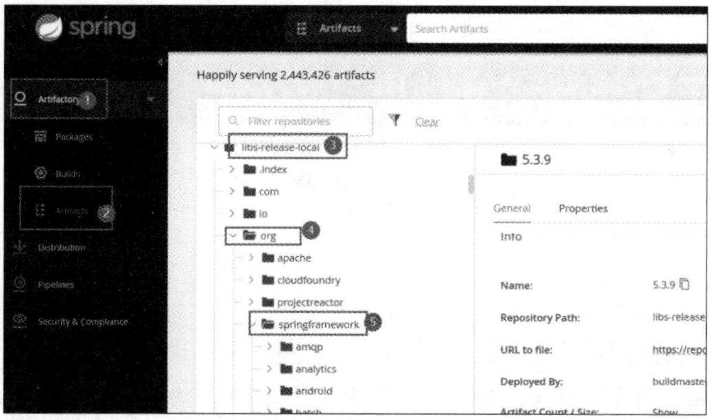


图9-2　下载界面

在Springframework文件夹下找到spring文件夹，在spring文件夹下找到5.3.9，单击即可下载Spring5.3.9资源包，如图9-3所示。

图9-3　下载Spring资源包

解压缩下载到的压缩包，得到如下目录和文件。

- docs：这个目录存放的是Spring使用手册。

- libs：这个目录存放的是Spring 框架的20个模块的二进制发布包、Java文档包和源代码包，如图9-4所示。每个模块都有3个JAR文件(RELEASE.jar结尾的是二进制发布包，RELEASE.javadoc.jar结尾的是Java文档包，RELEASE.sources.jar结尾的是Java源代码)，一共60个JAR文件。
- schema：这个目录存放的是一些XML结构定义文件。
- license.txt：该文件是Spring的使用协议。
- notice.txt：Spring版权的布告文件。
- readme.txt：Spring的自述文件。

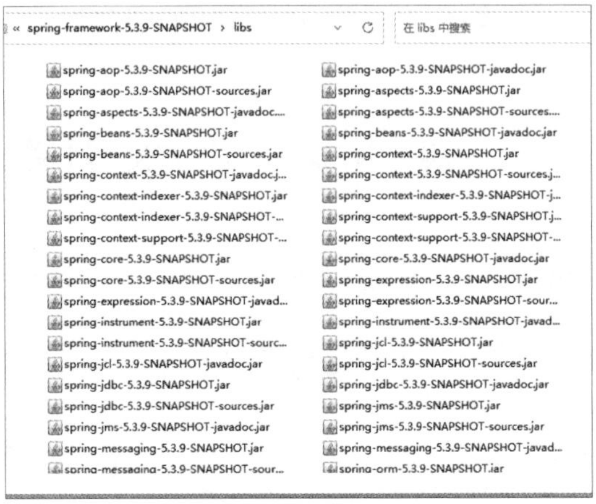


图9-4　spring/libs目录中的JAR文件

## 9.2.2　基于Spring的Hello World

本节将使用Spring框架创建一个简单的Hello World程序，为了简化程序，本例创建的是一个Java工程。

### 1. 下载commons-logging.jar

Spring框架在运行时使用Apache Commons Logging实现日志功能，所以在运行时依赖commons-logging.jar。在开始Hello World程序之前，我们需要先下载该JAR包。

Apache Commons Logging的下载地址为http://commons.apache.org/proper/commons-logging/download_logging.cgi。下载最新的二进制版本压缩包commons-logging-1.2-bin.zip，解压该文件，将其中的commons-logging-1.2.jar文件复制到spring/libs目录中。使用Spring框架开发应用程序时，我们会把该JAR文件同Spring的JAR文件一起引入项目中。

### 2. 新建User Library

参考第7章中创建User Library(Hibernate 5)的方法，为Spring的JAR包也创建一个User Library，名为Spring 5.3.9，其中包括Spring的20个二进制发布包(RELEASE.jar结尾)和commons-logging-1.2.jar。

3. Spring HelloWorld示例

创建步骤如下。

01 在Eclipse中新建一个Java项目SpringHelloWorld。

02 配置项目的构建路径，引入上面新建的User Library——Spring 5.3.9。

03 创建Spring bean。新建名为zhaozhixuan的包，然后在该包中新建HelloWorld.java，完整的代码如下：

```
package zhaozhixuan;
public class HelloWorld {
    private String name;
    public void setName(String name) {
        this.name = name;
    }
    public void printHello() {
        System.out.println("Spring的 Hello World! " +name);
    }
}
```

04 在src根目录中创建Spring配置文件applicationContext.xml，在该文件中声明所有可用的Spring bean：

```
<?xml version="1.0" encoding="UTF-8"?>
<beans xmlns="http://www.springframework.org/schema/beans"
    xmlns:xsi="http://www.w3.org/2001/XMLSchema-instance"
    xsi:schemaLocation="http://www.springframework.org/schema/beans
    http://www.springframework.org/schema/beans/spring-beans-4.3.xsd">

    <bean id="helloWorld" class="zhaozhixuan.HelloWorld">
        <property name="name" value="李知诺" />
    </bean>
</beans>
```

本例只有一个bean，id为helloWorld，对应的类为zhaozhixuan.HelloWorld。IoC会根据这里的配置实例化不同的bean对象，该bean有一个属性，通过配置文件指定属性值。

05 新建一个test类，在main()方法中编写代码以获取HelloWorld实例并调用其方法：

```
package zhaozhixuan;

import org.springframework.context.ApplicationContext;
import org.springframework.context.support.ClassPathXmlApplicationContext;
public class test {
    public static void main(String[] args) {
        ApplicationContext ctx = new ClassPathXmlApplicationContext("applicationContext.xml");
        HelloWorld obj = (HelloWorld) ctx.getBean("helloWorld");
        obj.printHello();
    }
}
```

控制台输出信息如图9-5所示。

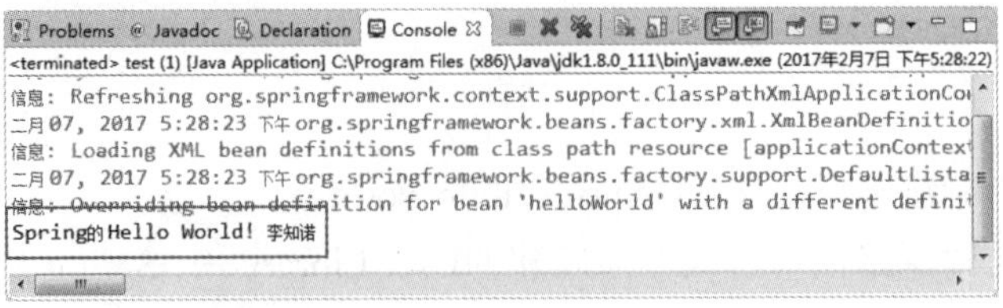


图9-5　Spring HelloWorld的运行结果

初学者可能会感觉通过这个例子看不出Spring框架有什么好处？的确，这只是一个简单的示例，仅用来测试我们的环境搭建成功了，后面会进一步学习Spring的许多优秀技术。事实上，这个项目并不需要Spring的所有JAR包，仅用到了spring-core.jar、spring-beans.jar、spring-context.jar、spring-exception.jar和commons-logging.jar。

# 9.3　Spring IoC

Spring是一个轻量级框架，提供IoC来统一管理各组件之间的依赖关系，从而降低组件间的耦合。作为Spring的核心，IoC到底如何工作呢？本节将解答这个问题。

## 9.3.1　IoC基础

从本章开始我们就一直在提IoC，那么IoC到底是什么？它又有什么作用呢？

### 1. IoC是什么

IoC(Inversion of Control)译为“控制反转”，它是一种设计思想，一条重要的面向对象编程法则，能够指导程序员如何设计出松耦合、更优良的程序。Spring通过IoC容器来管理所有Java对象的实例化和初始化，控制对象与对象之间的依赖关系。将由IoC容器管理的Java对象称为Spring Bean，它与使用关键字new创建的Java对象没有任何区别。

IoC容器是Spring框架中最重要的核心组件之一，它贯穿了Spring从诞生到成长的整个过程。控制反转包含两方面的内容：一个是控制，另一个是反转。

- 所谓控制，就是把对象(bean)和维护对象之间关系(bean与bean之间的依赖关系)的权利转交给Spring容器，而不像传统那样在对象内部直接控制。
- 那为何又反转呢？哪些方面反转了？在传统的应用程序中，是由我们在对象中主动控制，直接获取依赖对象，也就是正转；而反转则是由容器来帮忙创建及注入依赖对象，是被动地接受依赖对象，所以是反转，即依赖对象的获取被反转了。

为了更好地理解IoC，我们通过一个图例来说明：假设有一个StudentBusiness类，该类用来处理学生操作相关的业务逻辑，学生对象的持久化操作需要使用StudentDao类来完成。在传统程序设计中，我们在客户端类中分别创建StudentBusiness类和StudentDao类的实例，然后进行组合，如图9-6所示。

有了IoC容器后，在客户端类中就不再主动创建这些对象了，而是直接从容器中获取，如图9-7所示。

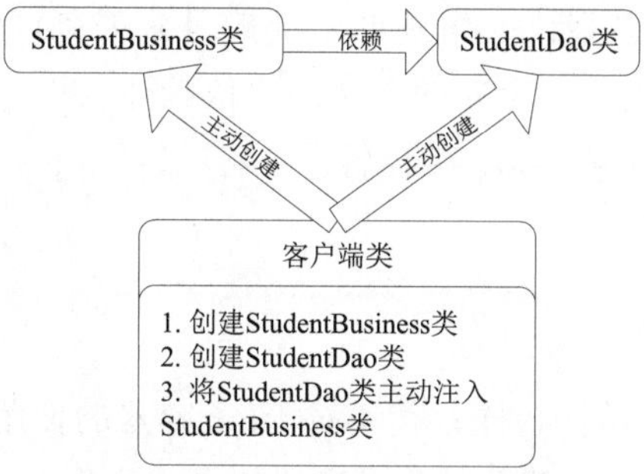


图9-6　传统应用程序示意图

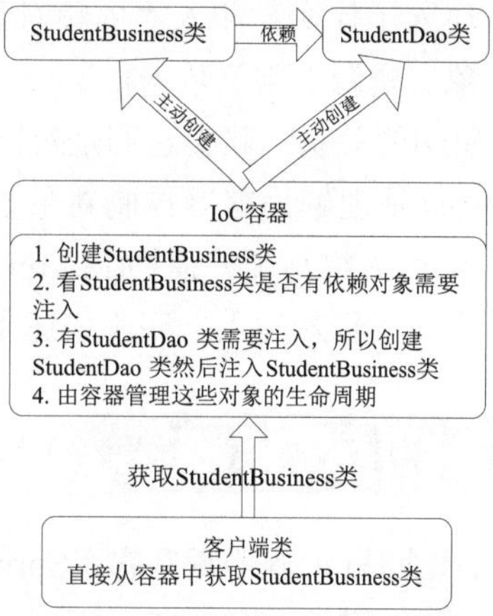


图9-7　使用IoC容器管理示意图

### 2. IoC能做什么

IoC不是一种技术，只是一种思想，是一条重要的面向对象编程法则，能指导我们设计出松耦合且更优良的程序。传统应用程序都是由我们在类的内部主动创建依赖对象，从而导致类与类之间高耦合，难以测试；有了IoC容器后，把创建和查找依赖对象的控制权交给了容器，由容器注入组合对象，所以对象与对象之间是松耦合的，这样也方便测试，利于功能复用，更重要的是使程序的整个体系结构变得非常灵活。

其实IoC对编程带来的最大改变不只体现在代码上，而是从思想上加以改变。应用程序原本要获取什么资源都是主动出击，但是在IoC思想中，应用程序就变得被动了，被动地等待IoC容器来创建并注入它所需要的资源。这个过程在职责层面发生了控制权的反转，把原本调用者通过代码实现的对象的创建，反转给IoC容器来帮忙实现，因此我们将这个过程称为Spring的“控制反转”。

IoC很好地体现了面向对象设计法则中的好莱坞法则(Hollywood Principle)：“别找我们，我们找你。”即，如果大腕明星想演节目，不用自己去找好莱坞公司，而是由好莱坞公司主动去找他们(当然，之前这些明星必须要在好莱坞登记注册)。

### 3. DI

DI(Dependency Injection，依赖注入)是指组件之间的依赖关系由容器在运行期决定。形象来说，由容器动态地将某个依赖关系注入组件中。依赖注入的目的并非为软件系统带来更多功能，而是为了提升组件重用的频率，并为系统搭建灵活、可扩展的平台。通过依赖注入机制，我们只需要通过简单的配置，而无须任何代码就可指定目标需要的资源，完成自身的业务逻辑，而不需要关心具体的资源来自何处、由谁实现。

理解DI的关键是要理解下面几个问题。

- 谁依赖于谁：当然是某个容器管理对象依赖于IoC容器，“被注入对象的对象”依赖于“依赖对象”。
- 为什么需要依赖：容器管理对象需要IoC容器来提供对象需要的外部资源。
- 谁注入谁：IoC容器注入某个对象，也就是注入“依赖对象”。

- 注入了什么：注入“依赖对象”，也就是注入某个对象所需要的外部资源(包括对象、资源、常量数据)。

IoC和DI的关系：其实它们是对同一个概念从不同角度所做描述，由于控制反转比较难理解(可能只是理解为容器控制对象这一个层面，很难让人想到谁来维护对象关系)，因此2004年大师级人物马丁·福勒(Martin Fowler)又给出了一个新的名字：“依赖注入”。相对于IoC 而言，“依赖注入”明确描述了“被注入对象依赖IoC容器配置依赖对象”。

## 9.3.2 IoC容器

那么什么是IoC容器呢？它在Spring框架中到底是什么样？其实对于IoC容器的使用者来说，我们常常接触到的BeanFactory和ApplicationContext都可以看成容器的具体表现形式。

### 1. IoC容器的概念

IoC容器就是具有依赖注入功能的容器，IoC容器负责实例化、定位、配置应用程序中的对象及建立这些对象之间的依赖。应用程序不必直接在代码中新建相关的对象，应用程序由IoC容器进行组装。在Spring框架中，BeanFactory和ApplicationContext就是IoC容器的实际代表。 ApplicationContext是BeanFactory的子接口。它添加了和Spring的AOP特性很简便的整合；消息资源处理(用于国际化i18n)，事件发布；应用层特定的上下文，比如用于Web应用程序的WebApplicationContext。总之，BeanFactory提供了配置框架和基本功能，而ApplicationContext添加了更多企业级开发特定的功能，ApplicationContext是BeanFactory 完整的超集。

通常情况下，Spring IoC容器通过读取配置文件中的配置元数据来获知要管理的对象，通过元数据对应用中的各个对象进行实例化及装配。一般基于XML配置文件配置元数据，而且Spring与配置文件是完全解耦的，也可以使用其他任何可能的方式配置元数据，比如注解、基于Java文件或属性文件的配置都可以。

### 2. BeanFactory

org.springframework.beans.factory.BeanFactory是Spring框架中最重要的接口之一，它提供了IoC的相关配置机制。

Spring框架提供XML配置文件来指定各个对象之间的依赖关系，在XML配置文件中，每个对象都以bean的形式配置。一旦指定各个bean之间的依赖关系，IoC容器就可以利用Java发射机制实例化bean指定的对象，并建立各个对象之间的依赖关系。在程序的整个执行过程中，正是通过BeanFactory提供的IoC机制，使得容器得以正常工作。

BeanFactory对bean的常见操作主要包括如下几个部分。

(1) 创建bean。从名字就可以看出，BeanFactory是一个用来产生bean的工厂。事实上，BeanFactory用到的就是简单工厂模式。BeanFactory生成对象的方式有3种：构造函数创建方式、静态工厂创建方式和非静态工厂创建方式。使用不同的生成方式，bean的配置也有所不同。

(2) 初始化JavaBean。在使用某个bean组件之前，首先需要初始化一个JavaBean的实例对象。容器根据XML配置文件中bean组件的配置实例化bean对象，并将目标JavaBean注入指定的bean对象中。

(3) 使用JavaBean。JavaBean一旦被初始化以后，就可以正常使用这个实例了，可以在程序中通过getBean()方法来获得实例对象，并使用这个对象进行相关操作。

(4) 销毁JavaBean。当Spring的应用结束时，容器将会调用相关方法来销毁已有的JavaBean实例对象。

### 3. ApplicationContext

BeanFactory提供了管理和操作JavaBean的基本功能，但是必须在代码中显式地实例化并使用BeanFactory。为了增强BeanFactory的功能，Spring框架提供了ApplicationContext接口。org.springframework.context.ApplicationContext接口继承了BeanFactory，除了支持BeanFactory的功能外，还能支持企业级应用的其他功能，如事务管理、国际化支持、AOP集成、事件传递及各种不同应用层的上下文实现(如针对Web应用的WebApplicationContext)等。所以，一般在Java EE应用开发过程中，通常都会选择使用ApplicationContext。

对于实现了Servlet 2.4规范的Web容器来说，可以同时使用ContextLoaderServlet或ContextLoadListener来添加Spring的监听功能，当Web应用启动时自动初始化监听器。例如，使用ContextLoaderListener加入Spring监听功能的web.xml文件中的配置代码如下：

```
<listener>
    <listener-class>org.springframework.web.context.ContextLoaderListener</listener-class>
</listener>
```

此外，Spring框架还为ApplicationContext接口提供了一些重要的实现类，开发中经常会用到的几个实现类如下。

- ClassPathXmlApplicationContext：该实现类经常被用于单元测试，Web应用开发人员可以从应用的classpath中装载Spring的配置文件。
- FileSystemXmlApplicationContext：通过该实现类，开发人员可以从系统中装载Spring的配置文件。
- XmlWebApplicationContext：在ContextLoaderListener或ContextLoaderServlet内部装载Spring配置文件时需要使用该实现类。
- AnnotationConfigApplicationContext：通过该实现类，可以注册所注释的配置类，这里的配置类通常是使用@Configuration注解声明的类。

## 9.3.3 bean的装配

Spring中所有的组件都是以bean的形式存在的，创建应用对象之间协作关系的行为通常称为装配，这也是依赖注入(DI)的本质。

在Spring框架中，可以使用XML配置文件进行显式配置，也可以使用注解的形式来装配bean。不管使用哪种方式，实质上都是为Spring容器提供bean的定义信息。

而Spring容器能够成功启动的3大重要因素是：bean定义信息、bean实现类及Spring本身。如果采用XML配置bean，那么bean实现类和bean定义信息是分离的；如果使用注解，那么bean的定义信息和实现类都是在一起的，表现在bean实现类的注解上。

1. 使用XML配置文件

在9.2节中，在HelloWorld程序中就是使用XML配置文件的形式装配bean的。在配置文件中装配一个最基本的bean的格式如下：

```
<bean id="myBean" class="com.domain.MyBean"/>
```

一个最基本的bean配置至少应该包含两部分内容：bean的名称及bean对应的具体类。当在配置文件中指定了这两个属性后，在用到指定的“myBean”这个bean时，IoC容器就会根据配置内容实例化类com.domain.MyBean的一个对象。

在添加bean的配置信息时，必须严格遵循以下几点规定。

- 各个bean的名称不可重复，每个bean的ID必须是唯一的。
- bean的命名必须以字母开头，后面可以是数字、下画线、连字符、句号等。建议遵循Java类中属性的命名规范。比如，OrderService的bean ID应该是orderService。
- 如果某个bean需要使用命名规则以外的命名方式，可以使用name属性来代替id属性。当使用name属性时，可以为bean指定多个名称，各个名称之间用逗号分隔。
- 如果使用同一个name指定多个bean，则以最后一个name指定的bean为基准。

❖ **说明：**

虽然Spring提供了name属性来增加bean装配的灵活性，但是相应也增加了错误发生的可能性，所以在实际开发中，还是尽量少用name属性。

在添加完bean之后，需要为该bean注入依赖的对象，Spring中依赖注入有3种注入方式：构造器注入、设值注入(setter方式注入)、注解方式注入。注解方式注入将在使用注解装配bean时一起介绍，下面先介绍前两种。

1) 构造器注入

构造器注入就是在程序组件中提供带参数的构造函数，保证一些必要的属性在bean实例化时就得到了设置，并在实例化后就可以使用。

构造器注入需要使用<constructor-arg>元素来指定参数，当有多个参数时，可以有以下几种方式匹配入参：① 按类型匹配入参；② 按索引匹配入参；③ 联合使用类型和索引匹配入参；④ 通过自身类型反射匹配入参。

但是为了提高程序的可读性和维护性，建议还是使用显式的索引和类型来配置。

例如有一个表示汽车的bean类Car，定义如下：

```
public class Car{
    private String brand;
    private String corp;
    private double price;
    private int maxSpeed;
    public Car(String brand, String corp, double price) {
        this.brand = brand;
```

```
        this.corp = corp;
        this.price = price;
    }
    public Car(String brand, String corp, int maxSpeed) {
        this.brand = brand;
        this.corp = corp;
        this.maxSpeed = maxSpeed;
    }
}
```

在这个类中，有两个重载的构造方法，它们都有3个入参。在这种情况下为了避免错误，最好就是联合使用type和index的方法，添加如下所示的配置代码：

```
<bean id="car" class="com.domain.Car">
        <constructor-arg index="0" type="String">
            <value>奥迪A6</value>
        </constructor-arg>
        <constructor-arg index="1" type="String">
            <value>中国一汽</value>
        </constructor-arg>
        <constructor-arg index="2" type="int">
            <value>240</value>
        </constructor-arg>
</bean>
```

通过指定每个参数的索引顺序和类型，使得Spring可以知道使用哪个构造方法进行参数注入。

2) setter方式注入

setter方式注入就是调用bean类的setter()方法注入属性值或依赖的对象，这种方式具有可选择性和灵活性的优点，因此是实际开发中最常采用的注入方式。本章介绍的HelloWorld程序中使用的就是这种方式。

Spring首先会调用bean的默认构造函数来实例化bean对象，然后通过反射的方法来调用setter方法注入属性值。

setter方式注入要求bean类提供一个默认的构造函数，并且为需要注入的属性提供setter方法。

**❖ 注意：**

默认构造函数是指不带参数的构造函数，如果类中没有定义任何构造函数，Java虚拟机会自动为其生成一个默认的构造函数。如果类中显式定义了构造函数，则不会再为其生成构造函数。

Spring使用 <property>元素来为bean注入属性，属性可以是变量、集合或是对其他bean的引用。例如，下面这个bean中包含多个属性：

```
public class MyBean{
    private String name;
    private List list;
```

```
        private Set set;
        private Map map;
        private StuDao stuDao;
        public void setName(String name) {
              this.name = name;
        }
        public void setList(List list) {
              this.list = list;
        }
        public void setSet(Set set) {
              this.set = set;
        }
        public void setMap(Map map) {
              this.map = map;
        }
        public void setStuDao(StuDao stuDao) {
              this. stuDao = stuDao;
        }
}
```

其中，StuDao是另一个bean，具体定义我们不用关心。可以在配置文件中通过setter方法注入，完整的配置如下：

```
<bean id="stuDao" class="com.dao.StuDao">
    <bean id="myBean" class="com.domain.MyBean">
        <property name="name" value="赵智暄" />
        <property name="stuDao" ref="stuDao" />
        <property name="set">
            <list>
                <value>set1</value>
                <value>set2</value>
            </list>
        </property>
        <property name="list">
            <list>
                <value>list1</value>
                <value>list2</value>
            </list>
        </property>
        <property name="map">
            <map>
                <entry key="key1" value="value1"></entry>
                <entry key="key2" value="value2"></entry>
            </map>
        </property>
    </bean>
</bean>
```

setter注入采用的是<property>标签，其中的name属性对应的是要注入的属性名，value属性对应的是相应的值，还有一个ref属性，该属性值对应的是另一个bean，集合属性则通过子元素来指定。

2. 使用注解

注解(Annotation)也叫元数据，是一种代码级别的说明。它是JDK 1.5及以后版本引入的一个特性，与类、接口、枚举在同一个层次。它可以声明在包、类、字段、方法、局部变量、方法参数等的前面，用来对这些元素进行说明、注释。

注解是以“@注解名”的形式在代码中存在的。根据注解参数的个数，我们可以将注解分为标记注解、单值注解、完整注解三类。它们都不会直接影响到程序的语义，只是作为注解(标识)存在。例如，在方法的前面加上“@Override”，它的作用是对覆盖超类中方法的方法进行标记。

所有标注了@org.springframework.stereotype.Component的类都是组件扫描的目标，如果这些类被组件扫描，它们都将变成由Spring管理的bean，即Spring将实例化它们并注入它们的依赖。

接下来仍然通过最简单的HelloWorld程序来介绍如何使用注解装配bean。

01 在SpringHelloWorld工程的zhaozhixuan包中新建类Hello，在类的声明上方使用@Component注解。该类中只有一个sayHello()方法，完整的代码如下：

```
package zhaozhixuan;
import org.springframework.stereotype.Component;

@Component                              //通过注解指定该组件类，告知Spring要为它创建bean
public class Hello {
    public void sayHello() {
        System.out.println(" Hello !");
    }
}
```

02 通过@Component来表明该类会作为组件类，不过组件扫描默认是不启动的，需要显式地配置Spring，从而命令Spring去寻找带有@Component注解的类。为此，再新建一个配置类HelloConfig，在配置类中没有显式地声明任何bean，只是使用@CompontentScan注解来启用组件扫描，完整的代码如下：

```
package zhaozhixuan;
import org.springframework.context.annotation.ComponentScan;
import org.springframework.context.annotation.Configuration;

@Configuration
@ComponentScan                          // 启用组件扫描
public class HelloConfig {
}
```

03 接下来就可以编写测试程序，与HelloWorld程序的测试代码不同的是，这里不是加载XML配置文件，而是加载使用@Configuration 注解声明的配置类HelloConfig：

```
public static void main(String[] args) {
    ApplicationContext ac = new AnnotationConfigApplicationContext(HelloConfig.class);
    Hello hello = ac.getBean(Hello.class);
```

```
        hello.sayHello();
    }
```

04 运行测试程序，控制台将输出“Hello！”信息。

Spring容器通过组件扫描发现了Hello类，并为它创建了对应的bean。到此为止，我们通过简单的注解实现了bean的自动化装配。在上面的示例中，配置类HelloConfig中的@ComponentSan注解如果有任何参数，组件扫描只会扫描HelloConfig所在包或其子包中的类。对于需要扫描的包，可以使用如下形式指定包名：

```
@ComponentScan("com.domain.springTest")
```

或者：

```
@ComponentScan(basePackages="com.domain.springTest")
```

如果需要扫描多个包，只需要把basePackages属性设置成一个数组即可，例如：

```
@ComponentScan(basePackages={"com.domain.springTest","org.util.spring"})
```

除了通过Java配置类来设置Spring启用组件扫描以外，也可以通过XML文件显式地加以配置，在XML文件中使用context命名空间中的<context:component-scan>标签来启动组件扫描：

```
<?xml version="1.0" encoding="UTF-8"?>
<beans xmlns="http://www.springframework.org/schema/beans"
    xmlns:xsi="http://www.w3.org/2001/XMLSchema-instance"
    xmlns:context="http://www.springframework.org/schema/context"
    xsi:schemaLocation="http://www.springframework.org/schema/mvc
    http://www.springframework.org/schema/beans
    http://www.springframework.org/schema/beans/spring-beans-4.3.xsd
    http://www.springframework.org/schema/context
    http://www.springframework.org/schema/context/spring-context-4.3.xsd">
    <context:component-scan base-package="zhaozhixuan"/>    <!-- 启用Spring组件扫描-->
</beans>
```

<context:component-scan>标签的base-package属性用于指定需要扫描的基类包，Spring容器将会扫描这个基类包及其子包中的所有类。当需要扫描多个包时，可以使用逗号分隔。

Spring容器在管理bean的时候，会给每一个bean分配一个ID标识。在上面的示例中，我们没有指定ID，而是通过ac.getBean(Hello.class);来获取bean。事实上，如果在使用@Component的时候，没有明确给bean类设置一个ID，Spring容器会默认给bean设定一个ID，一般为类名(第一个字母会变为小写，例如hello)。所以，上面的测试代码改成如下写法也是成立的：

```
//通过bean的ID来获取实例
    Hello hello = (Hello)ac.getBean("hello");
    hello.sayHello();
```

当然，我们也可以在@Component注解中为bean设置ID，如下所示：

```
@Component("myHelloBean")            //为bean设置ID为"myHelloBean"
public class Hello {
```

```
        public void sayHello() {
            System.out.println(" Hello !");
        }
    }
```

这样，在获取bean的时候就可以使用myHelloBean来获取了。

除了@Component注解外，Spring还提供了3个功能和@Component基本等效的注解，它们分别用于对数据访问层、业务层及Web层的组件进行注解，也称这些注解为bean的泛型注解。

- @Repository：用于对DAO实现类进行标注。
- @Service：用于对Service层实现类进行标注。
- @Controller：用于对Web的控制层实现类进行标注。

之所以在@Component注解之外又定义3个注解，是为了让注解类本身的用途清晰化。此外，Spring将赋予它们特殊的功能，所以建议使用特别的注解标注特定的bean。

### 3. 以注解方式实现自动装配

到目前为止我们都是对单一的对象进行操作，如果对象之间存在依赖，可以在XML配置文件中使用<property>的ref属性，为bean显式注入依赖对象，那么使用注解方式该如何处理呢？下面我们就来研究一下如何为bean添加注解以实现自动装配。

上面的Hello类中，我们只输出了"Hello！"，不知道该对谁打招呼，所以需要借助HelloWorld类来输出HelloWorld+name。因此，需要声明一个HelloWorld类的私有成员，并修改sayHello()方法。在装配bean时由容器注入依赖对象helloWorld。

在Spring中，为变量添加@AutoWired注解即可实现自动装配，修改后的Hello类的代码如下：

```
@Component
public class Hello {
    @Autowired
    private HelloWorld helloWorld;
    public void sayHello() {
        helloWorld.setName("易贝贝");
        helloWorld.printHello();
    }
}
```

接下来，将HelloWorld也通过注解方式设置为需要被扫描的组件：

```
@Component
public class HelloWorld {
    private String name;
    public void setName(String name) {
        this.name = name;
    }
    public void printHello() {
        System.out.println("Spring的 Hello World! "+ name);
    }
}
```

测试程序不变，此时Spring将扫描组件，并完成自动装配，调用HelloWorld的pringHello()方法输出相应的信息。

@Autowired可以直接应用在类变量、构造函数、setter和其他任何方法上，@Autowired有一个required属性，将该属性设置为false后，Spring尝试对bean自动装配，注入依赖。如果没有匹配的bean的话，Spring将会让这个bean处于未装配的状态。对于这种情况，在使用时需要做null检查，否则有可能会发生异常。

使用@Autowired注解不需要为要注入的属性对象提供setter和getter方法，@Autowired注解是按照类型进行装配的，在运行时Spring查找容器中匹配的bean。当有且只有一个匹配的bean时，Spring将其注入由@Autowired配置的变量中。

使用@Autowired注解时，还可以结合@Qualifier注解一起使用。@Qualifier注解用来指定注入bean的名称，如果指定的名称在Spring中不存在，Spring容器会抛出异常。

另外，Spring还支持@Resource注解以实现自动装配。@Resource注解属于J2EE，默认按照名称进行装配，名称可以通过name属性进行指定。若该属性为空，当注解写在字段上时，默认取字段名按照名称查找；如果注解写在setter方法上，默认取属性名进行装配。 当找不到与名称匹配的bean时才按照类型进行装配。

```
@Resource(name="helloWorld")
private HelloWorld helloWorld;
```

#### 4. 在配置文件中实现自动装配

使用XML配置文件装配bean时，也可以实现自动装配，这需要使用<bean>元素的autowire属性，此属性的默认值为no，即不自动装配。要实现自动装配，可将该属性设置为如下3个值中的一个。

- byName：根据属性名自动装配，此选项将检查容器并根据名称查找与属性完全一致的bean，并将其与属性自动装配。因为Spring 容器中bean的名称是唯一的，所以不会产生歧义，推荐使用这种方式。
- byType：根据类型自动装配，如果容器中存在一个与指定属性类型相同的bean，那么将与该属性自动装配；如果存在多个该类型的bean，将抛出异常，并指出不能使用byType方式进行自动装配；如果没有找到相匹配的bean，则不装配。
- constructor：与byType方式类似，不同之处在于它被应用于构造器参数。如果在容器中没有找到与构造器参数类型一致的bean，那么将抛出异常。

上面的配置如果不使用注解，改为XML配置文件，则可以使用如下配置：

```
<bean id="helloWorld" class="zhaozhixuan.HelloWorld">
    <property name="name" value="李知诺" />
</bean>
<bean id="hello" class="zhaozhixuan.Hello" autowire="byName"/>
```

# 9.4 Spring AOP

AOP已经成为一种比较成熟的编程思想，可以用来很好地解决应用系统中分布于各个模块的交叉关注点问题。Spring框架通过IoC实现了AOP，称为Spring AOP。本节将介绍AOP的相关知识及其编程思想。

## 9.4.1 什么是AOP

AOP(Aspect Oriented Programming，面向切面编程)可以说是对OOP(Object Oriented Programming，面向对象编程)的补充和完善。OOP引入封装、继承和多态性等概念来建立一种对象层次结构，用以模拟公共行为的一个集合。当我们需要为分散的对象引入公共行为的时候，OOP则显得无能为力。例如，对于日志记录功能，日志代码往往水平地散布在所有对象层次中，而与它们所散布到的对象的核心功能毫无关系。这种散布在各处的无关代码被称为横切(cross-cutting)代码。在OOP设计中，解决这类问题只能在每个对象中分别引入指定的公共行为，从而导致大量重复代码，且不利于各个模块的重用。

AOP则允许开发人员动态地修改OOP定义的静态对象模型，开发者可以不用修改原始的OOP对象模型，就能解决上述问题。AOP利用“横切”技术，解剖封装的对象内部，并将那些影响多个类的公共行为封装到一个可重用模块中，这样就能减少系统中的重复代码，降低模块间的耦合度，并有利于未来的可操作性和可维护性。

AOP把软件系统分为两个部分：核心关注点和横切关注点。业务处理的主要流程是核心关注点，与之关系不大的部分是横切关注点。横切关注点的一个特点是，它们经常发生在核心关注点的多处，而各处都基本相似。

AOP已经成为一种比较成熟的编程思想，可以用来很好地解决应用系统中分布于各个模块的交叉关注点问题。在轻量级的J2EE应用开发中，使用AOP来灵活处理一些具有横切性质的系统级服务，如事务处理、安全检查、缓存、对象池管理等，AOP已经成为一种非常实用的解决方案。

## 9.4.2 AOP相关概念

为了更好地理解AOP，我们先来看一下AOP中比较重要的一些概念。

- 方面(Aspect)：方面是对一个横切关注点的模块化，这个关注点可能另外横切多个对象。方面用Spring的Advisor或拦截器实现。
- 连接点(Join Point)：程序执行过程中的某一点，如方法调用或特定的异常被抛出。
- 通知(Advice)：在特定的连接点，AOP框架执行的动作。主要包括3种类型的通知：包括前置通知(before advice)、后置通知(after advice)、环绕通知(around advice)，在Spring中通过代理模式实现AOP，并通过拦截器模式以环绕连接点的拦截器链织入通知；在AOP中表示为干什么。
- 切入点(Point Cut)：选择一组相关连接点的模式，即可以认为连接点的集合。

Spring支持perl5正则表达式和AspectJ切入点模式，Spring默认使用AspectJ语法，在AOP中表示为在哪里干的集合。

- 引入(Introduction)：添加方法或字段到被通知的类。Spring允许引入新的接口到任何被通知的对象。
- 目标对象(Target Object)：包含连接点的对象，也被称作被通知或被代理对象。
- AOP代理(AOP Proxy)：AOP框架创建的对象，包含通知。在Spring中，AOP代理可以是JDK动态代理或CGLIB代理。
- 织入(Weaving)：将方面应用到目标对象，从而创建新的代理对象。这可以在编译时完成(例如使用AspectJ编译器)，也可以在运行时完成。Spring和其他纯Java AOP框架一样，在运行时完成织入。

例如，在日志记录应用场景中，日志记录可以看作方面(aspect)；需要日志功能的不同业务模块就是与方面相关的连接点；若在业务逻辑执行前都记录日志，那么在业务逻辑执行前这一点就是切入点；在Spring容器中工作时，容器会自动进行织入操作，创建一个代理对象。

## 9.4.3 使用Spring的通知

Spring AOP框架用于模块化方面的横切关注点。简单来说，它只是一个拦截器，拦截一些过程。例如，当一个方法执行时，Spring AOP可以劫持一个执行的方法，在方法执行之前或之后添加额外的功能。

在Spring AOP中，支持以下4种类型的通知(Advice)。

- 之前通知(before advice)：在某连接点之前执行的通知，但这个通知不能阻止连接点之前的执行流程(除非它抛出一个异常)。
- 返回后通知(after returning advice)：在某连接点正常完成后执行的通知，例如，一个方法没有抛出任何异常，正常返回。
- 抛出后通知(after throwing advice)：在方法抛出异常退出时执行的通知。
- 环绕通知(around advice)：包围一个连接点的通知，如方法调用。这是最强大的一种通知类型。环绕通知可以在方法调用前后完成自定义的行为。它也会选择是否继续执行连接点，或直接返回它自己的返回值，或抛出异常来结束执行。下面通过具体的例子分别介绍。

### 1. 之前通知

之前通知会在方法执行之前运行，使用之前通知，通常是创建一个实现org.springframework.aop.MethodBeforeAdvice 接口的类，实现接口中的before()方法。

在SpringHelloWorld工程中，创建一个这样的类MyBeforeMethod，完整代码如下：

```
package zhaozhixuan;

import java.lang.reflect.Method;
import org.springframework.aop.MethodBeforeAdvice;
public class MyBeforeMethod implements MethodBeforeAdvice {
```

```
    @Override
    public void before(Method arg0, Object[] arg1, Object arg2) throws Throwable {
        System.out.println("Before method " +arg0.getName() );
    }
```

在bean配置文件(applicationContext.xml)中创建一个MethodBeforeAdvice 的bean，并配置一个代理对象“helloProxy”，其target属性用于定义要拦截的bean，这里指定为前面创建的hello；interceptorNames属性用于定义要应用这个代理对象的拦截器(通知)。

```
<bean id="myBeforeMethodBean" class="zhaozhixuan.MyBeforeMethod" />
<bean id="helloProxy" class="org.springframework.aop.framework.ProxyFactoryBean">
    <property name="target" ref="hello" />
    <property name="interceptorNames">
        <list>
            <value>myBeforeMethodBean</value>
        </list>
    </property>
</bean>
```

接下来，修改测试程序代码，使用getBean()方法获取helloProxy而不是hello，然后调用sayHello()方法，如下所示：

```
public static void main(String[] args) {
    ApplicationContext ctx = new ClassPathXmlApplicationContext("applicationContext.xml");
  Hello hello = (Hello)ctx.getBean("helloProxy");
  hello.sayHello();
}
```

此时，控制台输出信息如下：

```
Before method sayHello
Spring的 Hello World! 易贝贝
```

在执行sayHello()方法之前，运行MyBeforeMethod的before()方法。如果Hello.java中有多个方法，那么在每个方法调用之前都会执行MyBeforeMethod的before()方法。

2. 返回后通知

与之前通知类似，使用返回后通知，也是创建一个实现某接口的类，只是这个接口是org.springframework.aop.AfterReturningAdvice，接口中的方法是afterReturning()。

仍以Hello为例，使用返回后通知，创建实现接口的类MyAfterMethod，代码如下：

```
package zhaozhixuan;
import java.lang.reflect.Method;
import org.springframework.aop.AfterReturningAdvice;
public class MyAfterMethod implements AfterReturningAdvice {
    @Override
    public void afterReturning(Object arg0, Method arg1, Object[] arg2, Object arg3)
throws Throwable {
        System.out.println("After method " +arg1.getName() );
    }
}
```

在配置文件中添加相应bean的配置，然后在helloProxy的interceptorNames属性中增加一个拦截器(通知)：

```
<bean id="myAfterMethodBean" class="zhaozhixuan.MyAfterMethod" />
<bean id="helloProxy" class="org.springframework.aop.framework.ProxyFactoryBean">
    <property name="target" ref="hello" />
    <property name="interceptorNames">
        <list>
            <value>myBeforeMethodBean</value>
            <value>myAfterMethodBean</value>
        </list>
    </property>
</bean>
```

再次运行上面的测试代码，控制台输出信息如下：

```
Before method sayHello
Spring的 Hello World! 易贝贝
After method sayHello
```

从输出结果可以看出，方法返回后将执行MyAfterMethod的afterReturning()方法。

3. 抛出后通知

抛出后通知将在方法抛出一个异常后运行，与前面的两种通知类似，抛出后通知要实现的接口是org.springframework.aop.ThrowsAdvice，接口中的方法是afterThrowing()。

4. 环绕通知

环绕通知结合了上面的3个通知，在方法执行过程中运行。使用环绕通知，通常创建一个实现org.aopalliance.intercept.MethodInterceptor接口的类，实现接口中的invoke()方法。需要注意的是：在invoke()方法内，必须调用methodInvocation.proceed();语句来继续执行原来的方法，否则原来的方法将不会执行，比如下面的示例代码：

```
package zhaozhixuan;
import java.util.Arrays;
import org.aopalliance.intercept.MethodInterceptor;
import org.aopalliance.intercept.MethodInvocation;
public class MyAroundMethod implements MethodInterceptor {
    @Override
    public Object invoke(MethodInvocation arg0) throws Throwable {
                                            // 类似MethodBeforeAdvice
        System.out.println("AroundMethod : Before method" + arg0.getMethod().getName());
        System.out.println("Method arguments : " + Arrays.toString(arg0.getArguments()));
        try {
        // 通过proceed()调用原方法
            Object result = arg0.proceed();
        // 类似 AfterReturningAdvice
            System.out.println("AroundMethod : After method!" + arg0.getMethod().getName());
            return result;
        } catch (IllegalArgumentException e) {
```

```
            // 类似ThrowsAdvice
            System.out.println("AroundMethod : Throw exception" + arg0.getMethod().getName());
                throw e;
            }
        }
    }
```

通常，大部分的Spring开发者都只实现“环绕通知”，因为它包含了所有通知类型，但也可以选择最合适的通知类型来满足要求。

## 9.5 本章小结

本章介绍了Spring框架的基础知识，包括Spring框架的模块结构、Spring开发环境的搭建、Spring的IoC思想和实现，以及Spring AOP的相关知识与编程思想。首先从Spring诞生的背景讲起，介绍了Spring框架的特点、Spring框架的模块结构，以及最新版Spring 5.x的新特性；接下来通过一个简单的HelloWorld程序介绍了Spring开发环境的搭建，包括下载Spring资源包，下载Spring依赖的日志工具包commons-logging.jar以及Spring的HelloWorld程序的运行过程；然后重点讲解了Spring框架的核心——IoC，包括IoC和DI的基本概念、IoC容器以及bean的装配，重点介绍了使用XML和使用注解两种方式实现bean的依赖注入；最后介绍了Spring AOP的相关内容，包括AOP的相关概念和使用Spring的通知。读者应重点掌握的是Spring的IoC思想和bean的装配方式。

## 9.6 思考和练习

1. Spring框架有哪些特点？

2. Spring的核心模块有哪些？

3. 什么是IoC，对于IoC的反转应如何理解？

4. 除了@Component注解外，Spring还提供了哪些功能和@Component基本等效的注解？

5. 如何实现bean的自动装配？

6. Spring有几种通知类型？

# 第 10 章

# Spring Web MVC

Spring框架提供了构建Web应用程序的全功能MVC模块。Spring MVC让Web应用开发变得更简洁，而且易于与Spring框架的其他模块(如IoC和AOP)集成，能让我们非常简单地设计出干净的Web层。本章将介绍如何使用Spring Web MVC框架来替代我们前面学过的Servlet + JSP，重点学习控制器的设计与开发。

### 本章学习目标

- 了解Spring Web MVC的基本内容
- 掌握Spring Web MVC的工作流程
- 掌握启动Spring MVC的方法
- 掌握在Spring框架中如何访问静态资源文件
- 掌握@RequestMapping的用法
- 掌握控制器方法的参数设置
- 掌握控制器方法的返回类型
- 理解模型和视图
- 掌握@ModelAttribute的用法
- 掌握@ResponseBody的用法
- 了解Spring MVC的表单标签

## 10.1 Spring Web MVC入门

Spring Web MVC为开发强大的基于Java的Web应用提供全面的解决方案。本节先来看一下Spring Web MVC是什么？为什么要使用这个框架？

## 10.1.1 Spring Web MVC是什么

Spring MVC(全称 Spring Web MVC)是Spring框架提供的一款基于MVC模式的轻量级Web开发框架，是Spring为表示层(UI)开发提供的一整套完备的解决方案。

Spring MVC使用MVC架构模式的思想，将Web应用进行职责解耦，把一个复杂的Web应用划分成模型(Model)、控制器(Contorller)和视图(View)三层，有效地简化了Web应用的开发，降低了出错风险，同时也方便了开发人员之间的分工配合。Spring MVC是一种基于Java的、实现了Web MVC设计模式的、请求驱动类型的轻量级Web框架，即使用MVC架构模式对Web应用进行职责解耦。基于请求驱动指的就是使用请求-响应模型，使用框架的目的就是帮助我们简化开发。

Spring MVC分离了控制器、模型对象、分派器及处理程序对象的角色，这种分离让它们更容易进行定制。Spring MVC也是服务到工作者模式的实现，但进行了优化。前端控制器是DispatcherServlet；应用控制器包括处理器映射器(Handler Mapping)和视图解析器(View Resolver)，前者进行处理器管理，后者进行视图管理；页面控制器为Controller接口的实现；支持本地化(Locale)解析、主题(Theme)解析及文件上传等；提供了非常灵活的数据验证、格式化和数据绑定机制；提供了强大的约定大于配置(惯例优先原则)契约式编程支持。

## 10.1.2 为什么使用Spring Web MVC

作为最优秀的MVC框架，Spring的设计思想和使用的模式都是值得我们学习和借鉴的，本节具体谈一谈为什么使用Spring Web MVC。

### 1. 逻辑代码分组

本书前面章节中的Web应用大都使用Servlet来处理客户端请求。这些Servlet都有doGet()或doPost()方法，或者同时有这两个方法。在一个极其复杂的企业级应用程序中，可能在doGet()或doPost()方法中需要根据请求的内容，使用if语句或switch代码块将请求路由到Servlet中的不同方法中。随着应用需求的增加，很快你就会发现这种模式变得不可管理，并且极其难于测试。例如，一个处理学生信息的Servlet可能就会有数十个方法，每个含有不同路由逻辑的方法都将被添加到doGet()和doPost()方法中。

一种可供选择的解决方案是创建数十个Servlet，但如同之前的逻辑分支数量一样，Servlet也会很快变得不可管理。如果应用程序中包含了数百个功能，每个功能都有数十个页面，那么代码会很快被数千个小的Servlet充满，这也是令开发者望而生畏的一个方案。如果Servlet可以被映射到单个方法级别而不是类级别，那么许多问题就迎刃而解了。

使用Spring的Web MVC框架时，控制器类的行为就像使用方法级别映射的Servlet。每个方法都可以拥有一个指向特定URL、请求方法、参数存在性、内容类型和期望相应类型的唯一映射。当单元测试对小的代码单元(即控制器方法)进行测试时，控制器类中可以包含许多映射方法，它们将被按逻辑进行分组。返回到用户配置样例中，该控制器可以含有数十个方法，使用它们分别代表对用户配置的不同操作，但必须使用doGet()和doPost()将请求路由到正确的方法。Spring框架将处理所有的分析和路由工作。

#### 2. 使用同一代码库的多个用户界面

随着信息化的发展，企业级应用程序的功能越来越多，支持的访问方式也变得多样化，它应该可以通过桌面应用程序、Web浏览器、移动终端、RESTful Web服务和SOAP Web服务进行访问。如果只使用Servlet的话，这个任务很快会让人变得失去信心。最后可能会创建出大量的重复代码，或者创建出一个自己的系统，将业务逻辑抽象到一组类中，然后从许多用户界面中访问。

Spring MVC就是这样一个系统，使用Spring时，业务逻辑将被封装到一组被称为服务的业务对象中。这些服务将执行所有用户界面的公共操作，例如保证特定的实体属性已经得到了正确设置。应用程序中为每个用户界面包含了一组不同的控制器和视图，并且它们将使用公共业务对象执行关键操作。然后，需要使用控制器执行特定于某个用户界面的操作，例如将表单提交或将JSON请求正文转换成实体，并在合适的视图中显示给用户。使用Spring MVC进行应用程序开发，单元测试将变得更加简单，代码也可以被重用，重要的是学起来也非常容易。

#### 3. Spring Web MVC能帮我们做什么

Spring MVC让Web应用开发变得更简洁，而且易于与Spring框架的其他模块(如IoC和AOP)集成，能让我们非常简单地设计出干净的Web层。具体表现在如下一些方面。

- 提供强大的约定大于配置的契约式编程支持。
- 支持灵活的URL到页面控制器的映射。
- 非常容易与其他视图技术集成，如Velocity、FreeMarker等。
- 非常灵活的数据验证、格式化和数据绑定机制，能使用任何对象进行数据绑定，不必实现特定框架的API。
- 支持灵活的本地化、主题等。
- 更加简单的异常处理。
- 对静态资源的支持。
- 能简单地进行Web层的单元测试。
- 支持RESTful风格。

### 10.1.3 Spring Web MVC的工作流程

Spring Web MVC是一个基于请求驱动的Web框架，并且使用了前端控制器模式来进行设计，再根据请求映射规则分发给相应的页面控制器(动作/处理器)进行处理。Spring Web MVC的工作流程如图10-1所示。

(1) 用户通过浏览器发起一个HTTP请求，该请求会被前端控制器拦截。

(2) 前端控制器调用处理器映射器找到具体的处理器(Handler)及拦截器，最后以 HandlerExecutionChain 执行链的形式返回给前端控制器。

(3) 前端控制器将执行链返回的Handler信息发送给处理器适配器。

(4) 处理器适配器根据Handler信息找到并执行相应的Handler(即Controller控制器)，对请求进行处理。

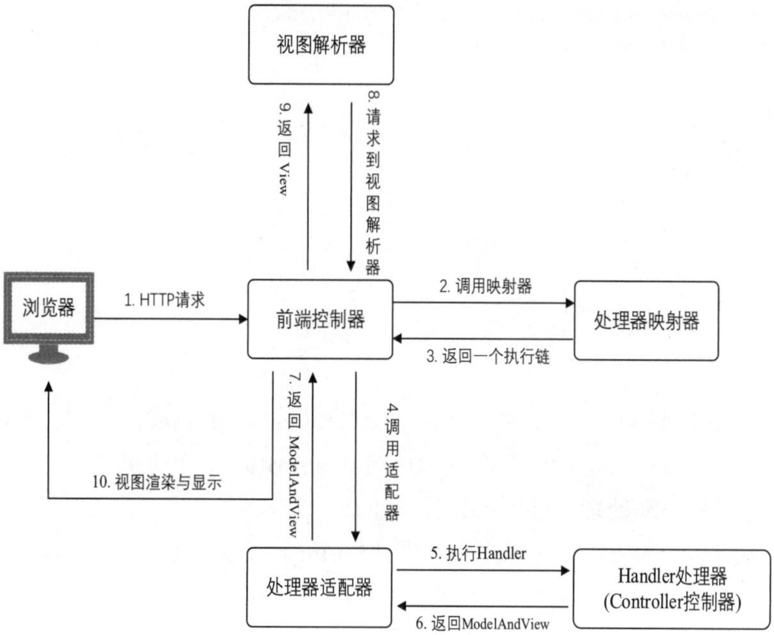


图10-1 Spring Web MVC的工作流程

(5) Handler执行完毕后会返回给处理器适配器一个ModelAndView对象(Spring MVC 的底层对象，包括Model数据模型和View视图信息)。

(6) 处理器适配器接收到ModelAndView对象后，将其返回给前端控制器。

(7) 前端控制器接收到ModelAndView对象后，会请求视图解析器对视图进行解析。

(8) 视图解析器解析完成后，会将View视图返回给前端控制器。

(9) 前端控制器接收到具体的View视图后，进行视图渲染，将模型数据填充到View视图中的request域，生成最终的View视图。

(10) 视图负责将结果显示到浏览器。

## 10.1.4 Spring MVC的Hello World程序

本节将介绍如何使用Spring Web MVC框架编写一个简单的基于Web的Hello World应用程序。

01 在Eclipse中新建一个动态Web应用程序UseSpring。

02 在项目中引入上一章中创建的User Library——Spring 5.3.9。

03 在src目录中新建包zhaozhixuan.spring.mvc。

04 在zhaozhixuan.spring.mvc包中创建一个Java类HelloController，这是一个控制层实现类，我们使用@Controller注解。该类中只有一个pringHello()方法，用于输出HelloWorld信息，完整代码如下：

```
package zhaozhixuan.spring.mvc;

import org.springframework.stereotype.Controller;
import org.springframework.web.bind.annotation.RequestMapping;
```

```
import org.springframework.web.bind.annotation.RequestMethod;
import org.springframework.ui.ModelMap;

@Controller
@RequestMapping("/hello")
public class HelloController{
   @RequestMapping(method = RequestMethod.GET)
   public String printHello(ModelMap model) {
         model.addAttribute("message", "Spring Web MVC Hello World!");
         return "hello";
   }
}
```

除了@Controller注解，程序中还使用了@RequestMapping注解，它用来映射URL，稍后会详细介绍其用法。这里的代码表示HelloController类用来映射/hello请求，其中的printHello()方法则是用来处理/hello中GET请求的方式。

**05** 在WebContent/WEB-INF文件夹下创建Spring配置文件UseSpring-servlet.xml。这个配置文件与上一章介绍的应用程序上下文文件applicationContext.xml是一样的，都是用来配置Spring的bean信息的，本例中配置信息如下：

```
<?xml version="1.0" encoding="UTF-8"?>
<beans xmlns="http://www.springframework.org/schema/beans"
      xmlns:xsi="http://www.w3.org/2001/XMLSchema-instance"
      xmlns:context="http://www.springframework.org/schema/context"
      xmlns:mvc="http://www.springframework.org/schema/mvc"
      xmlns:task="http://www.springframework.org/schema/task"
      xmlns:aop="http://www.springframework.org/schema/aop"
      xmlns:cache="http://www.springframework.org/schema/cache"
      xsi:schemaLocation="http://www.springframework.org/schema/mvc
            http://www.springframework.org/schema/mvc/spring-mvc-4.3.xsd
            http://www.springframework.org/schema/beans
            http://www.springframework.org/schema/beans/spring-beans-4.3.xsd
            http://www.springframework.org/schema/cache
            http://www.springframework.org/schema/cache/spring-cache.xsd
            http://www.springframework.org/schema/aop
            http://www.springframework.org/schema/aop/spring-aop.xsd
            http://www.springframework.org/schema/context
            http://www.springframework.org/schema/context/spring-context-4.3.xsd
            http://www.springframework.org/schema/task
            http://www.springframework.org/schema/task/spring-task-4.3.xsd">
   <context:component-scan base-package="zhaozhixuan.spring" />
   <bean class="org.springframework.web.servlet.view.InternalResourceViewResolver">
         <property name="prefix" value="/WEB-INF/jsp/" />
         <property name="suffix" value=".jsp" />
   </bean>
</beans>
```

通过<context:component-scan>元素启动Spring的自动扫描，通知IoC容器加载注解方式的bean，然后还配置了一个Spring内置的视图解析器InternalResourceViewResolver，将视图逻辑名解析为“/WEB-INF/jsp/<viewName>.jsp”。换言之，本例混合使用了XML配置文件和注解两种方式来完成bean的装配。

06 在WebContent/WEB-INF文件夹下创建一个名为jsp的子文件夹。在此子文件夹下创建视图文件hello.jsp，文件内容如下：

```
<%@ page contentType="text/html; charset=UTF-8" %>
<html>
<head>
<title>Hello World</title>
</head>
<body>
  <h2>控制器返回的信息：${message}</h2>
</body>
</html>
```

07 在web.xml中创建DispatcherServlet的一个实例，并通过<load-on-startup>标签，指定启动Web服务器时就加载该Servlet，然后为其添加URL映射，代码如下：

```
<servlet>
  <servlet-name>UseSpring</servlet-name>
  <servlet-class>
      org.springframework.web.servlet.DispatcherServlet
  </servlet-class>
  <load-on-startup>1</load-on-startup>
</servlet>
<servlet-mapping>
  <servlet-name>UseSpring</servlet-name>
  <url-pattern>/</url-pattern>
</servlet-mapping>
```

08 部署应用到Tomcat，启动Tomcat，在地址栏中输入http://localhost:8080/UseSpring/hello，可以得到如图10-2所示的页面。

这样，一个基于Spring Web MVC的Hello World程序就完成了。下一节将详细介绍Spring Web MVC应用程序的开发和配置细节。

如果项目中有很多bean需要装配，那么Tomcat的启动时间可能会比较长，导致出现45秒超时的Tomcat服务器启动错误，如图10-3所示。

图10-2 Spring MVC Hello World示例

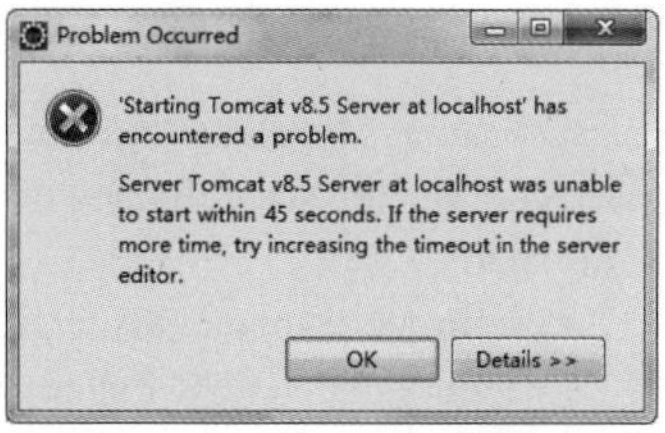


图10-3 Tomcat启动超时错误

这是因为在Eclipse中，Tomcat服务器默认的启动时间为45秒。如果需要加载和初始化的项目比较多，可以将该参数的值设置得大一些，具体操作步骤如下：

01 双击Servers窗口中的Tomcat服务器，打开其属性页面，如图10-4所示。

02 在属性页中，找到Timeouts，将其展开，将Start属性的值修改到足够大，如200。

03 保存修改，重启Tomcat即可。如果仍然报超时错误，可把值改成更大数。

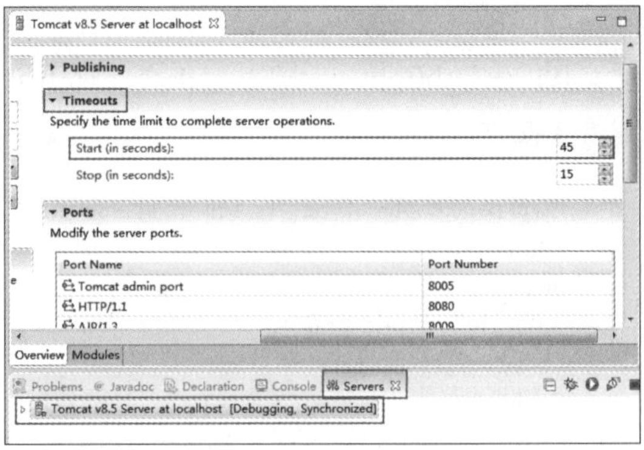

图10-4　Tomcat v8.5的属性页

# 10.2　深入学习Spring Web MVC

通过对HelloWorld程序的学习，相信读者对Spring Web MVC有了一个初步认识，本节将进一步介绍其核心组件及其工作原理等内容。

## 10.2.1　启动Spring MVC

上一章中，我们在Java工程中，通过在应用程序的main()方法中以编程方式启动Spring：通过XML配置文件或者使用@Configuration注解声明的配置类来完成bean的装配。而在Java Web应用程序中，有两种选择可以启动Spring Web MVC：使用web.xml配置文件；也可以在javax.servlet.ServletContainerInitializer中通过编程的方式启动。

### 1. 使用web.xml

传统的Spring Web MVC应用程序总是使用web.xml来启动Spring。本章中的HelloWorld示例采用的就是这种方式。在web.xml中配置一个DispatcherServlet，并指定在服务器启动时加载该Servlet。在DispatcherServlet的初始化过程中，框架会在Web应用的WEB-INF文件夹下寻找名为[servlet-name]-servlet.xml 的配置文件，生成文件中定义的bean。也可以contextConfigLocation启动参数的形式为它提供配置文件，例如：

```
<servlet>
    <servlet-name>MySpring</servlet-name>
    <servlet-class>org.springframework.web.servlet.DispatcherServlet </servlet-class>
    <init-param>
        <param-name>contextConfigLocation</param-name>
        <param-value>/WEB-INF/servletContext.xml</param-value>
    </init-param>
    <load-on-startup>1</load-on-startup>
</servlet>

<servlet-mapping>
    <servlet-name>springDispatcher</servlet-name>
```

```
        <url-pattern>/</url-pattern>
    </servlet-mapping>
```

上述代码将为DispatcherServlet创建单个Spring应用上下文，并指示Servlet容器在启动时初始化DispatcherServlet。在初始化时，DispatcherServlet将从/WEB-INF/servletContext.xml文件中加载上下文配置并启动应用上下文。

除了contextConfigLocation参数，还可以使用contextClass参数指定上下文，该参数值为一个实现了WebApplicationContext接口的类，DispatcherServlet将用它来创建上下文。如果这个参数没有指定，默认使用XmlWebApplicationContext。

当然，这只会为应用程序创建出一个上下文。对于集成Web环境的通常配置，则还要使用监听器listener来加载配置，如下所示：

```
<context-param>
    <param-name>contextConfigLocation</param-name>
    <param-value>/WEB-INF/rootContext.xml</param-value>
</context-param>
<listener>
    <listener-class>org.springframework.web.context.ContextLoaderListener</listener-class>
</listener>

<servlet>
    <servlet-name>MySpring</servlet-name>
    <servlet-class>org.springframework.web.servlet.DispatcherServlet </servlet-class>
    <init-param>
        <param-name>contextConfigLocation</param-name>
        <param-value>/WEB-INF/servletContext.xml</param-value>
    </init-param>
    <load-on-startup>1</load-on-startup>
</servlet>
<servlet-mapping>
    <servlet-name>springDispatcher</servlet-name>
    <url-pattern>/</url-pattern>
</servlet-mapping>
```

ContextLoaderListener将在Web应用程序启动时被初始化(因为它实现了ServletContextListener接口，所以它将在所有的Servlet之前初始化)，然后从contextConfigLocation上下文初始化参数指定的/WEB-INF/rootContext.xml文件中加载根应用上下文，并启动根应用上下文。一般用于加载除Web层的bean(如DAO、Service等)，以便于与其他Web框架集成。

**❖ 注意：**

contextConfigLocation上下文初始化参数不同于DispatcherServlet的contextConfigLocation初始化参数。它们并不冲突：前者作用于整个Servlet上下文，而后者只作用于它所指定的Servlet。由监听器创建的根应用上下文，将自动被设置为所有通过DispatcherServlet创建的应用上下文的父上下文。

使用ContextLoaderListener 加载配置时，Spring会创建一个全局的WebApplicationContext上下文，称为根上下文，保存在 ServletContext中，key是WebApplicationContext.ROOT_

WEB_APPLICATION_CONTEXT_ATTRIBUTE属性的值。

DispatcherServlet是一个Servlet，可以同时配置多个，每个DispatcherServlet有一个自己的WebApplicationContext上下文，这个上下文继承了根上下文中的所有东西。保存在 ServletContext中，key是"org.springframework.web.servlet.FrameworkServlet.CONTEXT"+Servlet名称。当一个Request对象产生时，会把这个WebApplicationContext上下文保存在Request对象中，key是DispatcherServlet.class.getName() + ".CONTEXT"。

对于只使用Sping框架的应用程序，建议不使用listener监听器，只使用DispatcherServlet，事情就简单多了。

### 2. 以编程的方式启动

Java EE 6新添加了一个ServletContainerInitializer接口。实现了ServletContainerInitializer接口的类将在应用程序开始启动时，并在所有监听器启动之前调用它们的onStartup()方法。这是应用程序生命周期中最早可以使用的时间点。

要使用ServletContainerInitializer，不是在web.xml中进行配置，而是必须在对应的JAR包的META-INF/services目录中创建一个名为javax.servlet.ServletContainerInitializer的文件，在该文件中列出具体的一个或多个ServletContainerInitializer实现类。这种方式存在的不足在于文件不能直接存在于应用程序的WAR文件或解压后的目录中(不能将文件放在Web应用程序的/META-INF/services目录中)，而必须在JAR文件的/META-INF/services目录中，并且需要将该JAR文件包含在应用程序的/WEB-INF/lib目录中。

Spring提供了一个桥接口，使这种方式变得容易实现。Spring Web框架中的org.springframework.web.SpringServletContainerInitializer类实现了ServletContainerInitializer接口，因为含有该类的JAR中包含了一个服务提供文件，并列出了类的名字，所以应用程序在启动时就会调用它的onStartup()方法。然后该类将扫描应用程序以寻找org.springframework.web.WebApplicationInitializer接口的实现，并调用所有匹配它的类的onStartup()方法。在WebApplicationInitializer实现类中，可以通过编程的方式配置监听器、Servlet、过滤器等。

例如，在前面的Spring MVC HelloWorld示例中，如果不在web.xml中配置DispatcherServlet，我们还可以创建一个实现WebApplicationInitializer接口的类，然后重载onStartUp()方法，在onStartUp()方法中创建DispatcherServlet实例，示例代码如下：

```
package zhaozhixuan.spring.mvc;

import javax.servlet.ServletContext;
import javax.servlet.ServletRegistration.Dynamic;
import org.springframework.web.WebApplicationInitializer;
import org.springframework.web.context.support.XmlWebApplicationContext;
import org.springframework.web.servlet.DispatcherServlet;

public class StartUp implements WebApplicationInitializer{
    @Override
    public void onStartup(ServletContext container)     {
        XmlWebApplicationContext servletContext = new XmlWebApplicationContext();
```

```
            servletContext.setConfigLocation("/WEB-INF/UseSpring-servlet.xml");
            Dynamic dispatcher = container.addServlet(
                "UseSpring", new DispatcherServlet(servletContext)
            );
            dispatcher.setLoadOnStartup(1);
            dispatcher.addMapping("/");
        }
    }
```

这个启动类在功能上等同于之前在web.xml中添加的DispatcherServlet的配置。

## 10.2.2 DispatcherServlet组件类

从名称就可以看出，DispatcherServlet是一个Servlet，Spring Web MVC框架是围绕DispatcherServlet设计的，它处理所有的HTTP请求和响应。DispatcherServlet的请求处理工作流程如图10-5所示。

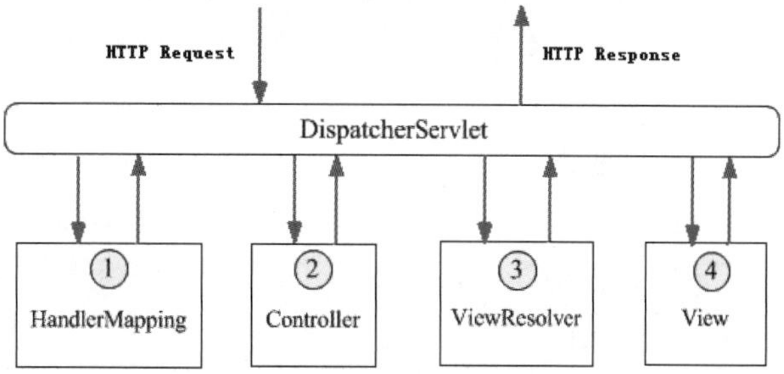


图10-5 DispatcherServlet的请求处理工作流程

(1) 在接收到HTTP请求后，前端控制器收到请求后自己不进行处理，而是委托给其他的解析器进行处理，DispatcherServlet会查询HandlerMapping以调用相应的Controller。

(2) Controller接受请求并根据使用的GET或POST方法调用相应的服务方法。服务方法将基于定义的业务逻辑设置模型数据，并将视图名称返回给DispatcherServlet。

(3) DispatcherServlet将从ViewResolver获取请求的定义视图。

(4) 当视图完成后，DispatcherServlet将模型数据传递到最终的视图，并在浏览器中呈现。

所有上述组件，即HandlerMapping、Controller和ViewResolver都是WebApplicationContext的一部分，它是普通ApplicationContext的扩展，带有Web应用程序所需的一些额外功能。

DispatcherServlet是前端控制器设计模式的实现，提供Spring Web MVC的集中访问点，负责职责的分派。它与Spring IoC容器无缝集成。

### 1. DispatcherServlet初始化顺序

DispatcherServlet类的继承关系如图10-6所示。

图10-6 DispatcherServlet类的继承关系

(1) HttpServletBean继承HttpServlet，因此在Web容器启动时将调用它的init()方法，该初

始化方法的主要作用如下。

- 将Servlet初始化参数(通过init-param标签设置，如contextAttribute、contextClass、namespace、contextConfigLocation)设置到该组件上。
- 提供给子类以初始化扩展点initServletBean()，该方法由FrameworkServlet覆盖。

(2) FrameworkServlet继承HttpServletBean，通过initServletBean()进行Web上下文初始化，该方法主要覆盖如下两件事情。

- 初始化Web上下文。
- 提供给子类以初始化扩展点onRefresh()，该方法由子类进行扩展。

(3) DispatcherServlet继承FrameworkServlet，并实现了onRefresh()方法，提供一些前端控制器相关的配置，初始化默认的Spring Web MVC框架使用的策略(如HandlerMapping)。

### 2. 如何访问静态资源文件

在前面的示例中，我们把DispatcherServlet映射到URL模式。这种将DispatcherServlet映射到应用程序URL的根目录容易引起一些问题，因为这样会拦截所有的请求。对静态资源的访问，比如对*.js、*.jpg文件的访问也将被拦截。

比较常见的映射方式是将它映射到URL模式/do/*、*.do或*.action，也可以使用*.html映射以使页面看起来更像是静态页面。这样就不存在访问不到静态资源文件的问题了。

如果计划将DispatcherServlet映射到应用程序的根，则需要考虑如何才能不影响对静态资源文件的访问。

有如下几种方案可以解决此问题。

1) 使用名为default的Servlet

当任何一个Servlet被映射到应用程序的根时，要想不影响静态资源文件的访问，可以将这些资源映射到名为default的Servlet上(所有容器都将自动提供该Servlet)。可以在web.xml中添加如下所示的配置信息：

```
<servlet-mapping>
    <servlet-name>default</servlet-name>
    <url-pattern>/resources/*</url-pattern>
    <url-pattern>*.css</url-pattern>
    <url-pattern>*.js</url-pattern>
    <url-pattern>*.png</url-pattern>
    <url-pattern>*.gif</url-pattern>
    <url-pattern>*.jpg</url-pattern>
</servlet-mapping>
```

或者在ServletContainerInitializer(WebApplicationInitializer)或ServletContextListener中以编程方式实现：

```
servletContext.getServletRegistration("default").addMapping(
"/resources/*", "*.css", "*.js", "*.png", "*.gif", "*.jpg");
```

默认的Servlet不需要声明，Servlet容器将替我们显式地声明它。

2) 使用<mvc:resources>

这是Spring自带的标签，主要用来进行静态资源的访问。首先需要找到Servlet对应的Spring的XML配置文件，比如Servlet的名称为myDispatcher，则找到myDispatcher-servlet.xml文件，然后在该文件中插入类似如下所示的配置：

```
<mvc:annotation-driven/>
<mvc:resources mapping="/images/**" location="/images/" />
```

mapping属性指定要映射的URI，location指定静态资源的位置，可以是Web应用程序的根目录，也可以是JAR包。这样就可以把静态资源压缩到JAR包中，还可以使用cache-period属性设置静态资源以进行Web缓存。

❖ **提示：**

如果没有配置<mvc:annotation-driven />，则会提示如下警告信息——WARNING: No mapping found for HTTP request with URI [/zhao/spring/mvc] in DispatcherServlet with name 'springMVC'。

使用<mvc:resources/>元素，是把mapping属性的URI注册到SimpleUrlHandlerMapping的urlMap中，key为mapping属性的URI pattern值，而value为ResourceHttpRequestHandler，这样就巧妙地把对静态资源的访问由HandlerMapping转到ResourceHttpRequestHandler处理并返回了。

3) 使用<mvc:default-servlet-handler/>

<mvc:default-servlet-handler/>标签的作用就是启用名为default的Servlet，用法如下：

```
<mvc:default-servlet-handler/>
```

## 10.2.3 使用@RequestMapping

@RequestMapping注解是Spring MVC中最常被用到的注解之一。它通常被标注在控制器方法上，负责将请求与处理请求的控制器方法关联起来，建立映射关系。Spring MVC 的前端控制器(DispatcherServlet)拦截到用户发来的请求后，会通过@RequestMapping注解提供的映射信息找到对应的控制器方法，对这个请求进行处理。

在控制器的类定义及方法定义中都可使用@RequestMapping注解。

- 类定义中：提供初步的请求映射信息，相对于Web应用的根目录。
- 方法中：提供进一步的细分映射信息，相对于类定义中的URL。若类定义中未标注@RequestMapping，则方法中标记的URL相对于Web应用的根目录。

DispatcherServlet截获请求后，就通过控制器上@RequestMapping提供的映射信息确定请求对应的处理方法。

### 1. URL限制

将@RequestMapping注解添加到控制器类及其方法上，将为映射建立起特定的继承和优先级规则。某些为控制器类创建的@RequestMapping属性将被方法继承，并添加到在方法上创建的@RequestMapping中，而在方法上添加的@RequestMapping属性有时将覆盖在类上创建的@RequestMapping属性。

假设控制器类的定义如下：

```
@Controller
@RequestMapping(value="/product")
public class ProductManager{
    @RequestMapping("viewProduct")
    public String viewProduct(...) { ... }

    @RequestMapping("addToCart")
    public String addProductToCart(...) { ... }

    @RequestMapping("writeReview")
    public String writeProductReview(...) { ... }
}
```

上述代码在类定义中指定映射为"/product"，如果将DispatcherServlet映射到上下文根(/)，那么这些方法相对于应用程序的URL将分别变成/product/viewProduct、/product/addToCart和/product/writeReview。如果DispatcherServlet被映射到了/jd/*，那么这些方法的URL也将分别变成/jd/product/viewProduct、/jd/product/addToCart和/jd/product/writeReview。

这种映射方式适合将具有相同前缀的多个URL放到一个控制器类中，方便管理和维护。如果这些方法处理的URL没有共同的前缀，也可以去掉类定义中的@RequestMapping注解，例如上面的代码如果没有@RequestMapping(value="/product")，那么这些方法的映射地址相当于应用程序的URL中就要去掉/product。若DispatcherServlet被映射到上下文根(/)，则方法相当于应用程序的URL变为/viewProduct、/addToCart和/writeReview。

**❖ 说明：**

@RequestMapping的默认属性为value，上述映射实际上使用的就是value属性，所以@RequestMapping(value="/product")和@RequestMapping("/product")是等价的。

通过@RequestMapping进行URL映射时，如果请求匹配到多个不同的URL映射，那么将匹配最具体的映射。

我们来看如下映射方法的定义：

```
@RequestMapping("view/*")
public String viewAll(...) { ... }

@RequestMapping("view/*.json")
public String viewJson(...) { ... }

@RequestMapping("view/id/*")
public String view(...) { ... }

@RequestMapping("view/other*")
public String viewOther(...) { ... }
```

因为在每个映射中都使用了通配符，所以很多URL可能会匹配其中的多个方法，这时就要看哪个映射更具体了，例如：

- URL/view/other.json可以匹配viewAll()、viewJson()或viewOther()方法，但viewOther()方法更为具体，所以该请求将被路由到viewOther()方法。
- 同样，/view/id/anything.json将会匹配viewAll()、viewJson()或view()方法，但它将被映射到view()方法。
- 因为在这些方法中viewAll()的映射最不具体，所以只有完全不匹配其他方法的请求才会被路由到viewAll()。

关于@RequestMapping的value属性需要了解的最后一件事情是：它也可以接受一组URL映射。因此，也可以将多个URL映射到同一个方法上，即@RequestMapping的value属性可以是多个URL。例如下面的方法响应3个URL：/、/home和/index。

```
@RequestMapping({"/", "home", "index"})
public String home(...) { ... }
```

### 2. HTTP请求方法限制

除了value属性，还可以使用@RequestMapping的method属性来限定HTTP请求类型。method可以是一个或多个org.springframework.web.bind.annotation.RequestMethod枚举常量。RequestMethod支持的HTTP方法有OPTIONS、HEAD、GET、POST、PUT、DELETE、PATCH和TRACE。使用method属性后，只有请求的HTTP方法匹配指定的常量之一时，请求才会被映射到该控制器方法。

比如下面的控制器类：

```
@RequestMapping("student")
public class StudentManageController{
    @RequestMapping(value="add", method=RequestMethod.GET)
    public String addForm(...) { ... }

    @RequestMapping(value="add", method=RequestMethod.POST)
    public View addSubmit(...) { ... }
}
```

/student/add URL将同时匹配addForm()和addSubmit()方法。因为使用method属性，所以该URL的GET请求将被路由至addForm()方法，而POST请求将被路由至addSubmit()方法，其他HTTP方法发出的请求都将被拒绝。

**❖ 提示:**

当method属性继承自类时，该属性将同时在两个级别上产生限制。请求的HTTP方法将先检查类级别上的限制，如果通过了检查，再来检查方法级别上的限制。

### 3. 请求参数限制

@RequestMapping的params属性用于限制请求参数，该属性可以是一个或多个参数表达式，它们的执行结果必须为真。

- 表达式"myParam"：表示请求中必须有myParam参数，可以为任意值(包括空白)。

- 表达式"!myParam"：表示请求中不能存在myParam参数，空白也不允许。
- 表达式"myParam=myValue"：表示myParam请求参数必须存在，并且它的值必须等于myValue。
- 表达式"myParam!=myValue"：表示myParam请求参数必须存在，并且它的值不能等于myValue。
- 表达式{"params1 = value1", "param2"}：表示请求必须包含名为params1和params2的两个请求参数，并且params1的值必须为value1。

如果请求无法匹配params属性指定的所有表达式，那么它就不会被映射到控制器方法。

例如，下面的请求映射将缩小匹配的范围，只有在name参数存在、role参数存在且等于admin时，才会调用该方法：

```
@RequestMapping(value="admin", params={"name", "role=admin"})
public String doAdmin(...) { ... }
```

如同HTTP请求方法限制一样，参数限制也将被继承下来。Spring框架首先将检查控制器类上的参数限制，然后检查方法上的参数限制。如果请求通过了这两个限制，那么它将把请求映射到该方法上。

#### 4. 请求头限制

使用@RequestMapping的headers属性可以实现请求头限制，其工作方式与参数限制是一样的，可以为任何头指定值或表达式，也可以使用感叹号对这些表达式取反。

唯一特别的是：我们可以为content-type头指定含有通配符的值。例如，下面的请求映射只会匹配包含X-Client头并且Content-Type头为任意文本类型的请求。注意头名称不区分大小写。

```
@RequestMapping(value="user", headers={"X-Client", "content-type=text/*"})
public String function(...) { ... }
```

#### 5. 内容类型限制

@RequestMapping注解还有两个属性用来限制请求的内容类型和响应的内容类型。

- consumes属性：该属性接受一个或多个Content-Type 值(或通配符)，它们必须匹配请求的Content-Type头，从而限定了方法可以处理的内容类型。
- produces属性：该属性将接受一个或多个Content-Type值(或通配符)，它们必须匹配请求的Accept头。它指定了方法可以产生的内容类型，这样Spring可以决定这些内容类型是否匹配客户端期望接收的响应类型。

下面的请求映射只会匹配Content-Type头为application/json或text/json，并且Accept头包含application/json或text/json的请求：

```
@RequestMapping(value="song", consumes={"text/json", "application/json"},
                produces={"text/json", "application/json"})
public Song song(...) { ... }
```

❖ 注意：

如果同时在类和方法的@RequestMapping注解中指定consumes和produces属性，那么方法上的属性将覆盖在类上指定的该属性。换句话说，如果在方法上指定了相同的属性，类上该属性的值将被忽略。

## 10.2.4 控制器方法的参数

控制器方法可以有任意数量的不同类型的参数，也可以没有参数。Spring可以理解这些参数的目的，并在调用的时候提供正确的值。另外，通过一些简单的配置，还可以扩展Spring理解的参数类型。

### 1. 标准Servlet类型

在需要的时候，Spring可以为方法提供Servlet API相关的众多参数类型作为参数。传入这些参数的值永远不会为null，可以使用的参数类型有如下几种。

- HttpServletRequest：用于使用请求属性。
- HttpServletResponse：用于操作响应。
- HttpSession：用于操作HTTP会话对象。
- InputStream或Reader：用于读取请求正文，但不能同时使用两者。在完成对它的处理之后不能关闭该对象。
- OutputStream或Writer：用于编写响应正文，但不能同时使用两者。在完成对它的处理之后不能关闭该对象。
- 客户端识别出的java.util.Locale：用于本地化(如果未指定的话，可以使用默认的区域设置)。
- org.springframework.web.context.request.WebRequest：Spring框架提供的用于请求属性和HTTP会话对象的操作，不需要直接使用Servlet API，不能与HttpServletRequest、HttpServletResponse或HttpSession类型的参数同时使用。

### 2. 注解请求属性

除了标准Servlet类型，还可以从请求的某些属性中获取信息作为控制器方法的参数。这需要使用几个参数注解。

1) @RequestParam

@RequestParam注解表示被注解的方法参数应该派生自命名请求参数。使用value属性指定(隐式或显式地)请求参数的名称。默认情况下，该注解表示请求参数是必需的，如果没有该参数，请求映射就无法完成；如果要使请求参数变为可选的，可以将required属性设置为false，此时如果请求中未包含请求参数，那么方法参数值将为null。

下面来看一个具体示例，在HelloController控制类中添加如下方法：

```
@RequestMapping("param")
public String testParam(@RequestParam("id") long userId,
```

```
        @RequestParam(value = "name", required = false) String name,
        @RequestParam(value = "key", defaultValue = "default") String key, ModelMap model) {
        String result = "参数信息如下：<br>userId:" + userId;
        result += "<br>name:" + name;
        result += "<br>key:" + key;
        model.addAttribute("message", result);
        return "hello";
    }
```

当访问应用程序的/hello/param请求时，它被映射到该方法。如果不传递任何参数，将得到一个HTTP 400错误页面，提示需要一个long类型的参数id，如图10-7所示。

这是因为该方法接受一个必需的id请求参数、一个可选的name请求参数(默认值为null)和一个可选的key请求参数(默认值为default)。

在地址栏中，在网址的后面输入“?id=982111056”，通过GET方式传递参数，将得到如图10-8所示的页面。

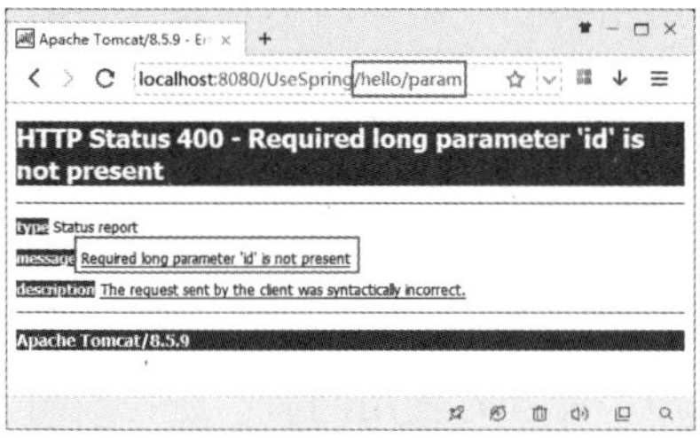


图10-7　HTTP 400错误信息

图10-8　使用请求参数作为方法参数

❖ 提示：

请求参数的名称是区分大小写的。

@RequestParam并没有要求必须使用value属性指定请求参数名称，如果没有指定value属性，在上面的方法中可以将第一个参数修改为@RequestParam long id。

如果希望请求参数有多个值，那么可以将方法的参数修改为正确类型的数组或集合。

另外，通过在Map<String, String>或org.springframework.util.MultiValueMap<String, String>类型的单个参数上使用@RequestParam注解，也可以获得Map中的所有请求参数值。

2) @RequestHeader

@RequestHeader注解的工作方式与@RequestParam一致，它提供对请求头的访问。它指定了一个必需的(默认)或可选的请求头，用作相应方法的参数值。因为HTTP头也可以有多个值，所以如果会出现这种请求的话，应该使用数组或集合参数类型。

类似地，也可以使用@RequestHeader注解类型为Map<String, String>、MultiValueMap<String, String>或org.springframework.http.HttpHeaders的单个参数，从而获得所有请求头的值。比如下面的两个方法，function1将按照名称获得两个请求头的数据，而function2将获得所有请求头的数据：

```
@RequestMapping("test")
public String function1(@RequestHeader("Content-Type") String contentType,
                        @RequestHeader(value="X-Custom-Header", required=false)
```

```
                    Date customHeader)
{ ... }
@RequestMapping("test2")
public String function2(@RequestHeader MultiValueMap<String, String> headers)
{ ... }
```

❖ 提示：

请求头的名称不区分大小写。

3) @PathVariable

Spring Web MVC中的URL映射不必是静态值，它可以包含一个模板，表示URL的某个部分是可变的，其值将在运行时决定。URI模板变量通常对搜索引擎更加友好，并且它是RESTful Web服务标准的一部分。使用@PathVariable注解可以将这个模板变量用作控制器方法的参数，比如下面的代码：

```
@RequestMapping(value="student/{sno}", method=RequestMethod.GET)
public String qryStudent(@PathVariable("sno") long sno) { ... }
```

请求/student/20173011将被映射到上面的方法，模板变量值为20173011。

默认情况下，Spring允许模板变量中包含除句号之外的任意字符(正则表达式为[^\.]*)。为了避免错误发生，可以在URL映射中指定正则表达式，例如，可以将sno模板变量限制为只能使用数值字符，那么不包含该模板变量或包含了无效字符的请求URL将不会被映射到该控制器方法。

```
@RequestMapping(value=" student/{sno:\\d+}", method=RequestMethod.GET)
public String qryStudent(@PathVariable("sno") long sno) { ... }
```

如果URL映射中有多个模板变量，可以为不同模板变量关联不同的方法参数，也可以使用@PathVariable注解类型为Map<String, String>的单个方法参数，该参数将包含URL中的所有URI模板变量值。

### 3. 输入绑定表单对象

尽管@RequestParam是一个有价值的工具，但是在方法中使用数十个参数是非常繁杂的。Spring允许指定一个表单对象作为控制器方法参数。表单对象是含有设置和读取方法的简单POJO(Plain Ordinary Java Object，简单Java对象)。在使用HTML表单时，客户端通常可以提交数十个或更多个字段。例如，一个用户注册表单可能包含用户名、密码、确认密码、电子邮件地址、姓名、电话、地址等字段，如果将这些表单数据作为参数传递给控制器方法，可以使用前面介绍的RequestParam注解，但是在方法中使用十几个甚至更多个参数是非常不好的设计，既难以维护也不方便执行单元测试。针对这种情况，Spring提供了更好的支持方式，Spring框架允许指定一个表单对象(也称为命令对象)作为控制器方法的参数。它们不必事先实现任何特殊的接口，也不需要使用任何特殊的注解来对控制器方法参数进行标记，Spring将把它识别为一个表单对象。

例如，定义一个表示用户注册信息的Java类UserRegistrationForm，然后就可以使用该类型的参数，示例代码如下：

```
public class UserRegistrationForm{
    private String username;
    private String password;
    private String emailAddress;
                                    // 省略其他属性和get、set方法
}

@RequestMapping("user")
public class UserController{
    @RequestMapping(value="register", method=RequestMethod.POST)
    public String register (UserRegistrationForm form) { ... }
}
```

在本例中，Spring将在UserRegistrationForm类中寻找方法名以set开头的方法，然后使用参数名称把请求参数映射到表单对象属性。例如，调用setUsername()方法时将使用请求参数username的值作为参数；调用setEmailAddress()方法时将使用请求参数emailAddress的值作为参数。如果请求参数不匹配表单对象的任何属性，那么该请求参数将被忽略。同样，如果表单对象的属性不满足请求参数，相应的属性也将被忽略。

Spring也可以自动验证表单对象的细节，这意味着可以避免在控制器方法中内嵌验证逻辑。如果启用了bean验证，并且使用@javax.validation.Valid注解标记了表单对象参数，那么在表单对象参数之后，可以使用一个org.springframework.validation.Errors或org.springframework. validation.BindingResult类型的参数。当Spring调用该方法时，参数值是验证过程的结果。如果紧接表单对象参数之后的参数不是Errors或BindingResult对象，并且表单对象验证失败的话，Spring将抛出一个org.springframework.web.bind.MethodArgumentNotValidException异常。

```
@RequestMapping(value="register", method=RequestMethod.POST)
public String register (@Valid UserRegistrationForm form,
                        BindingResult validation) { ... }
```

### 4. 请求正文转换和实体

到目前为止，我们已经学习了与@RequestMapping注解一起配合使用的几个注解，用于处理GET和POST Web请求的额外信息：请求头、URL查询参数和x-www-form-urlencoded请求正文(表单提交)。不过，POST和PUT请求可以包含除x-www-form-urlencoded格式之外的任意数据。例如，在RESTful Web服务中，POST或PUT请求可能包含JSON或XML格式的请求正文，用于代表比x-www-form-urlencoded更复杂的数据。请求正文也可以包含二进制、base64编码数据或者几乎所有客户端和服务器都可以理解的格式。当数据代表某种对象时，它们通常被引用为请求实体或HTTP实体。这时，就可以使用@RequestBody注解，该注解用于读取请求的body数据，使用系统默认配置的HttpMessageConverter进行解析，然后把相应的数据绑定到要返回的对象上，再把HttpMessageConverter返回的对象数据绑定到控制器方法的参数上。

例如，下面的Student是一个Java类，如果请求的body数据是与该类匹配的JSON数据，那么就可以使用@RequestBody注解的参数，如下所示：

```
public class Student{
    public long sno;
    public String sname;
    public String saddr;
    //省略其他属性字段
}

@RequestMapping("student")
public class StudentController{
    @RequestMapping(value="update", method=RequestMethod.POST)
    public String update(@RequestBody Student student) { ... }

}
```

如同表单对象一样，还可以将@RequestBody方法参数标记为@Valid，从而触发内容验证，并且可以指定Error或BindingResult参数(可选)。

除了使用@RequestBody注解，方法还可以接受一个类型为org.springframework.http.HttpEntity<?>的参数。该类型提供了对请求头(HttpHeader)，以及作为类型参数提供的请求正文的访问。所以，可以使用下面的方法替换上面的update()方法：

```
@RequestMapping(value="update", method=RequestMethod.POST)
public String update(HttpEntity<Student> request) { ... }
```

❖ 说明：

使用HttpEntity参数时，对请求正文对象的验证不会自动触发。

### 5. 文件上传——multipart请求数据

在浏览器环境中，几乎总是使用multipart请求来上传文件，并结合使用标准的表单数据。在这种情况下，请求的Content-Type为multipart/form-data，并且它包含了被提交的每个表单字段的一部分。请求的每个部分都由指定的边界分隔开，它们都有一个值为form-data的Content-Disposition和一个匹配表单输入名称的名称。如果这是一个标准的表单字段，那么它的每个部分都将包含表单字段的数据。如果这是一个用于处理单个文件的文件类型字段，那么它的每个部分都有匹配文件MIME类型的Content-Type和文件内容(如果需要的话，可以使用二进制编码)。

下面是一个表单的POST请求样例，该表单有一个值为“zhaozhixuan”的username字段以及一个文本文件的单文件上传控件。该请求的内容类似于使用Wireshark网络监控工具捕捉到的内容：

```
POST /form/upload HTTP/1.1
Hostname: www.zhao.com
Content-Type: multipart/form-data; boundary=X3oABba8
Content-Length: 240
```

```
--X3oABba8
Content-Disposition: form-data; name="username"

zhaozhixuan
--X3oABba8
Content-Disposition: form-data; name="file"; filename="sample.txt"
Content-Type: text/plain; charset=UTF-8

This is the contents of sample.txt
--X3oABba8--
```

如果表单字段是一个用于多文件的文件类型字段，那么它的每个部分都有一个值为multipart/mixed的Content-Type，并且包含了它自己的那一部分内容，它们各自存储了一个文件。

使用@RequestParam标注控制器方法参数，将使Spring从URL查询参数、x-www-form-urlencoded POST请求正文，或multipart请求部分使用该名称抽取对象的值。不过，默认的转换器只能把这些参数从字符串值转换为简单类型。要处理multipart请求数据，可以使用Spring的org.springframework.web.multipart.commons.CommonsMultipartResolver视图解析器。下面以Spring的文件上传为例，介绍如何处理multipart请求数据。

**01** 在UseSpring项目中，打开Spring配置文件UseSpring-servlet.xml，添加一个处理multipart请求数据的视图解析器，代码如下：

```
<bean id="multipartResolver"
      class="org.springframework.web.multipart.commons.CommonsMultipartResolver">
      <property name="defaultEncoding" value="UTF-8" />
      <property name="maxUploadSize" value="5400000" />
</bean>
```

其中，属性defaultEncoding指定了编码类型，使用UTF-8可以有效支持中文，避免出现中文乱码问题；maxUploadSize属性指定上传文件的最大大小，为5400000字节(5MB多)。

**02** 在zhaozhixuan.spring.mvc中创建文件上传的控制器类FileUploadController，该类用来处理文件上传，完整的代码如下：

```
package zhaozhixuan.spring.mvc;

import java.io.File;
import java.util.ArrayList;
import java.util.List;
import javax.servlet.http.HttpServletRequest;

import org.springframework.stereotype.Controller;
import org.springframework.ui.Model;
import org.springframework.web.bind.annotation.RequestMapping;
import org.springframework.web.bind.annotation.RequestMethod;
import org.springframework.web.bind.annotation.RequestParam;
import org.springframework.web.multipart.MultipartFile;

@Controller
```

```
@RequestMapping("/fileUpload")
public class FileUploadController {
    @RequestMapping(method = RequestMethod.GET)
    public String showPage() {
        return "upload";
    }

    @RequestMapping(method = RequestMethod.POST)
    public String uploadFile(HttpServletRequest request, Model model,
            @RequestParam("file") List<MultipartFile> files) {
        String uploadRootPath = request.getServletContext().getRealPath("upload");
        System.out.println("上传文件跟路径： " + uploadRootPath);
        File uploadRootDir = new File(uploadRootPath);
        if (!uploadRootDir.exists()) {
            uploadRootDir.mkdirs();
        }
        List<String> uploadedResult = new ArrayList<String>();
        for (int i = 0; i < files.size(); i++) {
            MultipartFile file = files.get(i);
            String name = file.getOriginalFilename();
            System.out.println("文件名:"+ name);
            if (name != null && name.length() > 0) {
                try {
                    String filePath=uploadRootDir.getAbsolutePath() + File.separator + name;
                    file.transferTo(new File(filePath));
                    uploadedResult.add(name+"  上传成功");
                } catch (Exception e) {
                    uploadedResult.add(name+"  上传错误 ");
                    System.out.println(e.getMessage());
                }
            }
        }
        model.addAttribute("uploadedResult", uploadedResult);
        return "uploadResult";
    }
}
```

该类处理/fileUpload的URL映射，GET请求将返回upload.jsp，将upload.jsp页面展示给客户端，通过该业务完成文件上传操作；POST请求用来处理文件上传，支持一次上传多个文件。

**03** 在WebContent/WEB-INF/jsp文件夹中新建JSP文件upload.jsp，完整代码如下：

```
<%@ page contentType="text/html; charset=UTF-8"%>
<html>
<head>
<title>文件上传</title>
</head>
<body>
    <h4>该页面用来上传文件至服务器</h4>
    <form action="fileUpload" method="post" enctype="multipart/form-data">
        <input type="file" name="file" multiple="multiple">
```

```
            <br><input type="submit" value="上传">
        </form>
    </body>
    </html>
```

该页面包含一个<form>元素，其中包含一个文件上传控件，通过multiple="multiple"属性支持多文件上传。在<form>标签中，指定编码属性enctype="multipart/form-data"，表示该表单是要处理文件的。

**04** 文件上传完毕后，将返回的视图是uploadResult.jsp，所以需要在WebContent/WEB-INF/jsp文件夹中新建JSP文件uploadResult.jsp，该页面用来展示上传结果，完整代码如下：

```
<%@ page language="java" contentType="text/html; charset=UTF-8"pageEncoding="UTF-8"%>
<%@taglib uri="http://java.sun.com/jsp/jstl/core" prefix="c"%>
<html>
<head>
<title>上传结果</title>
</head>
<body>
    <h3>文件上传结果信息</h3>
    <c:forEach items="${uploadedResult}" var="result">
            - ${result} <br>
    </c:forEach>
</body>
</html>
```

**05** 在uploadResult.jsp中使用JSTL中的<c:forEach>标签来显示结果，所以需要引入JSTL所需的JAR文件：jstl.jar和standard.jar。

**06** 此时，启动Tomcat服务器，将出现如图10-9所示的警告信息，提示不能创建名为multipartResolver的bean，原因是没有找到org/apache/commons/fileupload/FileItemFactory类。

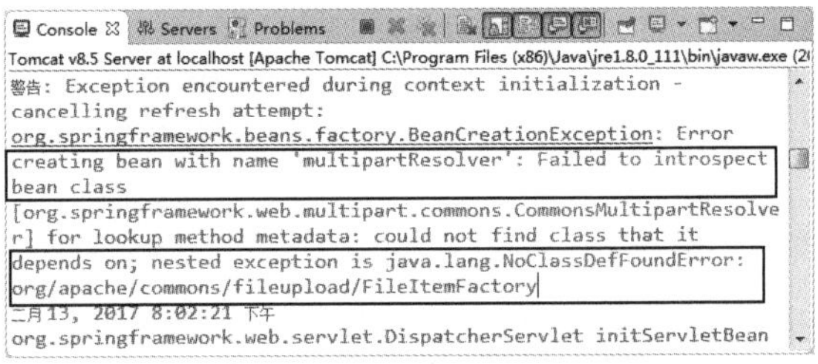


图10-9　启动Tomcat时显示的警告信息

从提示内容可知，CommonsMultipartResolver解析器的初始化需要FileItemFactory类，解决的方法是引入CommonsMultipartResolver所依赖的JAR包：commons-fileupload-1.3.2.jar和commons-io-2.5.jar。这两个文件都可以从Apache的网站下载最新版本。

**07** 下载并引入这两个JAR包后，重新启动Tomcat，警告信息没有了。在地址栏中输入http://localhost:8080/UseSpring/fileUpload，回车后打开文件上传页面，如图10-10所示。

图10-10　文件上传页面

**08** 单击“选择文件”按钮，打开“打开”对话框，从本地系统中选择要上传的文件(按住Shift键可以选择多个文件)，单击“打开”按钮，完成文件的选择，页面中会提示已经选择的文件个数，如图10-11所示。

**09** 单击“上传”按钮，开始上传文件，然后显示上传结果，如图10-12所示。

图10-11 选择要上传的文件

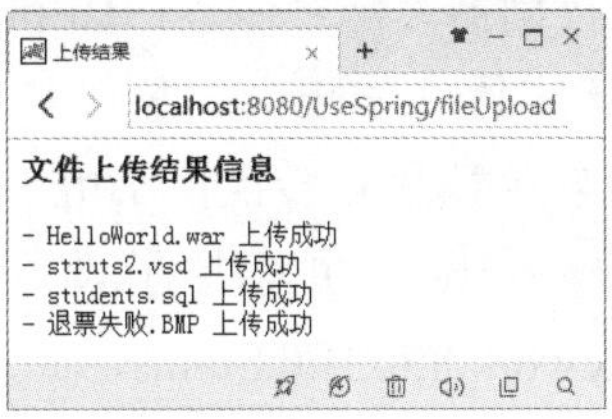


图10-12 文件上传结果信息

### 6. 模型类型

除了注解参数，控制器方法还可以有单个类型为Map<String，Object>、org.springframework. ui.ModelMap或org.springframework.ui.Model的非标注参数。这些类型的方法参数代表了Spring传入视图中用于渲染的模型，并且我们可以在方法执行时向其中添加任意属性。HelloWorldController中printHello()方法的参数就是Model类型。

## 10.2.5 控制器方法的返回类型

上一节学习了控制器方法的参数，在Spring中，为@RequestMapping注解的方法指定参数是极其灵活的。同样，控制器方法可以返回的类型也是非常灵活的。一般来说，方法参数通常与请求内容相关，而返回类型通常与响应相关。例如，返回类型为void是告诉Spring该方法将手动处理响应的写入，所以Spring在方法返回之后不需要进一步对请求进行处理。不过，更常见的是控制器方法将返回某种类型(有时还使用注解)，表示Spring应该如何响应请求。

### 1. 模型类型

控制器方法可以返回Map<String, Object>、ModelMap或Model。这是将这些类型之一指定为方法参数的备用方式。Spring可以将该返回类型识别为模型，并使用已配置的org.springframework.web.servlet.RequestToViewNameTranslator(默认为org.springframework. web.servlet.view.DefaultRequestToViewNameTranslator)自动确定视图。

### 2. 视图类型

为了指示Spring使用特定的视图来渲染响应，控制器方法可以返回许多不同的视图类型。接口org.springframework.web.servlet.View(或者任意实现了View接口的类)表示方法将返回一个显式的视图对象。在方法返回之后，请求处理将被传递到该视图对象。Spring框架提供了许多View实现(例如RedirectView)，开发人员也可以创建自己的实现类。控制器方法也可以返回一个字符串，表示用于解析的视图的名称。

最后，控制器方法还可以返回一个org.springframework.web.servlet.ModelAndView对象。该类提供了同时返回View和模型类型或者字符串视图名称和模型类型的能力。

### 3. 响应正文实体

正如请求正文可以包含HTTP实体(请求实体)一样，响应正文也可以包含HTTP实体(响应实体)。控制器方法可以返回HttpEntity<?>或org.springframework.http.ResponseEntity<?>，Spring将把实体中的正文对象转换为正确的响应内容(基于协商的内容类型，使用合适的HTTP消息转换器进行转换)。HttpEntity允许设置响应正文和各种不同的头。ResponseEntity继承了HttpEntity，并添加了设置响应状态代码的能力，响应状态代码的类型应为org.springframework.http.HttpStatus，如下面的按学号查询学生的方法：

```
@RequestMapping(value="student/{sno}", method=RequestMethod.GET)
public ResponseEntity<Student> getStudent(@PathVariable("sno") long sno) {
    Student student = this.studentService.getStudent(sno);
    return new ResponseEntity<Student>(student, HttpStatus.OK);
}
```

如果不希望使用HttpEntity或ResponseEntity，那么可以返回正文对象自身，并使用@ResponseBody注解该方法，这样将起到相同的效果。然后还可以使用@ResponseStatus注解该方法，指定响应状态代码(如果不使用@ResponseStatus的话，默认值为200 OK)，下面的代码与上面是等价的：

```
@RequestMapping(value="student/{sno}", method=RequestMethod.GET)
@ResponseBody
@ResponseStatus(HttpStatus.OK)
public User getStudent(@PathVariable("sno") long sno) {
    return this.studentService.getSudent (sno);
}
```

**❖ 说明：**

在指定@ResponseBody后，返回类型(如视图解析)的其他处理器将被忽略。例如，如果方法的返回类型为String，并使用了@ResponseBody注解，那么Spring将把返回的这个String作为真正的响应正文，而不是使用名称解析视图。

#### 4. 任意返回类型

控制器方法还可以返回任何其他对象，Spring将假设该对象是模型中的一个特性。它将使用CamelCase(驼峰)命名法对模型属性命名，除非该方法注解了@ModelAttribute，此时Spring将使用注解中指定的名称作为属性名。在这两种场景中，Spring都将使用已配置的RequestToViewNameTranslator自动确定视图。

例如下面的两个方法，第一个方法的返回值将变成名为userAccount的模型属性，第二个方法的返回值将变成名为user的模型属性：

```
@RequestMapping("user/{userId}")
public UserAccount viewUser(@PathVariable("userId") long userId)
{ ... }

@RequestMapping("user/{userId}")
@ModelAttribute("user")
public UserAccount viewUser(@PathVariable("userId") long userId)
{ ... }
```

### 5. 异步类型

除了上述返回值类型选项，控制器方法还可以返回java.util.concurrent.Callable<?>或org.springframework.web.context.request.async.DeferredResult<?>。这些类型将使Spring在一个单独的线程中使用异步请求处理执行Callable或DeferredResult，并释放请求线程用于处理其他请求。通常对于需要长时间执行的请求才会这样做，尤其是当它们花费了太长时间在阻塞上以等待网络或磁盘I/O时。如果不希望调用异步请求处理的话(View、String、ModelMap、ModelAndView、ResponseEntity等)，那么Callable或DeferredResult的类型参数(返回类型)通常应该是控制器方法返回的类型。也可以使用@ResponseBody、@ResponseStatus或@ModelAttribute注解控制器方法，在Callable或DeferredResult返回之后触发合适的处理方法。

## 10.2.6 模型与视图

Spring Web MVC名称的渊源就在于它依赖于模型-视图-控制器(MVC)设计模式。控制器用来操作模型中的数据，并将模型传递给视图，而视图将以某种有用的方式对模型进行渲染。终端用户只与视图进行交互，而不会知道它在与控制器交互。MVC模式在Java EE环境中工作得非常好，Servlet就可以看成一个控制器，在请求到达时将代表用户执行操作。Servlet将操作HttpServletRequest形式的模型，然后将模型传递给视图JSP用于渲染。

Spring MVC提供了多种途径来输出模型数据。

- ModelAndView：将处理方法的返回类型设置为ModelAndView，则其既包含视图信息，也包含模型数据信息。
- @ModelAttribute：用方法入参或返回值标注该注解后，相应的入参或返回值对象就会被放到模型的属性中。
- Map及Model：方法的参数为org.springframework.ui.ModelMap或org.springframework. ui.Model或java.util.Map时，方法返回时会将Map中的数据自动添加到模型中。
- @SessionAttributes：若希望在多个请求之间共用某个模型属性数据，则可以在控制器类上标注一个@SessionAttributes，Spring MVC将模型中对应的属性暂存到HttpSession中。将模型中的某个属性暂存到HttpSession中，以便多个请求之间完成属性共享。

### 1. 模型(Model)

Model指的是MVC中的M，也就是数据模型，实际上就是Java对象。这些Java对象存储了数据信息，表示数据，例如从数据库查询出来的数据，或是解析表单后得到的数据。我们可以这样理解数据模型：从Web的角度来说，Web中的所有东西都是一种资源，但是一种资源有多种表现形式，数据可以用JavaScript对象表示，也可以用二进制表示，还可以是JSON对象，用XML表示，在后台可以是Java POJO对象，放在关系数据库中就是数据表中的一行数据。

在Spring Web MVC中，org.springframework.ui.Model是一个接口，我们可以简单地

将Model的实现类理解成一个Map，将模型数据以键值对的形式返回给视图层使用。在Spring MVC中，每个方法被前端请求触发调用之前，都会创建一个隐含的模型对象，作为模型数据的存储容器。这是Request级别的模型数据，我们可以在前端页面(如JSP)中通过HttpServletRequest等相关API读取到这些模型数据。

在ModelAndView中，我们更多是直接操作ModelMap和Map来完成模型参数的准备工作。ModelMap继承自java.util.LinkedHashMap，它在LinkedHashMap的基础上，新增了很多便利的构造方法，使用这些构造方法能进一步简化模型数据的封装。

2. 视图

在Spring框架中，将模型从请求中完全分离开，并提供可以通过多种方式实现的高级View接口。InternalResourceView和JstlView分别实现了传统的JSP和JSTL增强JSP视图。它们负责将模型数据转换成请求属性，并将请求转发到正确的JSP。如果不使用JSP，也可以选择FreeMarkerView(它支持FreeMarker模板引擎)、VelocityView(它支持Apache Velocity模板引擎)和TilesView(它支持Apache Tiles模板引擎)。

如果需要将模型转换为JSON或XML响应(通常用于RESTful Web服务和支持Ajax的请求终端)，可以使用Spring提供的MappingJackson2JsonView和MarshallingView，它们分别支持JSON和XML。也可以使用RedirectView进行重定向。

当控制器方法返回View或ModelAndView(将View的实现传入ModelAndView构造器中)的实现时，Spring将直接使用该视图，并且不需要额外的逻辑用于判断如何向客户端展示模型。如果控制器方法返回了字符串视图名称或者使用字符串视图名称构造的ModelAndView，Spring就必须使用已配置的视图解析器将视图名称解析成真正的视图。如果方法返回的是模型，Spring就首先必须使用已配置的RequestToViewNameTranslator隐式地将请求转换成视图名称，然后使用ViewResolver解析已命名的视图。最后，当控制器方法返回的是响应实体ResponseEntity或HttpEntity时，Spring将使用内容协商决定将实体展示到哪个视图中。

3. 重定向视图

视图org.springframework.web.servlet.view.RedirectView用于将客户端请求重定向到一个不同的URL上。如果URL以某种协议(http://、https://等)或网络前缀(//)开头，它将被认为是一个绝对URL；如果URL是相对URL(没有协议、前缀或前斜线)，那么它将被认为是相对于当前URL(典型的Web和文件系统行为)。

例如，在HelloController类中添加如下两个方法：

```
@RequestMapping("test1")
    public View test1()        {
        return new RedirectView("/fileUpload", true);
    }

    @RequestMapping("test2")
    public View test2(Map<String, Object> model)        {
        model.put("helloUrl", "hello");
```

```
        return new RedirectView("{helloUrl}", true);
    }
```

如果我们在地址栏中输入http://localhost:8080/UseSpring/hello/test1，将被映射到test1方法，该方法通过RedirectView将客户重定向到http://localhost:8080/UseSpring/fileUpload页面。此时，浏览器中的地址也显示为http://localhost:8080/UseSpring/fileUpload。

如果将访问地址中的test1改为test2，那么将被映射到test2方法，该方法中用到了替换模板，{helloUrl}的值为hello，而且重定向时没有/，所以该请求将被重定向到http://localhost:8080/UseSpring/hello/hello。因为我们没有响应该请求的映射方法，所以会得到HTTP 404错误提示页面。

因为我们已经配置了视图解析器InternalResourceViewResolver，所以可以在返回视图名称的字符串前面加“forword：”或“redirect：”，也可实现视图重定向。通过指定这两个前缀，解析器会对它们做特殊处理，分别是转发和重定向。比如下面的test3：

```
@RequestMapping("test3")
    public String test3()      {
        return "forward:/fileUpload";
    }
```

当访问http://localhost:8080/UseSpring/hello/test3时，将被映射到test3方法。该方法通过forward把请求转发到/fileUpload，所以客户端显示的是文件上传页面，但是地址栏中显示的仍是http://localhost:8080/UseSpring/hello/test3，这也是转发和重定向最明显的一个区别。

#### 4. 视图解析器

Spring MVC为逻辑视图名的解析提供了不同的策略，可以在Spring Web上下文中配置一种或多种解析策略，并指定它们之间的先后顺序。每一种映射策略对应一个具体的视图解析器实现类。

视图解析器的作用比较单一：将逻辑视图解析为一个具体的视图对象。

在Spring Web MVC中，当Controller将请求处理结果放入ModelAndView以后，DispatcherServlet会根据ModelAndView选择合适的视图进行渲染。视图解析器ViewResolver就负责把一个逻辑上的视图解析为一个真正的视图。

Spring提供了多种视图解析器，例如前面示例中使用的InternalResourceViewResolver就是最常用的一个解析器，与之相对应的视图类为InternalResourceView。通常，一个视图解析器只能查找一个或多个特定类型的视图，在遇到Spring不支持的视图或者我们要自定义视图查找规则的情况下，还可以通过扩展Spring来自定义所需的视图解析器。

常用的视图解析器如下。

- AbstractCachingViewResolver：这是一个抽象类，这种视图解析器会把它曾经解析过的视图保存起来，每次要解析视图的时候先从缓存里面查找。如果找到了对应的视图，就直接返回；如果没有找到，就创建一个新的视图对象，然后把它放到一个用于缓存的Map中，接着再把新建的视图返回。使用这种视图缓存的方式，可以把解析视图的性能问题降到最少。

- XmlViewResolver：该类继承自AbstractCachingViewResolver抽象类，所以它也支持视图缓存。XmlViewResolver需要一个XML配置文件，该文件将使用和Spring的bean工厂配置文件一样的DTD定义，所以其实该文件就是用来定义视图的bean对象的。在该文件中定义的每一个视图的bean对象都有一个名称，然后XmlViewResolver将根据Controller处理器方法返回的逻辑视图名称，到XmlViewResolver指定的配置文件中寻找对应名称的视图bean用于处理视图。该配置文件默认为/WEB-INF/views.xml，也可以通过location属性指定其他的文件。XmlViewResolver还实现了Ordered接口，因此我们可以通过其order属性来指定在ViewResolver链中它所处的位置。order的值越小，优先级越高。
- ResourceBundleViewResolver：它和XmlViewResolver一样，也继承自AbstractCachingViewResolver，它的配置文件必须放在classpath路径下，默认情况下是在classpath根目录的views.properties文件下。ResourceBundleViewResolver也支持缓存，但是它缓存的不是视图而是BeanFactory。在ResourceBundleViewResolver第一次进行视图解析的时候，会新建一个BeanFactory对象，然后把属性文件中定义好的属性按照自身的规则生成一个个的bean对象，注册到该BeanFactory中。之后会把该BeanFactory对象保存起来，以后进行视图解析时，会从bean工厂中取出名称为逻辑视图名称的视图bean进行访问。也可以通过属性baseName或baseNames来指定其他配置文件，baseName只是指定一个基础名称，Spring会在指定的classpath根目录下寻找以指定的baseName开始的属性文件进行视图解析。如果指定的baseName为base，那么base.properties、baseabc.properties等以base开始的属性文件都会被Spring当作ResourceBundleViewResolver解析视图的资源文件。
- UrlBasedViewResolver：该类是AbstractCachingViewResolver的子类，用于根据请求的URL路径返回相应的视图。可以通过prefix属性指定一个前缀，通过suffix属性指定一个后缀，然后为返回的逻辑视图名称加上指定的前缀和后缀，就是指定的视图URL了。比如prefix="/WEB-INF/jsps/"、suffix=".jsp"，返回的视图名为viewName="index"，UrlBasedViewResolver解析出来的视图URL就是/WEB-INF/jsps/index.jsp。默认的prefix和suffix都是空串，URLBasedViewResolver支持返回的视图名称中包含“redirect:”前缀，这样就可以支持URL在客户端的跳转。比如当返回的视图名称是“redirect:test.do”的时候，URLBasedViewResolver发现返回的视图名称中包含“redirect:”前缀，于是把返回的视图名称中的前缀“redirect:”去掉，取后面的test.do组成一个RedirectView。在该RedirectView中将把请求返回的模型属性组合成查询参数的形式，并组合到redirect的URL后面，然后调用HttpServletResponse对象的sendRedirect()方法进行重定向。同样，URLBasedViewResolver还支持“forword:”前缀，包含“forword:”前缀的视图名称将会被封装成一个InternalResourceView对象，然后在服务器端利用RequestDispatcher的forword方式跳转到指定的地址。使用UrlBasedViewResolver的时候必须指定viewClass属性，表示解析成哪种视图，一般使用较多的是InternalResourceView，利用它来展现JSP页面。

- InternalResourceViewResolver：它是实际应用中使用最广泛的一个视图解析器，是UrlBasedViewResolver的子类，所以UrlBasedViewResolver支持的特性它都支持。从名称可以看出，InternalResourceViewResolver可以翻译为内部资源视图解析器。所谓内部资源视图，就是InternalResourceViewResolver会把返回的视图名称都解析为InternalResourceView对象，InternalResourceView会把Controller处理器方法返回的模型属性都存放到对应的request属性中，然后通过RequestDispatcher在服务器端把请求forword(转发)到目标URL。这就是InternalResourceViewResolver一个非常重要的特性。我们都知道，存放在/WEB-INF/下的内容是不能直接通过request请求的方式得到的。出于安全性考虑，我们通常会把JSP文件存放在WEB-INF目录下，而InternalResourceView在服务器端跳转的方式下可以很好地解决这个问题。与UrlBasedViewResolver相比，使用InternalResourceViewResolver可以不用指定viewClass属性。
- VelocityViewResolver/FreeMarkerViewResolver：这两个视图解析器都是UrlBasedViewResolver的子类，分别用于支持Velocity(VelocityView类)和FreeMark视图(FreeMarkerView类)。
- ContentNegotiatingViewResolver：该类实现了ViewResolver和Ordered接口，用于根据请求文件的后缀名或请求头中的accept字段查找视图。
- BeanNameViewResolver：这个视图解析器与XmlViewResolver有点类似，也是通过返回的逻辑视图名称来匹配定义好的视图bean对象。区别主要有两点：一是BeanNameViewResolver要求视图bean对象都定义在Spring的应用程序上下文中，而XmlViewResolver是在指定的配置文件中寻找视图bean对象；二是BeanNameViewResolver不会进行视图缓存。

在Spring Web MVC中，可以同时定义多个视图解析器，它们会组成一个视图解析器链。当Controller处理器方法返回一个逻辑视图名称后，视图解析器链将根据其中ViewResolver的优先级来进行处理。由于所有的ViewResolver都实现了Ordered接口，因此可以通过order属性来指定优先级顺序。order属性是Integer类型，值越小，优先级越高。

#### 5. 使用@ModelAttribute

@ModelAttribute注解有如下三个作用。

- 绑定请求参数到命令对象：将该注解标注到控制器的功能处理方法的入参上时，用于将多个请求参数绑定到一个命令对象，从而简化绑定流程，而且自动暴露为模型数据，在展示视图页面时使用。
- 暴露表单引用对象为模型数据：将该注解标注到处理器的一般方法(非功能处理方法)上时，是为表单准备要展示的表单引用对象，如注册时需要选择的所在城市等。而且在执行功能处理方法(@RequestMapping注解的方法)之前，自动添加到模型对象中，在展示视图页面时使用。
- 暴露@RequestMapping方法返回值为模型数据：@ModelAttribute和@RequestMapping同时注释一个方法，是将功能处理方法的返回值暴露为模型数据，在展示视图页面时使用。这时该方法的返回值并不表示一个视图名称，而是model属性的值。视图名称由RequestToViewNameTranslator根据请求进行转换，RequestToViewNameTranslator将去除Web应用上下文URL和URL结尾的任何文件扩展名，剩下的URL将变成视图名称，比如/user/home.do，会被转换为逻辑视图/user/home。

下面分别介绍这三种不同的用法。

1) 绑定请求参数到命令对象

定义表示用户信息的User类，这是一个简单的POJO对象，包括userId、userName、userPhone和userAge，以及它们各自的setter和getter方法。

在控制器类UserController中有一个被映射到/user/new URL的方法newUser()，该方法的参数使用了@ModelAttribute注解，如下所示：

```
@RequestMapping("new")
public String newUser(@ModelAttribute User user) {
        System.out.println(user.getUserId());
        System.out.println(user.getUserName());
        System.out.println(user.getUserPhone());
        System.out.println(user.getUserAge());
        user.setUserAge((short) 1);
        return "user/success";
}
```

当在地址栏中访问user/new URL，并包括请求参数“?userId=98123321&userName=赵智堃&userPhone=18031760170”时，参数值将自动绑定到User对象的相应属性，通过System.out.println方法将输出这些信息到控制台，没有匹配参数的字段将输出null。在方法内可以通过setter方法设置user对象的值，user对象将被添加到模型对象中供视图页面展示使用。该方法最后返回“user/success”视图名，视图解析器将其解析为WEB-INF/jsp/user/success.jsp。在该页面中，可以通过${user.userName}等来获取绑定的命令对象的属性。

2) 暴露表单引用对象为模型数据

使用@ModelAttribute注解处理器的一般方法可分为如下几种情况。

- @ModelAttribute注解void返回值的方法：这类方法通常有一个Model类型的参数，用来添加一些通用数据或请求参数到模型对象中。
- @ModelAttribute注解返回具体类的方法：这种情况下model属性的名称没有指定，它由返回类型隐含表示。如果返回Student类型，那么model属性名为student。
- @ModelAttribute(value="")注释返回具体类的方法：这种情况下使用@ModelAttribute注释的value属性来指定model属性的名称。model属性对象就是方法的返回值。

3) 暴露@RequestMapping方法返回值为模型数据

@ModelAttribute和@RequestMapping同时注释一个方法与没有@RequestMapping注解时差不多，最重要的区别就是@RequestMapping注解的方法需要执行视图名称转换。

下面来看一个简单的示例程序。

假设UserController类有如下3个使用@ModelAttribute注解的方法：

```
@ModelAttribute
public void addType(@RequestParam String type, Model model) {
    model.addAttribute("userType", type);
}

@ModelAttribute
public User sampleUser() {
    User user = new User();
    user.setUserId(20170208325L);
    user.setUserName("赵智堃");
    user.setUserPhone("15910806516");
    user.setUserAge((short) 1);
    return user;
}

@RequestMapping(value = "/home", method = RequestMethod.GET)
@ModelAttribute("currentUser")
public User getUser(@RequestParam("userId") long userId) {
    User user = new User();
    user.setUserId(userId);
    user.setUserName("李知诺");
    user.setUserPhone("15028628809");
    user.setUserAge((short) 12);
    return user;
}
```

方法addType()的返回值是void，它把请求参数type加入名为userType的model属性中；方法sampleUser()返回一个User对象，model属性的名称没有指定，它由返回类型隐含表示，如果这个方法返回User类型，那么model属性的名称是user；方法getUser()是一个功能处理方法，当它的返回值不是视图而是model属性的值时，使用@ModelAttribute注解的value属性来指定model属性的名称为currentUser，该方法的视图名称由RequestToViewNameTranslator根据请求转换为逻辑视图user/home。

在WEB-INF/jsp文件夹中新建user子文件夹，然后在其中新建JSP页面home.jsp，在该页面中可以访问模型数据，示例代码如下：

```
<%@ page language="java" contentType="text/html; charset=UTF-8"
    pageEncoding="utf-8"%>
<html>
<head>
<title>用户首页</title>
</head>
<body>
    <h4>模型数据</h4>
    type：${userType}
    <br> 用户信息：
    <br>
    <table width="400px">
        <tr>
```

```
            <td></td>
            <td width="40%">示例用户</td>
            <td width="40%">当前用户</td>
        </tr>
        <tr>
            <td>用户ID</td>
            <td>${user.userId}</td>
            <td>${currentUser.userId}</td>
        </tr>
        <tr>
            <td>姓名</td>
            <td>${user.userName}</td>
            <td>${currentUser.userName}</td>
        </tr>
        <tr>
            <td>电话</td>
            <td>${user.userPhone}</td>
            <td>${currentUser.userPhone}</td>
        </tr>
        <tr>
            <td>年龄</td>
            <td>${user.userAge}</td>
            <td>${currentUser.userAge}</td>
        </tr>
    </table>
</body>
</html>
```

在home.jsp中，通过${user.userId}的形式访问sampleUser()返回的模型数据，而${currentUser.userId}访问的是getUser()返回的模型数据。

在地址栏中输入http://localhost:8080/UseSpring/user/home?type=manager&userId=20130605，该请求将被映射到getUser()方法。在该方法执行前，@ModelAttribute标注的方法addType()和sampleUser()将自动执行，将相应的数据添加到模型对象中；getUser()方法返回的模型数据名称为“currentUser”，视图名称由RequestToViewNameTranslator根据请求“/user/home”转换为逻辑视图WEB-INFO/jsp/user/home.jsp。在该页面中显示模型中的数据，如图10-13所示。

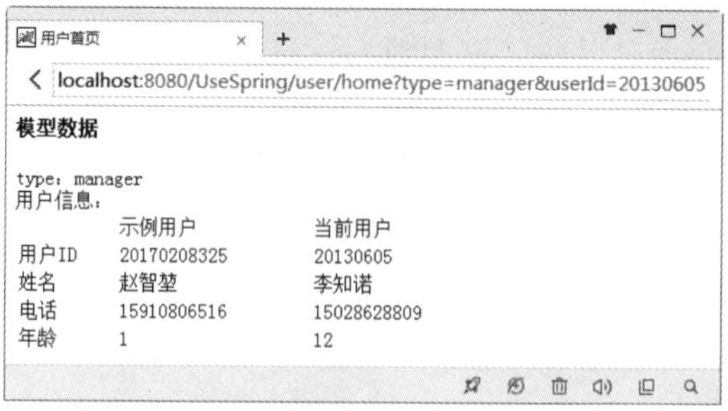

图10-13　@ModelAttribute示例结果

### 6. 使用@SessionAttributes

一般而言，ModelAndView中属性的作用域都是request级别，即本次请求结束，属性也随之销毁。如果想在多个请求中共享某个属性，需将其保存至session中，传统的做法是编写代码，通过Session.setAttribute来保存共享属性信息。

在Spring中，更简单的方法是使用@SessionAttributes注解。该注解在类级别标注，它能自动捕获当前控制器类中ModelAndView的指定属性，并转存至session。

例如，上面的UserController，如果使用@SessionAttributes注解将模型属性userType保存至Session中：

```
@Controller
@RequestMapping("/user")
@SessionAttributes("currentUser")
public class UserController {
        .....
}
```

那么在访问完/user的请求后，该类中的模型属性currentUser将被保存至session中，然后在JSP视图页面或控制器类中，就可以通过session.getAttribute("currentUser")来获取currentUser对象了。

@SessionAttributes 还允许指定多个属性，如 @SessionAttributes({"attr1","attr2"})；还可以通过属性类型指定要session化的model属性，如@SessionAttributes(types = User.class)；也可以联合使用属性名和属性类型，例如：

```
@SessionAttributes(types= {User.class,Dept.class},value={"attr1","attr2"})
```

需要清除@SessionAttributes时，可以使用SessionStatus.setComplete();来清除。该方法只清除@SessionAttributes的session，不会清除HttpSession中的数据。

### 7. 使用@ResponseBody返回响应实体

作用：把功能处理方法的返回值，作为响应内容放到响应体中，同时结合第三方JAR包会将放在响应体中的对象转换为json格式字符串，最终把数据返回给前端。

该注解用于将处理器中功能处理方法返回的对象，经过转换为指定格式后，写入Response对象的body数据区(响应正文)。一般返回的数据不是html标签的页面，而是其他某种格式的数据，例如给ajax请求返回的json数据。

@ResponseBody注解用于将Controller的方法返回的对象，在通过适当的HttpMessageConverter转换为指定格式后，写入Response对象的body数据区。

这种用法通常用在返回的数据不是HTML标签页面而是其他某种格式(如JSON、XML等)的数据时。下面仍在UserController中举例说明@ResponseBody的用法。

例如，在UserController定义一个映射user/xml URL的方法getUserXml()，使用@ResponseBody注解标注该方法，代码如下：

```
@ResponseBody
@RequestMapping(value = "/xml", method = RequestMethod.GET)
public User getUserXml() {
    User user = new User();
    user.setUserId(20120630L);
    user.setUserName("邱淑娅");
    user.setUserPhone("15128628808");
    user.setUserAge((short) 6);
    return user;
}
```

为了能将方法返回的User对象转换为XML格式，还需要修改一下User类的定义。通过@XmlRootElement(标注类)和@XmlElement(标注setter方法)注解来指定生成XML的格式，如下所示：

```
import javax.xml.bind.annotation.XmlElement;
import javax.xml.bind.annotation.XmlRootElement;
@XmlRootElement(name = "user")
public class User {
    private String userName;
    private Long userId;
    private String userPhone;
    private Short userAge;
    public String getUserName() {
        return userName;
    }
    @XmlElement
    public void setUserName(String userName) {
        this.userName = userName;
    }
    public Long getUserId() {
        return userId;
    }
    @XmlElement
    public void setUserId(Long userId) {
        this.userId = userId;
    }
//省略其他代码
}
```

接下来，需要在UseSpring-servlet.xml中添加<mvc:annotation-driven />。在介绍如何访问静态资源文件时，就使用过<mvc:annotation-driven />。这是一种简写形式，可以让初学者快速应用默认配置方案。<mvc:annotation-driven /> 会自动注册DefaultAnnotationHandlerMapping与AnnotationMethodHandlerAdapter这两个bean，并提供了数据绑定支持、@NumberFormatannotation支持、@DateTimeFormat支持、@Valid支持、读写XML支持(JAXB)、读写JSON支持(Jackson)。

接下来，访问该请求即可返回XML格式的数据，如图10-14所示。

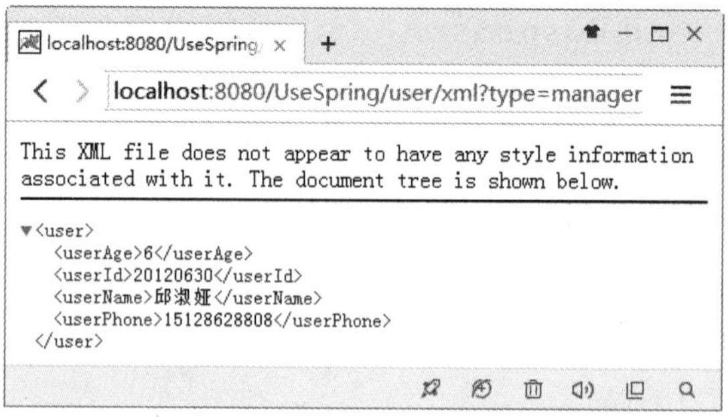


图10-14　使用@ResponseBody返回XML数据

**❖ 说明：**

请求中跟有type参数，是因为UserController类中@ModelAttribute标注的addType()方法需要type参数。

再添加返回JSON格式数据的方法getUserJson()，如下所示：

```
@ResponseBody
@RequestMapping(value ="/json",
      produces = MediaType.APPLICATION_JSON_UTF8_VALUE)
public User getUserJson() {
      User user = new User();
      user.setUserId(20120405L);
      user.setUserName("梅雨菲");
      user.setUserPhone("15124778600");
      user.setUserAge((short) 6);
      return user;
}
```

该方法使用了@RequestMapping的produces属性，该属性指定该方法产生的内容类型为MediaType.APPLICATION_JSON_UTF8_VALUE。该枚举值的含义是返回UTF-8编码的JSON字符串，等价于[application/json;charset=UTF-8]。

如果此时访问请求user/json，将得到一个HTTP 406错误，并提示"The resource identified by this request is only capable of generating responses with characteristics not acceptable according to the request "accept" headers"，这是因为我们没有配置消息转换器。那么生成XML格式数据的时候，为什么不用配置消息转换器呢？这是因为XML实体转换使用的转换器MarshallingHttpMessageConverter不依赖于第三方JAR包，Spring会自动配置这些转换器，而JSON消息转换器MappingJackson2HttpMessageConverter则依赖于jackson相关的JAR包(jackson-annotations-2.8.6.jar、jackson-core-2.8.6.jar和jackson-databind-2.8.6.jar)。可以通过网址http://repo1.maven.org/maven2/com/fasterxml/jackson/core/下载这几个JAR包的最新版本，引入这3个JAR包后，MappingJackson2HttpMessageConverter通常也会自动创建。

此时，重新启动Tomcat，访问user/json即可得到JSON格式的返回结果，如图10-15所示。

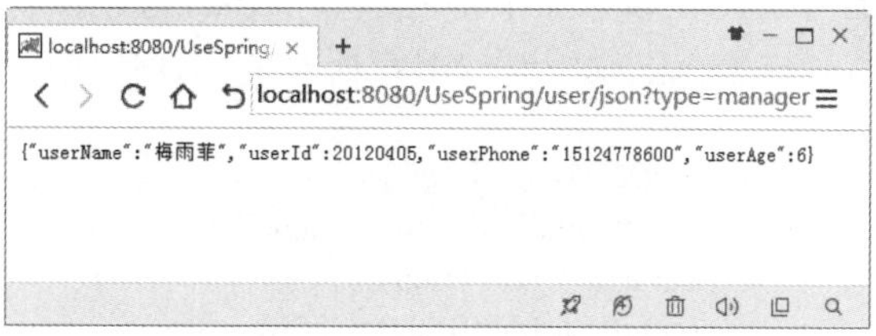


图10-15 使用@ResponseBody返回JSON数据

除了使用produces属性指定方法产生的内容类型为JSON格式以外，还可以在请求中使用扩展名的方式，让Spring选择合适的转换器，将响应实体转换为JSON格式。例如，对于前面的getUserXml()方法，如果请求URL为http://localhost:8080/UseSpring/user/xml. json?type=guest，那么页面中显示的内容将从XML格式变成JSON格式，如图10-16所示。

图10-16 通过在请求中使用.json扩展名，使响应实体转换为JSON格式

这是因为Spring将识别扩展名，忽略请求映射中的扩展名，所以请求被映射到getUserXml()方法。在返回响应实体时，根据请求中的扩展名选择消息转换器。如果不带任何拓展名，则默认为XML格式。

## 10.2.7 Spring MVC的表单标签库

在使用Spring MVC开发含有表单的JSP视图页面时，可以使用Spring封装的一系列表单标签，这些标签都可以访问ModelMap中的内容，从而可以更加轻松地在视图上展示模型中的数据。

与使用JSTL类似，使用Spring的表单标签也需要一个@taglib指令，如下所示：

```
<%@taglib uri="http://www.springframework.org/tags/form" prefix="form" %>
```

一般情况下，我们使用“form”作为Spring MVC表单标签的前缀，当然也可以使用其他的前缀名。

Spring MVC表单标签库共包含14个标签，它们封装了各种不同的Web表单特性。每个标签都支持与之对应的HTML标签的所有标准HTML属性，同时提供了自动绑定到表单对象内容的字段。

标签<form:form>是所有其他标签的父标签，它标识表单字段将被绑定到哪个模型属性的表单对象上；其他的13个标签将绑定到表单对象的各种不同bean属性上，由标签上的path属性表示。

### 1. form标签

使用Spring的form标签主要有两个作用：第一是它会自动绑定来自模型的一个属性值到当前form对应的实体对象，默认是command属性，这样我们就可以在form表单体中方便地使用该对象的属性了；第二是它支持我们在提交表单的时候使用除GET和POST之外的其他方法进行提交，如DELETE和PUT等。

先来看一个简单的示例，在前面的UserController控制类中添加一个响应user/form URL的方法。在该方法中将创建一个User对象，将它添加到模型中，属性名为command，这时form标签自动绑定模型中实体对象的默认属性名。

```
@RequestMapping("form")
public String bindUser(Model model) {
    User user = new User();
    user.setUserId(20150208325L);
    user.setUserName("祝贺");
    user.setUserPhone("17731705804");
    user.setUserAge((short) 16);
    model.addAttribute("command", user);
    return "user/form";
}
```

该方法返回user/form，所以我们在WEB-INF/jsp/user目录下新建form.jsp页面。在该页面中，使用表单标签来获取模型中名为command的实体对象，代码如下：

```
<%@ page language="java" contentType="text/html; charset=utf-8"pageEncoding="utf-8"%>
<%@taglib uri="http://www.springframework.org/tags/form" prefix="form"%>
<html>
<head>
```

```
    <title>用户管理</title>
    </head>
    <body>
        <form:form action="form.do" method="post">
            <table>
                <tr>
                    <td>用户ID</td>
                    <td><form:input path="userId" /></td>
                </tr>
                <tr>
                    <td>姓名</td>
                    <td><form:input path="userName" /></td>
                </tr>
                <tr>
                    <td>电话</td>
                    <td><form:input path="userPhone" /></td>
                </tr>
                <tr>
                    <td>年龄</td>
                    <td><form:input path="userAge" /></td>
                </tr>
                <tr>
                    <td colspan="2"><input type="submit" value="提交" /></td>
                </tr>
            </table>
        </form:form>
    </body>
    </html>
```

除了<form:form>标签，这里还使用了<form:input>标签，通过path属性指定<form:input>标签绑定的实体对象的属性值。在地址栏中访问user/form请求，它将被映射到上面的bindUser()方法，返回form.jsp，并且绑定了模型中的数据，如图10-17所示。

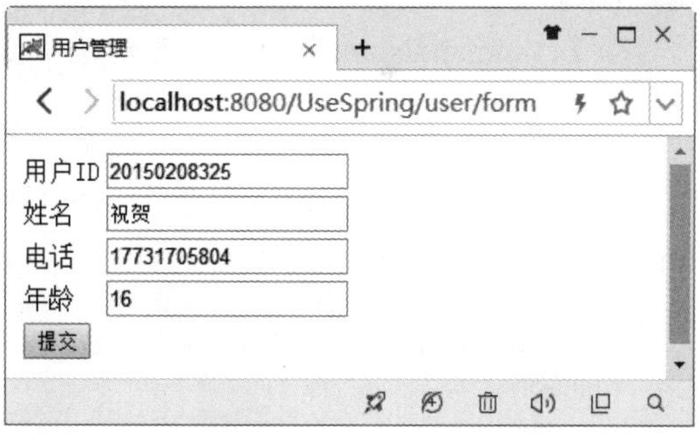


图10-17 <form:form>标签自动绑定模型中的实体对象

在客户端浏览器中通过查看源代码，可以看到上述标签生成的代码如下：

```
<form id="command" action="form.do" method="post">
<table>
  <tr>
      <td>用户ID</td>
      <td><input id="userId" name="userId" type="text" value="20150208325"/></td>
  </tr>
  <tr>
      <td>姓名</td>
      <td><input id="userName" name="userName" type="text" value="祝贺"/></td>
  </tr>
```

```
    <tr>
        <td>电话</td>
      <td><input id="userPhone" name="userPhone" type="text" value="17731705804"/></td>
    </tr>
    <tr>
        <td>年龄</td>
        <td><input id="userAge" name="userAge" type="text" value="16"/></td>
    </tr>
    <tr>
        <td colspan="2"><input type="submit" value="提交" /></td>
    </tr>
  </table>
  </form>
```

从生成的代码可以看出，当没有指定form标签的id时，它会自动获取该form标签绑定的模型中对应属性的名称作为id；而对于input标签在没有指定id的情况下，它会自动获取path指定的属性作为id和name。

form标签默认自动绑定的是模型中的command属性值，如果模型中实体对象的属性名称不是command，则需要使用<form:form>标签的commandName属性来指定。例如，UserController中还有一个使用@ModelAttribute注解的sampleUser()方法，该方法还将存放一个User对象到模型中。因为我们没有指定@ModelAttribute的value属性，所以该实体对象的属性名称为user。那么，如果要绑定该实体对象，可以使用下面的<form:form>标签：

```
<form:form action="form.do" method="post" commandName="user">
```

**❖ 说明：**

除了commandName属性，还可以使用modelAttribute属性来指定要绑定的模型中的属性名称。

form标签的另一个用法是支持全部的HTTP请求。例如，修改上面的<form:form>标签的method属性为delete，如下所示：

```
<form:form action="form.do" method="delete" modelAttribute="user">
  <table>
      <tr>
          <td>用户ID</td>
          <td><form:input path="userId" /></td>
      </tr>
      <!-- 省略其他代码...   -->
  </table>
</form:form>
```

在客户端通过查看源文件来看一下上面的代码在进行渲染的时候会生成的HTML代码，如下所示：

```
<form id="user" action="form.do" method="post">
<input type="hidden" name="_method" value="delete"/>
          <table>
```

```
        <!-- 省略其他代码 -->
        </table>
</form>
```

从生成的代码可以看出，Spring在实现除GET和POST之外的请求方法时，还是使用POST方法进行请求，所不同的是给表单加上了一个隐藏域，用以表示真正的请求方法，这个隐藏域的名称为“_method”。进行上面这样定义之后，是不是我们就能以DELETE方式访问“user/form”呢？答案是不行。这样定义只是多加了一个用以表示请求方法的隐藏域而已，实际的请求方式还是POST。如果我们在UserController中定义一个只处理以DELET方式请求的方法delete，那么该请求不会被映射到delete方法，而是被映射到bindUser()方法。

```
@RequestMapping(value="form", method = RequestMethod.DELETE)
public @ResponseBody String delete(Model model) {
    return "HTTP Delete success";
}
```

要想将该请求映射到delete方法，需要使用Spring提供的一个过滤器：HiddenHttpMethodFilter。通过这个过滤器可以把以POST方式传递过来的表示实际请求方式的参数转换为对应的真正的HTTP请求方法。所以，我们还需要在web.xml中添加该过滤器的配置，代码如下：

```
<filter>
    <filter-name>hiddenHttpMethodFilter</filter-name>
    <filter-class>org.springframework.web.filter.HiddenHttpMethodFilter</filter-class>
</filter>
<filter-mapping>
    <filter-name>hiddenHttpMethodFilter</filter-name>
    <url-pattern>/*</url-pattern>
</filter-mapping>
```

此时，单击form.jsp页面中的提交按钮，将以delete方式发送请求，映射到delete方法。该方法返回的字符串为响应正文，如图10-18所示。

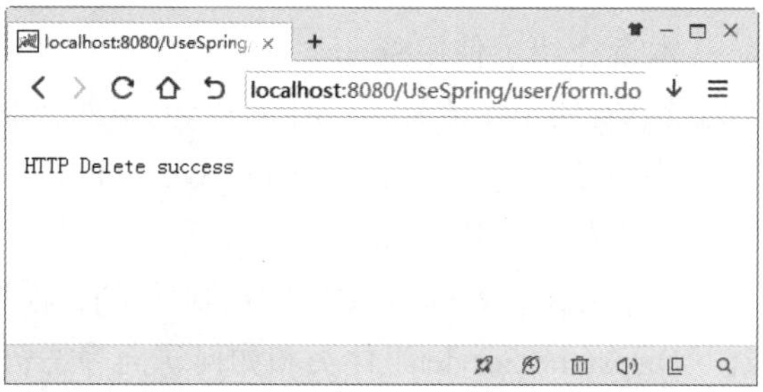


图10-18　以HTTP delete方式发送请求

### 2. 其他标签

除了<form:form>标签，其他13个标签通常被绑定到表单对象的具体属性，由标签上的path属性指定绑定的属性名。

- <form:errors>等同于<span>，它将自动被关联到表单对象。
- <form:label>表示字段的标签文本，等同于<label>。
- <form:hidden>等同于<input type="hidden">。
- <form:input>等同于<input type="text">。

- <form:password>通常等同于<input type="password">，它有一个showPassword属性(默认为false)用于指定是否显示密码。当showPassword为true时，该标签实际上等同于<input type="text">。
- <form:textarea>等同于<textarea>。
- <form:checkbox>等同于<input type="checkbox">，它可以支持多种类型的属性，例如Boolean和数字类型。
- <form:checkboxes>是<form:checkbox>的变种，它将自动创建一个多选框字段。使用items属性指定一个集合、map或对象数组用于生成标签。itemValue和itemLabel属性分别为集合中的对象指定字段值的名称和字段标签属性。
- <form:radiobutton>等同于<input type="radio">。通常，需要将两个或多个该标签绑定到相同的路径(表单对象属性)，Spring将根据属性值自动选择正确的标签。
- <form:radiobuttons>等同于<form:radiobutton>。与<form:checkboxes>类似，它们有着相同的items、itemValue和itemLabel属性，用于帮助生成单选按钮。
- <form:select>等同于<select>下拉列表或多选框，可以与<form:option>和<form:options>一起使用。将根据下拉列表被绑定到的路径值自动选择正确的选项。
- <form:option>将被嵌套在<form:select>中，等同于<option>。
- <form:options>如同<form:checkboxes>和<form:radiobuttons>一样，有items、itemValue和itemLabel属性，它们将帮助生成多个<option>元素。

这些标签的用法都比较简单，这里不再赘述，读者可参考Spring文档或相关书籍。

## 10.3 本章小结

本章介绍了使用Spring Web MVC开发Web应用的基本技能和注意事项，包括Spring Web MVC的工作流程，Spring MVC中的控制器、模型与视图等内容。首先从Spring Web MVC是什么讲起，介绍了Spring Web MVC的工作流程、为什么使用Spring Web MVC，以及通过开发一个简单的HelloWorld程序使读者对Spring Web应用开发有个基本认识。然后深入学习了Spring Web MVC中的控制器(C)、模型(M)和视图(V)，从起点Spring MVC讲起，讲述了DispatcherServlet组件类和如何访问静态资源文件。接着重点介绍了@RequestMapping注解的用法、控制器方法的参数设置及返回类型，围绕控制器方法延伸到模型与视图，包括模型和视图的概念、视图解析器、重定向视图、@ModelAttribute的用法、@SessionAttribute的用法和@ResponseBody的用法。最后介绍了Spring MVC中的表单标签，这些标签可以访问ModelMap中的内容，从而可以更加轻松地在视图上展示模型中的数据。通过本章的学习，读者应重点掌握Spring控制器类的开发、@RequestMapping注解的使用技巧、控制器方法的参数设置及返回类型，并且能够使用Spring Web MVC开发简单的Web应用。

# 10.4 思考和练习

1. 简述Spring Web MVC的工作流程。
2. @RequestMapping注解有什么作用？
3. 控制器方法的参数有哪些？
4. 请求头的名称是否区分大小写？
5. 如何重定向视图？
6. @ModelAttribute注解有什么作用？
7. 返回响应实体需要使用什么注解？
8. <form:form>标签的主要作用是什么？

# 第 11 章 Spring MVC 整合 Hibernate

Spring具有良好的开放性，提供了对许多ORM框架的支持。在与这些ORM框架进行整合时，Spring主要负责事务管理、安全等工作，ORM框架则专注于持久化工作。本章将通过一个具体的实例，详细介绍Spring MVC与Hibernate的整合。通过本章的学习，读者应学会使用Spring MVC + Hibernate进行Web应用开发的基本方法，掌握如何使用Spring管理Hibernate的SessionFactory和事务控制。

**本章学习目标**

- 了解Spring的DAO理念
- 掌握@Repository注解的用法
- 掌握如何使用Spring管理Hibernate的SessionFactory
- 掌握如何使用Spring管理Hibernate的事务

## 11.1 Spring提供的DAO支持

DAO(Data Access Object，数据访问对象)是一个数据访问接口，一种标准的J2EE设计模式。DAO模式的核心思想是：将所有对数据库的访问操作抽象封装在一个公共API中，即都通过DAO组件来完成。DAO组件封装了数据库的增、删、改等原子操作；而业务逻辑组件则依赖于DAO组件提供的数据库原子操作，完成系统业务逻辑的实现。

### 11.1.1 J2EE应用的3层架构

对于J2EE应用的架构，有非常多的选择，但不管细节如何变换，J2EE应用都大致可分为如下3层。

- 表现层：传统的JSP技术，主要功能在于数据的显示、数据如何表现，比如在上一章学习的Spring Web MVC就是表现层的框架结构。
- 业务逻辑层：也叫中间层，主要是对业务及数据的处理。
- 数据持久层：DAO模式，主要功能是实现与数据库的交互，比如在第7章中学习的Hibernate框架。

客户端不直接与数据库交互，而是通过组件与业务逻辑层建立连接，再由业务逻辑层通过数据持久层，完成与数据库的交互。

轻量级J2EE架构如图11-1所示，以Spring IoC容器为核心，承上启下。向上管理来自表现层的控制器及模型组件，向下管理业务逻辑层组件，同时负责管理业务逻辑层所需的DAO对象。各层之间负责传值的是JavaBean实例。

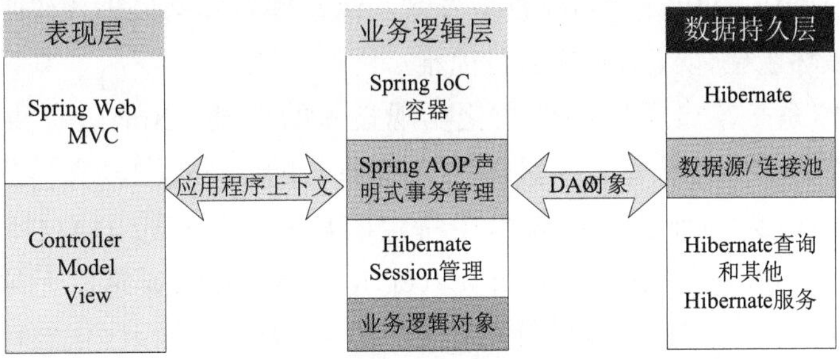


图11-1 轻量级J2EE架构

DAO组件是整个J2EE应用的持久层访问的重要组件，每个J2EE应用的底层实现都难以离开DAO组件的支持。Spring对实现DAO组件提供了许多工具类，系统的DAO组件可通过继承这些工具类来完成，从而可以更加简便地实现DAO组件。

## 11.1.2 Spring的DAO理念

DAO是用于访问数据的对象，虽然在大多数情况下，我们将数据保存在数据库中，但这并不是唯一的选择，我们也可以选择将数据存储到文件或LDAP(轻型目录访问协议)中。DAO不但屏蔽了数据存储的最终介质的不同，也屏蔽了具体的实现技术的不同。早期，JDBC是访问数据库的主流选择，随着数据持久技术的发展，Hibernate、iBATIS、JPA、JDO成为持久层中大放异彩的实现技术。只要为数据访问定义好DAO接口，并使用具体的实现技术实现DAO接口的功能，就可以在不同的实现技术之间平滑地切换。

提供DAO抽象层的好处如下。

(1) 可以很容易地构造模拟对象，方便单元测试的开展。

(2) 在使用切面时会有更多的选择，既可以使用JDK动态代理，也可以使用CGLib动态代理。

### 1. DAO接口

Spring的DAO在不同的持久层访问技术上提供抽象，应用的持久层访问基于Spring的DAO抽象。因此，应用程序可以在不同的持久层技术之间切换。

Spring提供了一系列的抽象类，这些抽象类被作为应用中DAO实现类的父类。通过继承这些抽象类，Spring简化了DAO的开发步骤，能以一致的方式使用数据库访问技术。不管底层采用JDBC、JDO或Hibernate，应用中都可采用一致的编程模型。

应用的DAO类继承这些抽象类，会大大简化应用的开发。最大的好处是，继承这些抽象类的DAO能以一致的方式访问数据库，这就意味着应用程序可以在不同的持久层访问技术间切换。

2. 统一的异常体系

很多正统的API中，使用了过多的检查型异常，以致在使用API时，代码中充斥了大量try/catch样板式的代码。大多数情况下，这些catch代码段除了记录日志外，并没有做其他有益的工作。

比如JDK中的JDBC API，因为检查型异常泛滥，许多异常处理代码喧宾夺主地侵入业务代码中，从而破坏了整体代码的整洁与优雅 。

统一的异常体系是整合不同的持久化实现技术的关键，Spring提供了一套和实现技术无关的、面向DAO层次语义的异常体系，将原有的Checked异常转换包装成Runtime异常。因而，编码时无须捕获各种技术中特定的异常。Spring DAO体系中的异常，都继承DataAccessException，而DataAccessException是Runtime异常，无须显式捕捉。通过DataAccessException的子类包装原始异常信息，从而保证应用程序依然可以捕捉到原始异常信息。

传统的JDBC API在发生数据操作问题时，几乎都抛出相同的SQLException，它将异常的细节性信息封装在异常属性中，所以如果要了解异常的具体原因，就必须分析异常对象的信息。SQLException有两个代表异常具体原因的属性：错误码和SQL状态码，前者是数据库相关的，可通过getErrorCode()返回，值的类型是int；后者是标准的错误代码，可通过getSQLState()返回，是一个String类型的值，由5个字符组成。

Spring根据错误码和SQL状态码信息，将SQLExeption翻译成Spring DAO的异常体系。在org.springframework.jdbc.support包中定义了SQLExceptionTranslator接口，该接口的两个实现类SQLErrorCodeSQLExceptionTranslator和SQLStateSQLExceptionTranslator分别负责处理SQLException中错误代码和SQL状态码的翻译工作。将SQLException翻译成Spring DAO异常体系的工作是比较艰辛的，但Spring框架替我们完成了这项艰巨的工作，并保证转换的正确性，从而为我们处理异常提供了帮助。

## 11.1.3 使用@Repository注解

在第9章介绍@Component注解时就提到过，@Repository注解用于对DAO层组件进行标注，与@Component注解基本等效。

@Repository注解是Spring 自 2.0 版本开始就引入的一个注解，将该注解标注在DAO类上，并启动bean的自动扫描功能，所有标注了@Repository注解的类就都被注册为Spring bean。为什么@Repository只能标注在DAO类上呢？这是因为该注解的作用不只是将类识别为bean，同时它还能将所标注的类中抛出的数据访问异常，封装为Spring的数据访问异常类型。Spring本身提供了一个丰富的并且是与具体的数据访问技术无关的数据访问异常结构，用于封装不同的持久层框架抛出的异常，使得异常独立于底层的框架。

在DAO层的实现类中，根据使用的持久化技术不同，需要访问不同的持久性资源，比如基于JDBC的库需要访问JDBC数据源，基于JPA的实现需要访问EntityManager。这时可以通过@Autowired、@Inject、@Resource或@PersistenceContext注解自动注入依赖的bean对象。例如，使用Hibernate技术实现持久化时，可以通过@Autowired注解自动注入Hibernate的SessionFactory，示例代码如下：

```
@Repository
public class StudentDAOImpl implements StudentDAO {
    private SessionFactory sessionFactory;
    @Autowired
    public void setSessionFactory(SessionFactory sessionFactory) {
        this.sessionFactory = sessionFactory;
    }
                                    // ...省略其他
}
```

## 11.2 Spring MVC整合Hibernate 5

本节将通过具体的实例来介绍Spring MVC整合Hibernate 5的操作步骤和开发技巧。我们将使用Spring MVC + Hibernate 5开发一个学生选课系统，数据库仍然使用MySQL中的School。

### 11.2.1 新建工程

本节将完成工程的创建工作，引入Spring和Hibernate的依赖包，同时设计工程的框架结构，创建各层组件的包路径。

01 在Eclipse中新建一个动态Web工程，工程名为xsxk。

02 在项目中引入Spring和Hibernate依赖的JAR包，可以通过Add Library添加前面创建的User Library——Spring5.3.9和Hibernate 5，如图11-2所示。

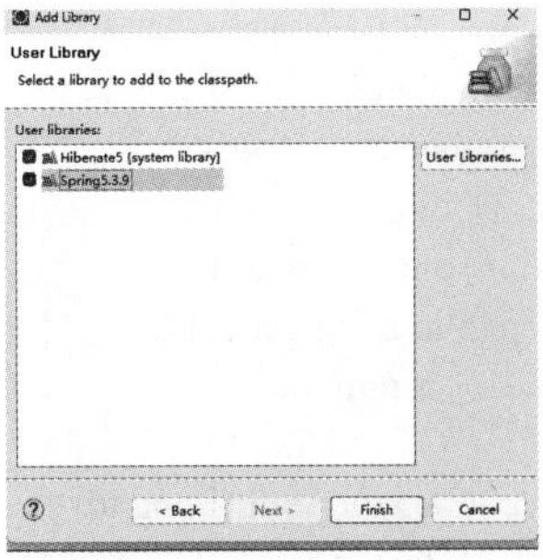

图11-2　引入Spring和Hibernate所需的JAR包

03 打开项目的属性对话框，将Hibernate 5和Spring5.3.9添加到项目的发布列表中。

04 在src目录中新建包zhaozhixuan. springmvc，然后在该包中分别新建dao、controller、service、model包。从包名可以看出，这几个包分别用来存放DAO层的组件类、控制器类、服务层类和数据模型类。

05 在WEB-INF目录中新建jsp子目录，用于存放JSP视图文件。

06 在JSP页面中，需要使用jQuery，所以要引入jQuery库jquery-3.1.1.min.js到Web根目录。

07 在JSP页面中，需要使用JSTL展示数据，引入JSTL的JAR包到WEB-INF/lib子目录。

## 11.2.2 创建实体类

本节将创建学生选课相关数据表对应的实体类。学生选课前需要登录系统，登录成功后可以进行选课，选课成功后将新增一条选课记录，所以一共涉及4张表：stu_auth、students、courses、stu_courses。

### 1. 选课信息实体StuCourse

在zhaozhixuan.springmvc.model包中新建实体类StuCourse，根据表中的字段添加相应的属性及其getter和setter方法，并使用JPA注解的方式在实体类和数据表stu_courses之间建立映射关系。

完整的代码如下：

```
package zhaozhixuan.springmvc.model;

import javax.persistence.Column;
import javax.persistence.Entity;
import javax.persistence.GeneratedValue;
import javax.persistence.GenerationType;
import javax.persistence.Id;
import javax.persistence.Table;

@Entity
@Table(name = "stu_courses")
public class StuCourse {
    @Id
    @GeneratedValue(strategy = GenerationType.IDENTITY)
    @Column
    private Long id;
    @Column
    private Long cno;
    @Column
    private Long sno;
    @Column
    private String term;
    public Long getId() {
        return id;
    }
    public void setId(Long id) {
        this.id = id;
    }
// 省略其他getter、setter方法
}
```

在该类中使用注解来替代我们在第7章中学习的Hibernate映射文件，一共使用了如下5个注解。

- @Entity：@Entity注解用于标注一个类为实体类。它表示该类是一个实体类，在项

目启动时会根据该类自动生成一张表，表的名称即@Entity注解中name的值，如果不配置name，默认表明为类名。

- @Table：默认情况下只会完成表和实体之间的映射，声明此对象映射到数据库的数据表，通过它可以为实体指定表(table)。@Table通常和@Entity配合使用，只能标注在实体的class定义处，表示实体对应的数据库表的信息。name属性用于指定表的名称，如果不指定，默认与实体名称一致；catalog属性用来指定Catalog名称；schema属性用来指定Schema名称。
- @Id：@Id注解定义了映射到数据库表的主键的属性，一个实体只能有一个属性被映射为主键，可置于属性前或属性对应的getXxx()方法前。
- @GeneratedValue：@GeneratedValue注解用来指定主键生成策略，通过strategy属性指定生成策略。JPA提供的4种标准用法为TABLE(使用特定的数据库表来保存主键)、SEQUENCE(根据底层数据库的序列来生成主键)、IDENTITY(主键由数据库自动生成，通常为自动增长型)、AUTO(主键由程序控制)，默认为AUTO；generator属性表示主键生成器的名称，该属性通常和ORM框架相关，如Hibernate可以指定uuid等主键生成方式。
- @Column：@Column注解放在属性前，可以描述该属性对应数据库表中字段的详细定义，这对于根据JPA注解生成数据库表结构的工具非常有用。该注解常用的属性如表11-1所示。

表11-1　@Column注解的常用属性

| 属性 | 说明 |
|---|---|
| name | 表示数据库表中该字段的名称，默认与属性名称一致 |
| nullable | 表示该字段是否允许为null，默认为true |
| unique | 表示该字段是否是唯一标识，默认为false |
| length | 表示该字段的大小，仅对String类型的字段有效 |
| insertable | 在ORM框架执行插入操作时，该字段是否应出现在INSETRT语句中，默认为true |
| updateable | 在ORM框架执行更新操作时，该字段是否应出现在UPDATE语句中，默认为true。对于一经创建就不可以更改的字段，该属性非常有用，如birthday字段 |
| columnDefinition | 表示该字段在数据库中的实际类型，通常ORM框架可以根据属性类型自动判断数据库中字段的类型，但对于Date类型仍无法确定数据库中字段类型究竟是DATE、TIME还是TIMESTAMP |

### 2. 课程实体Course

在zhaozhixuan.springmvc.model包中新建实体类Course，根据表中的字段添加相应的属性及其getter和setter方法，同样使用注解方式，完整代码如下：

```
package zhaozhixuan.springmvc.model;

import javax.persistence.Column;
import javax.persistence.Entity;
import javax.persistence.Id;
import javax.persistence.Table;
```

```
@Entity
@Table(name = "courses")
public class Course {
    @Id
    @Column
    private Long cno;
    @Column
    private String cname;
    @Column
    private Long cteacherNo;
    @Column
    private Short ccredit;
    public Long getCno() {
        return cno;
    }
    public void setCno(Long cno) {
        this.cno = cno;
    }
//省略其他getter、setter方法
}
```

### 3. 学生实体Student

在zhaozhixuan.springmvc.model包中新建实体类Student，根据表中的字段添加相应的属性及其getter和setter方法。另外，为了展示学生已选课程，我们使用单向的多对多关系，在Student类中声明一些Set属性，同样使用注解方式，完整代码如下：

```
package zhaozhixuan.springmvc.model;

import java.util.HashSet;
import java.util.Set;

import javax.persistence.Column;
import javax.persistence.Entity;
import javax.persistence.FetchType;
import javax.persistence.Id;
import javax.persistence.JoinColumn;
import javax.persistence.JoinTable;
import javax.persistence.ManyToMany;
import javax.persistence.Table;

@Entity
@Table(name = "students")
public class Student {
    @Id
    @Column
    private Long sno;
    @Column
    private String sname;
    @Column
```

```
        private String sphone;
        @Column
        private String saddr;
        @Column
        private Short sgender;
        @Column
        private Long sdeptNo;
        @ManyToMany(fetch = FetchType.LAZY)
        @JoinTable(name = "stu_courses", joinColumns = { @JoinColumn(name = "sno") },
                inverseJoinColumns = { @JoinColumn(name = "cno") })
        private Set<Course> courses = new HashSet<Course>();
        public Set<Course> getCourses() {
            return courses;
        }
        public void setCourses(Set<Course> courses) {
            this.courses = courses;
        }
    //省略其他getter、setter方法
    }
```

@ManyToMany注解表示Student和Course是多对多关系，fetch=FetchType.LAZY表示延迟加载；@JoinTable注解描述了多对多关系的数据表关系，name属性指定中间表名称，joinColumns属性定义中间表与students表的外键关系，inverseJoinColumns属性定义了中间表与另外一端(courses)的外键关系。

@ManyToMany注解还有一个cascade属性，用来指定级联操作，本例中我们没有涉及级联操作，所以没有使用该属性。

#### 4. 学生认证实体StuAuth

学生认证表stu_auth与学生表students是一对一关系，在学生选课系统中，学生登录系统后，将显示欢迎信息及学生已选课程。所以，只设置单向一对一关系即可。

在zhaozhixuan.springmvc.model包中新建实体类StuAuth，根据stu_auth表结构添加相应的属性及其getter和setter方法。然后添加一个Student类型的属性，完整代码如下：

```
package zhaozhixuan.springmvc.model;

import javax.persistence.Column;
import javax.persistence.Entity;
import javax.persistence.Id;
import javax.persistence.JoinColumn;
import javax.persistence.OneToOne;
import javax.persistence.Table;

@Entity
@Table(name="stu_auth")
public class StuAuth {
    @Id
    @Column
    private Long sno;
    @Column
```

```
    private String loginName;
    @Column
    private String password;
    @Column
    private Short role;
    @OneToOne()
    @JoinColumn(name="sno")
    private Student student;
    public Student getStudent() {
        return student;
    }
    public void setStudent(Student student) {
        this.student = student;
    }
//省略其他getter、setter方法
}
```

一对一关系使用的是@OneToOne注解，该注解有两个可选属性：fetch属性用来指定检索策略，默认为FetchType.LAZY；cascade属性表示级联操作。

除了以上注解，在创建实体类时，还有几个注解经常用到。

- @Transient：@Transient注解用来标注一个成员属性，表示该属性并非一个到数据库表字段的映射，ORM框架将忽略该属性。如果一个属性并非数据库表的字段映射，就务必将其标示为@Transient；否则，ORM框架默认其注解为@Basic。
- @ManyToOne：@ManyToOne注解定义了与另一个具有多对一多重性的实体类的单值关联。通常不需要明确指定目标实体类型，它可以从被引用的对象类型推断出来。如果关系是双向的，则不具有所有权的OneToMany实体端必须使用mappdBy属性来指定作为关系所有者的实体的关系字段或属性。
- @OneToMany：该注解描述一个一对多的关联，该属性应该为集合类型，在数据库中并没有实际字段。如果集合使用泛型来定义元素类型，则不需要指定关联的目标实体类型；否则必须指定目标实体类型。如果关系是双向的，则必须使用mappedBy元素来指定作为关系所有者的实体的关系字段或属性。

## 11.2.3 创建Dao层

Dao层是数据访问层，一般可以再分为Dao接口和DaoImpl实现类，如StudentDao接口和StudentDaoImpl实现类。接口负责定义数据库的CURD操作方法，实现类负责具体的实现，即实现Dao接口中定义的方法。

通常可以为每个实体类的操作创建一个Dao层接口，但是我们的示例比较简单，可以将学生选课涉及的数据库操作分为两类——学生相关和课程相关操作，所以我们只创建两个接口——IStudentDao和ICourseDao。

### 1. IStudentDao和StudentDaoImpl

学生相关操作只有一个，通过stu_auth表验证登录信息，并返回登录名对应的学生信息

以及该学生的已选课程。

在zhaozhixuan.springmvc.dao包中创建接口IStudentDao，代码如下：

```
package zhaozhixuan.springmvc.dao;
import zhaozhixuan.springmvc.model.StuAuth;
public interface IStudentDao {
	StuAuth getStuAuth(String login,String pwd);
}
```

同样，在该包中创建该接口的实现类StudentDaoImpl，代码如下：

```
package zhaozhixuan.springmvc.dao;

import java.util.List;
import org.hibernate.Session;
import org.hibernate.SessionFactory;
import org.hibernate.query.Query;
import org.springframework.beans.factory.annotation.Autowired;
import org.springframework.stereotype.Repository;
import zhaozhixuan.springmvc.dao.IStudentDao;
import zhaozhixuan.springmvc.model.StuAuth;
@Repository("studentDao")
public class StudentDaoImpl implements IStudentDao {
	@Autowired
	private SessionFactory sessionFactory;
	protected Session getSession() {
		return sessionFactory.getCurrentSession();
	}
	@SuppressWarnings("unchecked")
	@Override
	public StuAuth getStuAuth(String login, String pwd) {
		Query<StuAuth> qry = getSession().createQuery("from StuAuth where loginName=:login and
password=:pwd");
		qry.setParameter("login", login);
		qry.setParameter("pwd", pwd);
		List<StuAuth> list = qry.getResultList();
		if (list.size() == 0) {
			return null;
		} else {
			StuAuth stuAuth = list.get(0);
			System.out.println(stuAuth.getStudent().getCourses().size());
			return stuAuth;
		}
	}
}
```

上述代码使用了@Repository注解，告诉IoC容器这是一个DAO层的组件类，该注解的默认属性value指定了该组件类在IoC容器中的bean ID。

在该类中声明了一个Hibernate的SessionFactory，该属性通过@Autowired注解实现自动注入，该bean的来源和配置将在后面介绍。有了SessionFactory后，就可以使用Hibernate来操作数据库了。getStuAuth()方法中的代码都是我们在第7章学过的知识，这里不再赘述。

❖ 说明：

在程序中输出stuAuth.getStudent().getCourses().size()是为了立即加载关联关系的对象，因为在实体类中，我们注解的都是延迟加载策略。

2. 使用HibernateDaoSupport和HibernateTemplate

本章开始我们就讲过，Spring对实现DAO组件提供了许多工具类，系统的DAO组件可通过继承这些工具类完成，从而可以更加简便地实现DAO组件。

但是在StudentDaoImpl类中我们并没有继承任何父类，而是直接注入SessionFactory，然后通过该对象获取Session对象来操作数据库。这是因为继承HibernateDaoSupport类来实现DAO层组件并没有为我们带来多少便利，相反在使用时还需要注意一些问题。

我们先来看一下HibernateDaoSupport类，该类主要提供了两个方法：

- public final HibernateTemplate getHibernateTemplate()
- public final void setSessionFactory(SessionFactory sessionFactory)

其中，setSessionFactory()方法接收来自Spring的依赖注入SessionFactory，getHibernateTemplate()方法利用刚才的SessionFactory生成Session，再生成HibernateTemplate来完成对数据库的访问。

❖ 提示：

Spring针对不同版本的Hibernate提供了不同的HibernateDaoSupport和HibernateTemplate等工具类，分别位于不同的包中，例如org.springframework.orm.hibernate5包中是支持Hibernate 5的工具类。

看到这里，我们大概清楚了继承HibernateDaoSupport类，与前面使用StudentDaoImpl操作数据库的主要区别了。原理是一样的，都是通过Spring管理SessionFactory，完成依赖注入。所不同的是，HibernateDaoSupport是借助HibernateTemplate模板来操作，而前面我们直接使用Session来访问数据库。

如果采用继承HibernateDaoSupport类的方式实现DAO层组件，需要注意的是：HibernateDaoSupport是抽象类，所以无法生成直接HibernateDaoSupport对象来实现注入；那么只能生成子类StudentDaoImpl的对象，再调用HibernateDaoSupport类的setter方法进行注入，但是HibernateDaoSupport类的setSessionFactory()方法为final方法，所以我们的子类还不能有该方法的覆盖方法。因此，需要使用@Resource或@Autowired注解一个名称不是setSessionFactory，但参数需要是SessionFactory类型的方法。

@Resource的作用相当于@Autowired，只不过@Autowired是按byType自动注入，而@Resource默认按byName自动注入。@Resource有两个重要的属性，分别是name和type。Spring将@Resource注解的name属性解析为bean的名字，而type属性则将之解析为bean的类型。所以如果使用name属性。例如，对于HibernateDaoSupport类的子类，可以通过如下形式来调用HibernateDaoSupport类的setSessionFactory()方法来完成依赖注入：

```
@Resource(name = "sessionFactory")
public final void setSessionFactoryMe(SessionFactory sessionFactory) {
    super.setSessionFactory(sessionFactory);
}
```

这里的setter方法是setSessionFactoryMe，而指定的bean名称为sessionFactory。在方法内，调用父类的setSessionFactory()方法，完成HibernateDaoSupport类的依赖注入。

注入SessionFactory以后，在继承HibernateDaoSupport类的DAO组件中，可以借助HibernateTemplate完成数据操作。

HibernateTemplate提供的用来访问数据库的常用方法如表11-2所示。

表11-2　HibernateTemplate的常用方法

| 方法 | 说明 |
|---|---|
| save(Object obj) | 保存实体对象并返回保存后记录的主键 |
| update(Object obj) | 更新实体对象 |
| saveOrUpdate(Object obj) | 保存或更新实体对象 |
| delete(Object obj) | 删除实体对象 |
| find(String hql) | 执行HQL查询并返回List结果集 |
| findByNamedQuery(String qName) | 执行命名查询并返回List结果集 |

以上方法都有多个重载版本，用于各种复杂的增、删、改、查操作。

将StudentDaoImpl类改为继承HibernateDaoSupport的方式后，实现代码如下：

```
package zhaozhixuan.springmvc.dao;

import java.util.List;
import javax.annotation.Resource;
import org.hibernate.SessionFactory;
import org.springframework.orm.hibernate5.support.HibernateDaoSupport;
import org.springframework.stereotype.Repository;
import zhaozhixuan.springmvc.dao.IStudentDao;
import zhaozhixuan.springmvc.model.StuAuth;
@Repository("studentDao")
public class StudentDaoImpl extends HibernateDaoSupport implements IStudentDao {
    @Resource(name = "sessionFactory")
    public final void setSessionFactoryMe(SessionFactory sessionFactory) {
        super.setSessionFactory(sessionFactory);
    }
    @SuppressWarnings("unchecked")
    @Override
    public StuAuth getStuAuth(String login, String pwd) {
        List<StuAuth> list = (List<StuAuth>) getHibernateTemplate().find("from StuAuth
                where loginName=? and password=?", new String[] { login, pwd });
        if (list.size() == 0) {
            return null;
        } else {
            StuAuth stuAuth = list.get(0);
            System.out.println(stuAuth.getStudent().getCourses().size());
            return stuAuth;
```

```
        }
    }
}
```

如果不继承HibernateDaoSupport类，同样可以使用HibernateTemplate来进行数据库操作，该类提供如下两个构造函数。

- HibernateTemplate()：构造一个默认的HibernateTemplate实例，在使用HibernateTemplate实例之前，还必须使用方法setSessionFactory(SessionFactory sessionFactory)来为HibernateTemplate传入SessionFactory的引用。
- HibernateTemplate(org.hibernate.SessionFactory sessionFactory)：在构造时传入SessionFactory引用。

除了可以通过构造函数创建HibernateTemplate对象之外，还可以通过注入方式，这种方式在本质上跟注入SessionFacotry是一样的，只不过进行了一层包装，需要在Spring的配置文件中同时配置好SessionFacotry和HibernateTemplate：

```
<bean id="sessionFactory"
    class="org.springframework.orm.hibernate5.LocalSessionFactoryBean">
    <property name="dataSource" ref="dataSource" />
    <!-- 省略部分配置 -->
</bean>
<bean id="hibernateTemplate"
    class="org.springframework.orm.hibernate5.HibernateTemplate">
    <property name="sessionFactory" ref="sessionFactory" />
</bean>
```

### 3. ICourseDao和CourseDaoImpl

课程相关操作有3个：查询所有课程、删除某个已选课程、新增一条选课信息。

在zhaozhixuan.springmvc.dao包中新建接口ICourseDao，完整代码如下：

```
package zhaozhixuan.springmvc.dao;

import java.util.List;
import zhaozhixuan.springmvc.model.Course;
public interface ICourseDao {
    public List<Course> getAllCourses();
    public boolean deleteStuCourse(Long sno,Long cno);
    public void addStuCourse(Long sno,Long cno);
}
```

在该包中新建接口的实现类CourseDaoImpl，完整代码如下：

```
package zhaozhixuan.springmvc.dao;

import java.util.List;
import org.hibernate.Session;
import org.hibernate.SessionFactory;
import org.hibernate.query.Query;
import org.springframework.beans.factory.annotation.Autowired;
import org.springframework.stereotype.Repository;
```

```
import zhaozhixuan.springmvc.model.Course;
import zhaozhixuan.springmvc.model.StuCourse;

@Repository("courseDao")
public class CourseDaoImpl implements ICourseDao {
    @Autowired
    private SessionFactory sessionFactory;
    protected Session getSession() {
        return sessionFactory.getCurrentSession();
    }
    @Override
    public List<Course> getAllCourses() {
        Query<Course> qry = getSession().createQuery("from Course");
        return qry.getResultList();
    }
    @Override
    public boolean deleteStuCourse(Long sno, Long cno) {
        Query<Course> qry = getSession().createQuery("delete from StuCourse
                            where sno=:sno and cno=:cno");
        qry.setParameter("cno", cno);
        qry.setParameter("sno", sno);
        if (qry.executeUpdate() == 1)
            return true;
        return false;
    }
    @Override
    public void addStuCourse(Long sno, Long cno) {
        StuCourse stuCourse = new StuCourse();
        stuCourse.setCno(cno);
        stuCourse.setSno(sno);
        stuCourse.setTerm("201701");
        this.getSession().save(stuCourse);
    }
}
```

## 11.2.4　创建Service层

Service层主要负责业务模块的逻辑应用设计。同样是首先设计Service接口，再设计其实现类。这样我们就可以在应用中调用Service接口来进行业务处理。Service层的业务实现，具体要调用到已定义的DAO层的接口，封装Service层的业务逻辑有利于通用的业务逻辑的独立性和重复利用性，程序显得非常简洁。

Service层组件都放在zhaozhixuan.springmvc.service包中，接下来的接口和实现类都在该包中创建。

### 1. IStudentService和StudentServiceImpl

IStudentService接口比较简单，只有一个获取StuAuth的方法，代码如下：

```
package zhaozhixuan.springmvc.service;
```

```
import zhaozhixuan.springmvc.model.StuAuth;
public interface IStudentService {
    public StuAuth getStuAuth(String login,String pwd);
}
```

在StudentServiceImpl类中声明了一个DAO层变量studentDao，需要用Spring容器进行依赖注入。在接口方法的实现中，直接使用studentDao调用DAO层组件的方法，完整代码如下：

```
package zhaozhixuan.springmvc.service;

import org.springframework.beans.factory.annotation.Autowired;
import org.springframework.stereotype.Service;
import zhaozhixuan.springmvc.dao.IStudentDao;
import zhaozhixuan.springmvc.model.StuAuth;
@Service("studentService")
public class StudentServiceImpl implements IStudentService {
    @Autowired
    private IStudentDao studentDao;
    public void setStudentDao(IStudentDao studentDao) {
        this.studentDao = studentDao;
    }
    @Override
    public StuAuth getStuAuth(String login,String pwd) {
        return studentDao.getStuAuth(login,pwd);
    }
}
```

@Service("studentService")用于标注业务层组件，这里指定bean的名称为studentService。

### 2. ICourseService和CourseServiceImpl

ICourseService接口中的方法与ICourseDao中的类似，完整代码如下：

```
package zhaozhixuan.springmvc.service;

import java.util.List;
import zhaozhixuan.springmvc.model.Course;
public interface ICourseService {
    public List<Course> getAllCourses ();
    public boolean deleteStuCourse(Long sno,Long cno);
    public void addStuCourse(Long sno,Long cno);
}
```

CourseServiceImpl类有一个DAO层对象courseDao依赖注入，通过该对象调用DAO层组件的方法，完整代码如下：

```
package zhaozhixuan.springmvc.service;

import java.util.List;
import org.springframework.beans.factory.annotation.Autowired;
import org.springframework.stereotype.Service;
import zhaozhixuan.springmvc.dao.ICourseDao;
import zhaozhixuan.springmvc.model.Course;
```

```
@Service("courseService")
public class CourseServiceImpl implements ICourseService {
    @Autowired
    private ICourseDao courseDao;
    public void setCourseDao(ICourseDao courseDao) {
        this.courseDao = courseDao;
    }
    @Override
    public List<Course> getAllCourses() {
        return courseDao.getAllCourses();
    }
    @Override
    public boolean deleteStuCourse(Long sno, Long cno) {
        return courseDao.deleteStuCourse(sno, cno);
    }
    @Override
    public void addStuCourse(Long sno, Long cno) {
        courseDao.addStuCourse(sno, cno);
    }
}
```

## 11.2.5　创建Controller控制器

Controller层负责具体的业务模块流程的控制，在此层中需要调用Service层的接口来控制业务流程。针对具体的业务流程，可以有不同的控制器，本例我们只需要一个控制器类。

在zhaozhixuan.springmvc.controller包中新建控制器类XsxkController，该类有两个Service层成员对象依赖注入，有4个映射方法分别用来显示登录页面、响应登录、删除已选课程、选课，完整代码如下：

```
package zhaozhixuan.springmvc.controller;

import java.util.HashSet;
import java.util.Iterator;
import java.util.List;
import java.util.Set;
import javax.servlet.http.HttpSession;
import org.springframework.beans.factory.annotation.Autowired;
import org.springframework.stereotype.Controller;
import org.springframework.ui.Model;
import org.springframework.web.bind.annotation.RequestMapping;
import org.springframework.web.bind.annotation.RequestMethod;
import org.springframework.web.bind.annotation.RequestParam;
import zhaozhixuan.springmvc.model.Course;
import zhaozhixuan.springmvc.model.StuAuth;
import zhaozhixuan.springmvc.service.ICourseService;
import zhaozhixuan.springmvc.service.IStudentService;

@Controller
public class XsxkController {
```

```
@Autowired
private IStudentService studentService;
@Autowired
private ICourseService courseService;
@RequestMapping(method = RequestMethod.GET)
public String showLogin() {
    return "login";
}
@RequestMapping("login")
public String login(@RequestParam("login") String login,
        @RequestParam("pwd") String pwd, HttpSession session) {
    StuAuth stuAuth = studentService.getStuAuth(login, pwd);
    if (stuAuth != null) {
        session.setAttribute("stuAuth", stuAuth);
    }
    session.setAttribute("courses", courseService.getAllCourses());
    return "home";
}
@RequestMapping("undo")
public String undo(@RequestParam("sno") Long sno,
        @RequestParam("cno") Long cno, HttpSession session, Model model) {
    try {
        model.addAttribute("undo", courseService.deleteStuCourse(sno, cno));
    } catch (Exception e) {
        e.printStackTrace();
        model.addAttribute("undo", false);
        return "home";
    }
    StuAuth stuAuth = (StuAuth) session.getAttribute("stuAuth");
    if (stuAuth == null)
        return "login";// session失效，重新登录
    Set<Course> courses = stuAuth.getStudent().getCourses();
    Set<Course> coursesNew = new HashSet<Course>();
    Iterator<Course> it = courses.iterator();
    while (it.hasNext()) {
        Course course = (Course) it.next();
        if (cno.equals(course.getCno()))
            continue;
        coursesNew.add(course);
    }
    stuAuth.getStudent().setCourses(coursesNew);
    session.setAttribute("stuAuth", stuAuth);
    return "home";
}
@RequestMapping("selectOne")
public String selectOne(@RequestParam("sno") Long sno,
        @RequestParam("cno") Long cno, HttpSession session, Model model) {
    try {
        courseService.addStuCourse(sno, cno);
        model.addAttribute("selectOne", false);
    } catch (Exception e) {
        e.printStackTrace();
```

```
                model.addAttribute("selectOne", false);
                return "home";
            }
            StuAuth stuAuth = (StuAuth) session.getAttribute("stuAuth");
            if (stuAuth == null)
                return "login";// session失效，重新登录
            Set<Course> courses = stuAuth.getStudent().getCourses();
            List<Course> list = (List<Course>) session.getAttribute("courses");
            for (int i = 0; i < list.size(); i++) {
                Course course = list.get(i);
                if (cno.equals(course.getCno())) {
                    courses.add(course);
                    break;
                }
            }
            stuAuth.getStudent().setCourses(courses);
            session.setAttribute("stuAuth", stuAuth);
            return "home";
        }
    }
```

控制器类的创建在上一章已经做了比较详细的介绍，这里不再赘述。

## 11.2.6 创建JSP页面

本例共两个页面：登录页面login.jsp和登录成功后的页面home.jsp。这两个页面文件都在WEB-INF/jsp目录中。

### 1. login.jsp

登录页面比较简单，只有一个用于登录的表单，完整代码如下：

```
<%@ page language="java" contentType="text/html; charset=utf-8" pageEncoding="utf-8"%>
<html>

<head>
<title>登录</title>
</head>
<body>
    <form action="login" method="post">
        登录名：<input type="text" name="login"><br>
          密码：<input type="password" name="pwd"><br>
                <input type="submit">
    </form>
</body>
</html>
```

### 2. home.jsp

home.jsp用于展示当前登录学生的选课信息，完整代码如下：

```
<%@ page language="java" contentType="text/html; charset=utf-8" pageEncoding="utf-8"%>
<%@taglib uri="http://java.sun.com/jsp/jstl/core" prefix="c"%>
<html>
<head>
<title>首页</title>
<script src="jquery-3.1.1.min.js"></script>
<script>
    function selectOne(cno,sno){
        <c:forEach var="c" items="${sessionScope.stuAuth.student.courses}">
        if("${c.cno}"==cno) {
            alert("你已经选修了${c.cname}，不能重复选择\n请选择其他课程");
            return;
        }
        </c:forEach>
        window.location.href="selectOne?cno="+cno+"&sno="+sno;
    }
    function showStuCourse(){
        <c:if test="${sessionScope.stuAuth.student.courses==null}">
            return;
        </c:if>
        <c:if test="${sessionScope.stuAuth.student.courses.size()==0}">
            return;
        </c:if>
        var table=$("<table ></table>");
        var trTop=$("<tr><td>课程编号</td><td>课程名</td><td>任课教师</td>
            <td>学分</td><td>操作</td></tr>");
        trTop.appendTo(table);
        <c:forEach var="course" items="${sessionScope.stuAuth.student.courses}">
            var tr=$("<tr><td>${course.cno}</td><td>${course.cname}</td>
            <td>${course.cteacherNo}</td><td>${course.ccredit}</td>
            <td> <a href='<c:url value='undo?cno=${course.cno}&
            sno=${stuAuth.student.sno}'/>'>删除 </a></td></tr>");
            $(tr).appendTo(table);
        </c:forEach>
        $("#div1").empty();
        table.appendTo($("#div1"))

    }
    $(document).ready(
            function() {
                if("${undo}"=="true")
                    alert("删除选课成功！ ");
                if("${undo}"=="false" )
                    alert("删除选课失败！ ");
                if("${selectOne}"=="true")
                    alert("选课成功！ ");
                if("${selectOne}"=="false" )
                    alert("选课失败！ ");
                showStuCourse();
            });
</script>
</head>
```

```
<body>
    <c:choose>
        <c:when test="${sessionScope.stuAuth==null}">
            <p>登录失败或session已失效！请重新
            <a href="<c:url value="xk"/>"> 登录 </a>
        </c:when>
        <c:otherwise>
            <p>欢迎你，${sessionScope.stuAuth.student.sname}
            <hr>
            <c:choose>
                <c:when test="${sessionScope.stuAuth.student.courses==null}">
                    <br> 你尚未选课，请从下面的课程列表中选择<hr>
                </c:when>
                <c:when test="${sessionScope.stuAuth.student.courses.size==0}">
                    <br> 你尚未选课，请从下面的课程列表中选择<hr>
                </c:when>
                <c:otherwise>
                    <br> 你已选课程如下<br>
                    <div id="div1"></div>
                    <hr>
                </c:otherwise>
            </c:choose>
            <br> 请选课<br>
            <table id="allCourses">
                <tr>
                    <td>课程编号</td>
                    <td>课程名</td>
                    <td>任课教师</td>
                    <td>学分</td>
                    <td>操作</td>
                </tr>
                <c:forEach var="course" items="${courses}">
                    <tr>
                        <td>${course.cno}</td>
                        <td>${course.cname}</td>
                        <td>${course.cteacherNo}</td>
                        <td>${course.ccredit}</td>
                        <td><a href="#" onclick="selectOne(${course.cno},
                        ${sessionScope.stuAuth.student.sno});">选课
                        </a></td>
                    </tr>
                </c:forEach>
            </table>
        </c:otherwise>
    </c:choose>
</body>
</html>
```

## 11.2.7 配置Spring和Hibernate

所有的程序代码已经开发完毕，接下来需要为Spring和Hibernate添加配置信息。

### 1. 配置web.xml

web.xml中要添加的配置主要有DispatcherServlet和名为default的Servlet。这两个Servlet的相关知识都在第10章学习过了，DispatcherServlet用于启动Spring MVC，名为default的Servlet用于访问程序中的静态资源，因为我们的home.jsp中需要引入jQuery的库文件jquery-3.1.1.min.js。

```
<servlet>
    <servlet-name>xsxk</servlet-name>
    <servlet-class>
      org.springframework.web.servlet.DispatcherServlet
    </servlet-class>
    <load-on-startup>1</load-on-startup>
</servlet>
<servlet-mapping>
    <servlet-name>xsxk</servlet-name>
    <url-pattern>/</url-pattern>
</servlet-mapping>
<servlet-mapping>
      <servlet-name>default</servlet-name>
      <url-pattern>/resources/*</url-pattern>
      <url-pattern>*.css</url-pattern>
      <url-pattern>*.js</url-pattern>
      <url-pattern>*.png</url-pattern>
      <url-pattern>*.gif</url-pattern>
      <url-pattern>*.jpg</url-pattern>
</servlet-mapping>
```

这里配置的DispatcherServlet的<servlet-name>为xsxk，所以Spring默认加载的配置文件为xsxk-spring.xml。

### 2. 创建xsxk-spring.xml

在WEB-INF目录中新建xsxk-spring.xml文件，首先在该文件中添加启动组件自动扫描以及视图解析器的配置，这些配置与第10章中的配置非常类似，如下所示：

```
<?xml version="1.0" encoding="UTF-8"?>
<beans xmlns="http://www.springframework.org/schema/beans"
     xmlns:xsi="http://www.w3.org/2001/XMLSchema-instance"
     xmlns:context="http://www.springframework.org/schema/context"
     xmlns:mvc="http://www.springframework.org/schema/mvc"
xmlns:task="http://www.springframework.org/schema/task"
     xmlns:aop="http://www.springframework.org/schema/aop"
xmlns:cache="http://www.springframework.org/schema/cache"
     xsi:schemaLocation="http://www.springframework.org/schema/mvc
          http://www.springframework.org/schema/mvc/spring-mvc-4.3.xsd
          http://www.springframework.org/schema/beans
          http://www.springframework.org/schema/beans/spring-beans-4.3.xsd
          http://www.springframework.org/schema/cache
          http://www.springframework.org/schema/cache/spring-cache.xsd
          http://www.springframework.org/schema/aop
```

```
            http://www.springframework.org/schema/aop/spring-aop.xsd
            http://www.springframework.org/schema/context
            http://www.springframework.org/schema/context/spring-context-4.3.xsd
            http://www.springframework.org/schema/task
            http://www.springframework.org/schema/task/spring-task-4.3.xsd">
    <context:component-scan base-package="zhaozhixuan.springmvc" />
    <mvc:annotation-driven />
    <bean
        class="org.springframework.web.servlet.view.InternalResourceViewResolver">
        <property name="prefix" value="/WEB-INF/jsp/" />
        <property name="suffix" value=".jsp" />
    </bean>
</beans>
```

<context:component-scan>标签指定扫描的基础包为zhaozhixuan.springmvc，这样我们前面创建的所有组件(实体类、DAO层、Service层和Controller)都会被扫描并由IoC容器完成bean的装配。在装配的时候，DAO层组件需要依赖注入Hibernate的sessionFactory，接下来我们就来看看Spring如何管理Hibernate的SessionFactory。

### 3. 使用Spring管理Hibernate的SessionFactory

当使用Spring框架管理Hibernate的SessionFactory时，Hibernate配置文件(hibernate.cfg.xml)中的信息将会被转移到Spring的配置文件中(本例中的xsxk-spring.xml)，并由IoC容器负责对SessionFactory的使用进行管理。

本例需要在xsxk-spring.xml中添加如下配置信息：

```
<!-- 配置数据源 -->
<bean id="dataSource"
    class="org.springframework.jdbc.datasource.DriverManagerDataSource">
    <property name="driverClassName" value="com.mysql.jdbc.Driver"></property>
    <property name="url" value="jdbc:mysql://localhost:3306/School"></property>
    <property name="username" value="tomcatUser"></property>
    <property name="password" value="password1234"></property>
</bean>
<!-- 配置sessionFactory -->
<bean id="sessionFactory"
    class="org.springframework.orm.hibernate5.LocalSessionFactoryBean">
    <property name="dataSource" ref="dataSource" />
    <property name="hibernateProperties">
        <props>
            <prop key="hibernate.dialect">org.hibernate.dialect.MySQLDialect</prop>
            <prop key="hibernate.show_sql">true</prop>
            <prop key="hibernate.jdbc.batch_size">20</prop>
            <prop key="hibernate.current_session_context_class">
                org.springframework.orm.hibernate5.SpringSessionContext
            </prop>
        </props>
    </property>
    <property name="packagesToScan" value="*" />
</bean>
```

上述配置代码包括两个bean：dataSource和sessionFactory。dataSource用于配置数据库连接串及用户名和密码信息，该bean将作为sessionFactory的一个属性被注入。

细心的读者可能会问：为何配置的sessionFactory的类是LocalSessionFactoryBean，得到的却是sessionFactory呢？

LocalSessionFactoryBean本身不是一个session Factory，但是Spring会自动把对这个bean的引用替换成sessionFactory。在LocalSessionFactoryBean类中，有一个SessionFactory类型的私有成员sessionFactory；而且该类实现了org.springframework.beans.factory.FactoryBean接口，Spring在装配的时候，对于实现了org.springframework.beans.factory.FactoryBean接口的类，会使用getObject()方法返回的对象进行装配，而LocalSessionFactoryBean类的getObject()方法返回的就是sessionFactory。

本例中我们通过注解方式实现实体和数据表的映射，如果使用映射文件xxx.hbm.xml，则需要在<property name="hibernateProperties">中添加额外属性来指定Hibernate的映射文件。LocalSessionFactoryBean提供了如下几个属性来指定Hibernate的映射文件。

- mappingResources：这是一个字符数组类型的属性，用于指定classpath下具体的映射文件名。示例如下：

```
<property name="mappingResources">
    <list>
        <value>zhaozhixuan/springmvc/model/User.hbm.xml</value>
        <value> zhaozhixuan/springmvc/model/Course.hbm.xml</value>
    </list>
</property>
```

- mappingLocations：指定任何文件路径，可以指定前缀classpath、file等，也可以使用通配符“*”。
- mappingDirectoryLocations：指定映射的文件路径(目录)。
- mappingJarLocations：指定加载的映射文件在JAR文件中。

另外需要注意的是hibernateProperties中的hibernate.current_session_context_class属性，该属性指定了Hibernate当前跟踪和界定会话的方式。在非Spring环境中，该属性有3个可取值，即thread、jta和manage，分别对应下面3个实现类。

- org.hibernate.context.JTASessionContext：当前会话根据JTA来跟踪和界定。
- org.hibernate.context.ThreadLocalSessionContext：当前会话通过当前执行的线程来跟踪和界定。
- org.hibernate.context.ManagedSessionContext：当前会话通过当前执行的线程来跟踪和界定。但是，程序需要负责使用这个类的静态方法对Session实例绑定或取消绑定，但并不会打开(open)、flush或关闭(close)任何会话。

前两种实现都提供了“每个数据库事务对应一个会话”的编程模型，也称作每次请求一个会话。Hibernate会话的起始和终结由数据库事务的生存来控制。

在Spring环境中，增加了org.springframework.orm.hibernate5.SpringSessionContext 这个值。当我们使用Spring声明式事务时，@Transactional声明式事务管理会创建一个绑定了事务的会话，并把该会话放到SpringSessionContext这个上下文中。所以，在使用声明式事务并且使用getCurrentSession()这个方法的时候，只有从 SpringSessionContext上下文中才能取到当前会话，也就是需要使用org.springframework. orm.hibernate5. SpringSessionContext这个值。在Spring配置文件中，hibernate.current_session_context_class的默认值就是SpringSessionContext。如果一定要将 hibernate.current_session_ context_class设置成其他值，并不是不可以，只是需要对代码做些修改，例如需要设置为thread。因为使用Spring声明式事务的时候， 绑定了事务的会话被放在了Spring上下文中，而hibernate. current_session_context_class值为thread，getCurrentSession()会到org.hibernate. context. ThreadLocalSessionContext这个上下文中寻找当前会话，如果没有就自动创建一个；这时，当前会话是在org.hibernate.context.ThreadLocalSessionContext上下文中创建的，没有绑定通过Spring声明式事务@Transactional创建的事务。因此，在调用getCurrentSessioin()后，需要手动添加session.beginTransaction()和transaction.commit()语句来将数据库操作包装到事务中。这样，Spring声明式事务就不起作用了，只能使用编程式事务。

#### 4. 使用Spring管理Hibernate事务

Spring提供的事务管理可以分为两类：编程式事务和声明式事务。编程式事务，其实就是在程序中通过代码来控制，像Hibernate操作数据一样，开启事务，提交事务。这种方式有一定的局限性，所以我们一般采用声明式事务管理。

声明式事务配置主要分以下几个步骤：① 配置事务管理器；② 配置事务的传播特性；③ 配置哪些类，哪些方法使用事务。

本例中我们需要在xsxk-spring.xml中添加事务配置的代码如下：

```
<!-- 配置Hibernate事务管理器 -->
<bean id="transactionManager"
      class="org.springframework.orm.hibernate5.HibernateTransactionManager">
      <property name="sessionFactory" ref="sessionFactory" />
</bean>
<!-- 声明式容器事务管理，transaction-manager指定事务管理器为transactionManager -->
<tx:advice id="txAdvice" transaction-manager="transactionManager">
      <tx:attributes>
            <tx:method name="add*" propagation="REQUIRED" />
            <tx:method name="get*" propagation="REQUIRED" />
            <tx:method name="delete*" propagation="REQUIRED" />
            <tx:method name="*" read-only="true" />
      </tx:attributes>
</tx:advice>
<aop:config expose-proxy="true">
      <!-- 只对业务逻辑层实施事务 -->
      <aop:pointcut id="txPointcut"
            expression="execution(* zhaozhixuan.springmvc.service..*.*(..))" />
      <!-- Advisor定义，切入点和通知分别为txPointcut、txAdvice -->
      <aop:advisor advice-ref="txAdvice" pointcut-ref="txPointcut" />
</aop:config>
```

从配置可以看出，Spring提供的Hibernate的事务管理器为HibernateTransactionManager，该类也需要依赖注入SessionFactory，接下来的两个配置节点<tx:advice>和<aop:config>是重点。

<tx:advice>定义了一个advice(通知)，配置了事务的管理者是transactionManager，同时<tx:method>规定了如果方法名匹配“add*”“get*”和“delete*”方法时使用事务，propagation属性设定事务的传播级别。其他方法的事务是只读的(通常为只执行查询的事务)。要使用该标签，需要在该配置文件顶端的<beans>元素中添加相应的命名空间和xsi:schemaLocation：

```
xmlns:tx="http://www.springframework.org/schema/tx"
<!-xsi:schemaLocation=中增加下面两个-->
http://www.springframework.org/schema/tx
http://www.springframework.org/schema/tx/spring-tx-4.3.xsd
```

在<tx:method>元素中使用通配符“*”来匹配方法名，所以在定义DAO层和Service 层的方法时，通常都使用带有这些前缀的方法名。propagation属性指定了事务的传播特性，可取值有如下几个。

- REQUIRED：默认传播级别。如果存在一个事务，则支持当前事务。如果没有事务，则开启。
- SUPPORTS：如果存在一个事务，支持当前事务。如果没有事务，则非事务地执行。
- MANDATORY：如果已经存在一个事务，支持当前事务。如果没有一个活动的事务，则抛出异常。
- REQUIRES_NEW：总是开启一个新的事务。如果一个事务已经存在，将这个存在的事务挂起。
- NOT_SUPPORTED：总是非事务地执行，并挂起任何存在的事务。

<aop:config>定义了一个切面，指定一个切入点(<aop:pointcut>)去引用上边的advice。同样，该配置节点也需要引入相应的命名空间和xsi:schemaLocation：

```
xmlns:aop="http://www.springframework.org/schema/aop"
<!-xsi:schemaLocation= 中增加下面两个-->
http://www.springframework.org/schema/aop
http://www.springframework.org/schema/aop/spring-aop-4.3.xsd
```

这样就通过AOP的拦截机制实现了事务。

我们在配置事务的时候，通常把事务边界设置到Service层。因为很多时候，我们都是在业务逻辑层来完成一系列的数据操作。如果放到DAO层，其粒度太小了。在切入点的配置语句中使用了execution(* zhaozhixuan.springmvc.service..*.*(..))"，这个表达式中的几个通配符的含义如下。

- 第一个*：通配任意返回值类型。
- 第二个*：通配包zhaozhixuan.springmvc.service中的所有类。
- 第三个*：通配包zhaozhixuan.springmvc.service中的任意类的任意方法。
- 括号中的(..)：通配方法可以有0个或多个参数。

#### 5. @Transactional注解

除了使用<tx:advice>和<aop:config>的配置方式实现声明式事务管理以外，也可以使用注解方式来实现。使用注解方式时，配置文件中的<tx:advice>和<aop:config>配置节点就不需要了。

事务管理使用的注解是@Transactional，@Transactional可以作用于接口、接口方法、类及类方法。当作用于类时，该类的所有公共方法都将具有该类型的事务属性。同时，也可以在方法级别上使用该标注来覆盖类级别的定义。

虽然@Transactional注解可以作用于接口、接口方法、类及类方法，但是Spring不建议在接口或接口方法上使用该注解，因为这只有在使用基于接口的代理时它才会生效。另外，@Transactional注解应该只被应用到公共方法上，这是由Spring AOP的本质决定的。如果在受保护、私有或默认可见性的方法上使用@Transactional注解，虽然不会报错，但这些方法既没有事务功能，也不会抛出任何异常。

❖ **说明：**

默认情况下，只有来自外部的方法调用才会被AOP代理捕获。也就是说，类内部方法调用本类内部的其他方法并不会引起事务行为。

@Transactional注解的常用属性如表11-3所示。

表11-3　@Transactional注解的常用属性

| 属性 | 描述 |
| --- | --- |
| value | 如果配置了多个事务管理器，可通过该属性指定使用哪个事务管理器 |
| propagation | 该属性用于设置事务传播行为，可取值为Propagation枚举值 |
| isolation | 事务隔离级别，可取值为isolation枚举值 |
| readOnly | 读写或只读事务，默认为读写 |
| timeout | 该属性用于设置事务的超时秒数，默认值为-1，表示永不超时 |
| rollbackFor | 该属性用于设置需要进行回滚的异常类数组，当方法抛出指定异常数组中的异常时，进行事务回滚 |
| rollbackForClassName | 该属性用于设置需要进行回滚的异常类名称数组，当方法抛出指定异常名称数组中的异常时，进行事务回滚 |
| noRollbackFor | 该属性用于设置不需要进行回滚的异常类数组，当方法抛出指定异常数组中的异常时，不进行事务回滚 |
| noRollbackForClassName | 该属性用于设置不需要进行回滚的异常类名称数组，当方法抛出指定异常名称数组中的异常时，不进行事务回滚 |

本例中如果使用@Transactional注解方式管理事务，可以在Service层的两个类名上添加@Transactional。这样，Service层中所有类的所有方法都会启用事务。

使用@Transactional注解方式管理事务时，还需要在配置文件中启用事务注解，如下所示：

```
<tx:annotation-driven transaction-manager="transactionManager"/>
```

该配置项也需要添加tx命名空间和xsi:schemaLocation。

<tx:annotation-driven>一共有如下4个属性。

- mode：指定Spring事务管理框架创建通知bean的方式，可用的值有proxy和aspectj。前者是默认值，表示通知对象是一个JDK代理；后者表示Spring AOP会使用AspectJ创建代理。

- proxy-target-class：如果为true，Spring将创建子类来代理业务类；如果为false，使用基于接口的代理。
- order：如果业务类除事务切面外，还需要织入其他的切面，通过该属性可以控制事务切面在目标连接点的织入顺序。
- transaction-manager：指定到现有Platform Transaction Manager bean的引用，通知会使用该引用。

如果没有设置transaction-manager的值，Spring以默认的事务管理器来处理事务，默认的事务管理器为第一个加载的事务管理器。

## 11.2.8 引入aspectjweaver.JAR包

部署应用程序到Tomcat服务器，此时启动Tomcat，会出现如图11-3所示的错误，提示创建名为txPointcut的bean失败，原因是下面这个类没有找到：org.aspectj.weaver.reflect. ReflectionWorld$ReflectionWorldException。这个类所在的JAR包为aspectjweaver.jar，这是 Spring AOP所依赖的包，它不是Spring框架的内容，需要从Eclipse网站下载较新的版本。

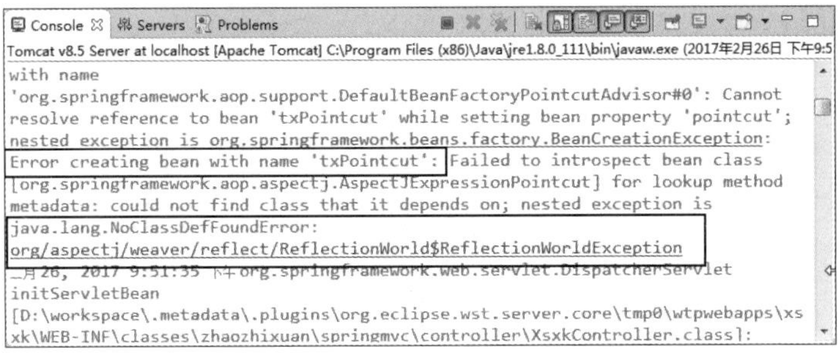

图11-3 启动Tomcat失败

打开AspectJ的下载页面http://www.eclipse.org/aspectj/downloads.php，该页面显示了AspectJ的最新Release版本为1.8.10，如图11-4所示。单击链接即可下载，下载得到的是aspectj-1.8.10.jar，该JAR文件中包括AspectJ的文档和所有的JAR包，我们需要的aspectjweaver.jar位于lib子目录中，如图11-5所示。

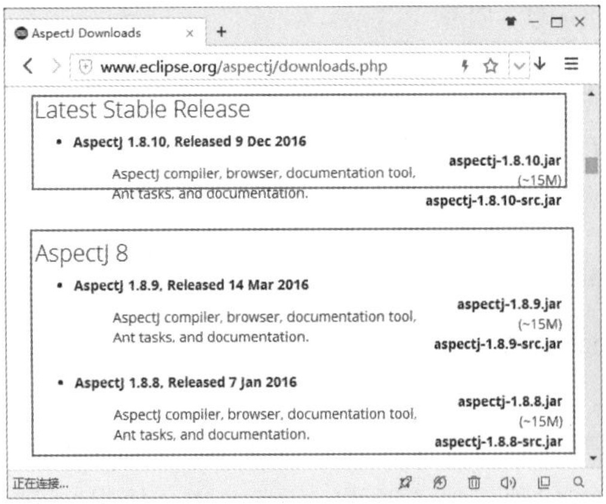

图11-4 AspectJ下载页面

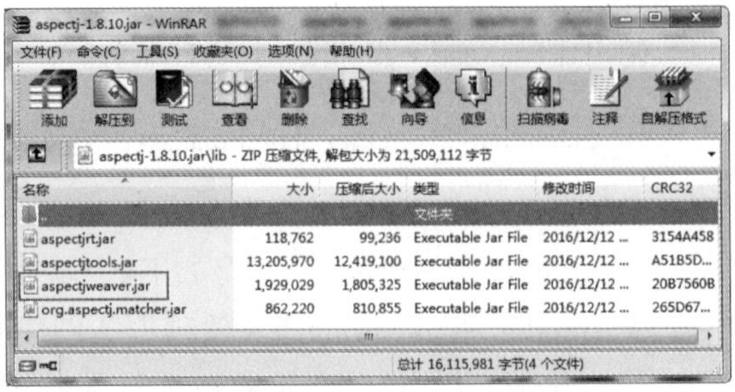

图11-5 在AspectJ的lib目录中找到aspectjweaver.jar

将aspectjweaver.jar文件复制到项目的WEB-INF/lib子目录中即可。

## 11.2.9　项目运行结果

启动MySQL数据库，启动Tomcat，在浏览器的地址栏中输入http://localhost:8080/xsxk/后回车，打开登录页面，如图11-6所示。

输入登录名和密码，单击“提交”按钮即可登录系统(如果没有登录名，可以先在数据库的stu_auth表中创建一个可用的登录名和密码，并绑定一名学生的信息)。登录成功后进入home.jsp页面，显示欢迎信息及已选课程信息，并且可以从下面的课程列表中继续选择其他课程，如图11-7所示。

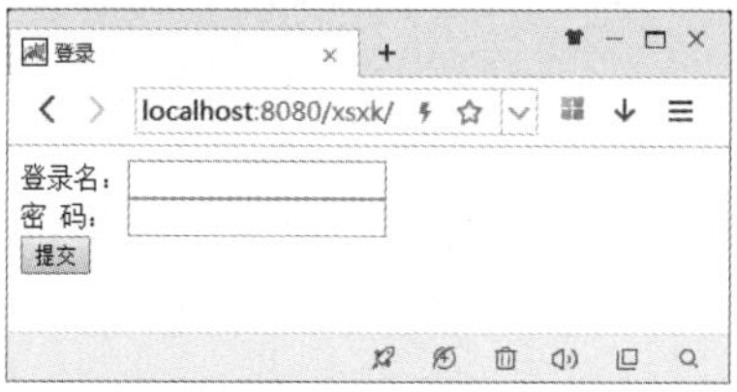


图11-6　登录页面

图11-7　首页

在已选课程后面，单击“删除”链接可以删除该课程。

# 11.3　本章小结

本章介绍了用Spring MVC整合Hibernate 5以完成持久化工作，包括Spring的DAO理念以及Spring MVC整合Hibernate 5的具体开发步骤和配置方式。首先从J2EE应用的3层架构讲起，介绍了Spring提供的DAO支持；接下来通过一个具体的应用实例介绍了Spring MVC整合Hibernate 5的开发过程，包括模型层(实体类)、DAO层、Service层、Controller、View等各层的创建，重点介绍了Spring和Hibernate整合需要的配置，包括使用Spring管理Hibernate的SessionFactory和事务。Spring + Hibernate在实际项目开发中的应用比较广泛，读者应重点掌握Hibernate的SessionFactory的管理和声明式事务管理。

# 11.4　思考和练习

1. J2EE应用的3层架构是什么？
2. HibernateDaoSupport类提供的两个主要方法是什么？
3. 如何使用Spring管理Hibernate的SessionFactory？
4. Spring如何管理Hibernate事务？

# 第 12 章

# RESTful Web 服务

Web服务是一种新的Web应用分支，其可以执行从简单请求到复杂商务处理的任何功能。RESTful Web服务是比基于SOAP的Web服务简单得多的一种轻量级Web服务，RESTful Web服务是没有状态的，发布和调用都非常轻松、容易。本章将介绍如何使用Spring MVC创建RESTful Web服务，通过本章的学习，读者将掌握RESTful Web服务的创建、测试，以及如何编写客户端来调用RESTful Web服务。

### 本章学习目标

- 了解Web服务的基本概念
- 掌握使用Spring MVC创建RESTful Web服务
- 掌握RESTClient Firefox插件的安装与使用
- 掌握使用RestTemplate编写REST客户端

## 12.1　Web服务概述

随着网络技术、网络运行理念的发展，人们提出一种新的利用网络进行应用集成的解决方案——Web服务。Web服务是一种新的Web应用分支，其可以执行从简单请求到复杂商务处理的任何功能。Web服务使得运行在不同机器上的不同应用无须借助附加的、专门的第三方软件或硬件，就可相互交换数据或集成。因此，Web服务是构造分布式、模块化应用程序和面向服务应用的最新技术和发展趋势。

传统的Web服务开发者可能认为只有一种Web服务，即SOAP(Simple Object Access Protocol，简单对象访问协议)。任何其他的技术(例如RESTful)可能有自己的优点，但它们在技术上讲并不是Web服务。确实，万维网联盟(World Wide Web Consortium，W3C)对Web服务的描述如下：Web服务是一个设计用于支持通过网络在机器与机器之间进行交互的软件系统。它有一个描述接口，对通过机器可以处理的格式(尤其是WSDL)进行描述。其他系统将通过SOAP消息中规定的通信方式与Web服务进行交互，通常使用HTTP加上XML序列化并结合其他Web相关标准进行传输。

本书所指的Web服务是指任意一个支持通过计算机网络在机器与机器之间进行交互的软件系统，并且使用的是一种可共同操作、机器可处理的协议和格式，包括SOAP和RESTful Web服务以及其他Web服务技术。本章将学习如何在Spring框架中创建RESTful Web服务。

## 12.1.1 基于SOAP的Web服务

传统的基于SOAP的Web服务要使用两种技术。

- XML：XML是一种在Web上传送结构化数据的方式。Web 服务要以一种可靠的自动方式操作数据，XML可以使Web 服务十分方便地处理数据，内容与表示的分离十分理想。
- SOAP：SOAP是一种使用XML消息形式的结构化数据在机器与机器之间进行交互的协议。它使用XML消息调用远程方法，这样Web服务可以通过HTTP协议的POST和GET方法与远程机器交互，而且SOAP更加健壮和灵活易用。

其他一些技术，像UDDI和WSDL技术，可以与XML和SOAP技术紧密结合用于服务发现。

WSDL(Web Services Descriptive Language，Web服务描述语言)是用机器能阅读的方式提供的一门正式描述文档且基于XML的语言，用于描述Web服务及其函数、参数和返回值。因为基于XML，所以WSDL既是机器可阅读的，又是人可阅读的。万维网联盟(W3C组织)没有批准1.1版的WSDL，当前的WSDL版本是2.0，是W3C的推荐标准，并将被W3C组织批准为正式标准。

UDDI(Universal Description Discovery and Integration，通用描述、发现与集成服务) 是一种目录服务，它使企业在互联网上可以互相发现并且定义业务之间的交互。

SOAP的如下3个特点使它变得流行。

- 可扩展：因为它易于在基础协议中添加其他特性，例如安全。
- 中立性：使用哪种传输机制都没有关系，如使用HTTP、JMS、AMQP、SMTP、TCP和其他技术都是可以的。
- 独立性：因为SOAP不依赖于或支持特定的编程模型。

SOAP不是一个简单的协议。每个SOAP消息由一个称为SOAP Envelope(信封)的根元素作为开头，所有关于消息的内容将被包含在该信封中。信封有一个可选的SOAP Header元素(不要与HTTP头混淆)，用于包含特定于应用程序的信息，例如认证细节。在信息中还必须有一个SOAP Body元素，它包含了指令和请求或响应的数据。响应的SOAP信封也可以有一个可选的SOAP Fault元素，用于描述处理请求时发生的错误。

所有这些元素的细节主要由WSDL定义。编写和处理WSDL文档有时可能是非常复杂和麻烦的任务，将它集成到处理过程中时自动化程度越高越好。

## 12.1.2 RESTful Web服务概述

RESTful Web服务是比基于SOAP的Web服务简单得多的一种轻量级Web服务，RESTful Web服务是没有状态的，发布和调用都非常轻松容易。

### 1. RESTful

REST(Representational State Transfer，表述性状态转移)是一种软件架构风格，它只是提供了一组设计原则和约束条件，满足这些约束条件和原则的应用程序或设计就是RESTful的。

REST架构由服务器和客户端组成。客户端通过操作(向服务器发送请求以获得或改变资源的状态)和服务器(处理请求并返回合适的资源)来实现状态转移。REST并不依赖或指定资源类型或表示形式，资源可以是任意类型的数据，它们的表示形式可以是普通文本、HTML、XML、JSON、二进制数据或任何可被客户端和服务器理解的其他格式。

REST的核心是面向资源，REST专门针对网络应用设计和开发方式，以降低开发的复杂性，提高系统的可伸缩性。REST提出的设计概念和准则如下：

- 网络上的所有事物都可以被抽象为资源(resource)。
- 每个资源都有唯一的资源标识(resource identifier)，对资源的操作不会改变这些标识。
- 所有操作都是无状态的。

RESTful Web服务背后的主要原则是：在资源上不需要执行太多操作。这些过程通常被引用为CRUD操作：创建、读取、更新和删除。通过统一资源标识符(Universal Resource Identifier，URI)来识别和定位资源，通过HTTP规范中指定的方法可以轻松地映射到这些操作：POST、GET、PUT和DELETE。SOAP将使用信封元素描述要执行的操作(执行的方法)，而REST依赖于HTTP协议提供信封的内容。SOAP也将使用信封识别将要操作的资源，而REST依赖于HTTP URL。

在RESTful Web服务中，Content-Type请求头将通知服务器请求正文的表示，Accept头或文件扩展名将请求特定的响应表示，Content-Type头将通知客户端响应正文的表示。

### 2. RESTful Web服务接口更易于使用

RESTful Web服务被绑定到了HTTP上，而SOAP是协议独立的，所以从这点来看，SOAP明显更胜一筹。那么RESTful Web服务相对于基于SOAP的Web服务，有什么优势呢？

RESTful Web服务使用标准的HTTP方法(GET/PUT/POST/DELETE)来抽象所有Web系统的服务能力，而SOAP应用通过自定义个性化的接口方法来抽象Web服务。相对来说，RESTful Web服务接口更简单。

RESTful Web服务是完全独立的数据格式，除了以传统的XML作为数据承载形式，还有JSON、RSS、ATOM等形式，而SOAP要求使用XML。在使用HTTP时，SOAP会产生冗余，因为它实际上是信封中的信封。信封元素的重复提供了可以由URL和HTTP方法提供的功能(必须这样做才能保持协议中立)。

另外，RESTful Web服务不需要使用WSDL，但是这并不意味着RESTful Web服务是契约后行的。它们可以如同SOAP一样契约先行，但契约是使用普通语言文档和免费可用的公共API而不是复杂的XSD定义的。

HTTP协议从本质上说是一种无状态的协议，客户端发出的HTTP请求之间可以相互隔离，相互间不存在状态依赖。基于HTTP的ROA，以非常自然的方式来实现无状态服务请求处理逻辑。对于分布式应用而言，任意给定的两个服务请求Request1与Request2，由于它们并没有相互之间的状态依赖，就不需要对它们进行相互协作处理，结果是：Request1与Request2可以在任何服务器上执行，这样的应用很容易在服务器端支持负载均衡。

随着时间的推移，REST已经变成主要的Web服务架构，软件框架对REST的采用和提供的支持都超过了SOAP。例如，Spring框架在Web MVC模块中直接支持REST，但对于SOAP Web服务，必须使用单独的Spring Web Services项目(Spring Web Service是一个独立的项目，它与Spring框架相关并依赖Spring框架)。

### 3. 了解发现机制

RESTful Web服务的另一个重要特性是它的发现机制。结合使用URL和HTTP OPTIONS方法，客户端可以在不访问契约的情况下，发现Web服务中的可用资源，然后发现每个资源的可用操作。尽管现在许多RESTful Web服务提供者都还不提供发现机制，但它是REST结构的核心原则。

在正式的REST应用架构中有着相同的限制。REST客户端应该能够在对Web服务中可用资源没有任何了解的情况下，使用RESTful Web服务。这一概念被称为超媒体，即应用状态引擎(Hypermedia as the Engine of Application State，HATEOAS)。它将结合使用超文本(XML、YAML、JSON或选择任意格式)与超链接，通知客户端当前Web服务的结构。例如，一个Web服务请求和响应的基本URL将使用的GET操作类似于下面的内容。

请求：

```
> GET /services/Rest/ HTTP/1.1
> Accept: application/json
```

响应：

```
< 200 OK
< Content-Type: application/hal+json
<
< {
<     "_links": {
<         "self": { "href": "http://example.net/services/Rest" },
<         "account": { "href": "http://example.net/services/Rest/account" },
<         "order": { "href": "http://example.net/services/Rest/order" }
<     }
< }
```

获得了该数据之后，客户端就知道Web服务上有哪些可用的资源。如果它希望进一步浏览账户，那么有几个选择。首先，它可以简单地使用一个GET请求来访问资源。这被称为集合请求或对集合URI的请求，它将返回该类型可用的所有资源。

请求：

```
> GET /services/Rest/account HTTP/1.1
```

```
> Accept: application/json
```

响应：

```
< 200 OK
< Content-Type: application/json
<
< {
<     "value": [
<         {
<             "id": 1075,
<             "name": "赵智堃",
<             ...
<         }, {
<             "id": 1076,
<             "name": "刘嘉晴",
<             ...
<         }
<     ]
< }
```

这样做有几个缺点。首先，该集合可能非常大。例如，如果让某大学的Web服务返回所有学生的信息，那么这个集合将是非常巨大的。常用的解决方案就是将资源分页，在大多数情况下，我们可以要求使用分页技术避免这种集合请求场景。

为了详细浏览账户资源(/services/Rest/account)，客户可以采用另一个操作：使用OPTIONS请求访问资源。

请求：

```
> OPTIONS /services/Rest/account HTTP/1.1
> Accept: application/json
```

响应：

```
< 200 OK
< Allow: OPTIONS,HEAD,GET,POST,PUT,PATCH,DELETE
<
< {
<     "GET": {
<         "description": "Get a resource or resources",
<         "resourceTemplate": "http://example.net/services/Rest/account/{id}",
<         "parameters": {
<             "$select": {
<                 "type": "array/string",
<                 "description": "The properties to be returned for each resource.",
<             },
<             "$filter" ...
<         }
<     },
<     "POST" ...
< }
```

OPTIONS响应特别强大。它不仅可以告诉客户端某个资源类型可用的操作，还可以根据客户端的权限进行过滤。例如，如果客户端有权限查看，但不能创建、更新或删除，那么Allow响应头的值将只有OPTIONS、HEAD、GET。

RESTful Web服务的发现机制的主要问题是：发现响应的内容没有一致的标准。第一个例子中的链接响应是超文本应用语言(Hypertext Application Language，HAL)的JSON表示；而OPTIONS响应中的Allow头是标准通用的，但是响应正文完全是虚构的。

由于缺少统一的标准，因此只有很少一部分供应商会实现发现机制。很多RESTful Web服务不支持发现机制，这也是可以的。

#### 4. HTTP状态码和HTTP方法

RESTful Web服务将使用请求的URL识别被请求的资源和HTTP方法，确定希望采用的操作。它们还使用HTTP状态码确认请求的结果。不同类型的请求使用的状态码是不同的。不过，有一些状态码是通用的，它们可以作用于所有类型的请求。

- 400 Bad Request：该状态码表示该请求报文中存在语法错误，客户端发出的请求是不支持的或无法识别的。这通常是因为客户端并未使用正确的请求语法。例如，如果POST或PUT请求中资源的某个必需字段被设置为空的话，将会导致400 Bad Request响应。
- 401 Unauthorized：表示在访问资源或执行请求的状态转换之前，需要进行认证和授权。响应的内容将随着采用的认证协议的不同而不同。
- 403 Forbidden：表示客户端没有访问资源或执行请求状态转换的权限。直观来说是对请求资源的访问被服务器拒绝了。服务器端没必要返回拒绝原因，但可在报文主体中说明，比如未授权，权限问题。
- 404 Not Found：表示客户端请求的目标资源不存在。不能用它表示资源存在，但状态转换不支持或不允许的情况，这应该通过405 Method Not Allowed和403 Forbidden来实现。404这个状态码被广泛应用于当服务器不想揭示到底为何请求被拒绝或者没有其他适合的响应可用的情况。
- 405 Method Not Allowed：表示不支持请求的状态转换(HTTP方法)。表示客户端没有权限执行状态转换的情况，应该通过403 Forbidden来实现而不能使用该状态码。
- 406 Not Acceptable：表示服务器不支持Accept头中请求的表示格式。例如，客户端可能会请求使用application/xml格式，但服务器可能只生成application/json。在这些情况下，服务器可能只会返回默认支持的表示格式，而不是返回406 Not Acceptable。
- 415 Unsupported Media Type：非常类似于406 Not Acceptable。表示请求中的Content-Type头(请求实体的表示)是一种服务器无法支持的类型。服务器可能也包含了一个Accept响应头，用于表示服务器支持哪些媒体类型。有可能Accept请求头和Content-Type请求头都是不支持的媒体类型。在这种情况下，服务器会优先返回415 Unsupported Media Type响应，因为406 Not Acceptable是可选响应。
- 500 Internal Server Error：表示在处理请求的过程中出现了错误，响应内容中应该包含尽可能多的错误信息。服务器遇到了一个未曾预料的状况，导致了它无法完成对请求的处理。一般来说，这个问题都会在服务器端的源代码出现错误时出现。

接下来我们来看一下RESTful Web服务支持的所有HTTP方法的语法和语义，包括对这些方法有意义的其他HTTP状态码。

1) OPTIONS

前面已经提到过，OPTIONS是少数可用的标准发现机制中的一种。当使用OPTIONS方法发出请求访问资源的URL时，服务器必须返回一个包含Allow头的200 OK响应。Allow头的内容应该是一个资源支持的HTTP方法列表，方法之间用逗号分隔。另外，服务器也可以返回响应正文，用于描述如何使用资源的每个HTTP方法。

如果是如下一些情况，则不能返回包含Allow头的200响应。

- 如果资源不存在，服务器将返回404 Not Found。
- 如果未经认证，就不支持任何方法，服务器应该返回401 Unauthorized作为响应。
- 如果客户端通过了认证，但是没有权限调用资源上的任何操作，那么服务器应该返回403 Forbidden。

OPTIONS请求被认为是无用的(安全的)，也就是说，在任何情况下，它们都不应该修改任何资源。

2) HEAD和GET

只要资源支持和允许GET请求，就必须同时支持和允许HEAD请求。GET和HEAD之间的唯一区别是：HEAD响应不可以有响应正文。HEAD响应中包含的头必须与GET响应一致。GET请求被用于获得单个或多个资源。比如，/services/Rest/account这样的URL表示客户端希望获得所有的账户或账户过滤后的列表。GET和HEAD请求都是可缓存的，对GET请求的缓存可以在随后的GET和HEAD请求中使用，而对HEAD请求的缓存则只能在随后的HEAD请求中使用。此外，如果已有GET请求的缓存，但缓存已过期，或强制指定HEAD请求不使用缓存，则收到的HEAD请求的响应消息可能会被用来验证或更新之前的GET请求的缓存。通常，过滤、排序和分页指令都包含在查询字符串参数中。GET方法用来向服务器请求指定的资源，它是万维网中信息检索的主要方式。当服务器收到一个GET请求后，它会将所请求的资源内容放到响应体中，客户端收到GET响应后，根据头域中的一些信息，对响应体进行解析，从而得到所需要的资源。

类似URL /services/Rest/account/1075这样的请求，表示客户端希望获得唯一标识符为1075的单个账户的信息。服务器应该为成功的GET和HEAD请求返回200 OK响应，并在GET请求的响应正文中包含指定格式的请求资源。

GET和HEAD请求也是无用的，它们也不应该对服务器的资源产生任何影响。

3) POST

POST请求用于在服务器上创建新的资源。POST请求，应该总是针对集合URI(如/services/Rest/account，用于新建账户)，也可以针对子集合URI(如/services/Rest/account/1075/order，用于创建账户1075的订单)。

对单个元素URI(如/services/ Rest/account/1075)的POST请求，应该返回405 Method Not Allowed响应。在成功的POST请求中，服务器将创建被请求的资源并返回201 Created响

应。该响应包含一个Location头，其中指定了新创建资源的URL。

例如，对/services/Rest/account的POST请求(新建一个账户)，可能在Location头中返回http://www.example.com/services/Rest/account/2156。响应正文应该是被创建的资源，因为使用GET请求访问Location头中的URL时，会返回响应正文。

POST请求是非安全的，这类请求将引起一个或多个资源发生改变，并且是非等幂的，创建多个完全相同的POST请求将导致创建多个资源。

4) PUT

PUT请求用于更新已有的资源。PUT请求与POST请求不同，它不能用于访问集合URI。相反，该请求用于访问单个元素URI和子元素URI(如/services/Rest/account/1075、/services/Rest/account/1075/order/5122)。访问集合URI或子集合URI的PUT请求应该返回405 Method Not Allowed响应。成功的PUT请求的响应是204 No Content，它的正文也应该是空的。

很明显，PUT请求是非安全的，它也不是等幂的。两个或多个连续的、一致的PUT请求只会对第一个PUT请求中指定的资源产生影响。

5) PATCH

PATCH方法用于对资源进行部分修改。由于PATCH不是标准的HTTP方法，因此不能保证客户端和服务器端都已经实现。例如，在JDK中HttpURLConnection类就不支持将请求方法设置为PATCH。PATCH请求在目的和语义上都与PUT请求非常类似。PATCH是相对较新的HTTP方法，是在最近几年间添加的。它并不是初始HTTP/1.1规范的一部分。PATCH请求如同PUT请求一样，它的目的也是更新单个元素URI的资源。不过，PATCH请求只会对资源进行部分更新，而不是对资源进行完整替换。

例如，如果访问/services/Rest/account/1075的PATCH请求中只包含了acctName属性，那么只有账户的名称acctName会得到更新，其他属性将保持不变(时间戳和版本号除外)。这是一个极其强大的请求方法，但对于实现来说也较为复杂。为了支持PATCH，应用程序必须在请求实体中接受一个非常灵活的属性集，然后只更新请求中存在的这些资源属性。不能只检查这些属性是否为null，因为PATCH可能故意将属性值设置为null。

一个成功的PATCH请求的响应应该是200 OK或204 No Content。在响应正文中返回完整的、更新后的实体还是返回空的正文，完全取决于个人选择。

如同PUT请求一样，PATCH请求是有用的并且应该是等幂的。

6) DELETE

DELETE请求用于删除资源。DELETE请求可以针对单个元素URI(这种情况下将删除单个资源)，也可以针对集合URI(这种情况下将被删除所有匹配的资源)。但是，通常删除多个资源用得比较少。如果删除资源成功的话，那么服务器返回响应200 OK(在请求的正文中包含被删除的资源)或204 No Content(响应正文内容为空)。如果出于某些原因，服务器接受了删除命令，但不能立即执行删除(可能资源正在使用)，那么将返回202 Accepted响应。在这种情况下，响应正文中应该包含资源URL，客户端可以用它对请求进行跟踪，并在稍后检查它的状态。

DELETE请求明显是有用的，但它们的等幂性要分两种情况。

- 软删除：在资源上设置一个标志，但保留资源数据。采用软删除时，多个完全相同的DELETE请求总是会返回相同的响应，并且没有额外的副作用，这将使DELETE请求变成等幂的。
- 硬删除：真正永久性删除，并且以不可撤销的方式清除资源数据。使用硬删除时，第二个完全相同的DELETE请求将产生404 Not Found响应，因为资源已经不存在。从技术上讲，这被认为是非等幂的，但并不会产生任何副作用。

## 12.2 创建RESTful Web服务

基于Spring Web MVC框架，创建RESTful Web服务不需要执行任何特殊操作。可以简单地创建一个@Controller，并为它添加一些@RequestMapping方法，然后就可以开始操作RESTful Web服务。我们在第10章中使用@ResponseBody返回响应实体的示例，就可以看成一个简单的RESTful Web服务。

本节我们创建的RESTful Web服务将支持如下功能。

(1) GET请求/student/：返回学生列表。

(2) GET请求/student/1：返回sno为1的学生信息。

(3) POST请求/student/：以学生对象的JSON格式新建学生记录。

(4) PUT请求/student/2：以学生对象的JSON格式更新sno为2的学生信息。

(5) DELETE请求/student/3：删除sno为3的学生信息。

(6) DELETE请求/student/：删除所有学生信息。

学生信息仍然来自前面我们使用的MySQL数据库School中的students表。数据库操作使用我们熟悉的Hibernate，所以本例也是一个用Spring MVC整合Hibernate的应用。

### 12.2.1 新建工程

基于Spring框架创建RESTful Web服务，与前面我们创建的Web应用类似，只有控制器的实现略有差异，所以我们在Eclipse中新建一个动态Web工程。

01 新建动态Web工程RestService。

02 在项目中引入Spring和Hibernate依赖的JAR包，可以通过Add Library添加前面创建的User Library——Spring5.3.9和Hibernate 5。

03 打开项目的属性对话框，将Hibernate 5和Spring5.3.9添加到项目的发布列表中。

04 在src目录中新建包zhaozhixuan.springmvc.rest，然后在该包中分别新建dao、controller、service、model包，从包名可以看出，这几个包分别用来存放DAO层组件类、控制器类、服务层类和数据模型类。

05 响应实体需要转换为JSON格式，所以需要引入jackson相关的JAR包(jackson-annotations-2.8.6.jar、jackson-core-2.8.6.jar和jackson-databind-2.8.6.jar)。这几个JAR包在第10章我们已经用过，直接复制到本项目的WEB-INF/lib子目录中即可。

## 12.2.2 创建实体类、DAO层和Service层

本例中的很多代码都与前面的Spring+Hibernate应用类似，所以很多源代码会省略。

1. 实体类

本例中的实体类只有Student，而且不需要配置任何关联关系，只需要根据students表结构定义属性及其getter和setter方法即可。然后使用JPA注解建立实体类与数据表之间的映射即可，具体可参考第11章中的示例。

2. DAO层

本例中的DAO层只有一个接口IStudentDao及其实现类StudentDaoImpl，该接口中定义了RESTful Web服务需要的一些方法的底层封装，代码如下：

```
package zhaozhixuan.springmvc.rest.dao;

import java.util.List;
import zhaozhixuan.springmvc.rest.model.Student;
public interface IStudentDao {
    public List<Student> findAllStudents();
    public Student findById(Long sno);
    public void saveStudent(Student stu);
    public void updateStudent(Student stu);
    public void deleteById(Long sno);
    public void deleteAll();
}
```

在实现类中使用的Hibernate Session的一些方法与数据库进行交互，完整代码如下：

```
package zhaozhixuan.springmvc.rest.dao;

import java.util.List;
import org.hibernate.Session;
import org.hibernate.SessionFactory;
import org.springframework.beans.factory.annotation.Autowired;
import org.springframework.stereotype.Repository;
import zhaozhixuan.springmvc.rest.model.Student;
@Repository("studentDao")
public class StudentDaoImpl implements IStudentDao {
    @Autowired
    private SessionFactory sessionFactory;
    public void setSessionFacotry(SessionFactory sessionFacotry) {
        this.sessionFactory = sessionFacotry;
    }
    protected Session getSession() {
        return sessionFactory.getCurrentSession();
    }
    @Override
    public List<Student> findAllStudents() {
        List<Student> list = getSession().createQuery("from Student").getResultList();
```

```
        return list;
    }
    @Override
    public Student findById(Long sno) {
        return getSession().get(Student.class, sno);
    }
    @Override
    public void saveStudent(Student stu) {
        getSession().save(stu);
    }
    @Override
    public void updateStudent(Student stu) {
        getSession().update(stu);
    }
    @Override
    public void deleteById(Long sno) {
        getSession().delete(findById(sno));
    }
    @Override
    public void deleteAll() {
        getSession().createQuery("delete from Student").executeUpdate();
    }
}
```

### 3. Service层

Service层也只有一个接口IStudentService及其实现类StudentServiceImpl，该接口中定义的方法与DAO层一致。该实现类中的具体实现，则是调用DAO层的同名方法，代码如下：

```
package zhaozhixuan.springmvc.rest.service;

import java.util.List;
import org.springframework.beans.factory.annotation.Autowired;
import org.springframework.stereotype.Service;
import zhaozhixuan.springmvc.rest.dao.IStudentDao;
import zhaozhixuan.springmvc.rest.model.Student;
@Service("studentService")
public class StudentServiceImpl implements IStudentService {
    @Autowired
    private IStudentDao studentDao;
    @Override
    public List<Student> findAllStudents() {
        return studentDao.findAllStudents();
    }
    @Override
    public Student findById(Long sno) {
        return studentDao.findById(sno);
    }
    @Override
    public void saveStudent(Student stu) {
        studentDao.saveStudent(stu);
    }
```

```
        @Override
        public void updateStudent(Student stu) {
            studentDao.updateStudent(stu);
        }
        @Override
        public void deleteById(Long sno) {
            studentDao.deleteById(sno);
        }
        @Override
        public void deleteAll() {
            studentDao.deleteAll();
        }
}
```

## 12.2.3 基于REST的控制器

前面我们学习了@Controller注解，该注解有两个作用。

(1) 作为一个@Component，它负责将控制器标记为受Spring管理的bean(适用于实例化和依赖注入)。

(2) 在Spring MVC的上下文中，它也负责让Spring上下文在该类中搜索@RequestMapping。一个标记了@RequestMapping的bean，如果并未标记@Controller的话，那么它也无法对请求做出响应。

为了方便REST开发，Spring 4.0开始增加了新的注解，即@RestController。

### 1. @RestController

@RestController的定义如下：

```
@Target(value=TYPE)
@Retention(value=RUNTIME)
@Documented
@Controller
@ResponseBody
public @interface RestController    {
    String value() default "";
}
```

从定义可以看出，该注解本身使用了@Controller和@ResponseBody注解，有一个默认的value属性。所以，该注解可以被视为@Controller和@ResponseBody的组合，表示该控制器中的所有使用@RequestMapping的方法都有一个@ResponseBody注解。

### 2. 创建REST控制器

接下来我们就使用@RestController创建一个控制器，该控制器中的方法将响应不同的HTTP请求方式，完整代码如下：

```
package zhaozhixuan.springmvc.rest.controller;
```

```
import java.util.List;
import org.springframework.beans.factory.annotation.Autowired;
import org.springframework.http.HttpHeaders;
import org.springframework.http.HttpStatus;
import org.springframework.http.MediaType;
import org.springframework.http.ResponseEntity;
import org.springframework.web.bind.annotation.PathVariable;
import org.springframework.web.bind.annotation.RequestBody;
import org.springframework.web.bind.annotation.RequestMapping;
import org.springframework.web.bind.annotation.RequestMethod;
import org.springframework.web.bind.annotation.RestController;
import org.springframework.web.util.UriComponentsBuilder;
import zhaozhixuan.springmvc.rest.model.Student;
import zhaozhixuan.springmvc.rest.service.IStudentService;
@RestController
public class MyRestController {
    @Autowired
    IStudentService studentService;
    @RequestMapping(value = "/student/", method = RequestMethod.GET)
    public ResponseEntity<List<Student>> listAllStudents() {
        List<Student> students = studentService.findAllStudents();
        if (students.isEmpty()) {
            return new ResponseEntity<List<Student>>(HttpStatus.NO_CONTENT);
        }
        return new ResponseEntity<List<Student>>(students, HttpStatus.OK);
    }
    @RequestMapping(value="/student/{sno}", method=RequestMethod.GET,
produces = MediaType.APPLICATION_JSON_VALUE)
    public ResponseEntity<Student> getUser(@PathVariable("sno") Long sno) {
        System.out.println("根据学号查找学生信息，sno：" + sno);
        Student stu = studentService.findById(sno);
        if (stu == null) {
            System.out.println("学号为 " + sno + " 的学生不存在");
            return new ResponseEntity<Student>(HttpStatus.NOT_FOUND);
        }
        return new ResponseEntity<Student>(stu, HttpStatus.OK);
    }
    @RequestMapping(value = "/student/", method = RequestMethod.POST)
    public ResponseEntity<Void> createUser(@RequestBody Student stu,
                UriComponentsBuilder ucBuilder) {
        System.out.println("新建 Student " + stu.getSname());
        if (studentService.findById(stu.getSno()) != null) {
            System.out.println("学号 " + stu.getSno() + " 已存在");
            return new ResponseEntity<Void>(HttpStatus.CONFLICT);
        }
        studentService.saveStudent(stu);
        HttpHeaders headers = new HttpHeaders();
headers.setLocation(ucBuilder.path("/student/{sno}").buildAndExpand(stu.getSno()).toUri());
        return new ResponseEntity<Void>(headers, HttpStatus.CREATED);
    }
    @RequestMapping(value = "/student/{sno}", method = RequestMethod.PUT)
    public ResponseEntity<Student> updateUser(@PathVariable("sno") Long sno, @RequestBody Student stu) {
```

```
            System.out.println("更新学生信息,sno：" + sno);
            Student srcStu = studentService.findById(sno);
            if (srcStu == null) {
                System.out.println("学号为 " + sno + " 的学生不存在");
                return new ResponseEntity<Student>(HttpStatus.NOT_FOUND);
            }
            srcStu.setSno(stu.getSno());
            srcStu.setSname(stu.getSname());
            srcStu.setSphone(stu.getSphone());
            srcStu.setSaddr(stu.getSaddr());
            srcStu.setSgender(stu.getSgender());
            srcStu.setSdeptNo(stu.getSdeptNo());
            studentService.updateStudent(srcStu);
            return new ResponseEntity<Student>(srcStu, HttpStatus.OK);
        }
        @RequestMapping(value = "/student/{sno}", method = RequestMethod.DELETE)
        public ResponseEntity<Student> deleteUser(@PathVariable("sno") Long sno) {
            System.out.println("删除学号为 " + sno + " 的学生信息");
            Student stu = studentService.findById(sno);
            if (stu == null) {
                System.out.println("删除失败。学号为 " + sno + " 的学生不存在 ");
                return new ResponseEntity<Student>(HttpStatus.NOT_FOUND);
            }
            studentService.deleteById(sno);
            return new ResponseEntity<Student>(HttpStatus.NO_CONTENT);
        }
        @RequestMapping(value = "/student/", method = RequestMethod.DELETE)
        public ResponseEntity<Student> deleteAllUsers() {
            System.out.println("删除所有学生");
            studentService.deleteAll();
            return new ResponseEntity<Student>(HttpStatus.NO_CONTENT);
        }
}
```

## 12.2.4 添加配置信息

本例的配置信息与第11章中的类似，只是比其少一些内容。

### 1. web.xml

在web.xml中需要添加DispacherServlet的配置项，如下所示：

```
<servlet>
    <servlet-name>rest</servlet-name>
    <servlet-class>
        org.springframework.web.servlet.DispatcherServlet
    </servlet-class>
    <load-on-startup>1</load-on-startup>
</servlet>
<servlet-mapping>
    <servlet-name>rest</servlet-name>
```

```
    <url-pattern>/</url-pattern>
</servlet-mapping>
```

selvlet-name被配置为rest，所以还需要添加名为rest-servlet.xml的配置文件。

### 2. rest-servlet.xml

在rest-servlet.xml中需要配置组件自动扫描、Hibernate数据源、SessionFactory和事务管理等内容。因为本例中的控制器方法返回的都是ResponseBody，所以无须配置视图解析器。

另外需要注意的是，数据源的配置如下所示：

```
<bean id="dataSource"
      class="org.springframework.jdbc.datasource.DriverManagerDataSource">
      <property name="driverClassName" value="com.mysql.jdbc.Driver"></property>
      <property name="url"
value="jdbc:mysql://localhost:3306/School?characterEncoding=UTF-8"></property>
      <property name="username" value="tomcatUser"></property>
      <property name="password" value="password1234"></property>
</bean>
```

在配置数据源的url属性时，value值后面跟有“?characterEncoding=UTF-8”，表示设置字符编码为UTF-8，以免出现中文乱码问题。第11章中我们在保存选课信息时不涉及中文信息字段，所以可以不设置字符编码。但本例中我们需要保存学生信息至数据库中，其中的中文必须使用与数据库中一致的字符编码，否则数据库中将出现中文乱码问题。

# 12.3 测试RESTful Web服务

无论是RESTful还是SOAP，Web服务的测试都与标准的Web应用不同，我们不能只是打开浏览器并访问Web服务的URL。对于GET请求，这样也许能得到正确的响应并显示；但对于其他请求，则无法直接通过浏览器发送请求。为此，我们需要借助一些测试工具，或编写测试程序来测试Web服务。

## 12.3.1 使用RESTClient Firefox插件

这里所做的测试是功能测试。RESTful Web的功能测试需要一种可以帮助轻松创建和操作HTTP请求并查看响应的工具。

Chrome和Firefox都有REST客户端Web浏览器插件，对于测试RESTful Web服务的功能非常好用。本书将使用RESTClient Firefox插件进行测试，可以从网站http://restclient.net/上下载RESTClient Firefox插件，也可以在Firefox中通过添加组件来安装。打开Firefox的菜单，单击“附加组件”按钮，如图12-1所示。

在打开的“附加组件管理器”中，选择“扩展”标签，然后在右侧窗格上方的搜索栏中输入restclient，即可搜索到该插件，然后单击“安装”按钮即可安装插件，如图12-2所示。

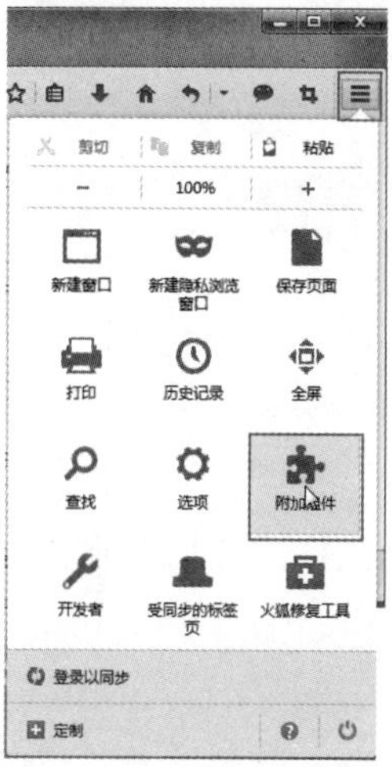


图12-1　打开Firefox菜单

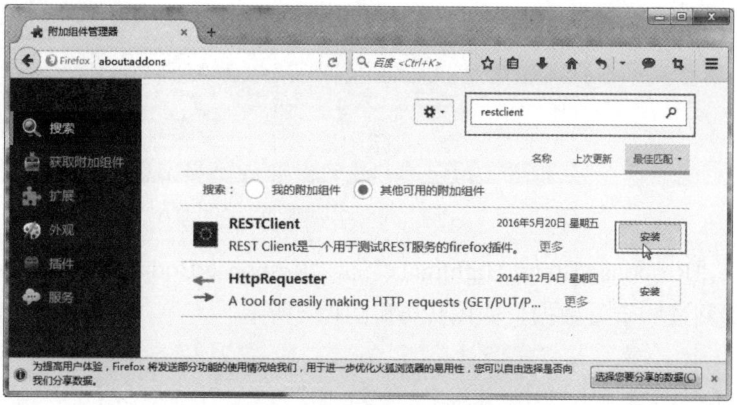


图12-2　安装RESTClient插件

安装RESTClient插件后，重启Firefox，即可使用RESTClient测试RESTful Web服务了。

01 安装RESTClient插件并重启Firefox后，单击工具栏中的RESTClient按钮(在地址栏和搜索栏的右边)，打开RESTClient。

02 单击Headers下拉菜单并选择Custom Header选项，如图12-3所示。此时将打开Request Header对话框，通过该对话框可设置请求的头。

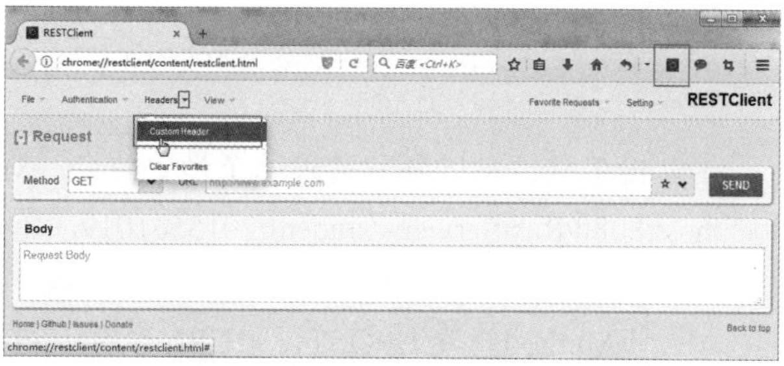


图12-3　设置Headers

03 通常我们测试时使用JSON格式的数据，需要添加Content-Type头为application/json。在Request Header对话框的Name文本框中输入“Content-Type”，在Value文本框中输入“application/json”，然后单击OK按钮。

04 在Method下拉列表中选择GET，在URL中输入http://localhost:8080/RestServices/ student/，然后单击SEND按钮。以GET方式发送请求到URL，该请求将返回所有学生信息。在下方的Response区域可以查看Web服务返回的响应，图12-4所示显示的是响应头，状态码是200 OK。

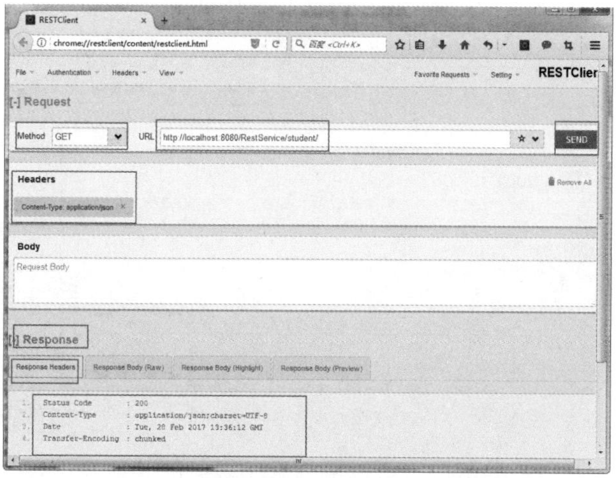


图12-4　发送GET请求来获取学生列表

05 在Response区域，有3种显示Response Body的形式，可分别通过单击不同的选项卡来查看。“Response Body (Raw)”选项卡中显示的是响应体的原始内容，这是一个JSON格式的字符串，但是没有格式化，如图12-5所示。

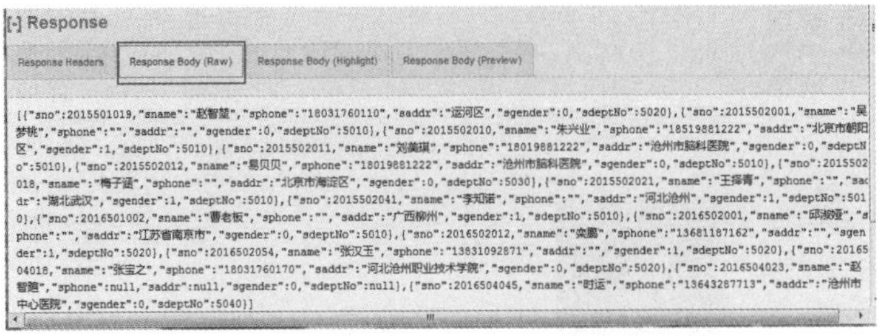


图12-5 “Response Body (Raw)”选项卡

“Response Body (Highlight)”和“Response Body (Preview)”则是格式化后的形式，以方便阅读和查看数据，如图12-6和图12-7所示。

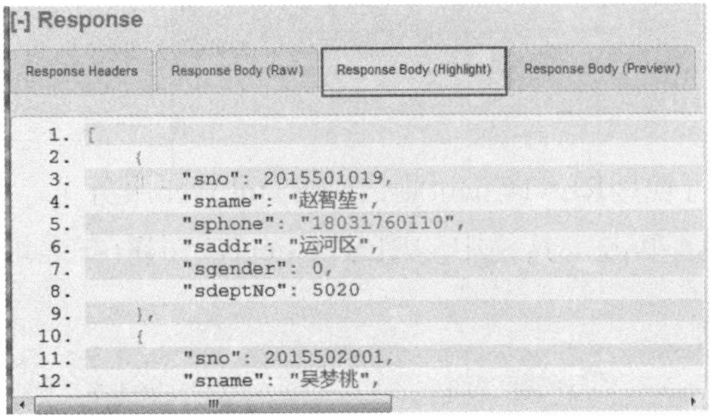


图12-6 “Response Body (Highlight)”选项卡

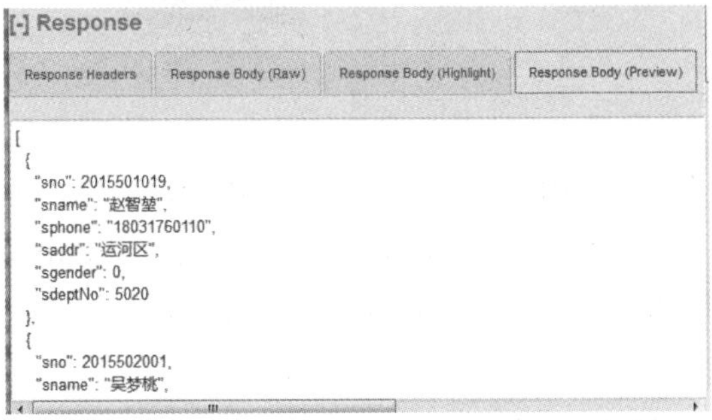


图12-7 “Response Body (Preview)”选项卡

06 接下来，可以测试请求单个学生信息。Method依然为GET，将URL修改为http://localhost:8080/RestServices/student/2015501019，单击SEND按钮，此时响应将只包括该学生的信息。

07 将Method修改为POST，将URL改为http://localhost:8080/RestServices/student/，在Body区域输入请求内容为新建学生的JSON格式，如图12-8所示。

08 单击SEND按钮，将新建学生，响应正文为空白，响应头为201 Created，同时响应头中包含新建学生的资源地址Location，如图12-9所示。

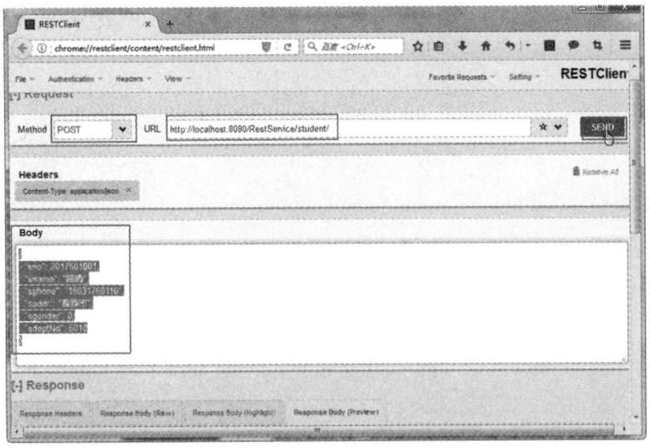


图12-8 以POST请求形式新建学生信息

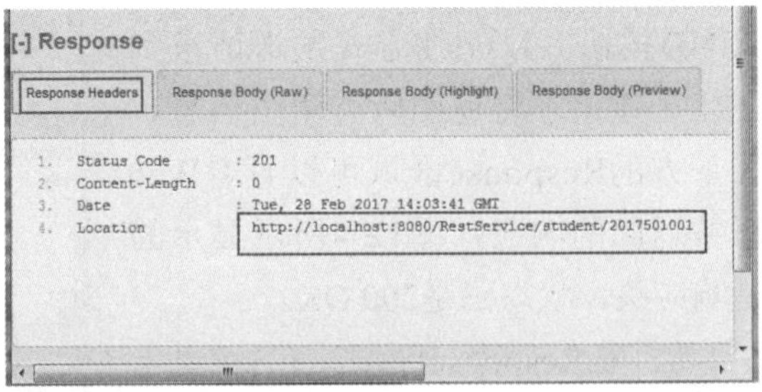


图12-9 POST请求的响应头

09 类似地，可以测试Web服务的其他功能，也可以尝试请求一名不存在学生的信息，将得到404 Not Found请求头。

## 12.3.2 使用REST模板编写REST客户端

RESTClient是一个很好的测试 RESTful Web服务的工具。但是，如果想从应用程序调用RESTful的Web服务，则需要一个REST客户端应用程序。

此时用Spring RestTemplate可以补救。针对不同的HTTP请求方式，RestTemplate提供了与之对应的方法，从而使调用RESTful Web服务只需简单的几行代码即可，这大大提高了客户端的编写效率。RestTemplate用来处理不同HTTP请求类型的方法，如表12-1所示。

表12-1 RestTemplate用来处理HTTP请求的方法

| 方法 | 说明 |
|---|---|
| getForObject /getForEntity | 以HTTP GET方式发送请求 |
| put | 以HTTP PUT方式发送请求 |
| delete | 以HTTP DELETE方式发送请求 |
| postForLocation | 以HTTP POST方式发送请求 |
| headForHeaders | 以HTTP HEAD方式发送请求 |
| optionsForAllow | 以HTTP OPTIONS方式发送请求 |
| exchange/execute | 可以通过指定参数来执行任何方式的请求 |

接下来，我们就使用RestTemplate来编写一个调用RESTful Web服务的客户端程序。在src目录中新建一个Java类RestTestClient，在该类中添加几个测试方法，分别调用上面创建的RESTful Web服务的多个资源。然后在main()函数中调用这些测试方法，测试其功能。完整代码如下：

```
import java.net.URI;
import java.util.LinkedHashMap;
import java.util.List;
import org.springframework.web.client.RestTemplate;
import zhaozhixuan.springmvc.rest.model.Student;
public class RestTestClient {
    public static final String REST_SERVICE_URI = "http://localhost:8080/RestService";
    /* GET */
    @SuppressWarnings("unchecked")
    private static void listAll() {
        System.out.println("测试GET请求所有学生-----------");
        RestTemplate restTemplate = new RestTemplate();
        List<LinkedHashMap<String, Object>> stuMap =
restTemplate.getForObject(REST_SERVICE_URI + "/student/",
                List.class);
        if (stuMap != null) {
            for (LinkedHashMap<String, Object> map : stuMap) {
                System.out.println(map);
            }
        } else {
            System.out.println("没有学生信息----------");
        }
    }
```

```
    /* GET */
    private static void getStudent() {
        System.out.println("测试GET请求 单个学生----------");
        RestTemplate restTemplate = new RestTemplate();
        Student stu = restTemplate.getForObject(REST_SERVICE_URI + "/student/2017501001",
Student.class);
        System.out.println(stu);
    }
    /* POST */
    private static void createStudent() {
        System.out.println("测试POST请求 新建学生----------");
        RestTemplate restTemplate = new RestTemplate();
        Student stu = new Student();
        stu.setSno(2017501001L);
        stu.setSname("赵智堃");
        stu.setSphone("15043287713");
        stu.setSaddr("运河区");
        stu.setSgender((short) 1);
        stu.setSdeptNo(5020L);
      URI uri = restTemplate.postForLocation(REST_SERVICE_URI + "/student/", stu, Student.class);
        System.out.println("Location : " + uri.toASCIIString());
    }
    /* PUT */
    private static void updateStudent() {
        System.out.println("测试PUT请求 修改学生信息----------");
        RestTemplate restTemplate = new RestTemplate();
        Student stu = new Student();
        stu.setSno(2017501001L);
        stu.setSname("赵一凡");
        stu.setSphone("15043287713");
        stu.setSaddr("运河区");
        stu.setSgender((short) 1);
        stu.setSdeptNo(5020L);
        restTemplate.put(REST_SERVICE_URI + "/student/2017501001", stu);
        System.out.println(stu);
    }
    /* DELETE */
    private static void deleteStudent() {
        System.out.println("测试DELETE请求 删除指定学生----------");
        RestTemplate restTemplate = new RestTemplate();
        restTemplate.delete(REST_SERVICE_URI + "/student/2017501001");
    }
    /* DELETE */
    private static void deleteAll() {
        System.out.println("测试DELETE请求 删除所有学生----------");
        RestTemplate restTemplate = new RestTemplate();
        restTemplate.delete(REST_SERVICE_URI + "/student/");
    }
    public static void main(String args[]) {
        listAll();
        getStudent();
```

```
            createStudent();
            updateStudent();
            deleteStudent();
            deleteAll();
        }
}
```

在测试程序中，为了显示测试结果，我们直接通过System.out.println来输出学生对象，所以我们需要在Student类中添加toString()方法的实现，代码如下：

```
@Override
public String toString() {
    return "sno:"+sno+",sname:"+sname+",sphone:"+sphone+",saddr:"+saddr+",sgender:"+
    (sgender==0?"女":"男")+",sdeptNo:"+sdeptNo;
}
```

RestTestClient是一个Java应用程序，在RESTful Web服务启动的情况下，可以直接运行该应用程序，查看测试结果。

## 12.4 本章小结

本章介绍了RESTful Web服务的创建与测试。首先讲解了Web服务和SOAP的概念，然后讲解了RESTful Web服务，包括如何为客户提供RESTful Web服务以及HTTP状态码和HTTP方法；接下来创建了一个CRUD实例的RESTful Web服务；最后介绍了如何测试和使用RESTful Web服务，包括使用RESTClient和编写REST客户端程序来测试RESTful Web服务。

## 12.5 思考和练习

1. REST的设计概念和准则是什么？
2. CRUD操作分别对应HTTP请求中的哪些方法？
3. @RestController注解的作用是什么？
4. RestTemplate用来处理HTTP请求的方法有哪些？

# 第 13 章

# 图书馆管理系统

读书可以使人更充实、有内涵，使人有知识，使人的思想境界得以提升。随着社会的快速发展，图书的种类和数量也在大量增加，对于现代化的图书馆来说，急需安全有效的管理系统，对众多图书进行统一、集中管理，并面向读者开放查询和借阅功能，方便读者借阅。本章将综合运用所学知识，开发一个简易的图书馆管理系统。通过本章的学习，读者应学会开发和设计一个实际项目的基本步骤，掌握Java Web应用开发的主流框架——Spring与Hibernate。

**本章学习目标**

- 了解一般Web应用的设计方法
- 掌握Spring+Hibernate的整合过程
- 掌握jQuery Form插件的基本用法

## 13.1 系统概述

随着计算机网络技术的发展以及数字信息技术的广泛应用，图书馆正在向数字化、电子化和虚拟化的方向发展。

### 13.1.1 项目背景

图书馆是收集、整理、收藏图书资料以供人阅览、参考的机构，早在公元前3000年就出现了图书馆，图书馆具有保存人类文化遗产、开发信息资源、参与社会教育等职能。

我国的图书馆历史悠久、种类繁多，有国家图书馆、学校图书馆、专业图书馆、军事图书馆、儿童图书馆、盲人图书馆、少数民族图书馆等。传统的图书管理主要是基于文本、表格等介质的手工处理，这种方式当数据信息处理工作量大时非常容易出错，且出错后不易查找，已经无法满足信息时代图书馆管理工作的需求。越来越多的图书馆采用电子化管理方式，建立图书管理系统，使图书管理工作规范化、系统化、程序化，避免图书管理的随意性，提高信息处理的速度和准确性，能够及时、准确、有效地查询和修改图书情况。

电子化的图书管理方式，使用网站提供服务，具有检索方便、安全可靠、信息存储量大、成本低等优点。这些优点可以提高图书馆的管理效率，方便读者查询和借阅图书。

### 13.1.2 需求分析

图书馆管理系统是图书馆管理工作中不可缺少的部分，对于图书馆的管理者和读者来说，都非常重要。良好的图书馆管理系统应提供快速的图书检索功能、快捷的图书借阅和归还流程，为图书馆管理员和读者提供充足的信息和快捷的数据处理手段。

根据一般图书馆的需要，为了简化系统，简易图书馆管理系统只具备图书馆的核心业务功能，具体包括如下几个。

(1) 图书馆管理员和读者均需要凭密码登录系统，且登录成功后可执行的操作不同。

(2) 图书馆管理员可以进行图书的管理工作，包括新进图书入库、图书的查询与修改、图书的借阅与归还等。

(3) 图书馆管理员可以进行读者管理，包括为新读者注册信息、查询与修改读者信息、注销读者。

(4) 图书馆管理员可以维护管理员信息，包括新建管理员、查询与修改管理员信息等。

(5) 读者可以检索图书、修改登录密码、续借图书等操作。

对于图书类型、读者类型等基础数据，由于数据量不大，且变化较少，因此采用直接操作数据库表记录的方式来实现，系统不提供维护界面。

该系统的功能模块如图13-1所示。

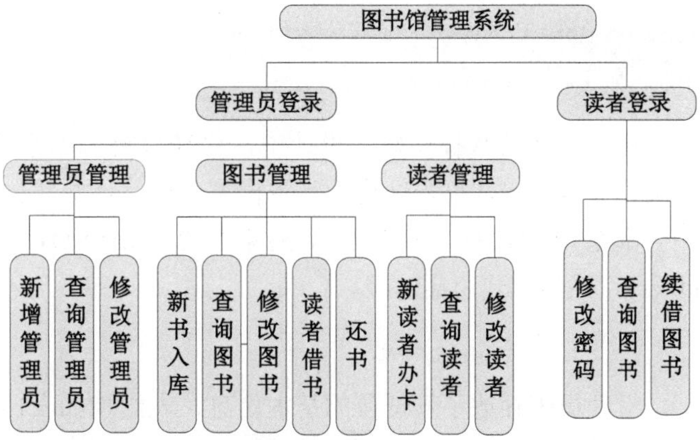


图13-1 系统功能模块

## 13.2 数据库设计

本节将介绍图书馆管理系统的数据库设计。

### 13.2.1 系统E-R图

简易图书馆管理系统的数据库中的主要实体有：图书信息实体、管理员信息实体和读者信息实体，图书和读者之间存在借阅关系，管理员可以管理读者、管理图书，图书借阅由管理员操作完成。

除了上述几个主要实体，该图书馆管理系统的数据库还有图书类别实体、读者类型实体和出版社实体等。

主要实体的E-R图如图13-2所示。

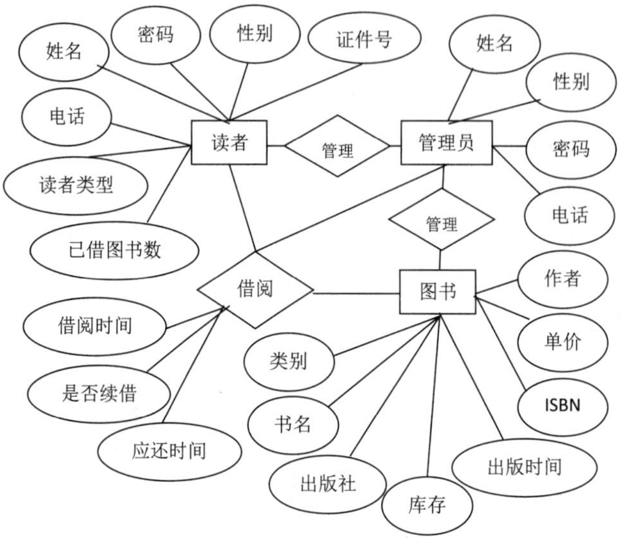


图13-2　主要实体的E-R图

## 13.2.2 数据表设计

在上一节的数据库概念设计中，已经分析了本系统中主要的数据库实体对象，通过这些实体可以得出数据表结构的基本模型。最终这些实体将被创建成数据表。

本系统的数据库依然使用关系数据库MySQL，首先在MySQL中新建一个数据库library，然后创建所需的表。

### 1. 管理员表operators

管理员表存放了管理员的基本信息，表结构如表13-1所示。

表13-1　operators表结构

| 字段名称 | 数据类型 | 说明 |
| --- | --- | --- |
| operId | int(11) | 主键，自动增长 |
| operName | varchar(20) | 管理员姓名，非空 |
| gender | varchar(3) | 性别，默认为“女” |
| loginName | varchar(20) | 登录名，非空 |
| pwd | varchar(20) | 密码，非空 |
| phone | varchar(16) | 联系电话 |

### 2. 读者表readers

读者表存放了读者的基本信息，表结构如表13-2所示。

表13-2 readers表结构

| 字段名称 | 数据类型 | 说明 |
|---|---|---|
| readerId | int(11) | 读者卡号，主键，办卡时实体卡上的编号 |
| name | varchar(20) | 读者姓名，非空 |
| identityNum | varchar(20) | 身份证号码，非空 |
| gender | varchar(3) | 性别，默认“男”，非空 |
| phone | varchar(16) | 联系电话 |
| readerType | tinyint(3) | 读者类型，外键关联读者类型表 |
| borrowNum | tinyint(3) | 已借图书数量 |
| pwd | varchar(20) | 密码，登录系统时使用 |

### 3. 读者类型表reader_type

读者类型表是一个基础数据表，存放读者类型信息，表结构如表13-3所示。

表13-3 reader_type表结构

| 字段名称 | 数据类型 | 说明 |
|---|---|---|
| typeId | tinyint(3) | 读者类型id，主键 |
| typeName | varchar(20) | 读者类型名称，非空 |
| maxNumber | tinyint(3) | 可借书最大册数，非空 |

### 4. 图书表books

图书表存放了图书的基本信息，表结构如表13-4所示。

表13-4 books表结构

| 字段名称 | 数据类型 | 说明 |
|---|---|---|
| id | int(11) | 图书id，主键，自动增长 |
| ISBN | varchar(20) | 图书的ISBN，非空 |
| bookName | varchar(32) | 图书名称，非空 |
| bookTypeId | tinyint(3) | 图书类型id，外键关联图书类型表 |
| publisherId | tinyint(3) | 出版社id，外键关联出版社表 |
| author | varchar(32) | 作者 |
| publishDate | date | 出版日期 |
| price | float | 图书定价 |
| totalNum | smallint(6) | 库存总数 |
| currentNum | smallint(6) | 当前库存数 |

### 5. 图书类型表book_type

图书类型表存放了图书的类型信息，对图书进行分类是为了更好地进行管理，表结构如表13-5所示。

表13-5　book_type表结构

| 字段名称 | 数据类型 | 说明 |
|---|---|---|
| typeId | tinyint(3) | 图书类型id，主键 |
| typeName | varchar(20) | 图书类型名称，非空 |

### 6. 出版社表publisher

出版社表存放的是出版社信息，表结构如表13-6所示。

表13-6　publisher表结构

| 字段名称 | 数据类型 | 说明 |
|---|---|---|
| pubId | tinyint(3) | 出版社id，主键 |
| pubName | varchar(30) | 出版社名称，非空 |

### 7. 图书编号表book_code

图书编号表用于对同一本图书的多本进行不同的编号，方便记录借阅信息，借阅记录中使用的就是这个编号，表结构如表13-7所示。

表13-7　book_code表结构

| 字段名称 | 数据类型 | 说明 |
|---|---|---|
| id | varchar(20) | 图书编号，主键 |
| bookId | int(11) | 图书id，外键关联图书信息表 |

### 8. 借阅记录表borrow

借阅记录表中保存的是图书的借阅记录，表结构如表13-8所示。

表13-8　borrow表结构

| 字段名称 | 数据类型 | 说明 |
|---|---|---|
| id | int(11) | 主键，自动增长 |
| readerId | int(11) | 读者id，外键关联读者信息表 |
| bookCode | varchar(20) | 图书编号，外键关联图书编号表 |
| borrowOperId | int(11) | 操作借书记录的管理员id |
| borrowDate | date | 借书日期，非空 |
| lastDate | date | 应还日期，非空 |
| isRenew | tinyint(3) | 是否续借，0：否；1：是 |
| isReturn | tinyint(3) | 是否已归还，0：否；1：是 |
| returnDate | date | 归还日期 |
| returnOperId | int(11) | 还书操作的管理员id |

## 13.3　系统设计与实现

本系统将使用本书介绍的Spring框架，持久层使用Hibernate，所以是一个典型的整合了

Spring MVC + Hibernate 5的Web应用程序，项目的配置信息和部分代码与第11章中的程序极为相似，因此在介绍系统实现时，部分代码可能会省略。

## 13.3.1 搭建系统框架

在开发一个多功能模块的系统时，可以先搭建好系统框架，规划好项目的目录结构，然后再逐一添加各功能模块的实现代码。本节我们就来搭建系统框架，创建好目录结构，引入所需的库文件等。

01 在Eclipse中新建一个动态Web工程，工程名为LibraryManage。

02 在项目中引入Spring和Hibernate依赖的JAR包，可以通过Add Library添加前面创建的User Library——Spring5.3.9和Hibernate 5。

03 打开项目的属性对话框，将Hibernate 5和Spring5.3.9添加到项目的发布列表中。

04 在src目录中新建包library.springmvc，然后在该包中分别新建dao、controller、service、model和util包。从包名可以看出，这几个包分别用来存放DAO层组件类、控制器类、服务层类、数据模型类和通用工具类。

05 在Web根目录中，新建css、images和js子目录，分别用于存放层叠样式表文件、图片文件和JavaScript脚本文件。

06 在css子目录中创建层叠样式表文件style.css。

07 在images子目录中导入所需素材图片logo.png。

08 在js子目录中新建operator.js、book.js和reader.js，这几个文件分别用来编写不同模块相关的JavaScript处理方法。

09 在WEB-INF目录中新建jsp子目录，然后在该子目录中继续新建operator和reader子目录，分别用于存放与操作员相关的JSP文件和与读者相关的JSP文件。

10 本例的功能比较简单，管理员和读者各有两个页面：login.jsp用于登录，home.jsp为登录成功后的操作页面。在operator和reader子目录中，分别创建这两个JSP文件。

11 在JSP页面中，需要使用jQuery和jQuery Form插件，所以需要引入相应的JavaScript文件到js子目录中。jQuery Form插件是一个优秀的Ajax表单插件，可以非常容易地、无侵入地升级HTML表单以支持Ajax，可以从jQuery官方网站http://plugins.jquery.com/form/下载该插件。

12 导入aspectjweaver.jar和操作JSON数据需要的JAR包到WEB-INF\lib子目录中。

13 在WEB-INF目录中新建Spring的配置文件libManage-servlet.xml。

此时的目录结构如图13-3所示。接下来将在此框架下一点一点地添加代码，直至完成整个系统。

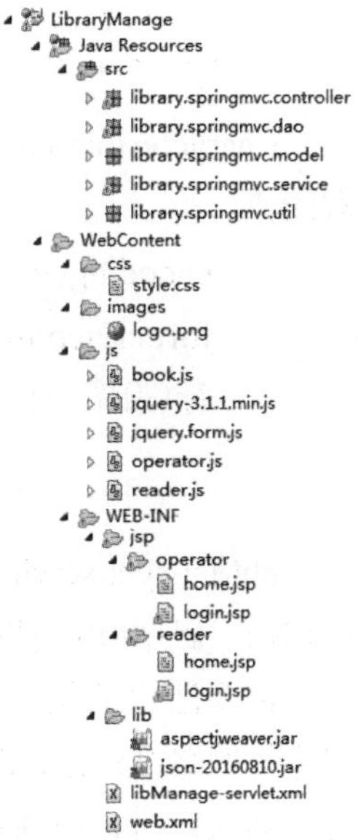


图13-3 系统框架结构

## 13.3.2 配置Spring与Hibernate

在编写代码之前，可以先配置好Spring和Hibernate。

### 1. web.xml

就像前面我们的Spring项目一样，需要在web.xml中配置DispatcherServlet。将本例中的servlet-name配置为libManage，另外，本例中用到很多静态资源(css、images和js目录中的都是静态资源)，所以需要配置名为default的Servlet，配置如下：

```
<servlet-mapping>
    <servlet-name>default</servlet-name>
    <url-pattern>/css/*</url-pattern>
    <url-pattern>/js/*</url-pattern>
    <url-pattern>/images/*</url-pattern>
</servlet-mapping>
```

除此之外，为了解决项目中的中文乱码问题，可以在web.xml中增加编码过滤器，可设置forceEncoding参数值为true，即进行强制编码；或者在过滤器的URL映射中通过通配符过滤所有URL，配置如下：

```
<filter>
    <filter-name>CharacterEncodingFilter</filter-name>
    <filter-class>org.springframework.web.filter.CharacterEncodingFilter</filter-class>
      <init-param>
          <param-name>encoding</param-name>
          <param-value>utf-8</param-value>
      </init-param>
  </filter>
  <filter-mapping>
      <filter-name>CharacterEncodingFilter</filter-name>
      <url-pattern>/*</url-pattern>
  </filter-mapping>
```

CharacterEncodingFilter是Spring的字符集过滤器，在配置字符集过滤器时可设定两个参数的值。

- encoding：字符集，用于将过滤的request的字符集设置为encoding指定的值。
- forceEncoding：强制字符集，该参数值为true时，将使用encoding指定的字符集进行编码，在页面中指定的编码方式将被覆盖。

### 2. libManager-servlet.xml

libManager-servlet.xml的配置与第11章中项目的配置文件极为相似，需要配置启动组件自动扫描、启用MVC注解驱动、视图解析器、Hibernate数据源、SessionFactory和事务管理。

需要注意的是，组件扫描的包目录需要修改为本例中的包名；将数据库连接串中的数据库实例名从School改为library，并使用?characterEncoding=UTF-8设置字符集；在配置事务管理切入点时，将通配的包名修改为本例中的包名。

## 13.3.3　创建实体类

本例中的实体类一共8个，分别对应数据库中的8张表，根据其字段类型添加成员及其getter、setter方法即可。

本例中的实体类不添加关联关系，唯一需要注意的是日期类型的字段，需要使用@DateTimeFormat注解，例如出版日期字段的声明如下：

```
@Column
@DateTimeFormat(iso = ISO.DATE)
private Date publishDate;
```

因为Spring MVC没有提供默认的日期转换器，前端页面传递过来的日期字符串可以使用@DatetimeFormat注解将其转换为日期类型。

@DateTimeFormat注解有如下3个参数。

- pattern：指定解析/格式化字段数据的模式，如“yyyy-MM-dd HH:mm:ss”。
- iso：指定解析/格式化字段数据的ISO模式，有4种，即ISO.NONE(不使用)、ISO.DATE(yyyy-MM-dd)、ISO.DATE_TIME(yyyy-MM-dd hh:mm:ss.SSSZ)和ISO.TIME(hh:mm:ss.SSSZ)，默认为ISO.NONE。
- style：指定用于格式化的样式模式，默认为“SS”。

这3个参数的优先级为：pattern>iso>style。

请读者自己在library.springmvc.model包中新建这8个实体类：Book、BookCode、BookType、Borrow、Operator、Publisher、Reader、ReaderType。

实体类创建完成后，我们可以根据不同的功能添加相应的代码，这样可以每完成一个功能的开发就进行相应的功能测试。

## 13.3.4　管理员登录功能

在Web应用程序中，通常每个功能模块的开发，都涉及前端页面和后台业务逻辑。管理员登录功能的业务流程如下：浏览器发起请求，显示登录页面login.jsp，提交登录信息，后台查询数据库验证登录名和密码，登录成功后跳转到home页面。如果登录失败，则显示相应的信息，并停留在登录页面。

### 1. 登录页面login.jsp

登录页面比较简单，只有一个用于登录的form表单。另外，为了响应登录失败信息，使用jQuery在ready()方法中判断是否有错误提示信息，完整代码如下：

```
<%@ page language="java" pageEncoding="utf-8"%><html>
<head>
<title>管理员登录</title>
</head>
<script type="text/javascript" src="js/jquery-3.1.1.min.js"></script>
<script type="text/javascript">
```

```
        $(document).ready(function() {
            if ("${msg}" != "" && "${msg}" != "success")
                alert("${msg}");
        });
    </script>
    <body>
        <form action="login" method="post">
            <table border=0 style="width: 100%; height: 100%;">
                <tr>
                    <td style="width: 100%;" align="center" valign="middle">
                        <table style="background-color: #6633ee; margin: auto">
                            <tr>
                                <td align="center">
                            <span       style="font-size: 24pt; color: #ff0066; font-family: 隶书">
                                        图书馆管理系统</span></td>
                            </tr>
                            <tr>
                                <td style="width: 100%;">
                                <table style="background-color: lightskyblue; margin: auto">
                                        <tr>
                                    <td align="center" colspan="2">管理员登录</td>
                                        </tr>
                                        <tr>
                                            <td width="64">登录名：</td>
                                <td width="180"><input type="text" name="login" /></td>
                                        </tr>
                                        <tr>
                                            <td>密码：</td>
                                    <td><input type="password" name="pwd" /></td>
                                        </tr>
                                        <tr>
                                            <td></td>
                                <td><input type="submit" name="Submit2" value="登录" />
                                <input type="reset" name="Submit" value="重置" /></td>
                                        </tr>
                                    </table>
                                </td>
                            </tr>
                        </table>
                    </td>
                </tr>
            </table>
        </form>
    </body>
    </html>
```

2. 后台业务功能的实现

登录页面的显示需要在后台Controller中添加一个映射方法，返回login视图，然后通过视图解析器将其解析为operator/login.jsp。

登录功能的实现，需要访问operators表，验证登录名和密码是否匹配。为此，需要分别在DAO层、Service层和Controller层添加相应的方法。

在library.springmvc.controller包中新建OperatorController类。在OperatorController类中，声明一个operService，这是管理员相关操作的Service对象实例。然后添加两个映射方法，即showLogin()和login()，代码如下：

```
@Controller("/operator")
public class OperatorController {
    @Autowired
    private IOperatorService operService;
    @RequestMapping(method = RequestMethod.GET)
    public String showLogin(){
        return "operator/login";
    }
    @RequestMapping("login")
    public String login(@RequestParam("login") String login,
            @RequestParam("pwd") String pwd, HttpSession session,Model model) {
        List<Operator> list=operService.findByColumn("loginName", login);
        if(list.size()>0){
            if(list.get(0).getPwd().equals(pwd))
                session.setAttribute("currentOperator", list.get(0));
            else{
                model.addAttribute("msg", "密码错误，请重新输入");
                return "operator/login";
            }
        }else{
            model.addAttribute("msg", "登录名不存在，请重新输入");
            return "operator/login";
        }
        model.addAttribute("msg","success");
        model.addAttribute("operator",new Operator());
        model.addAttribute("reader",new Reader());
        model.addAttribute("book",new Book());
        return "operator/home";
    }
}
```

在上述代码中，调用operService.findByColumn()方法以获取登录管理员的相关信息。Service和DAO层的设计都是先定义接口，然后添加实现类。Controller层调用Service层方法，Service层再调用DAO层方法。

请读者自行创建Service层的接口和方法——IOperatorService和OperatorServiceImpl，然后添加DAO层的对象实例和findByColumn()方法，该方法的实现是调用DAO层的同名方法：

```
public List<Operator> findByColumn(String colName, String value) {
    return operDao.findByColumn(colName, value);
}
```

在OperatorDaoImpl中该方法的实现如下：

```
public List<Operator> findByColumn(String colName, String value) {
    String sql="from Operator as o where o."+colName+"=?";
```

```
    return getSession().createQuery(sql).setParameter(0, value).getResultList();
}
```

这样，登录功能的后台部分就完成了。

### 3. 管理员的home.jsp

管理员登录成功后，可以对管理员、图书和读者等进行管理操作，把这些操作都放到home.jsp中。在该页面中，使用CSS+div进行布局。

在home.jsp的<body>标签中，首先是一个id为header的div，显示网站logo，在下方的div中嵌套两个子div，即menu和content。其中id为menu的div用于显示操作菜单；id为content的div用于显示操作内容的主区域，它由若干div组成。当选择不同的操作菜单时，其中某个div会显示在主区域内，如图13-4所示。

```
<body>
    <div id="header"><img src="images/logo.png"/></div>
    <div>
        <div id="menu">□  ← 操作菜单
        <div id="content">  ← 内容主区域
            <div id="index" class="main">□
            <div id="newOper" class="main">□
            <div id="qryOper" class="main">□
            <div id="modOper" class="main">□
            <div id="newBook" class="main">□
            <div id="qryBook" class="main">□
            <div id="modBook" class="main">□
            <div id="borrowBook" class="main">□
            <div id="returnBook" class="main">□
            <div id="newReader" class="main">□
            <div id="qryReader" class="main">□
        </div>
    </div>
</body>
```

图13-4　home.jsp的总体布局设计

登录成功后，默认显示菜单部分和主区域内名为index的div，菜单部分的代码如下：

```
<div id="menu">
    <ul>
      <li class="mainMenu"><a href="#" onclick="ShowDiv('index')">首页</a></li>
      <li class="mainMenu"><a href="#" onclick="ShowMenu('operator')">管理员管理</a>
        <ul id="operator" class="sub">
        <li><a href="#" onclick="ShowDiv('newOper')">新增管理员</a></li>
        <li><a href="#" onclick="ShowDiv('qryOper')">查询与维护管理员</a></li>
        </ul></li>
      <li class="mainMenu"><a href="#" onclick="ShowMenu('bookManage')">图书管理</a>
        <ul id="bookManage" class="sub">
        <li><a href="#" onclick="InitBookDiv('newBook')">新书入库</a></li>
        <li><a href="#" onclick="InitBookDiv('qryBook')">查询与维护图书</a></li>
        <li><a href="#" onclick="ShowDiv('borrowBook')">借书</a></li>
        <li><a href="#" onclick="ShowDiv('returnBook')">还书</a></li>
      </ul></li>
    <li class="mainMenu"><a href="#" onclick="ShowMenu('reader')">读者管理</a>
        <ul id="reader" class="sub">
        <li><a href="#" onclick="InitReaderDiv('newReader')">新读者办卡</a></li>
        <li><a href="#" onclick="InitReaderDiv('qryReader')">查询读者</a></li>
        </ul></li>
    </ul>
</div>
```

index部分的代码如下：

```
<div id="index" class="main">
    <h2>欢迎你，${sessionScope.currentOperator.operName}</h2>
    <br>请从左侧菜单选择要执行的操作
    <hr>
</div>
```

菜单部分的onClick()方法都指向一些JavaScript函数，其中ShowMenu用于显示一级菜单下的二级菜单，ShowDiv用于显示相应的div。这两个JavaScript函数的定义如下：

```
function ShowMenu(tagId) {
  $('.mainMenu').css("backgroundColor", "RGB(216,216,216)");
  $('.sub').hide();
  $("#" + tagId).parent().css("backgroundColor", "#EEEEEE");
  ;
  $("#" + tagId).show();

function ShowDiv(divId) {
  $('.main').hide();
  if (divId == "qryOper")
      $('#qryOperResult').empty();
  if (divId == "qryBook")
      $('#qryBookResult').empty();
  if (divId == "qryReader")
      ;$('#qryReaderResult').empty();
  $("#" + divId).show();
```

在ShowDiv()方法中，当显示几个查询相关的div时，需要先显示上次的查询结果。

引入jQuery库文件，然后在ready()方法中隐藏二级菜单和主区域中的div，显示index div，代码如下：

```
$(function() {
    $('.sub').hide();//初始时隐藏二级菜单
    $('.main').hide();//初始时隐藏各功能面板
    $('#index').show();
}
```

div的布局和样式通过CSS来设置。为了统一管理，我们把样式都写在style.css文件中，需要在home.jsp中引入该文件：

```
<head>
<title>管理员操作中心</title>
<link rel="stylesheet" type="text/css" href="css/style.css">
</head>
```

### 4. style.css

在style.css中定义的是一级菜单、二级菜单的样式，以及menu和content的布局方式。由于受篇幅限制，省略该文件的代码。读者可从本书指定网站下载全书配套的源代码以获取该文件，或者自己进行样式设置。

至此，已完成管理员登录功能的开发，读者可以部署应用程序并进行功能测试。

5. 页面效果

部署应用程序到Tomcat，然后启动应用服务器，在地址栏中输入http://localhost:8080/LibraryManage/operator，显示登录页面，如图13-5所示。

输入正确的登录名和密码后，单击“登录”按钮，登录成功后的界面如图13-6所示。

图13-5　管理员登录页面

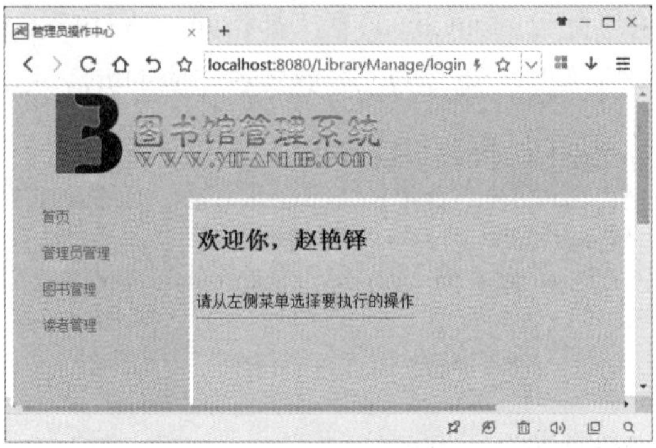


图13-6　登录成功后的页面

❖ 说明：

初始的登录名和密码将直接在数据表operators中插入一条记录。

## 13.3.5　管理员管理功能

管理员管理功能包括：新增管理员、查询管理员、修改管理员和删除管理员。在home.jsp中，单击“管理员管理”菜单将打开该菜单的二级菜单，包括“新增管理员”和“查询与维护管理员”两个菜单项。在“查询与维护管理员”菜单中包括查询、修改和删除管理员功能子菜单。

1. 新增管理员

新增管理员的界面如图13-7所示。对应的div为id="newOper"，该div中包含一个Spring MVC的form表单，所以需要在home.jsp的顶端添加<taglib>指令，代码如下：

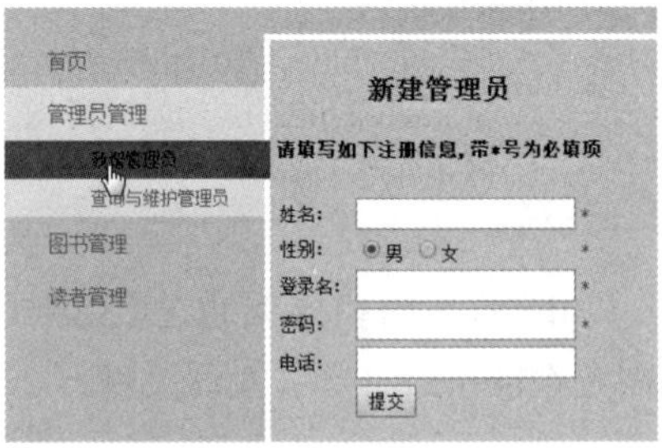


图13-7　新增管理员页面

```
<%@taglib uri="http://www.springframework.org/tags/form" prefix="form"%>
id="newOper"的div代码如下：
<div id="newOper" class="main">
    <h3 align="center">新建管理员</h3>
    <h5>请填写如下注册信息,带*号的为必填项</h5>
    <form:form id="newOperForm" action="newOper" method="post"
        commandName="operator">
        <table>
            <tr>
```

```
                <td>姓名：</td>
                <td><form:input path="operName" /></td>
                <td><span style="color: red">*</span></td>
            </tr>
            <tr>
                <td>性别：</td>
                <td><form:radiobutton path="gender" value="男" label="男"
                        checked="true" />
          <form:radiobutton path="gender" value="女" label="女" /></td>
                <td><span style="color: red">*</span></td>
            </tr>
            <tr>
                <td>登录名：</td>
                <td><form:input path="loginName"
                        onblur="CheckLoginName(this)" /></td>
                <td><span style="color: red">*</span></td>
            </tr>
            <tr>
                <td>密码：</td>
                <td><form:password path="pwd" /></td>
                <td><span style="color: red">*</span></td>
            </tr>
            <tr>
                <td>电话：</td>
                <td><form:input path="phone" /></td>
            </tr>
            <tr>
                <td></td>
                <td><input type="submit" value="提交" /></td>
            </tr>
        </table>
    </form:form>
</div>
```

在登录名对应的文本框失去焦点时调用CheckLoginName()函数，该函数位于operator.js中。在该函数中将通过Ajax异步调用后台方法，验证登录名是否已经被使用，代码如下：

```
function CheckLoginName(obj) {
    var id = $(obj).attr("id");
    var opId = 0;
    var val = $("#"+id).val();
    if (id == "modLoginName") {
        opId = $("#modOperId").val();
    }
    $.ajax({
        url : "checkLoginName",
        type : "post",
        data : {
            "loginName" : val,
            "opId" : opId
        },
        success : function(result) {
```

```
                var data = $.parseJSON(result);
                if (data.flag == false) {
                    alert(data.msg);
                    $("#" + id).val("");
                }
            }
        });
}
```

从代码可以看出，id为modLoginName的控件可能也会调用该函数进行登录名检查，这是修改管理员表单中的一个控件。修改管理员时为了区分登录名是否修改过，需要传入当前修改的管理员的id，而当新建管理员时，在该函数中将opId设置为0。

新建管理员的表单在提交时，我们也使用Ajax异步提交，所以本节开始在搭建系统框架时就引入了jQuery的Form插件jQuery.form.js。

jQuery Form有ajaxForm()和ajaxSubmit()两个核心方法，通过这两个方法都可以在不修改表单的HTML代码结构的情况下，轻易地将表单的提交方式升级为Ajax提交方式，例如：

```
$('#myForm').ajaxForm(function() {
  $('#output1').html("提交成功！欢迎下次再来！").show();
});
$('#myForm2').submit(function() {
  $(this).ajaxSubmit(function() {
      $('#output2').html("提交成功！欢迎下次再来！").show();
  });
  return false; //阻止表单默认提交
});
```

ajaxForm()和ajaxSubmit()也都可以有一个参数，该参数既可以是一个回调函数，也可以是一个options对象。在上面的例子中就是回调函数，如果使用options对象，则可以对表单拥有更多的控制权，options可以包含下面的一项或多项：

```
var options = {
  target: '#output',                  //把服务器返回的内容放入id为output的元素中
  beforeSubmit: valideRequest,        //提交前的验证函数
  success: showResponse,              //提交后的回调函数
  url: url,                           //默认是form的action，如果使用该选项，则会覆盖表单中的值
  type: type,                         //默认是form的method(get或post)，也可在此设置
  dataType: null,                     //html(默认)、xml、script、json...接受服务器端返回的类型
  clearForm: true,                    //成功提交后，清除所有表单元素的值
  resetForm: true,                    //成功提交后，重置所有表单元素的值
  timeout: 3000                       //限制请求的时间，当请求大于3秒时，跳出请求
}
```

本例中的newOperForm就使用options参数，在function()方法中添加如下代码：

```
var options = {
    beforeSubmit : checkInput,
    success : function(responseText, statusText) {
        var data = JSON.parse(responseText);
```

```
            alert(data.msg);
        }
    };
    $('#newOperForm').submit(function() {
        $(this).ajaxSubmit(options);
        return false; //非常重要，如果为false，则不跳转；若非false，则进行传统的form跳转
    });
```

❖ 说明：

程序中的JSON.parse(str);方法用于将JSON字符串转换为JSON对象。

在这里的options中，beforeSubmit设置的是checkInput()，该方法在operator.js中用于提交前的数据验证。验证成功返回true，如果返回false，则不会提交表单，代码如下：

```
function checkInput(formData, jqForm, options) {
    if ($("#operName").val() == "") {
        alert("管理员姓名不能为空");
        return false;
    }
    if ($("#loginName").val() == "") {
        alert("登录名不能为空");
        return false;
    }
    if ($("#pwd").val() == "") {
        alert("密码不能为空");
        return false;
    }
    // 成功，则提交ajax form；如果验证不成功，则返回非true，不提交
    return true;
}
```

通过Ajax调用的Cotroller方法，我们都使用@ResponseBody，直接返回响应内容，并且在@RequestMapping注解中通过produces指定字符集为UTF-8，相应的代码如下：

```
@RequestMapping(value="newOper", produces = "text/html;charset=UTF-8")
@ResponseBody
public String newOper(@ModelAttribute("operator")Operator oper) {
    JSONObject json =new JSONObject();
    try{
        operService.addOperator(oper);
        json.put("flag", true);
        json.put("msg", "管理员创建成功");
    }catch(Exception e){
        e.printStackTrace();
        json.put("flag", false);
        json.put("msg", e.getMessage());
    }
    return json.toString();
}
@RequestMapping(value="checkLoginName", produces = "text/html;charset=UTF-8")
@ResponseBody
```

```
public String checkLoginName(@RequestParam("loginName") String login,@RequestParam("opId")
Long opId) {
    JSONObject json =new JSONObject();
    try{
        List<Operator> list=operService.findByColumn("loginName", login);
        if(list.size()>0&&list.get(0).getOperId()!=opId){
            json.put("flag", false);
            json.put("msg", "登录名已存在 请重新输入一个");
        }
        else
            json.put("flag", true);
    }catch(Exception e){
        e.printStackTrace();
        json.put("flag", false);
        json.put("msg", e.getMessage());
    }
    return json.toString();
}
```

新建管理员中调用operService.addOperator()方法，该方法直接调用DAO层的save()方法，将operator对象保存至数据库中，此处代码省略。

验证登录名中调用的operService.findByColumn()是前面登录功能中实现的方法。

### 2. 查询管理员

查询管理员对应的div为id="qryOper"，该div中包含一个普通的form表单和一个用于显示查询结果的div，代码如下：

```
<div id="qryOper" class="main">
    <h3 align="center">查询管理员</h3>
    <h4>请输入要查询的条件(所有条件均支持模糊查询)</h4>
    <form id="qryOperForm" action="qryOper" method="post">
        <table>
            <tr>
                <td width="15%">姓名：</td>
                <td width="35%"><input id="qryOperName" name="qryOperName" /></td>
                <td width="15%">登录名：</td>
                <td><input id="qryLoginName" name="qryLoginName" /></td>
            </tr>
            <tr>
                <td>电话：</td>
                <td><input id="qryPhone" name="qryPhone" /></td>
                <td></td><td><input type="submit" value="查询" /></td>
            </tr>
        </table>
    </form>
    <div id="qryOperResult"></div>
</div>
```

form的提交同样使用jQuery的Form插件，与新建管理员不同的是，查询管理员提交前不用验证表单数据，提交后需要动态更新查询结果。因此，在function()方法中，在提交newOperForm表单的代码后面继续添加如下代码：

```
var optionQryOper = {
    success:function(responseText, statusText) {
        var result = JSON.parse(responseText);
        if (result.flag) {
            var data = result.list;
            if (data && data.length > 0) {
var table = $("<table width='400px' border='0' cellspacing='1' cellpadding='1'></table>");
var trTop = $("<tr><td width='10%'>编号</td><td width='20%'>姓名</td><td width='10%'>性别
</td><td width='20%'>登录名</td><td width='20%'>电话</td><td>操作</td></tr>");
                trTop.appendTo(table);
                for (var i = 0; i < data.length; i++) {
                    var str = JSON.stringify(data[i]);
                    var tr = $("<tr><td>"
                            + data[i].operId
                            + "</td><td>"
                            + data[i].operName
                            + "</td><td>"
                            + data[i].gender
                            + "</td><td>"
                            + data[i].loginName
                            + "</td><td>"
                            + data[i].phone
                            + "</td><td><a href='#' onclick='DelOper("
                            + data[i].operId
                            + ")'>删除 </a>  <a href='#' onclick='ModifyOper("
                            + str + ")'>修改 </a></td></tr>");
                    $(tr).appendTo(table);
                }
                $('#qryOperResult').empty();
                $('#qryOperResult').css('background-color', '#e7f4f5');
                table.appendTo($('#qryOperResult'));
            }
        }
    }
};
$('#qryOperForm').submit(function() {
    $(this).ajaxSubmit(optionQryOper);
    return false;
});
```

后台的qryOper()方法的实现代码如下：

```
@RequestMapping(value="qryOper", produces = "text/html;charset=UTF-8")
@ResponseBody
public String qryOper(HttpServletRequest req) {
    JSONObject json =new JSONObject();
    List<?> list=null;
    String where="";
    String name=req.getParameter("qryOperName");
    String login=req.getParameter("qryLoginName");
    String phone=req.getParameter("qryPhone");
    if(name!=null&&name.length()>0)
```

```
            where+="operName like '%"+name+"%' and ";
        if(login!=null&&login.length()>0)
            where+="loginName like '%"+login+"%' and ";
        if(phone!=null&&phone.length()>0)
            where+="phone like '%"+phone+"%' and ";
        try{
            if(where.length()>0){
                where +=" 1=1";
                list=operService.findWithWhere(where);
            }else{
                list=operService.findAll();
            }
            json.put("flag",true);
        }catch(Exception e){
            e.printStackTrace();
            json.put("flag",false);
            json.put("msg", e.getMessage());
        }
        json.put("list", list);
        return json.toString();
    }
```

上述代码根据请求参数拼写一个查询的where条件，然后调用operService.findWithWhere()方法查询符合条件的管理员信息。Service层和DAO层的方法实现都比较简单，代码省略。

查询管理员页面的运行效果如图13-8所示。

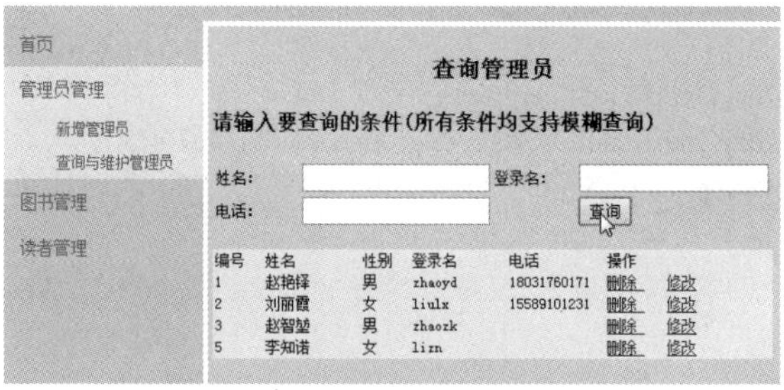


图13-8　查询管理员页面

3. 删除管理员

从图13-8可以看出，查询管理员的结果中，最后一列就是用来删除或修改管理员的。单击“删除”链接，将调用JavaScript函数DelOper()，该函数位于operator.js中，代码如下：

```
function DelOper(opId) {
    if (confirm("确定要删除该管理员吗？"))
        $.ajax({
            url : "delOper",
            type : "post",
            data : {
                "opId" : opId
            },
            success : function(result) {
```

```
                    var data = $.parseJSON(result);
                    if (data.flag == false) {
                        alert(data.msg);
                    } else
                        alert("删除管理员成功");
                }
            });

    }
```

通过Ajax异步请求调用后台的delOper()方法，delOper()方法根据管理员id执行删除操作，相应的代码如下：

```
    @RequestMapping(value="delOper", produces = "text/html;charset=UTF-8")
    @ResponseBody
    public String delOper(@RequestParam("opId") Long opId) {
        JSONObject json =new JSONObject();
        try{
            Operator oper=new Operator();
            oper.setOperId(opId);
            operService.delete(oper);
            json.put("flag", true);
        }catch(Exception e){
            e.printStackTrace();
            json.put("flag", false);
            json.put("msg", e.getMessage());
        }
        return json.toString();
    }
```

Service层和DAO方法的实现代码略。

删除成功后，将弹出提示对话框，提示删除成功；如果删除失败，则会弹出对话框，显示失败的错误原因。

#### 4. 修改管理员

在查询结果中，单击“修改”链接，调用JavaScript函数ModifyOper()，进入管理员修改页面。该页面与新建管理员类似，只是页面中的各控件会显示要修改的管理员的原始信息，这些都是在ModifyOper()函数中实现的。该函数也位于operator.js中，代码如下：

```
    function ModifyOper(oper) {
        ShowDiv('modOper');
        $("#modOperId").val(oper.operId);
        $("#modOperName").val(oper.operName);
        if (oper.gender == "男")

            $("#modGender1").attr('checked', true);
        else
            $("#modGender2").attr('checked', true);
        $("#modLoginName").val(oper.loginName);
        $("#modPwd").val(oper.pwd);
```

```
        $("#modPhone").val(oper.phone);
}
```

id="modOper"的div与id="newOper"的div非常类似，只是为每个控件都指定了id属性，属性值都有mod前缀，以便能与newOper中的控件区分开。

表单的提交部分也与newOperForm表单的提交部分类似，提交前先验证表单数据，后台处理修改管理员的方法如下：

```
@RequestMapping(value="modifyOper", produces = "text/html;charset=UTF-8")
@ResponseBody
public String modifyOper(@ModelAttribute("operator")Operator oper) {
    JSONObject json =new JSONObject();
    try{
        operService.update(oper);
        json.put("flag", true);
        json.put("msg", "修改管理员成功");
    }catch(Exception e){
        e.printStackTrace();
        json.put("flag", false);
        json.put("msg", e.getMessage());
    }
    return json.toString();
}
```

同样省略Service层和DAO层的实现代码。

修改管理员页面的运行效果如图13-9所示。

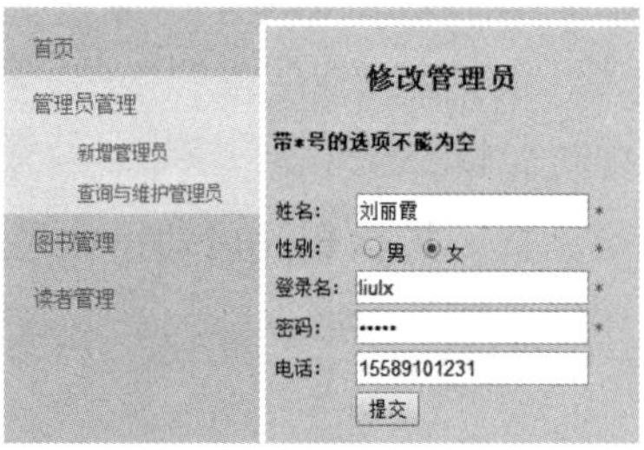


图13-9　修改管理员页面

## 13.3.6　读者管理功能

我们把借书功能放到了图书管理功能中，由于该功能需要读者信息，因此我们先来实现读者管理功能。

读者管理包括：新读者办卡、查询读者信息和删除读者。读者修改密码功能我们放到读者登录系统中，由读者自己完成。

### 1. 新读者办卡

新读者办卡功能与新建管理员功能非常类似，只不过在该表单中，需要动态加载读者类型。所以该菜单项的响应函数是InitReaderDiv()，该函数位于reader.js中(与读者管理相关的函数都位于该文件中)，代码如下：

```
function InitReaderDiv(divId) {
    ShowDiv(divId);
    InitReaderType(divId);
}
function InitReaderType(divId,readerTypeId) {
    var pre = "";
    if (divId == 'qryReader')
        pre = "qry";
    $.ajax({
        url : "initReaderType",
        type : "post",
        data : {},
        success : function(retVal) {
            var result = $.parseJSON(retVal);
            if (result.flag) {
                var data = result.list;
                if (data && data.length > 0) {
                    $("#" + pre + "readerType").empty();
                    for (var i = 0; i < data.length; i++) {
                        var str = JSON.stringify(data[i]);
                        var select = "";
                        if(data[i].typeId==readerTypeId)
                            select = "selected";
                        var opt = "<option value=" + data[i].typeId + " "+ select +" >"
                                + data[i].typeName + "</option>";
                        $("#" + pre + "readerType").append(opt);
                    }
                }
            }
        }
    });
}
```

后台用于初始化读者类型的方法如下：

```
@RequestMapping(value="initReaderType", produces = "text/html;charset=UTF-8")
@ResponseBody
public String initReaderType() {
    JSONObject json =new JSONObject();
    List<ReaderType> list=null;
    try{
        list=readerService.getAllReaderType();
        json.put("flag",true);
    }catch(Exception e){
        e.printStackTrace();
        json.put("flag",false);
        json.put("msg", e.getMessage());
    }
    json.put("list", list);
    return json.toString();
}
```

该方法调用readerService.getAllReaderType，在Service层我们将读者管理相关的操作都封装到IReaderService接口中，分别调用不同的DAO层，比如getAllReaderType将调用IReaderTypeDao接口中的方法。

新读者办卡表单的提交也使用ajaxSubmit()，与新增管理员类似，提交前验证表单数据，所以也要在function()方法中添加相应的代码。

创建读者的后台方法如下：

```
@RequestMapping(value="newReader", produces = "text/html;charset=UTF-8")
@ResponseBody
public String newReader(@ModelAttribute("reader")Reader reader) {
    JSONObject json =new JSONObject();
    try{
        reader.setBorrowNum((short) 0);
        readerService.addReader(reader);
        json.put("flag", true);
        json.put("msg", "新建读者成功");
    }catch(Exception e){
        e.printStackTrace();
        json.put("flag", false);
        json.put("msg", e.getMessage());
    }
    return json.toString();
}
```

在新建读者时，将已借图书数初始化为0，然后调用Service层的addReader()方法。该方法将调用IReaderDao接口中的save()方法，保存读者信息至数据库中。

新读者办卡页面的运行效果如图13-10所示。

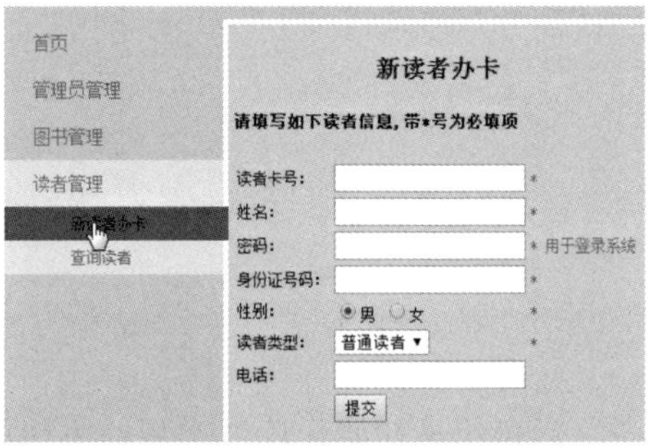


图13-10　新读者办卡页面

**❖ 提示：**

在测试该页面之前，请在reader_type表中添加读者类型相关的基础数据。

### 2. 查询读者信息

查询读者页面与查询管理员页面的实现类似，在该div中也是上面有一个form表单用于输入查询条件，下面的div显示查询结果，查询结果由回调函数动态生成。

页面运行效果如图13-11所示。

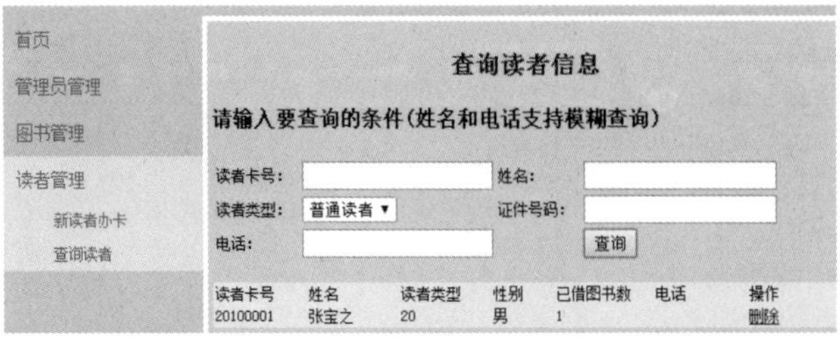


图13-11　查询读者页面

### 3. 删除读者

在查询结果的最后一列，可以进行删除读者操作，单击“删除”链接即可删除该行对应的读者信息。

与删除管理员不同的是，删除读者时需要检查读者是否尚有未还的图书，这段逻辑可以放在Service层来实现，相应的方法如下：

```
public void delete(Reader reader) throws Exception {
    Reader r=readerDao.findById(reader.getReaderId());
    if(r==null)
        throw new Exception("读者不存在");
    if(r.getBorrowNum()!=0)
        throw new Exception("该读者有图书尚未归还,不能删除读者");
    readerDao.delete(reader);
}
```

通过抛出异常的方式，在Controller的方法中捕获异常，并将该错误提示返回至前台，通过alert()弹出对话框，如图13-12所示。

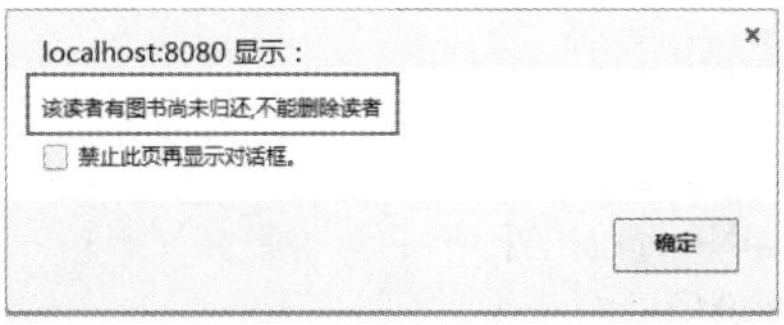


图13-12　读者有书尚未归还，不能删除

## 13.3.7　图书管理功能

图书管理功能包括：新书入库、查询图书、修改图书、删除图书、借书和还书。

### 1. 新书入库

新书入库功能的界面也是一个Spring MVC的form表单，与新读者办卡一样，显示该div后，需要动态加载图书类型和出版社信息，这两项内容都是基础数据，读者可以直接在数据表中插入记录，然后以下拉列表的形式出现新书入库页面。

新书入库页面的运行效果如图13-13所示。

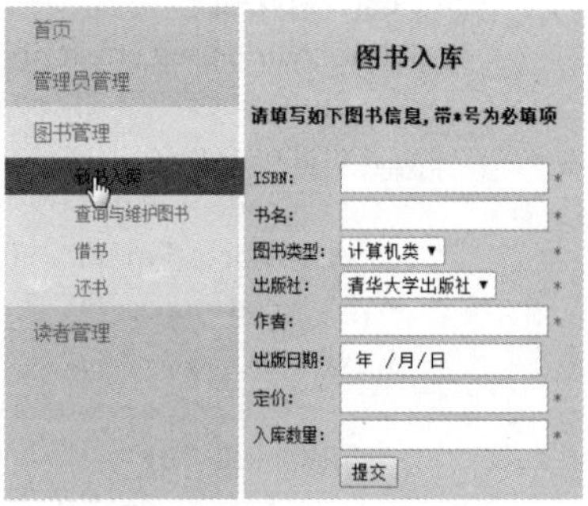


图13-13　新书入库页面

对于出版日期字段，要求输入日期类型的数据，我们使用了HTML5中的新特性type="date"，如下所示：

```
<form:input type="date" path="publishDate" />
```

HTML5提供了多种供选择日期和时间的新的输入类型。

- date：选择日、月、年。
- month：选择月、年。
- week：选择周、年。

- time：选择时间(时、分)。
- datetime：选择时间、日期、月、年(UTC 时间)。
- datetime-local：选择时间、日期、月、年(本地时间)。

前台页面中新书入库功能的逻辑和实现与新读者办卡和新增管理员类似，读者可参考前面的代码，后台部分略有不同。

在后台方法中，初始化图书类型和出版社的方法与初始化读者类型类似，不同的是新增图书信息的代码，新书入库时将把图书的基本信息保存到books表中，然后根据图书入库数量生成图书编码并保存到book_code表中，BookServiceImpl中的方法实现如下：

```
public void addBook(Book book) {
    book.setCurrentNum(book.getTotalNum());
    Long bookId=bookDao.save(book);
    book.setId(bookId);
    bookCodeDao.insertBookCode(book);
}
```

该方法将分别调用bookDao和bookCodeDao中的方法，以将数据保存到两个表中。其中，bookCodeDao中的方法实现如下：

```
public void insertBookCode(Book book) {
    for(int i=1;i<=book.getTotalNum();i++){
        BookCode bc=new BookCode();
        bc.setBookId(book.getId());
        bc.setId(MyUtil.createBookCode(book.getId(),book.getBookTypeId(),i));
        getSession().save(bc);
    }
}
```

该方法将根据图书数量，循环调用工具类中的createBookCode()方法以生成图书编码，该工具类位于library.springmvc.util包中，相应的代码如下：

```
public class MyUtil {
    public static String createBookCode(Long bookId,Short bookTypeId,int i) {
        String code="";//3位bookTypeId-4位bookId-3位库存量序号
        if(bookTypeId<10)
            code=code+"00"+bookTypeId;
        else if(bookTypeId<100)
            code=code+"0"+bookTypeId;
        else
            code=code+bookTypeId;
        if(bookId<10)
            code=code+"-000"+bookId;
        else if(bookId<100)
            code=code+"-00"+bookId;
        else if(bookId<1000)
            code=code+"-0"+bookId;
        else
            code=code+"-"+bookId;
        if(i<10)
```

```
            code=code+"-00"+i;
        else if(i<100)
            code=code+"-0"+i;
        else
            code=code+"-"+i;
        return code;
    }
}
```

### 2. 查询图书

查询图书页面的运行效果如图13-14所示。

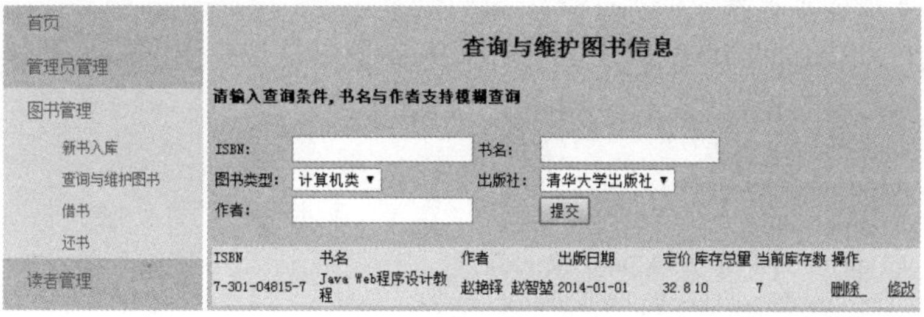


图13-14　查询图书页面

该功能与查询读者和查询管理员类似，读者可参考前面的代码部分。

### 3. 删除图书

单击查询结果最后一列中的“删除”链接即可删除该图书，当然在删除之前，需要检查图书是否借出未还，相应的代码如下：

```
@RequestMapping(value="delBook", produces = "text/html;charset=UTF-8")
@ResponseBody
public String delBook(@RequestParam("bookId") Long bookId) {
    JSONObject json =new JSONObject();
    try{
        Book book=bookService.findBookById(bookId);
        if(book.getCurrentNum()!=book.getTotalNum()){
            json.put("flag", false);
            json.put("msg", "图书有借出，不能删除");
            return json.toString();
        }
        book.setId(bookId);
        bookService.delete(book);
        json.put("flag", true);
    }catch(Exception e){
        e.printStackTrace();
        json.put("flag", false);
        json.put("msg", e.getMessage());
    }
    return json.toString();
}
```

在Service层的删除方法中，将同时调用BookDao和BookCodeDao中的方法，删除books

表和book_code表中的相关记录，代码如下：

```
public void delete(Book book) {
    bookDao.delete(book);
    bookCodeDao.deleteByBookId(book.getId());
}
```

4. 修改图书

修改图书与修改读者和修改管理员不同的是，如果图书已有部分被借出，则不能修改图书类型和图书数量；如果图书没有被借出，则可以修改图书类型和入库数量。当修改了图书类型或入库数量时，需要重新对图书进行编码。

在前台的JavaScript函数ModifyBook()中，判断图书是否有借出。如果有，则将“图书类型”和“入库数量”设置为只读，相应的代码如下：

```
function ModifyBook(book) {
    ShowDiv('modBook');
    InitBookType('modBook',book.bookTypeId);
    InitPublisher('modBook',book.publisherId);
    $("#modId").val(book.id); // modId为隐藏字段
    $("#modISBN").val(book.ISBN);
    $("#modBookName").val(book.bookName);
    $("#modTotalNum").val(book.totalNum);
    $("#modCurrentNum").val(book.currentNum);
    if(book.totalNum!=book.currentNum){
        $("#modTotalNum").attr("readonly",true);
        $("#spanModTotalNum").html("该图书已借出 "+(book.totalNum-book.currentNum)+" 本,不能
修改库存量");
        $("#modbookTypeId").attr("disabled",true);
        $("#spanModBookTypeId").html("该图书已借出 "+(book.totalNum-book.currentNum)+" 本,不能
修改图书类型");
    }
    $("#modPublishDate").val(book.publishDate.substr(0,10));
    $("#modPrice").val(book.price);
    $("#modAuthor").val(book.author);
}
```

“入库数量”控件是一个文本框，可以通过readonly属性设置其为只读；而“图书类型”是一个下拉列表框，该控件不支持readonly属性，只能设置其disabled属性。但是设置了disabled属性为true后，提交表单数据时，将不包含该字段，所以我们必须在提交表单之前，设置下拉列表框的disabled属性为false，相应的代码如下：

```
$('#modBookForm').submit(function() {
    $("#modbookTypeId").attr("disabled", false);
    $(this).ajaxSubmit(optionModBook);
    return false;
});
```

修改图书页面的运行效果如图13-15所示。

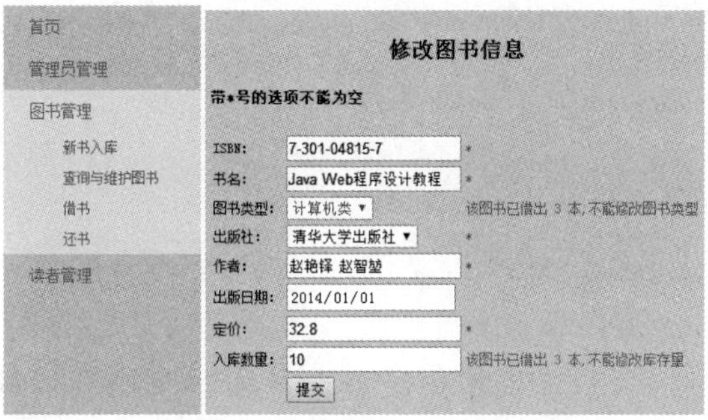


图13-15 修改图书页面

在后台修改图书信息的Service方法中，要判断图书类型或入库数量是否被修改，相应的代码如下：

```
public void update(Book book) {
    Book src=bookDao.findById(book.getId());
    if(src.getTotalNum()!=book.getTotalNum()||src.getBookTypeId()!=book.getBookTypeId()){
                                        //库存或图书类别发生变化,需要重新进行编号
        bookCodeDao.deleteByBookId(book.getId());
        bookCodeDao.insertBookCode(book);
        book.setCurrentNum(book.getTotalNum());
    }
    bookDao.update(book);
}
```

5. 借书

借书是图书馆管理系统中的核心业务，借书时首先输入读者卡号，根据卡号查询该读者已借图书信息。如果该读者已借图书达到其可借图书上限，则不能借书，否则可以借书。

借书页面如图13-16所示。

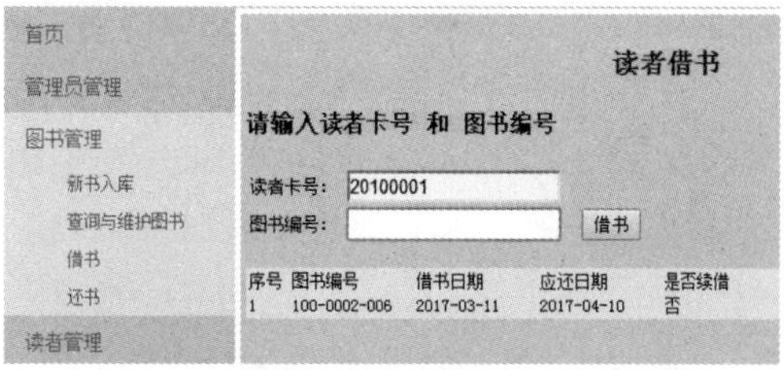


图13-16 借书页面

该div也由一个form和一个div组成，当读者卡号输入完毕、控件失去焦点时触发请求，获取该读者已借图书信息，显示在下方的div中，代码如下：

```
<div id="borrowBook" class="main">
    <h3 align="center">读者借书</h3>
    <h4>请输入读者卡号 和 图书编号</h4>
    <form id="borrowBookForm" action="borrowBook" method="post">
        <table>
            <tr>
                <td width="15%">读者卡号：</td>
    <td width="35%"><input id="borrowReaderId" name="readerId" onblur="getBorrowed()" /></td>
                <td></td><td></td>
            </tr>
            <tr>
                <td width="15%">图书编号：</td>
```

```
                <td><input id="bookCode" name="bookCode" /></td>
                <td></td>
                <td><input type="submit" value="借书" /></td>
            </tr>
        </table>
    </form>
    <div id="qryBorrowResult"></div>
</div>
```

当提交借书请求时，后台需要根据读者卡号和图书编号判断是否可以执行借书操作。如果可以，则记录借书信息，同时需要修改读者借书数量和图书的当前库存数量，Controller层的方法代码如下：

```
@RequestMapping(value="borrowBook", produces = "text/html;charset=UTF-8")
@ResponseBody
public String borrowBook(@RequestParam("readerId") Long readerId,@RequestParam("bookCode")
String bookCode,HttpSession session) {
    JSONObject json =new JSONObject();
    Operator op=(Operator) session.getAttribute("currentOperator");
    try{
        int ret=readerService.checkBorrow(readerId,bookCode);
        if(ret==0){
            bookService.addBorrow(readerId,bookCode, op.getOperId());
            json.put("flag", true);
            json.put("msg", "借书成功");
        }else if(ret==1){
            json.put("flag", false);
            json.put("msg", "读者所借书已达可借图书上限,不能继续借书");
        }else if(ret==2){
            json.put("flag", false);
            json.put("msg", "读者已经借阅了该书,不能重复借书");
        }else{
            json.put("flag", false);
            json.put("msg", "未知错误,不能继续借书");
        }
    }catch(Exception e){
        e.printStackTrace();
        json.put("flag", false);
        json.put("msg", e.getMessage());
    }
    return json.toString();
}
```

checkBorrow()方法的代码如下：

```
public int checkBorrow(Long readerId, String bookCode) {
    List<Borrow> list=getReaderBorrowed(readerId);
    Reader reader=findReaderById(readerId);
    ReaderType readerType=readerTypeDao.findById(reader.getReaderType());
    if(readerType.getMaxNumber()<=list.size())
        return 1;
    for(int i=0;i<list.size();i++){
        if(list.get(i).getBookCode().equals(bookCode)){
            return 2;
```

```
        }
    }
    return 0;
}
```

addBorrow()方法的代码如下：

```
public void addBorrow(Long readerId, String bookCode,Long operId) {
    Borrow borrow=new Borrow();
    borrow.setReaderId(readerId);
    borrow.setBookCode(bookCode);
    borrow.setBorrowDate(new Date());
    borrow.setBorrowOperId(operId);
    borrow.setIsRenew((short) 0);
    borrow.setIsReturn((short) 0);
    Date date=new Date();//取时间
    Calendar calendar = new GregorianCalendar();
    calendar.setTime(date);
    calendar.add(Calendar.DATE,30);//把日期往后增加30天
    date=calendar.getTime();
    borrow.setLastDate(date);
    borrowDao.save(borrow);
    readerDao.borrowBook(readerId);
    BookCode bc=bookCodeDao.findById(bookCode);
    Book book=bookDao.findById(bc.getBookId());
    book.setCurrentNum(book.getCurrentNum()-1);
    bookDao.update(book);
}
```

DAO层代码的实现都比较简单，请读者自行完成。

### 6. 还书

还书操作比较简单，只需输入图书编号即可，如图13-17所示。

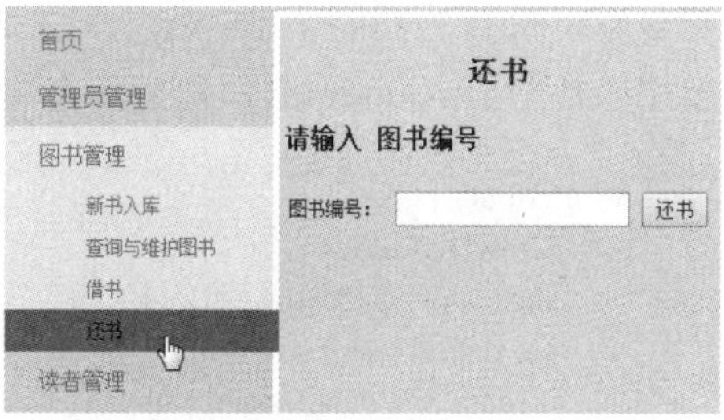


图13-17　还书页面

还书业务需要修改的表：修改borrow表中对应记录的isReturn字段为1，同时设置该表的还书日期字段和还书管理员id；修改读者的借书数量字段borrowNum-1；修改图书的当前库存数量currentNum+1。

## 13.3.8 读者登录及操作功能

读者与管理员是本系统中两种不同的角色，登录系统后可执行的操作也不同，所以我们为读者开发了独立的登录页面，相应的映射方法也被放在独立的Controller类中。

### 1. 登录功能

读者的登录页面与管理员的登录页面类似，只是两者位于不同的目录中。我们将读者操作修改的映射方法都放到ReaderControlle类中，显示登录页面和响应登录功能的方法如下：

```
@Controller()
public class ReaderController {
    @Autowired
    private IReaderService readerService;
    @RequestMapping("reader")
    public String readerLogin(){
        return "reader/login";
    }
    @RequestMapping("dologin")
    public String doLogin(@RequestParam("readerId") Long readerId,
            @RequestParam("pwd") String pwd, HttpSession session,Model model) {
        Reader reader=readerService.findReaderById(readerId);
        if(reader==null){
            model.addAttribute("msg", "读者卡号不存在，请重新输入");
            return "reader/login";
        }
        if(reader.getPwd().equals(pwd))
            session.setAttribute("currentReader", reader);
        else{
            model.addAttribute("msg", "密码错误，请重新输入");
            return "reader/login";
        }
        List<Borrow> list=readerService.getReaderBorrowed(readerId);
        JSONObject json =new JSONObject();
        json.put("list", list);
        model.addAttribute("borrowedBook",json.toString());
        return "reader/home";
    }
}
```

登录成功后，将显示读者的home页面，在该页面的上方显示logo和欢迎信息，在右上角显示可执行的功能菜单，在下方主体部分默认显示首页为已借图书信息，在页面的文档就绪函数中显示index div，然后动态加载该读者的已借图书信息，代码如下：

```
$(function() {
    ShowDiv('index');
    var result =${borrowedBook};
    var data = result.list;
    if (data && data.length > 0) {
        var table = $("<table width='500px' border='0' cellspacing='1' cellpadding='1'></table>");
        var trTop = $("<tr><td width='5%'>序号</td><td width='15%'>图书编号</td><td width='15%'>
借书日期</td><td width='15%'>应还日期</td><td width='15%'>是否续借</td><td width='15%'>操作</
td></tr>");
        trTop.appendTo(table);
        for (var i = 0; i < data.length; i++) {
            var str="<a href='#' onclick=\"Renew('"+data[i].bookCode+"')\">续借</a>";
            var trstr = "<tr><td>"
                    + (i+1)
                    + "</td><td>"
                    + data[i].bookCode
                    + "</td><td>"
                    + data[i].borrowDate.substr(0,10)
```

```
                    + "</td><td>"
                    + data[i].lastDate.substr(0,10)
                    + "</td><td>"
                    if(data[i].isRenew==0) {
                        trstr=trstr+"否</td><td>";
                        trstr=trstr+str;
                    }else
                        trstr=trstr+"是</td><td>";
            trstr =trstr+"</td></tr>";
            var tr=$(trstr);
            $(tr).appendTo(table);
        }
        $('#resrult').empty();
        $('#resrult').css('background-color', '#e7f4f5');
        table.appendTo($('#resrult'));
    }
})
```

页面运行效果如图13-18所示。

图13-18　读者登录成功后的首页

## 2. 修改密码

修改密码功能比较简单，只需提供一个表单，输入原密码和新密码即可，如图13-19所示。提交表单之前，可以验证表单数据，提交至后台以后，验证原密码是否正确。如果不正确，则不允许修改。

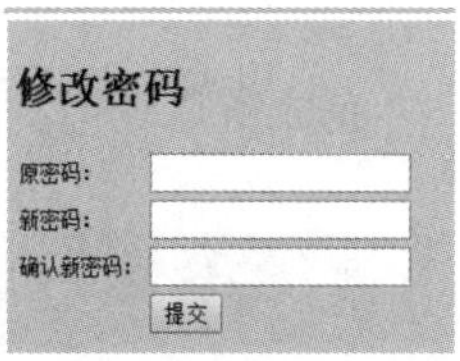


图13-19　修改密码页面

## 3. 检索图书

检索图书与管理员操作页面中的查询图书功能类似，只是这里的检索图书主要是方便读者查询自己所需的图书信息，所以提供的查询条件和显示的字段列有所不同，该功能页面的运行效果如图13-20所示。

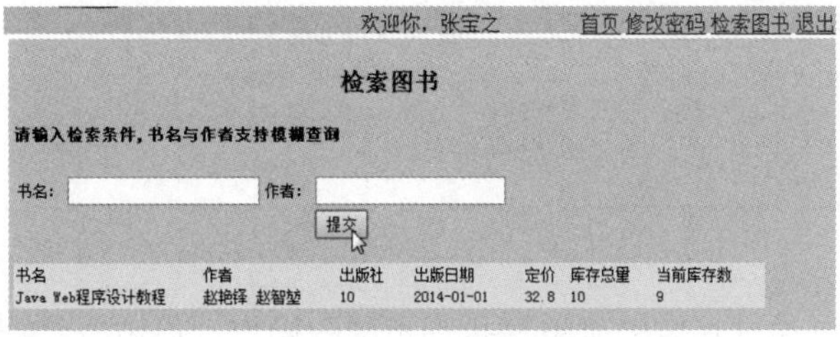


图13-20　检索图书页面

4. 续借图书

在首页中，已借图书列表中的最后一列就是续借图书功能。该列将根据图示“是否续借”动态显示，即如果是续借过的图书，则不显示“续借”链接。

续借操作将修改borrow表中相应的记录，即isRenew=1，lastDate从当前日期开始延迟30天。续借成功后，可以在前台页面中，单击已借图书列表上方的“刷新”链接刷新页面，如图13-21所示。续借后的图书对应的“操作”列为空。

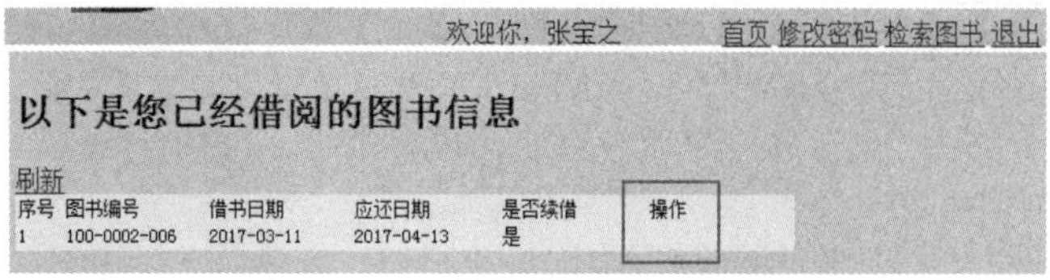


图13-21　续借后刷新已借图书信息

5. 退出

退出登录主要是清空会话，跳转到登录页面，相应的映射方法如下：

```
@RequestMapping(value="logout")
public String logout(HttpSession session) {
    session.removeAttribute("currentReader");
    return "reader/login";
}
```

# 13.4　系统运行结果

完成所有功能的开发后，我们可以对系统做完整的功能测试，查看系统的运行结果。

## 13.4.1　管理员操作页面

部署应用程序到Tomcat，并启动Tomcat后，打开浏览器，在地址栏中输入http://localhost:8080/LibraryManage/operator打开管理员登录页面，输入登录名和密码后，单击“登录”按钮即可登录系统。

如果登录名或密码输入错误，则会给出相应的错误提示，如图13-22所示。

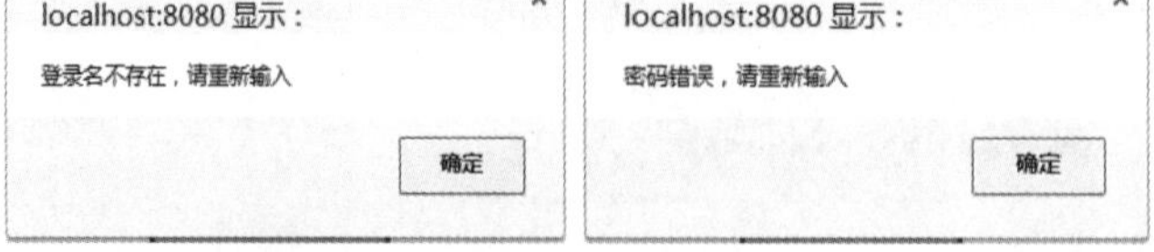

图13-22　登录失败后的错误提示

登录成功后，可以通过左侧的菜单栏执行不同的操作。单击“管理员管理”打开二级菜单，选择“新增管理员”选项，如图13-23所示，可以在此页面中填写管理员注册信息，带*

号的信息为必填项，如果没有填写就提交，会提示该项内容不能为空，如图13-24所示。

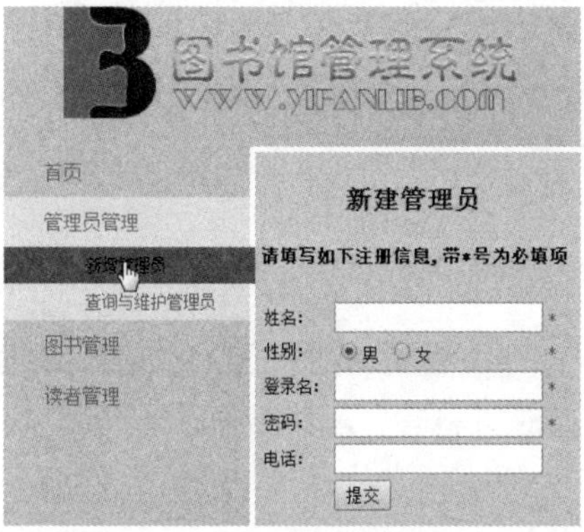


图13-23　新增管理员页面

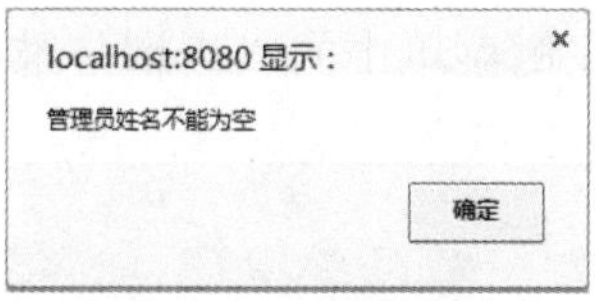


图13-24　带*号信息为必填项

登录名输入完毕后，会校验该登录名是否已被使用。如果已被使用，则提示更换登录名，如图13-25所示。全部信息填写正确后，单击“提交”按钮即可创建成功。

单击左侧菜单中的“查询与维护管理员”选项，可以对已存在的管理员进行查询和修改操作。可以根据查询条件进行模糊查询，图13-26所示为根据姓名模糊查询的情况。

图13-25　提示登录名已存在

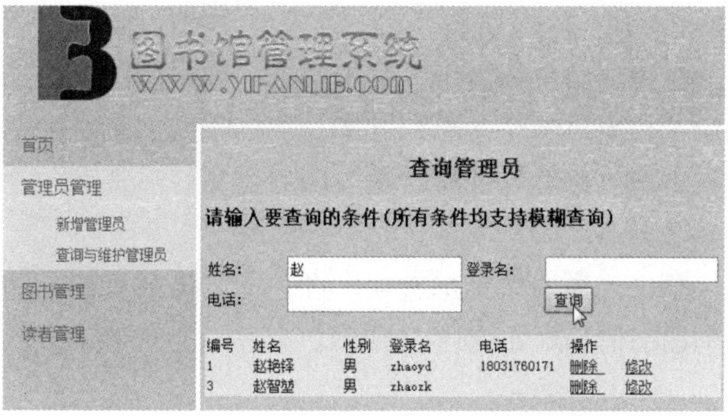


图13-26　按姓名模糊查询管理员

在查询结果中，单击“删除”链接可以删除该行对应的管理员，单击“修改”按钮跳转到修改管理员信息页面，可以对管理员的基本信息进行修改，如图13-27所示。

单击左侧菜单中的“图书管理”展开其二级菜单，此时“管理员管理”菜单将折叠，选择“新书入库”选项，打开图书入库页面，如图13-28所示。

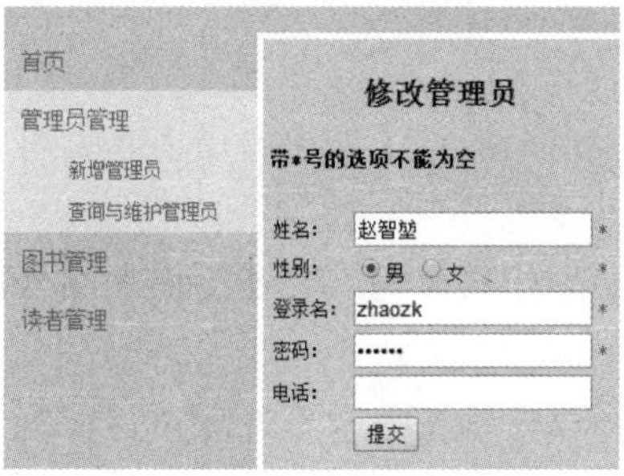


图13-27　修改管理员信息

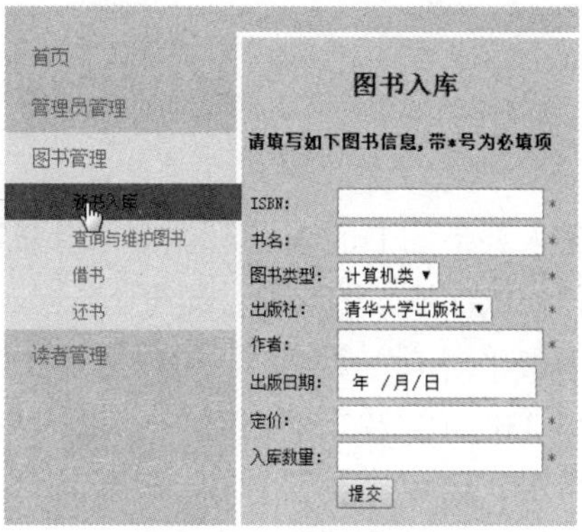


图13-28　图书入库

全部信息填写正确后，单击“提交”按钮，弹出如图13-29所示的图书入库成功对话框。

图13-29　图书入库成功

单击左侧菜单中的“查询与维护图书”选项，打开“查询与维护图书信息”页面，在该页面中可以输入查询条件，单击“提交”按钮，查询图书信息，如图13-30所示。

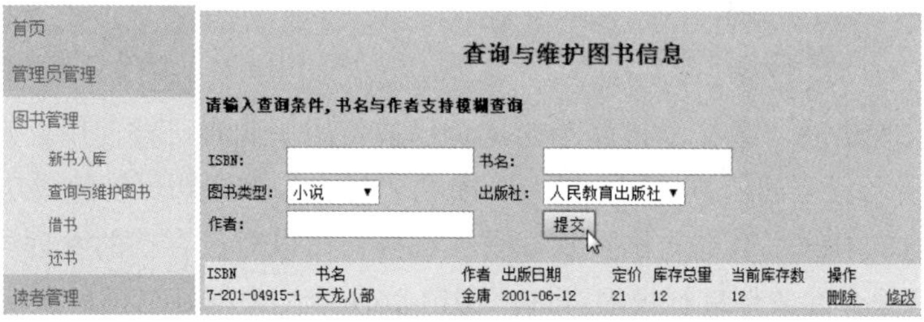


图13-30　查询图书信息

在查询结果列表中，单击最后一列中的“删除”链接将删除该图书。如果该图书的当前库存数量与库存总量不相等，则表明已有图书借出，此时不能删除图书。

单击“修改”链接，进入图书信息修改页面，在该页中可以修改图书的基本信息，如图13-31所示。

单击“借书”菜单选项，进入读者借书页面，输入读者卡号，此时将加载读者已经借阅的图书信息，如图13-32所示。

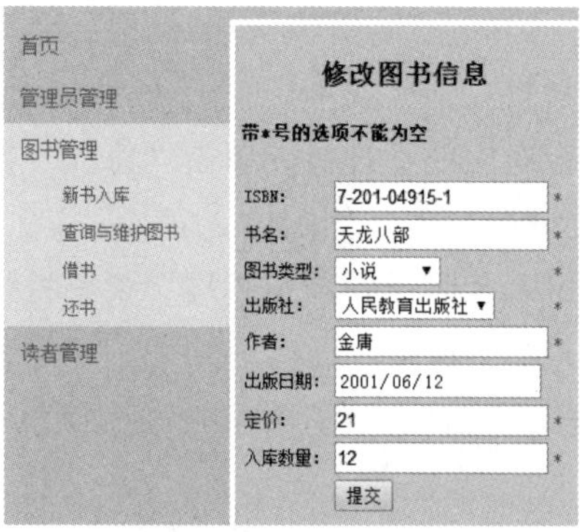


图13-31　修改图书信息

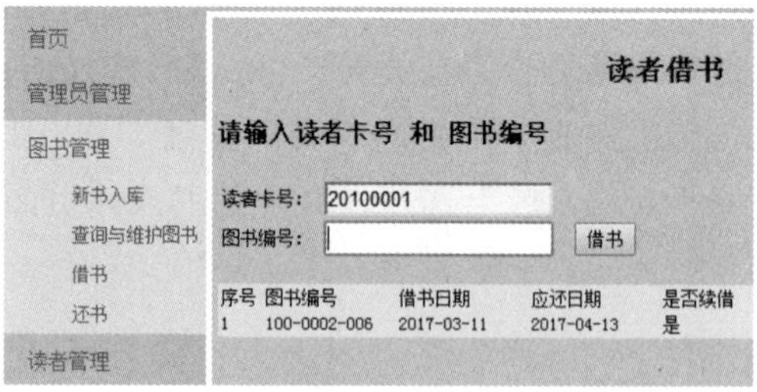


图13-32　读者借书页面

输入要借图书的编号，单击“借书”按钮，完成借书操作。如果要借多本，可重复上述操作，依次输入图书编号即可。

单击“还书”菜单项，可以进行还书操作。还书操作只需输入要还图书的编号即可，如图13-33所示，单击“还书”按钮即可完成还书操作。

单击“读者管理”菜单，展开其二级菜单，选择“新读者办卡”选项，可以为新读者办卡，如图13-34所示。

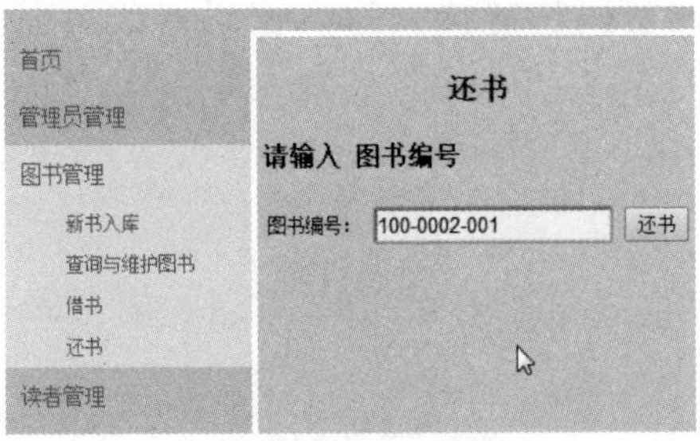


图13-33　还书页面

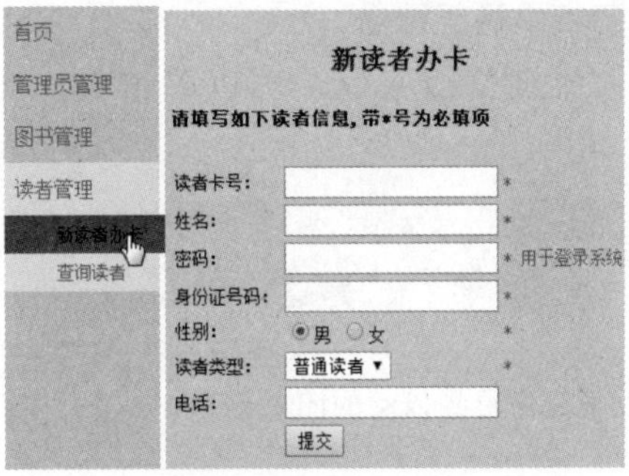


图13-34　新读者办卡

单击“查询读者”菜单选项，可以查询读者信息，如图13-35所示。

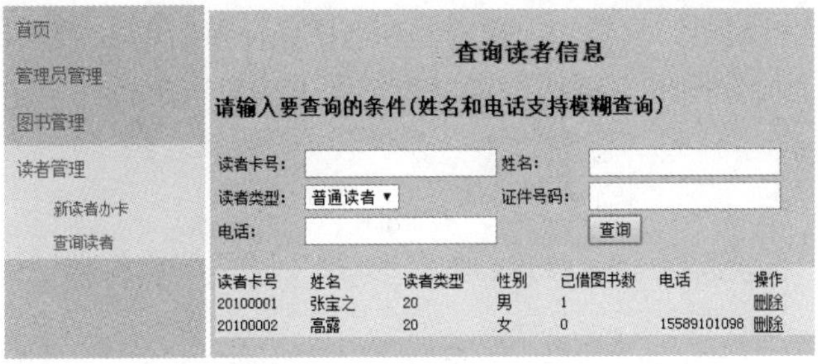


图13-35　查询读者信息

单击查询结果列表最后一列中的“删除”链接，可以删除当前读者信息，删除操作执行前，会要求管理员确认，如图13-36所示。如果确认要执行删除操作，可单击“确定”按钮。如果是不小心单击了“删除”链接，可以单击“取消”按钮，取消操作。

执行删除操作时，如果该读者有图书尚未归还，则提示不能删除，如图13-37所示。

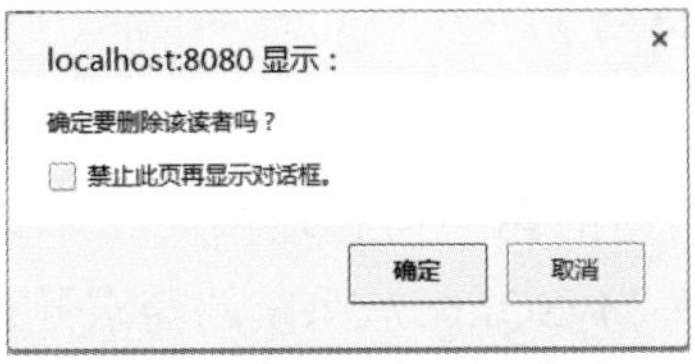


图13-36　确认是否执行删除操作

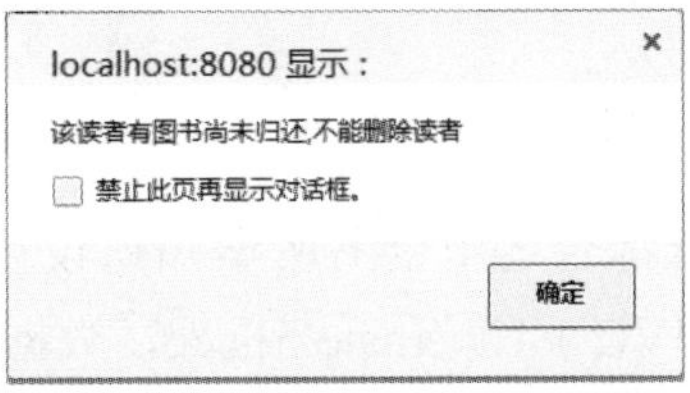


图13-37　有图书未还，不能删除

## 13.4.2　读者操作页面

读者登录系统需要访问的地址为http://localhost:8080/LibraryManage/reader，如图13-38所示。读者登录需要使用读者卡号和密码，输入正确的卡号和密码后，单击“登录”按钮，进入读者个人中心页面，如图13-39所示。

读者可以执行的操作包括：续借图书、修改密码、检索图书。

如果有已借并且尚未续借的图书，可以直接在已借

图13-38　读者登录页面

图书列表中进行续借。

如果要修改密码，可以单击右上方的“修改密码”链接，进入密码修改页面，如图13-40所示。

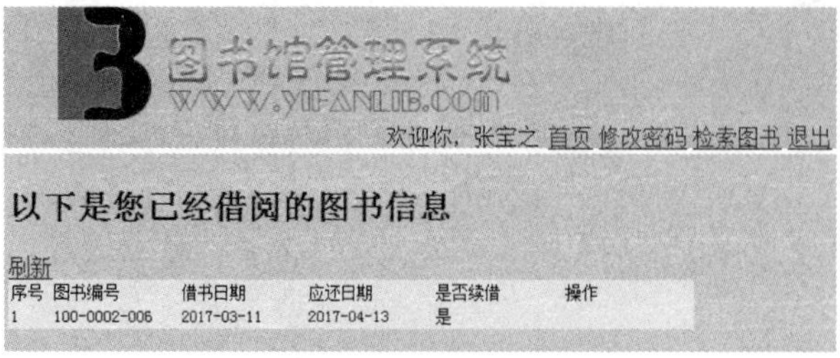


图13-39　读者个人中心页面

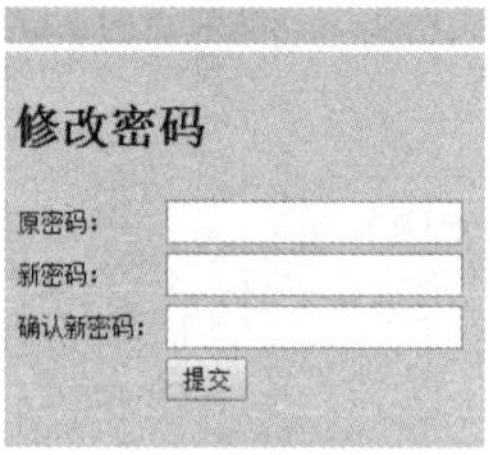


图13-40　修改密码

修改密码功能比较简单，只需输入原密码和新密码，然后单击“提交”按钮即可完成。

单击右上方的“检索图书”链接，可以查询图书信息，支持按书名或作者名进行模糊查询，如图13-41所示。

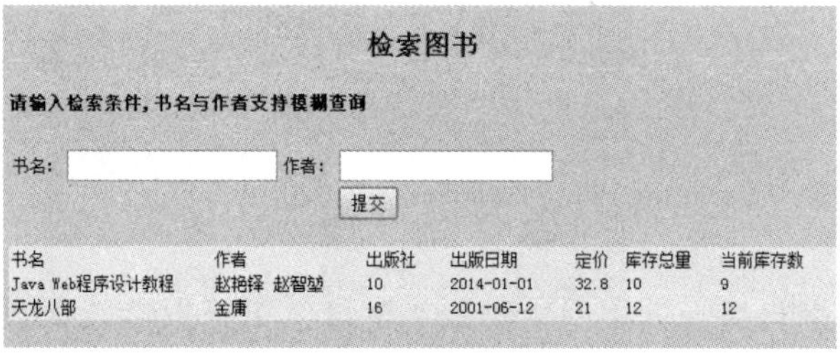


图13-41　检索图书

## 13.5　本章小结

本章综合运用全书所学知识设计并实现了一个简易的图书馆管理系统。本系统使用Spring MVC + Hibernate 5框架，数据库使用关系数据库MySQL。从系统的需求分析开始，到数据库的设计，再到整个系统的设计与实现，这是软件系统设计与开发的一般步骤。通过本章的学习，读者应重点掌握Spring + Hibernate整合开发过程，了解软件系统设计与开发的一般步骤，并能熟练使用jQuery进行Web应用的前台开发。

## 13.6　思考和练习

1. @DateTimeFormat注解有哪些参数？
2. 如何使用编码过滤器解决项目中的中文乱码问题？
3. 请在本章示例的基础上，实现管理员退出功能。

# 参考文献


[1] 张永宾，辛宇，王攀. Java Web程序设计教程[M]. 北京：清华大学出版社，2017.

[2] 云尚科技. Java Web入门很轻松(微课超值版)[M]. 北京：清华大学出版社，2022.

[3] 李希勇，罗晓娟. Java Web应用(项目教学版)[M]. 北京：清华大学出版社，2021.

[4] 孙卫琴. 精通Spring：Java Web开发技术详解(微课视频版)[M]. 北京：清华大学出版社，2021.

[5] 范立锋，林果园. Java Web程序设计教程[M]. 北京：人民邮电出版社，2010.

[6] [美] Nicholas S. Williams. Java Web高级编程[M]. 王肖峰，译. 北京：清华大学出版社，2015.

[7] 明日科技. Java Web从入门到精通[M]. 北京：清华大学出版社，2012.

[8] 贾蓓，镇明敏，杜磊. Java Web整合开发实战[M]. 北京：清华大学出版社，2013.

[9] [美] Jon Duckett. JavaScript & jQuery交互式Web前端开发[M]. 杜伟，柴晓伟，涂曙光，译. 北京：清华大学出版社，2015.

[10] [美]奥厄尔. 数据库原理[M]. 5版. 赵艳铎，葛萌萌，译. 北京：清华大学出版社，2011.

[11] 李宁. Java Web编程实战宝典[M]. 北京：清华大学出版社，2014.

[12] 梁永先，李树强，朱林. Java Web程序设计(慕课版)[M]. 北京：人民邮电出版社，2016.

[13] 黄勇. 架构探险：从零开始写Java Web框架[M]. 北京：电子工业出版社，2015.

[14] 赵艳铎. 网页制作三剑客(MX2004版)精彩实例详解[M]. 上海：上海科学普及出版社，2004.

[15] 李绪成，闫海珍，张阳，王红. Java Web程序设计基础教程[M]. 西安：西安电子科技大学出版社，2007.

[16] 郭克华，奎晓燕，卜凡，池涛. Java Web程序设计[M]. 2版. 北京：清华大学出版社，2016.